大学数学系列教材

线性代数

第二版

主编 袁晖坪 闻道君
副主编 邹黎敏 万波

高等教育出版社·北京

内容简介

　　本书在第一版的基础上修改而成，主要内容包括行列式、矩阵、线性方程组、线性空间与线性变换、矩阵的特征值与特征向量、二次型、线性代数 MATLAB 实验简介等。

　　本书以线性方程组为主线，以矩阵为工具，深入浅出、通俗易懂地阐明了线性代数的基本概念、基本理论和基本方法；章前给出知识结构图，激发学生的学习兴趣；章后有小结，使知识更加系统化；在内容的组织和理论的阐释中，着力培养学生的发散思维能力；注重线性代数的应用，选用了有关的例题和习题，并精选了历年的主要考研试题；具有结构严谨、逻辑清楚、循序渐进、结合实际、便于教学等特点。本次修订对例题和习题做了适当调整，增加了总复习题，并提供了一些重难点讲解视频供读者自学。

　　本书可作为高等学校经济管理类、理工类等非数学类专业的教材或教学参考书，也可供科技工作者或考研学生参考。

图书在版编目（C I P）数据

　　线性代数／袁晖坪，闻道君主编. --2 版.--北京：高等教育出版社,2021.1

　　ISBN 978 - 7 - 04 - 055261 - 4

　　Ⅰ.①线…　Ⅱ.①袁…②闻…　Ⅲ.①线性代数-高等学校-教材　Ⅳ.①O151.23

　　中国版本图书馆 CIP 数据核字(2020)第 218048 号

Xianxing Daishu

策划编辑	张彦云	责任编辑	安　琪	封面设计	赵　阳	版式设计	杨　树
插图绘制	李沛蓉	责任校对	刘丽娴	责任印制	田　甜		

出版发行	高等教育出版社	网　　址	http://www.hep.edu.cn
社　　址	北京市西城区德外大街 4 号		http://www.hep.com.cn
邮政编码	100120	网上订购	http://www.hepmall.com.cn
印　　刷	北京七色印务有限公司		http://www.hepmall.com
开　　本	787mm×1092mm　1/16		http://www.hepmall.cn
印　　张	17	版　　次	2010 年 2 月第 1 版
字　　数	310 千字		2021 年 1 月第 2 版
购书热线	010 - 58581118	印　　次	2021 年 8 月第 4 次印刷
咨询电话	400 - 810 - 0598	定　　价	32.70 元

本书如有缺页、倒页、脱页等质量问题，请到所购图书销售部门联系调换

大学数学系列教材编委会

《线性代数》第二版编委

第二版前言

本书第一版已出版十年，本次编者根据新的人才培养要求以及经济和管理类本科数学基础课程教学基本要求，融合多年的教学经验和科研成果对第一版进行修订。同时，为了适应高等教育信息化的新形势及教学改革的新变化，利用新技术做了一些探索和尝试。

本书以线性方程组为主线，以矩阵为工具，深入浅出、通俗易懂地阐明了线性代数的基本概念、基本理论和基本方法，主要包括行列式、矩阵、线性方程组、线性空间与线性变换、矩阵的特征值与特征向量、二次型、线性代数 MATLAB 实验简介等内容。在内容的组织和理论的阐释中，多处创新，注重一题多解、一题多变，并精选了历年的部分考研试题。同时，每章后附有小结，书末附有习题答案。加 * 号的内容供选学。

本次修订在保留上一版风格的基础上，慎重更新了体系和内容，把现代数学的思想和观点融入经典内容之中；针对第一版中的疏漏和不妥之处作了修改，对各章的例题和习题做了一定的调整；增加了化二次型为标准形的合同变换（即成套初等变换）法、总复习题等内容；此外，在教材中链接了一些重难点讲解视频，供读者自学。

本书由袁晖坪、闻道君主编，具体分工如下：袁晖坪修订第 1、3、5 章、内容简介及前言，闻道君修订第 2 章，邹黎敏修订第 6 章，万波修订第 4 章和附录，闻道君、王鹏富、曾静录制了重难点讲解视频。全书由袁晖坪、闻道君统稿。

在本书的编写过程中，参阅了大量国内外同类优秀教材，启发颇多、受益匪浅，在此谨向有关作者表示诚挚的谢意！同时衷心感谢对本书编写给予热情支持和指导的各位领导、同仁以及高等教育出版社的编辑！并对各位编者亲属的帮助和支持表示由衷的感谢！

限于编者水平，书中欠妥之处在所难免，恳请专家和读者批评指正。

编者

2020 年 8 月

第一版前言

线性代数是理工类和经济管理类等有关专业的一门重要基础课，它主要研究代数学中线性关系的经典理论。由于线性关系是变量间比较简单的一种关系，而线性问题广泛存在于科学技术和经济管理的各个领域，随着计算机科学的迅猛发展，许多非线性问题高精度地线性化与大型线性问题的可计算性正在逐步实现。美国数学及其应用联合会(COMAP)编著的《数学的原理与实践》一书指出："在现代社会，除了算术以外，线性代数是应用最广泛的数学学科了。"因此无论是从理论与应用上看，还是从大学人才培养方面看，线性代数的地位和作用都更趋重要。

本书是根据最新的"经济管理类本科数学基础课程教学基本要求"和《全国硕士研究生入学统一考试数学考试大纲》要求，结合作者多年的成功教学经验和科研成果，并吸收国内外同类教材的优点编著而成的。内容主要包括：行列式、矩阵、线性方程组、线性空间与线性变换、矩阵的特征值与特征向量、二次型及附录线性代数 MATLAB 实验简介等。书中带"*"的内容，可供有关专业选用，略去不讲，也不影响对其他内容的理解。为了适应目前线性代数教学内容增多、学时减少和要求提高的新形势，强调适用性，兼顾先进性，我们在编著中作了以下探索。

1. 从线性方程组出发，自然地引出了行列式、消元法、向量、矩阵及其秩与初等变换等概念，初学者容易领会。充分运用矩阵的秩来简便地分析处理问题，将向量组的线性相关性与线性方程组、矩阵的秩紧密结合起来，使向量组线性相关性的讨论变得容易，许多推导证明得到优化。

2. 以线性方程组为主线，以矩阵、行列式和向量为工具，深入浅出、通俗自然地阐明了线性代数的基本概念、基本理论和基本方法。充分运用矩阵工具分析处理问题，尤其注重矩阵初等变换和分块矩阵的应用。

3. 线性代数的概念多、结论多，关系复杂、内容抽象且逻辑性强。我们特别注意理论联系实际，尽可能从问题或实例出发引出概念和方法；力求深入浅出、循序渐进、重点突出、难点分散；略去个别定理的烦琐证明，突出一些重要定理证明方法的创新和简化。在内容的组织和理论的阐释中，注重创新；力求结构严谨、逻辑清楚，书写简洁流畅、语言通俗易懂、化繁为简、便于教学。注重线性代数在科学技术和经济管理中的应用，选用了有关的例题和习题。

4. 各章首简洁清晰地给出了知识结构图，尽量给学生描绘出本章内容的全貌，激发学习兴趣，导航本章学习。各章末给出了小结，使知识更加系统化，帮助学生更加科学地掌握和巩固本章知识。附录中对线性代数的几个典型 MATLAB 数学实验作了简介，以体现素质教育理念，激发学生潜能，培养学生创新意识，提高学生应用能力。

5. 结合本课程的基本要求和报考硕士研究生同学的需求，配备了较多且难易适中的典型例题和习题。例题分析解答详细，注意借题释理，以例示法；注重一题多解，一题多变，培养学生的发散思维能力。各章的习题分为(A)，(B)两组，(A)组习题是按教学基本要求设置的，题型多样，难易适度；(B)组习题包含了以往的典型考研试题，(B) 组习题中的客观题可用于本章复习，而其中的解答题可供有兴趣或有志报考硕士研究生的同学选用。

本书由袁晖坪、郭伟担任主编。具体分工如下：郭伟编写第 2 章、前言和符号表；吴世锦编写第 6 章；万波编写第 4 章和附录；袁晖坪编写第 1、3、5 章、内容简介及目录，负责总体方案设计和内容编排，并对全书作了仔细的修改校正。全书由袁晖坪、郭伟、陈义安统稿，由丁宣浩教授主审，他认真仔细地审阅了全书，提出了重要的修改意见。谨致衷心感谢！

本书编写过程中，参阅了大量国内外同类优秀教材，启发颇多，受益匪浅，在此谨向有关作者表示诚挚的谢意！同时衷心感谢对本书编写给予热情支持和指导的各位领导、同仁以及高等教育出版社的马丽等有关同志！并对各位编者亲属的帮助支持，表示由衷的感谢！

限于编者水平，书中缺点及欠妥之处在所难免，恳请专家和读者批评指正。

编者

2009 年 8 月

符 号 表

符 号	含 义
$\Rightarrow$	推出
$\Leftrightarrow$	等价,当且仅当
$\forall$	对任意的,对每一个
$\exists$	存在
$\exists 1$	存在唯一
$\max\{a_1,\cdots,a_n\}$	数 $a_1,\cdots,a_n$ 中的最大者
$\min\{a_1,\cdots,a_n\}$	数 $a_1,\cdots,a_n$ 中的最小者
$M\subseteq N$	集合 M 是集合 N 的子集
$M\cap N$	集合 M 与 N 的交集
$M\cup N$	集合 M 与 N 的并集
$c\in M$	c 是集合 M 的元素
$\mathbf{R}_+$	正实数集合
$F(\mathbf{R})$	数域(实数域)
$\tau(i_1i_2\cdots i_n)$	排列 $i_1i_2\cdots i_n$ 的逆序数
$\lvert a_{ij}\rvert_n$	n 阶行列式
$\sum$	求和号
$\prod$	求积号
$F^{m\times n}$	数域 F 上所有 $m\times n$ 矩阵的集合
$\boldsymbol{A},\boldsymbol{B}$	$\boldsymbol{A},\boldsymbol{B}$ 等表示矩阵
T	T 表示线性变换

$\|\boldsymbol{A}\|$或 $\det \boldsymbol{A}$	方阵 $\boldsymbol{A}$ 的行列式
$\boldsymbol{A}^{\mathrm{T}}$或 $\boldsymbol{A}'$	矩阵 $\boldsymbol{A}$ 的转置矩阵
$\boldsymbol{A}^{-1}$	矩阵 $\boldsymbol{A}$ 的逆矩阵
$\boldsymbol{A}^{*}$	矩阵 $\boldsymbol{A}$ 的伴随矩阵
$r(\boldsymbol{A})$	矩阵 $\boldsymbol{A}$ 的秩
$\mathrm{tr}\,\boldsymbol{A}$	矩阵 $\boldsymbol{A}$ 的迹
$\boldsymbol{A}=\mathrm{diag}(a_{11},a_{22},\cdots,a_{nn})$	$\boldsymbol{A}$ 是对角矩阵
$\bar{\boldsymbol{A}}$ 或$(\boldsymbol{A},\boldsymbol{b})$	线性方程组 $\boldsymbol{AX}=\boldsymbol{b}$ 的增广矩阵
$\boldsymbol{A}\cong\boldsymbol{B}$ 或 $\boldsymbol{A}\rightarrow\boldsymbol{B}$	矩阵 $\boldsymbol{A}$ 与 $\boldsymbol{B}$ 等价
$\boldsymbol{A}\sim\boldsymbol{B}$	矩阵 $\boldsymbol{A}$ 与 $\boldsymbol{B}$ 相似
$\boldsymbol{A}\simeq\boldsymbol{B}$	矩阵 $\boldsymbol{A}$ 与 $\boldsymbol{B}$ 合同
$\boldsymbol{\alpha},\boldsymbol{\beta},\boldsymbol{b}$	$\boldsymbol{\alpha},\boldsymbol{\beta},\boldsymbol{b}$ 等表示向量
$\mathbf{R}^{n}$	n 维向量空间或欧氏空间
$\{\boldsymbol{\alpha}_1,\boldsymbol{\alpha}_2,\cdots,\boldsymbol{\alpha}_s\}\cong\{\boldsymbol{\beta}_1,\boldsymbol{\beta}_2,\cdots,\boldsymbol{\beta}_t\}$	向量组 $\boldsymbol{\alpha}_1,\boldsymbol{\alpha}_2,\cdots,\boldsymbol{\alpha}_s$ 与 $\boldsymbol{\beta}_1,\boldsymbol{\beta}_2,\cdots,\boldsymbol{\beta}_t$ 等价
$(\boldsymbol{\alpha},\boldsymbol{\beta})$	向量 $\boldsymbol{\alpha},\boldsymbol{\beta}$ 的内积
$\\|\boldsymbol{\alpha}\\|$	向量 $\boldsymbol{\alpha}$ 的长度
$\langle\boldsymbol{\alpha},\boldsymbol{\beta}\rangle$	向量 $\boldsymbol{\alpha},\boldsymbol{\beta}$ 的夹角
TV	线性变换 T 的像
$T^{-1}(\boldsymbol{O})$	线性变换 T 的核
$\boldsymbol{A}>0$	$\boldsymbol{A}$ 为正定矩阵
$\boldsymbol{A}\geqslant 0$	$\boldsymbol{A}$ 为半正定矩阵
$\boldsymbol{A}<0$	$\boldsymbol{A}$ 为负定矩阵
$\boldsymbol{A}\leqslant 0$	$\boldsymbol{A}$ 为半负定矩阵

目　　录

第 1 章 行 列 式

作为解一次(线性)方程 $ax=b$ 的延伸和深化,研讨由多个变量、多个线性方程构成的线性方程组的求解问题,需要行列式、矩阵和向量等工具. 行列式是线性代数的一个重要研究对象和最基本、最常用的工具之一,它被广泛地应用到数学、物理、力学、工程技术及经济管理等领域中.

本章主要讨论 n 阶行列式的概念、性质、计算方法及用行列式求解特殊线性方程组的克拉默法则. 其主要知识结构如下:

- 行列式
  - 概念
    - 数域与排列
    - 行列式定义
  - 性质
    - 可转性
    - 半可交换性、可提(乘)性 $\Rightarrow$ 零性
    - 可加性
    - 倍加性
    - 可展性:$\displaystyle\sum_{k=1}^{n} a_{ik}A_{jk}=\begin{cases} D & (i=j) \\ 0 & (i\neq j)\end{cases}$
  - 计算方法
    - 三角化法
    - 降阶法
    - 递推法
    - 数学归纳法等
  - 应用:克拉默法则等

§1.1 数域与排列

一、数域

大家知道:数是数学的一个最基本的概念,绝大多数计算最终都归结为数的代数运算. 又研究某些问题,常与研究对象的取值范围有关,如方程 $x^2+1=0$ 在有理数范围和实数范围均无解,但在复数范围有解: $x=\pm \mathrm{i}$,因此同一问题在不同的数集

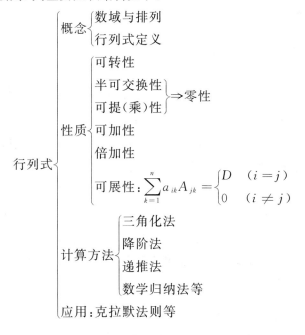

内可有不同的结果. 另一方面,有理数、实数和复数有许多共同的关于加、减、乘、除的运算性质,为了把具有这些共同运算性质的数集统一处理,引入数域的概念.

定义 1.1 设 F 是至少含有两个不同复数的数集,若 F 中任意两个数(可以相同)的和、差、积、商(除数非零)仍为 F 中的数,则称 F 是一个**数域**(number field).

若数集 F 中任意两个数作某一运算的结果仍在 F 中,则称 F 关于这一运算**封闭**. 因此,F 为数域当且仅当 F 至少含有两个不同数且 F 关于加、减、乘、除(除数非零)的运算封闭.

显然:有理数集 $\mathbf{Q}$、实数集 $\mathbf{R}$、复数集 $\mathbf{C}$ 都是数域,但整数集 $\mathbf{Z}$ 不是数域(因为 $\mathbf{Z}$ 关于除法不封闭). 一般地可以验证 $Q(p)=\{a+b\sqrt{p}\mid a,b\in\mathbf{Q},p\text{ 是素数}\}$ 为数域,因此有无穷多个数域,其中有理数域是最小的数域. 以后无特别声明时,一般在实数域中考虑问题.

二、n 元排列

定义 1.2 由 $1,2,\cdots,n$ 组成的一个有序数组,称为一个 n 元**排列**(permutation).

例如,123、132、213、231、312、321 均为 3 元排列,共有 $3!=6$ 个 3 元排列. 一般共有 $n!$ 个 n 元排列.

n 元排列的一般形式可表为:$i_1i_2\cdots i_n$,其中 $i_1,i_2,\cdots,i_n$ 为 $1,2,\cdots,n$ 中的某一个数,且互不相同. 在 n 元排列中,若一个小的数排在一个大的数后面,则称这两个数构成一个**逆序**. 如排列 3421 中,有 5 个逆序:32,31,42,41,21.

定义 1.3 n 元排列 $i_1i_2\cdots i_n$ 中逆序的总个数称为它的**逆序数**,记为 $\tau(i_1i_2\cdots i_n)$. 逆序数为奇数的排列称为**奇排列**,逆序数为偶数的排列称为**偶排列**. 交换一个排列中某两个数码的位置而其余数码保持不动的变换称为**对换**.

显然,可按以下方法计算 n 元排列 $i_1i_2\cdots i_n$ 的逆序数:

$$\begin{aligned}\tau(i_1i_2\cdots i_n)=&(1\text{ 前数码个数})+(2\text{ 前大于 }2\text{ 的数码个数})+\cdots+\\&(n-1\text{ 前大于 }n-1\text{ 的数码个数}).\end{aligned}$$

例 1.1 求以下排列的逆序数:

(1) 264351; (2) 462351; (3) $12\cdots(n-1)n$; (4) $n(n-1)\cdots21$.

解 (1) $\tau(264351)=5+0+2+1+1=9$, 因此 264351 为奇排列;

(2) $\tau(462351)=5+2+2+0+1=10$, 因此 462351 为偶排列;

(3) $\tau(12\cdots(n-1)n)=0$, 因此 $12\cdots(n-1)n$ 为偶排列;

(4) $\tau(n(n-1)\cdots21)=(n-1)+(n-2)+\cdots+2+1=\dfrac{n(n-1)}{2}$.

由此可知：n 元排列 $i_1 i_2 \cdots i_n$ 的逆序数满足：$0 \leqslant \tau(i_1 i_2 \cdots i_n) \leqslant \frac{n(n-1)}{2}$，且一般地有以下定理：

定理 1.1 对换改变排列的奇偶性.

证明从略.

由定理 1.1 易知：在 n 元排列中，奇偶排列各占一半，各有 $\frac{n!}{2}$ 个.

§1.2 由线性方程组引出行列式概念

一、n 阶行列式的引出

线性方程组是否有求解公式呢？对于二元线性方程组

$$\begin{cases} a_{11}x_1 + a_{12}x_2 = b_1, \\ a_{21}x_1 + a_{22}x_2 = b_2, \end{cases}$$

当 $a_{11}a_{22} - a_{12}a_{21} \neq 0$ 时，用加减消元法可求得它的唯一解：

$$x_1 = \frac{b_1 a_{22} - b_2 a_{12}}{a_{11}a_{22} - a_{12}a_{21}}, \quad x_2 = \frac{b_2 a_{11} - b_1 a_{21}}{a_{11}a_{22} - a_{12}a_{21}}.$$

为了便于记忆，引入记号

$$\begin{vmatrix} a_{11} & a_{12} \\ a_{21} & a_{22} \end{vmatrix} = a_{11}a_{22} - a_{12}a_{21},$$

称为二阶**行列式**(determinant)，其中横排为**行**，纵排为**列**，a_{ij} 为行列式的**元素**，元素 a_{ij} 的第一个下标 i 为**行标**，第二个下标 j 为**列标**.

令

$$D = \begin{vmatrix} a_{11} & a_{12} \\ a_{21} & a_{22} \end{vmatrix}, \quad D_1 = \begin{vmatrix} b_1 & a_{12} \\ b_2 & a_{22} \end{vmatrix}, \quad D_2 = \begin{vmatrix} a_{11} & b_1 \\ a_{21} & b_2 \end{vmatrix},$$

则当 $D \neq 0$ 时，线性方程组的解可表示为

$$x_1 = \frac{D_1}{D}, \quad x_2 = \frac{D_2}{D}.$$

例 1.2 解二元线性方程组

$$\begin{cases} x_1 - 2x_2 = -3, \\ 2x_1 + 3x_2 = 8. \end{cases}$$

解 由于

$$D=\begin{vmatrix}1 & -2\\ 2 & 3\end{vmatrix}=1\times 3-(-2)\times 2=7\neq 0,$$

$$D_1=\begin{vmatrix}-3 & -2\\ 8 & 3\end{vmatrix}=(-3)\times 3-(-2)\times 8=7,$$

$$D_2=\begin{vmatrix}1 & -3\\ 2 & 8\end{vmatrix}=1\times 8-(-3)\times 2=14,$$

因此，线性方程组有唯一解：

$$x_1=\frac{D_1}{D}=\frac{7}{7}=1,\quad x_2=\frac{D_2}{D}=\frac{14}{7}=2.$$

相应地，三元线性方程组

$$\begin{cases}a_{11}x_1+a_{12}x_2+a_{13}x_3=b_1,\\ a_{21}x_1+a_{22}x_2+a_{23}x_3=b_2,\\ a_{31}x_1+a_{32}x_2+a_{33}x_3=b_3,\end{cases}$$

也有类似的结论. 为此，我们引入**三阶行列式**：

$$\begin{vmatrix}a_{11} & a_{12} & a_{13}\\ a_{21} & a_{22} & a_{23}\\ a_{31} & a_{32} & a_{33}\end{vmatrix}=a_{11}a_{22}a_{33}+a_{12}a_{23}a_{31}+a_{13}a_{21}a_{32}-a_{13}a_{22}a_{31}-a_{12}a_{21}a_{33}-a_{11}a_{23}a_{32}.$$

行列式中的横排为行，纵排为列，a_{ij} 为元素. 三阶行列式所表示的代数和可利用下图所示的对角线法则来记忆，实线上三元素之积取正号，虚线上三元素之积取负号.

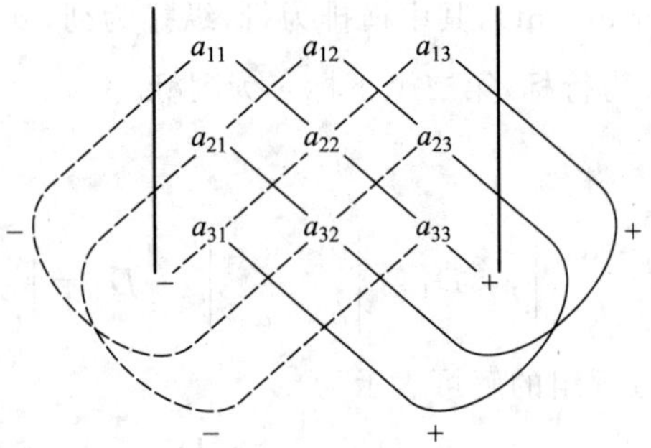

如，$\begin{vmatrix}3 & 2 & 1\\ 7 & -4 & 5\\ -1 & 6 & 0\end{vmatrix}=3\times(-4)\times 0+2\times 5\times(-1)+1\times 7\times 6-1\times(-4)\times(-1)-2\times 7\times 0-3\times 5\times 6$

$$=-10+42-4-90=-62.$$

若上述三元线性方程组的系数行列式

$$D=\begin{vmatrix} a_{11} & a_{12} & a_{13} \\ a_{21} & a_{22} & a_{23} \\ a_{31} & a_{32} & a_{33} \end{vmatrix} \neq 0,$$

则它有唯一解：

$$x_1=\frac{D_1}{D},\quad x_2=\frac{D_2}{D},\quad x_3=\frac{D_3}{D},$$

其中

$$D_1=\begin{vmatrix} b_1 & a_{12} & a_{13} \\ b_2 & a_{22} & a_{23} \\ b_3 & a_{32} & a_{33} \end{vmatrix},\quad D_2=\begin{vmatrix} a_{11} & b_1 & a_{13} \\ a_{21} & b_2 & a_{23} \\ a_{31} & b_3 & a_{33} \end{vmatrix},\quad D_3=\begin{vmatrix} a_{11} & a_{12} & b_1 \\ a_{21} & a_{22} & b_2 \\ a_{31} & a_{32} & b_3 \end{vmatrix}.$$

例 1.3 解线性方程组

$$\begin{cases} x_1-2x_2 \qquad\quad =m, \\ \qquad\quad x_2-2x_3=n, \\ x_1+ \qquad\quad\ \ x_3=k. \end{cases}$$

解 因为

$$D=\begin{vmatrix} 1 & -2 & 0 \\ 0 & 1 & -2 \\ 1 & 0 & 1 \end{vmatrix}=1+4=5\neq 0,\quad D_1=\begin{vmatrix} m & -2 & 0 \\ n & 1 & -2 \\ k & 0 & 1 \end{vmatrix}=m+4k+2n,$$

$$D_2=\begin{vmatrix} 1 & m & 0 \\ 0 & n & -2 \\ 1 & k & 1 \end{vmatrix}=n-2m+2k,\quad D_3=\begin{vmatrix} 1 & -2 & m \\ 0 & 1 & n \\ 1 & 0 & k \end{vmatrix}=k-2n-m,$$

所以线性方程组有唯一解：

$$\begin{cases} x_1=\dfrac{D_1}{D}=\dfrac{1}{5}(m+4k+2n), \\ x_2=\dfrac{D_2}{D}=\dfrac{1}{5}(n-2m+2k), \\ x_3=\dfrac{D_3}{D}=\dfrac{1}{5}(k-2n-m). \end{cases}$$

综合上述：利用二阶、三阶行列式可以将二元、三元线性方程组的解表示成公式，便于记忆和应用. 为了把这一思想推广到 n 元线性方程组，我们需要恰当地定义 n 阶行列式.

二、n 阶行列式的定义

不难发现：三阶行列式

$$\begin{vmatrix} a_{11} & a_{12} & a_{13} \\ a_{21} & a_{22} & a_{23} \\ a_{31} & a_{32} & a_{33} \end{vmatrix} = a_{11}a_{22}a_{33} + a_{12}a_{23}a_{31} + a_{13}a_{21}a_{32} - a_{13}a_{22}a_{31} - a_{12}a_{21}a_{33} - a_{11}a_{23}a_{32}$$

具有以下特点：

(1) 它是所有取自不同行不同列的 3 个元素乘积的代数和（共 3!项），其通项为 $a_{1j_1}a_{2j_2}a_{3j_3}$（其中 $j_1j_2j_3$ 为三元排列）；

(2) 若行标按自然顺序排列，则列标所成排列 $j_1j_2j_3$ 是奇（偶）排列时，项 $a_{1j_1}a_{2j_2}a_{3j_3}$ 取负（正）号. 因此三阶行列式可写成

n 阶行列式

$$\begin{vmatrix} a_{11} & a_{12} & a_{13} \\ a_{21} & a_{22} & a_{23} \\ a_{31} & a_{32} & a_{33} \end{vmatrix} = \sum_{j_1j_2j_3} (-1)^{\tau(j_1j_2j_3)} a_{1j_1}a_{2j_2}a_{3j_3},$$

其中 $\sum\limits_{j_1j_2j_3}$ 表示对所有三元排列 $j_1j_2j_3$ 求和.

推而广之，定义 n 阶行列式.

定义 1.4 由数域 F 中 n^2 个数 $a_{ij}(i,j=1,2,\cdots,n)$ 排成 n 行 n 列，记为

$$|a_{ij}|_n = \det(a_{ij}) = \begin{vmatrix} a_{11} & a_{12} & \cdots & a_{1n} \\ a_{21} & a_{22} & \cdots & a_{2n} \\ \vdots & \vdots & & \vdots \\ a_{n1} & a_{n2} & \cdots & a_{nn} \end{vmatrix},$$

称为 n **阶行列式**，它表示所有可能的取自不同行不同列的 n 个元素乘积

$$a_{1j_1}a_{2j_2}\cdots a_{nj_n}\text{（通项）}$$

的代数和（共 n! 项），其中 $j_1j_2\cdots j_n$ 为 n 元排列，当 $j_1j_2\cdots j_n$ 是奇（偶）排列时，项 $a_{1j_1}a_{2j_2}\cdots a_{nj_n}$ 取负（正）号. 即

$$|a_{ij}|_n = \det(a_{ij}) = \begin{vmatrix} a_{11} & a_{12} & \cdots & a_{1n} \\ a_{21} & a_{22} & \cdots & a_{2n} \\ \vdots & \vdots & & \vdots \\ a_{n1} & a_{n2} & \cdots & a_{nn} \end{vmatrix} = \sum_{j_1j_2\cdots j_n} (-1)^{\tau(j_1j_2\cdots j_n)} a_{1j_1}a_{2j_2}\cdots a_{nj_n},$$

其中 $\sum\limits_{j_1j_2\cdots j_n}$ 表示对所有 n 元排列 $j_1j_2\cdots j_n$ 求和.

特别地，规定一阶行列式 $|a_{11}| = a_{11}$.

注 n 阶行列式 $|a_{ij}|_n$ 是 n!项的代数和，最终结果是一个数，对它应明确三点：

(1) 项的构成：不同行不同列的 n 个元素乘积 $a_{1j_1}a_{2j_2}\cdots a_{nj_n}$；

(2) 项数：$n!$；

(3) 项 $a_{1j_1}a_{2j_2}\cdots a_{nj_n}$ 的符号：$(-1)^{\tau(j_1j_2\cdots j_n)}$.

例 1.4 (1) 证明 n 阶**上三角形行列式**(主对角线下方元素全为 0)：

$$D_1=\begin{vmatrix} a_{11} & a_{12} & \cdots & a_{1n} \\ 0 & a_{22} & \cdots & a_{2n} \\ \vdots & \vdots & & \vdots \\ 0 & 0 & \cdots & a_{nn} \end{vmatrix}=a_{11}a_{22}\cdots a_{nn}.$$

(2) 证明 n 阶**次下三角形行列式**(次对角线上方元素全为 0)：

$$D_2=\begin{vmatrix} 0 & \cdots & 0 & a_{1n} \\ 0 & \cdots & a_{2(n-1)} & a_{2n} \\ \vdots & & \vdots & \vdots \\ a_{n1} & \cdots & a_{n(n-1)} & a_{nn} \end{vmatrix}=(-1)^{\frac{n(n-1)}{2}}a_{1n}a_{2(n-1)}\cdots a_{n1}.$$

证明 (1) 由行列式定义知：

$$D_1=\sum_{j_1j_2\cdots j_n}(-1)^{\tau(j_1j_2\cdots j_n)}a_{1j_1}a_{2j_2}\cdots a_{nj_n},$$

只需找出一切可能的非零项 $a_{1j_1}a_{2j_2}\cdots a_{nj_n}$：

第 n 行除 a_{nn} 外其余元素全为 0,所以 $j_n=n$；

第 $n-1$ 行除 $a_{(n-1)(n-1)}$,$a_{(n-1)n}$ 外其余元素全为 0,又 $j_n=n$,所以 $j_{n-1}=n-1$；

依次类推：$j_{n-2}=n-2,\cdots,j_1=1$；

因此 D_1 中仅有一项 $a_{11}a_{22}\cdots a_{nn}$ 可能非零,故

$$D_1=(-1)^{\tau(12\cdots n)}a_{11}a_{22}\cdots a_{nn}=a_{11}a_{22}\cdots a_{nn}.$$

(2) 类似于(1)的推理,D_2 中也仅有一项 $a_{1n}a_{2(n-1)}\cdots a_{n1}$ 可能非零,故

$$D_2=(-1)^{\tau(n(n-1)\cdots 21)}a_{1n}a_{2(n-1)}\cdots a_{n1}=(-1)^{\frac{n(n-1)}{2}}a_{1n}a_{2(n-1)}\cdots a_{n1}.$$

注 (1) 仿例 1.4(1)可证 n 阶**下三角形行列式**(主对角线上方元素全为 0)：

$$\begin{vmatrix} a_{11} & 0 & \cdots & 0 \\ a_{21} & a_{22} & \cdots & 0 \\ \vdots & \vdots & & \vdots \\ a_{n1} & a_{n2} & \cdots & a_{nn} \end{vmatrix}=a_{11}a_{22}\cdots a_{nn}.$$

(2) 仿例 1.4(2)可证 n 阶**次上三角形行列式**(次对角线下方元素全为 0)：

$$\begin{vmatrix} a_{11} & a_{12} & \cdots & a_{1(n-1)} & a_{1n} \\ a_{21} & a_{22} & \cdots & a_{2(n-1)} & 0 \\ \vdots & \vdots & & \vdots & \vdots \\ a_{(n-1)1} & a_{(n-1)2} & \cdots & 0 & 0 \\ a_{n1} & 0 & \cdots & 0 & 0 \end{vmatrix}=(-1)^{\frac{n(n-1)}{2}}a_{1n}a_{2(n-1)}\cdots a_{n1}.$$

(3) 例 1.4(1) 的特别情形　n 阶**对角行列式**(非主对角线元素全为 0)：

$$\begin{vmatrix} a_{11} & 0 & \cdots & 0 \\ 0 & a_{22} & \cdots & 0 \\ \vdots & \vdots & & \vdots \\ 0 & 0 & \cdots & a_{nn} \end{vmatrix} = a_{11}a_{22}\cdots a_{nn}.$$

(4) 例 1.4(2)的特别情形　n 阶**次对角行列式**(非次对角线元素全为 0)：

$$\begin{vmatrix} 0 & \cdots & 0 & a_{1n} \\ 0 & \cdots & a_{2(n-1)} & 0 \\ \vdots & & \vdots & \vdots \\ a_{n1} & \cdots & 0 & 0 \end{vmatrix} = (-1)^{\frac{n(n-1)}{2}} a_{1n}a_{2(n-1)}\cdots a_{n1}.$$

在行列式的定义 1.4 中,为什么通项中元素的行标要排成自然顺序呢？其实也可通过交换元素的顺序将通项

$$a_{1k_1}a_{2k_2}\cdots a_{nk_n}$$

变成

$$a_{i_1j_1}a_{i_2j_2}\cdots a_{i_nj_n},$$

由于每交换两个元素,对应的行标排列与列标排列都作了一次对换,因此由定理 1.1 知:它们的逆序数之和的奇偶性不变,于是有

$$(-1)^{\tau(i_1i_2\cdots i_n)+\tau(j_1j_2\cdots j_n)}a_{i_1j_1}a_{i_2j_2}\cdots a_{i_nj_n} = (-1)^{\tau(k_1k_2\cdots k_n)}a_{1k_1}a_{2k_2}\cdots a_{nk_n}.$$

故 n 阶行列式

$$\begin{aligned} D = \begin{vmatrix} a_{11} & a_{12} & \cdots & a_{1n} \\ a_{21} & a_{22} & \cdots & a_{2n} \\ \vdots & \vdots & & \vdots \\ a_{n1} & a_{n2} & \cdots & a_{nn} \end{vmatrix} &= \sum_{j_1j_2\cdots j_n} (-1)^{\tau(j_1j_2\cdots j_n)}a_{1j_1}a_{2j_2}\cdots a_{nj_n} \\ &= \sum_{i_1i_2\cdots i_n} (-1)^{\tau(i_1i_2\cdots i_n)}a_{i_11}a_{i_22}\cdots a_{i_nn} \\ &= \sum (-1)^{\tau(i_1i_2\cdots i_n)+\tau(j_1j_2\cdots j_n)}a_{i_1j_1}a_{i_2j_2}\cdots a_{i_nj_n}. \end{aligned}$$

其中 $\sum (-1)^{\tau(i_1i_2\cdots i_n)+\tau(j_1j_2\cdots j_n)}a_{i_1j_1}a_{i_2j_2}\cdots a_{i_nj_n}$ 表示对行列式的所有项 $a_{i_1j_1}a_{i_2j_2}\cdots a_{i_nj_n}$ 求和.

例 1.5　(1) 判断下列乘积：

$$a_{25}a_{43}a_{12}a_{34}a_{53};\quad a_{24}a_{41}a_{52}a_{35}a_{13}$$

是否为 5 阶行列式 $D=|a_{ij}|_5$ 的项,若是应取什么符号？

(2) 求函数

$$f(x)=\begin{vmatrix} -x & x & 1 & 0 \\ 4 & x & 2 & 3 \\ 2 & 3 & -x & 2 \\ 1 & 1 & 2 & x \end{vmatrix}$$

中 x^3 的系数.

解 (1) 第 1 个乘积不是行列式 D 的项,因为该乘积中含第 3 列的两个元素 a_{43}, a_{53};第 2 个乘积是行列式 D 的项,符号为正号,因为 $(-1)^{\tau(24531)+\tau(41253)}=(-1)^{6+4}=1$.

(2) 行列式的通项为:$a_{1j_1}a_{2j_2}a_{3j_3}a_{4j_4}$,仅当 $j_1=2,j_2=1,j_3=3,j_4=4$ 时,才会出现 x^3,故该项为:

$$(-1)^{\tau(2134)}a_{12}a_{21}a_{33}a_{44}=(-1)\cdot x\cdot 4\cdot(-x)\cdot x=4x^3,$$

因此 x^3 的系数为 4.

§1.3 行列式的性质

一、行列式的性质

行列式的计算是学习行列式的重点,对于低阶或零元素很多的行列式可用行列式定义计算,但用行列式定义计算一般的 $n(n\geqslant 4)$ 阶行列式将非常烦琐或几乎不可能,因此有必要探究行列式的性质,以简化其计算;并且这些性质对行列式的理论研究有重要意义,在数学的其他分支中也有重要应用.

把行列式

$$D=\begin{vmatrix} a_{11} & a_{12} & \cdots & a_{1n} \\ a_{21} & a_{22} & \cdots & a_{2n} \\ \vdots & \vdots & & \vdots \\ a_{n1} & a_{n2} & \cdots & a_{nn} \end{vmatrix}$$

的列(行)变为相应的行(列)所得的新行列式

$$D^{\mathrm{T}}=D'=\begin{vmatrix} a_{11} & a_{21} & \cdots & a_{n1} \\ a_{12} & a_{22} & \cdots & a_{n2} \\ \vdots & \vdots & & \vdots \\ a_{1n} & a_{2n} & \cdots & a_{nn} \end{vmatrix}$$

称为行列式 D 的**转置行列式**,记为 D^{T} 或 D'.

性质 1(可转性) 行列式 D 与它的转置行列式 D^{T} 相等:$D=D^{\mathrm{T}}$.

证明 因为 D 中元素 a_{ij} 位于 D^{T} 的第 j 行第 i 列,所以

$$D=\sum_{j_1j_2\cdots j_n}(-1)^{\tau(j_1j_2\cdots j_n)}a_{1j_1}a_{2j_2}\cdots a_{nj_n}=D^{\mathrm{T}}.$$

可转性表明,行列式中的行与列地位平等,对行成立的性质对列也成立,反之亦然.

性质 2(半可交换性) 交换行列式的两行(列),行列式反号,即

$$\begin{vmatrix} a_{11} & a_{12} & \cdots & a_{1n} \\ \vdots & \vdots & & \vdots \\ a_{i1} & a_{i2} & \cdots & a_{in} \\ \vdots & \vdots & & \vdots \\ a_{k1} & a_{k2} & \cdots & a_{kn} \\ \vdots & \vdots & & \vdots \\ a_{n1} & a_{n2} & \cdots & a_{nn} \end{vmatrix} \begin{matrix} \\ \\ i\text{ 行} \\ \\ k\text{ 行} \\ \\ \\ \end{matrix} = - \begin{vmatrix} a_{11} & a_{12} & \cdots & a_{1n} \\ \vdots & \vdots & & \vdots \\ a_{k1} & a_{k2} & \cdots & a_{kn} \\ \vdots & \vdots & & \vdots \\ a_{i1} & a_{i2} & \cdots & a_{in} \\ \vdots & \vdots & & \vdots \\ a_{n1} & a_{n2} & \cdots & a_{nn} \end{vmatrix} \begin{matrix} \\ \\ i\text{ 行} \\ \\ k\text{ 行} \\ \\ \\ \end{matrix}.$$

证明 左端 $= \sum\limits_{j_1 j_2 \cdots j_n} (-1)^{\tau(j_1 \cdots j_i \cdots j_k \cdots j_n)} a_{1j_1} \cdots a_{ij_i} \cdots a_{kj_k} \cdots a_{nj_n}$

$= - \sum\limits_{j_1 j_2 \cdots j_n} (-1)^{\tau(j_1 \cdots j_i \cdots j_k \cdots j_n)} a_{1j_1} \cdots a_{kj_i} \cdots a_{ij_k} \cdots a_{nj_n} =$ 右端.

推论 1.1(零性) 有两行(列)相同的行列式 $D=0$.

证明 交换相同的两行有 $D=-D$, 即 $D=0$.

性质 3(可提(乘)性) 行列式某行(列)的公因子 k 可以提到行列式符号外,或用数 k 乘行列式的某行(列)的所有元素就等于用 k 乘此行列式,即

$$\begin{vmatrix} a_{11} & a_{12} & \cdots & a_{1n} \\ \vdots & \vdots & & \vdots \\ ka_{i1} & ka_{i2} & \cdots & ka_{in} \\ \vdots & \vdots & & \vdots \\ a_{n1} & a_{n2} & \cdots & a_{nn} \end{vmatrix} = k \begin{vmatrix} a_{11} & a_{12} & \cdots & a_{1n} \\ \vdots & \vdots & & \vdots \\ a_{i1} & a_{i2} & \cdots & a_{in} \\ \vdots & \vdots & & \vdots \\ a_{n1} & a_{n2} & \cdots & a_{nn} \end{vmatrix}.$$

证明 左端 $= \sum\limits_{j_1 j_2 \cdots j_n} (-1)^{\tau(j_1 \cdots j_i \cdots j_n)} a_{1j_1} \cdots (ka_{ij_i}) \cdots a_{nj_n}$

$= k \sum\limits_{j_1 j_2 \cdots j_n} (-1)^{\tau(j_1 \cdots j_i \cdots j_n)} a_{1j_1} \cdots a_{ij_i} \cdots a_{nj_n} =$ 右端.

推论 1.2(零性) 有一行(列)元素全为零的行列式 $D=0$.

推论 1.3(零性) 有两行(列)元素对应成比例的行列式 $D=0$.

性质 4(可加性) 若行列式中某一行(列)是两组数之和,则此行列式等于两行列式之和,这两行列式的这一行(列)分别是第一组数和第二组数,其余各行(列)与原行列式相同. 即

$$\begin{vmatrix} a_{11} & a_{12} & \cdots & a_{1n} \\ \vdots & \vdots & & \vdots \\ a_{i1}+b_{i1} & a_{i2}+b_{i2} & \cdots & a_{in}+b_{in} \\ \vdots & \vdots & & \vdots \\ a_{n1} & a_{n2} & \cdots & a_{nn} \end{vmatrix} = \begin{vmatrix} a_{11} & a_{12} & \cdots & a_{1n} \\ \vdots & \vdots & & \vdots \\ a_{i1} & a_{i2} & \cdots & a_{in} \\ \vdots & \vdots & & \vdots \\ a_{n1} & a_{n2} & \cdots & a_{nn} \end{vmatrix} + \begin{vmatrix} a_{11} & a_{12} & \cdots & a_{1n} \\ \vdots & \vdots & & \vdots \\ b_{i1} & b_{i2} & \cdots & b_{in} \\ \vdots & \vdots & & \vdots \\ a_{n1} & a_{n2} & \cdots & a_{nn} \end{vmatrix}.$$

证明 左端 $=\sum_{j_1j_2\cdots j_n}(-1)^{\tau(j_1\cdots j_i\cdots j_n)}a_{1j_1}\cdots(a_{ij_i}+b_{ij_i})\cdots a_{nj_n}$

$=\sum_{j_1j_2\cdots j_n}(-1)^{\tau(j_1\cdots j_i\cdots j_n)}a_{1j_1}\cdots a_{ij_i}\cdots a_{nj_n}+$

$\sum_{j_1j_2\cdots j_n}(-1)^{\tau(j_1\cdots j_i\cdots j_n)}a_{1j_1}\cdots b_{ij_i}\cdots a_{nj_n}=$ 右端.

性质 5(倍加性) 把行列式一行(列)元素的 k 倍加到另一行(列)的对应元素上,行列式的值不变,即

$$\begin{vmatrix} a_{11} & a_{12} & \cdots & a_{1n} \\ \vdots & \vdots & & \vdots \\ a_{i1} & a_{i2} & \cdots & a_{in} \\ \vdots & \vdots & & \vdots \\ a_{j1} & a_{j2} & \cdots & a_{jn} \\ \vdots & \vdots & & \vdots \\ a_{n1} & a_{n2} & \cdots & a_{nn} \end{vmatrix}=\begin{vmatrix} a_{11} & a_{12} & \cdots & a_{1n} \\ \vdots & \vdots & & \vdots \\ a_{i1} & a_{i2} & \cdots & a_{in} \\ \vdots & \vdots & & \vdots \\ a_{j1}+ka_{i1} & a_{j2}+ka_{i2} & \cdots & a_{jn}+ka_{in} \\ \vdots & \vdots & & \vdots \\ a_{n1} & a_{n2} & \cdots & a_{nn} \end{vmatrix}.$$

证明 由可加性及推论 1.3 可知:

$$右端=\begin{vmatrix} a_{11} & a_{12} & \cdots & a_{1n} \\ \vdots & \vdots & & \vdots \\ a_{i1} & a_{i2} & \cdots & a_{in} \\ \vdots & \vdots & & \vdots \\ a_{j1} & a_{j2} & \cdots & a_{jn} \\ \vdots & \vdots & & \vdots \\ a_{n1} & a_{n2} & \cdots & a_{nn} \end{vmatrix}+\begin{vmatrix} a_{11} & a_{12} & \cdots & a_{1n} \\ \vdots & \vdots & & \vdots \\ a_{i1} & a_{i2} & \cdots & a_{in} \\ \vdots & \vdots & & \vdots \\ ka_{i1} & ka_{i2} & \cdots & ka_{in} \\ \vdots & \vdots & & \vdots \\ a_{n1} & a_{n2} & \cdots & a_{nn} \end{vmatrix}=左端+0=左端.$$

二、行列式的计算

为使计算行列式的过程醒目,特约定以下记号:

$r_i\leftrightarrow r_j$ ($c_i\leftrightarrow c_j$) 表示交换行列式的第 i 行(列)与第 j 行(列);

kr_j (kc_j) 表示用数 k 乘行列式的第 j 行(列)所有元素;

r_j+kr_i (c_j+kc_i) 表示把行列式的第 i 行(列)元素的 k 倍加到第 j 行(列)的对应元素上.

例 1.6 证明 $\begin{vmatrix} a+b & b+c & c+a \\ m+n & n+k & k+m \\ x+y & y+z & z+x \end{vmatrix}=2\begin{vmatrix} a & b & c \\ m & n & k \\ x & y & z \end{vmatrix}$.

证法 1 左端 $\xlongequal[c_1+c_3]{c_1+c_2}\begin{vmatrix} 2(a+b+c) & b+c & c+a \\ 2(m+n+k) & n+k & k+m \\ 2(x+y+z) & y+z & z+x \end{vmatrix}$

$$
=2\begin{vmatrix} a+b+c & b+c & c+a \\ m+n+k & n+k & k+m \\ x+y+z & y+z & z+x \end{vmatrix} \xlongequal{c_1-c_2} 2\begin{vmatrix} a & b+c & c+a \\ m & n+k & k+m \\ x & y+z & z+x \end{vmatrix}
$$

$$
\xlongequal{c_3-c_1} 2\begin{vmatrix} a & b+c & c \\ m & n+k & k \\ x & y+z & z \end{vmatrix} \xlongequal{c_2-c_3} 2\begin{vmatrix} a & b & c \\ m & n & k \\ x & y & z \end{vmatrix} = \text{右端}.
$$

证法 2 左端$=\begin{vmatrix} a & b+c & c+a \\ m & n+k & k+m \\ x & y+z & z+x \end{vmatrix} + \begin{vmatrix} b & b+c & c+a \\ n & n+k & k+m \\ y & y+z & z+x \end{vmatrix}$

$$
=\begin{vmatrix} a & b+c & c \\ m & n+k & k \\ x & y+z & z \end{vmatrix} + \begin{vmatrix} b & c & c+a \\ n & k & k+m \\ y & z & z+x \end{vmatrix} = \begin{vmatrix} a & b & c \\ m & n & k \\ x & y & z \end{vmatrix} + \begin{vmatrix} b & c & a \\ n & k & m \\ y & z & x \end{vmatrix}
$$

$$
=\begin{vmatrix} a & b & c \\ m & n & k \\ x & y & z \end{vmatrix} - \begin{vmatrix} a & c & b \\ m & k & n \\ x & z & y \end{vmatrix} = 2\begin{vmatrix} a & b & c \\ m & n & k \\ x & y & z \end{vmatrix} = \text{右端}.
$$

利用行列式的性质总能把行列式化成上(下)三角形行列式,进而求其值,这种计算行列式的方法称为**三角化法**,它是计算行列式的一个最基本的方法,必须熟练掌握.

例 1.7 计算下列行列式:

(1) $D=\begin{vmatrix} 1 & \frac{1}{2} & 0 & 2 \\ -\frac{1}{3} & 0 & 6 & 2 \\ \frac{1}{3} & 0 & 1 & 1 \\ -1 & -1 & 0 & 1 \end{vmatrix}$;

(2) $D=\begin{vmatrix} x & y & z & w \\ x & x+y & x+y+z & x+y+z+w \\ x & 2x+y & 3x+2y+z & 4x+3y+2z+w \\ x & 3x+y & 6x+3y+z & 12x+6y+3z+w \end{vmatrix}$.

解 (1) $D=\frac{1}{3}\cdot\frac{1}{2}\begin{vmatrix} 3 & 1 & 0 & 2 \\ -1 & 0 & 6 & 2 \\ 1 & 0 & 1 & 1 \\ -3 & -2 & 0 & 1 \end{vmatrix} \xlongequal{c_1\leftrightarrow c_2} -\frac{1}{6}\begin{vmatrix} 1 & 3 & 0 & 2 \\ 0 & -1 & 6 & 2 \\ 0 & 1 & 1 & 1 \\ -2 & -3 & 0 & 1 \end{vmatrix}$

$$\xlongequal{r_4+2r_1} -\frac{1}{6}\begin{vmatrix}1&3&0&2\\0&-1&6&2\\0&1&1&1\\0&3&0&5\end{vmatrix} \xlongequal[r_4+3r_2]{r_3+r_2} -\frac{1}{6}\begin{vmatrix}1&3&0&2\\0&-1&6&2\\0&0&7&3\\0&0&18&11\end{vmatrix}$$

$$\xlongequal{c_3-2c_4} -\frac{1}{6}\begin{vmatrix}1&3&-4&2\\0&-1&2&2\\0&0&1&3\\0&0&-4&11\end{vmatrix} \xlongequal{r_4+4r_3} -\frac{1}{6}\begin{vmatrix}1&3&-4&2\\0&-1&2&2\\0&0&1&3\\0&0&0&23\end{vmatrix}$$

$$=\frac{23}{6}.$$

(2) $$D\xlongequal[r_2-r_1]{\substack{r_4-r_3\\r_3-r_2}}\begin{vmatrix}x&y&z&w\\0&x&x+y&x+y+z\\0&x&2x+y&3x+2y+z\\0&x&3x+y&8x+3y+z\end{vmatrix}\xlongequal[r_3-r_2]{r_4-r_3}\begin{vmatrix}x&y&z&w\\0&x&x+y&x+y+z\\0&0&x&2x+y\\0&0&x&5x+y\end{vmatrix}$$

$$\xlongequal{r_4-r_3}\begin{vmatrix}x&y&z&w\\0&x&x+y&x+y+z\\0&0&x&2x+y\\0&0&0&3x\end{vmatrix}=3x^4.$$

例 1.8 计算 n 阶行列式

$$D=\begin{vmatrix}a&b&b&\cdots&b\\b&a&b&\cdots&b\\b&b&a&\cdots&b\\\vdots&\vdots&\vdots&&\vdots\\b&b&b&\cdots&a\end{vmatrix}.$$

解法 1 因为该行列式的每行元素之和相等,所以分别把第 2,3,…,n 列加到第 1 列上,再从第 1 列提出公因子 $a+(n-1)b$,得

$$D=[a+(n-1)b]\begin{vmatrix}1&b&b&\cdots&b\\1&a&b&\cdots&b\\1&b&a&\cdots&b\\\vdots&\vdots&\vdots&&\vdots\\1&b&b&\cdots&a\end{vmatrix}$$

$$\xlongequal[(i=2,3,\cdots,n)]{r_i-r_1}[a+(n-1)b]\begin{vmatrix}1 & b & b & \cdots & b\\ 0 & a-b & 0 & \cdots & 0\\ 0 & 0 & a-b & \cdots & 0\\ \vdots & \vdots & \vdots & & \vdots\\ 0 & 0 & 0 & \cdots & a-b\end{vmatrix}$$

$$=[a+(n-1)b](a-b)^{n-1}.$$

***解法 2** 因为该行列式的每列元素之和相等，所以分别把第 2,3,…,n 行加到第 1 行上，再从第 1 行提出公因子 $a+(n-1)b$，得

$$D=[a+(n-1)b]\begin{vmatrix}1 & 1 & 1 & \cdots & 1\\ b & a & b & \cdots & b\\ b & b & a & \cdots & b\\ \vdots & \vdots & \vdots & & \vdots\\ b & b & b & \cdots & a\end{vmatrix}$$

$$\xlongequal[(i=2,3,\cdots,n)]{c_i-c_1}[a+(n-1)b]\begin{vmatrix}1 & 0 & 0 & \cdots & 0\\ b & a-b & 0 & \cdots & 0\\ b & 0 & a-b & \cdots & 0\\ \vdots & \vdots & \vdots & & \vdots\\ b & 0 & 0 & \cdots & a-b\end{vmatrix}$$

$$=[a+(n-1)b](a-b)^{n-1}.$$

解法 3 $D\xlongequal[(i=2,3,\cdots,n)]{r_i-r_1}\begin{vmatrix}a & b & b & \cdots & b\\ b-a & a-b & 0 & \cdots & 0\\ b-a & 0 & a-b & \cdots & 0\\ \vdots & \vdots & \vdots & & \vdots\\ b-a & 0 & 0 & \cdots & a-b\end{vmatrix}$

$$\xlongequal[(j=2,3,\cdots,n)]{c_1+c_j}\begin{vmatrix}a+(n-1)b & b & b & \cdots & b\\ 0 & a-b & 0 & \cdots & 0\\ 0 & 0 & a-b & \cdots & 0\\ \vdots & \vdots & \vdots & & \vdots\\ 0 & 0 & 0 & \cdots & a-b\end{vmatrix}$$

$$=[a+(n-1)b](a-b)^{n-1}.$$

***解法 4** $D \xlongequal[(i=2,3,\cdots,n)]{c_i - c_1} \begin{vmatrix} a & b-a & b-a & \cdots & b-a \\ b & a-b & 0 & \cdots & 0 \\ b & 0 & a-b & \cdots & 0 \\ \vdots & \vdots & \vdots & & \vdots \\ b & 0 & 0 & \cdots & a-b \end{vmatrix}$

$$\xlongequal[(j=2,3,\cdots,n)]{r_1 + r_j} \begin{vmatrix} a+(n-1)b & 0 & 0 & \cdots & 0 \\ b & a-b & 0 & \cdots & 0 \\ b & 0 & a-b & \cdots & 0 \\ \vdots & \vdots & \vdots & & \vdots \\ b & 0 & 0 & \cdots & a-b \end{vmatrix}$$

$$=[a+(n-1)b](a-b)^{n-1}.$$

注 (1) 利用类似于例 1.8 解法 3 或解法 4 的第 2 个等式的解题方法可解如下箭形行列式:

$$\begin{vmatrix} a_0 & c_1 & c_2 & \cdots & c_n \\ b_1 & a_1 & 0 & \cdots & 0 \\ b_2 & 0 & a_2 & \cdots & 0 \\ \vdots & \vdots & \vdots & & \vdots \\ b_n & 0 & 0 & \cdots & a_n \end{vmatrix} \quad (a_1 a_2 \cdots a_n \neq 0).$$

(2) 当 $a=0, b=1$ 时,例 1.8 是 1997 年考研试题:设 n 阶行列式

$$D = \begin{vmatrix} 0 & 1 & 1 & \cdots & 1 \\ 1 & 0 & 1 & \cdots & 1 \\ 1 & 1 & 0 & \cdots & 1 \\ \vdots & \vdots & \vdots & & \vdots \\ 1 & 1 & 1 & \cdots & 0 \end{vmatrix},$$

则 $D=$________. 显然 $D=(-1)^{n-1}(n-1)$.

例 1.9 计算 $n+1$ 阶行列式

$$D = \begin{vmatrix} b_1 & 0 & 0 & \cdots & 0 & 1 \\ -b_1 & b_2 & 0 & \cdots & 0 & 1 \\ 0 & -b_2 & b_3 & \cdots & 0 & 1 \\ \vdots & \vdots & \vdots & & \vdots & \vdots \\ 0 & 0 & 0 & \cdots & b_n & 1 \\ 0 & 0 & 0 & \cdots & -b_n & 1 \end{vmatrix}.$$

解 将第 1 行加到第 2 行，所得新的第 2 行加到第 3 行……所得新的第 n 行加到第 $n+1$ 行，得

$$D=\begin{vmatrix} b_1 & 0 & 0 & \cdots & 0 & 1 \\ 0 & b_2 & 0 & \cdots & 0 & 2 \\ 0 & 0 & b_3 & \cdots & 0 & 3 \\ \vdots & \vdots & \vdots & & \vdots & \vdots \\ 0 & 0 & 0 & \cdots & b_n & n \\ 0 & 0 & 0 & \cdots & 0 & n+1 \end{vmatrix}=(n+1)b_1b_2\cdots b_n.$$

§1.4 行列式按行(列)展开

一、行列式按行(列)展开

我们容易验证：

$$D=\begin{vmatrix} a_{11} & a_{12} & a_{13} \\ a_{21} & a_{22} & a_{23} \\ a_{31} & a_{32} & a_{33} \end{vmatrix}=a_{11}\begin{vmatrix} a_{22} & a_{23} \\ a_{32} & a_{33} \end{vmatrix}-a_{12}\begin{vmatrix} a_{21} & a_{23} \\ a_{31} & a_{33} \end{vmatrix}+a_{13}\begin{vmatrix} a_{21} & a_{22} \\ a_{31} & a_{32} \end{vmatrix}.$$

即 3 阶行列式可用 2 阶行列式表示，那么高阶行列式能否用较低阶的行列式表示呢？为回答此问题，先介绍余子式和代数余子式的概念.

定义 1.5 在 n 阶行列式

$$D=\begin{vmatrix} a_{11} & a_{12} & \cdots & a_{1n} \\ a_{21} & a_{22} & \cdots & a_{2n} \\ \vdots & \vdots & & \vdots \\ a_{n1} & a_{n2} & \cdots & a_{nn} \end{vmatrix}$$

中，划去元素 a_{ij} 所在行与列后，余下的元素按原有顺序构成的 $n-1$ 阶行列式

$$M_{ij}=\begin{vmatrix} a_{11} & \cdots & a_{1(j-1)} & a_{1(j+1)} & \cdots & a_{1n} \\ \vdots & & \vdots & \vdots & & \vdots \\ a_{(i-1)1} & \cdots & a_{(i-1)(j-1)} & a_{(i-1)(j+1)} & \cdots & a_{(i-1)n} \\ a_{(i+1)1} & \cdots & a_{(i+1)(j-1)} & a_{(i+1)(j+1)} & \cdots & a_{(i+1)n} \\ \vdots & & \vdots & \vdots & & \vdots \\ a_{n1} & \cdots & a_{n(j-1)} & a_{n(j+1)} & \cdots & a_{nn} \end{vmatrix}$$

称为元素 a_{ij} 的余子式(cofactor)，而称 $A_{ij}=(-1)^{i+j}M_{ij}$ 为元素 a_{ij} 的代数余子式(algebraic cofactor).

例如,4 阶行列式

$$\begin{vmatrix} 2 & 0 & 4 & 1 \\ 1 & 2 & 1 & 0 \\ a & b & c & d \\ 3 & 5 & 0 & 0 \end{vmatrix}$$

中,元素 a,b 的余子式和代数余子式分别为

$$M_{31}=\begin{vmatrix} 0 & 4 & 1 \\ 2 & 1 & 0 \\ 5 & 0 & 0 \end{vmatrix}=-5,\quad M_{32}=\begin{vmatrix} 2 & 4 & 1 \\ 1 & 1 & 0 \\ 3 & 0 & 0 \end{vmatrix}=-3;$$

$$A_{31}=(-1)^{3+1}M_{31}=-5,\quad A_{32}=(-1)^{3+2}M_{32}=3.$$

显然:元素 a_{ij} 的余子式 M_{ij} 和代数余子式 A_{ij} 只与元素 a_{ij} 的位置有关,而与元素 a_{ij} 无关;并且它们之间有关系

$$A_{ij}=\begin{cases} M_{ij}, & \text{当 } i+j \text{ 为偶数时}, \\ -M_{ij}, & \text{当 } i+j \text{ 为奇数时}. \end{cases}$$

另外,本节开头的等式可用代数余子式表示为

$$D=a_{11}A_{11}+a_{12}A_{12}+a_{13}A_{13}.$$

为了把这个结果推广到 n 阶行列式,我们先证明一个引理.

引理 1.1 若 n 阶行列式 $D=|a_{ij}|_n$ 的第 i 行所有元素除 a_{ij} 外都为 0,则该行列式等于 a_{ij} 与它的代数余子式 A_{ij} 的乘积,即 $D=a_{ij}A_{ij}$.

证明 当 $i=j=1$ 时,即

$$\begin{aligned} D&=\begin{vmatrix} a_{11} & 0 & \cdots & 0 \\ a_{21} & a_{22} & \cdots & a_{2n} \\ \vdots & \vdots & & \vdots \\ a_{n1} & a_{n2} & \cdots & a_{nn} \end{vmatrix}=\sum_{j_1j_2\cdots j_n}(-1)^{\tau(j_1j_2\cdots j_n)}a_{1j_1}a_{2j_2}\cdots a_{nj_n} \\ &=\sum_{1j_2\cdots j_n}(-1)^{\tau(1j_2\cdots j_n)}a_{11}a_{2j_2}\cdots a_{nj_n}=a_{11}\sum_{j_2\cdots j_n}(-1)^{\tau(j_2\cdots j_n)}a_{2j_2}\cdots a_{nj_n} \\ &=a_{11}M_{11}=a_{11}A_{11}. \end{aligned}$$

当 $i\neq 1$ 或 $j\neq 1$ 时,将行列式 D 的第 i 行依次与第 $i-1$ 行……第 2 行,第 1 行交换,交换次数为 $i-1$;再将新行列式的第 j 列依次与第 $j-1$ 列……第 2 列,第 1 列交换,交换次数为 $j-1$,所得行列式为 D_1(其中左上角元素为 a_{ij},第 1 行所有元素除 a_{ij} 外都为 0),元素 a_{ij} 在 D_1 中的余子式仍然是它在 D 中的余子式 M_{ij},因此由行列式的半可交换性及前一情形的结果有

$$D=(-1)^{(i-1)+(j-1)}D_1=(-1)^{i+j}D_1=(-1)^{i+j}a_{ij}M_{ij}=a_{ij}A_{ij}.$$

定理 1.2(可展性) n 阶行列式 $D=|a_{ij}|_n$ 等于它的任一行(列)的所有元素

与其对应的代数余子式乘积之和，即

$$D=a_{i1}A_{i1}+a_{i2}A_{i2}+\cdots+a_{in}A_{in}\qquad(i=1,2,\cdots,n);$$

或

$$D=a_{1j}A_{1j}+a_{2j}A_{2j}+\cdots+a_{nj}A_{nj}\qquad(j=1,2,\cdots,n).$$

证明

$$D=\begin{vmatrix} a_{11} & a_{12} & \cdots & a_{1n} \\ \vdots & \vdots & & \vdots \\ a_{i1}+0+\cdots+0 & 0+a_{i2}+\cdots+0 & \cdots & 0+\cdots+0+a_{in} \\ \vdots & \vdots & & \vdots \\ a_{n1} & a_{n2} & \cdots & a_{nn} \end{vmatrix}$$

$$=\begin{vmatrix} a_{11} & a_{12} & \cdots & a_{1n} \\ \vdots & \vdots & & \vdots \\ a_{i1} & 0 & \cdots & 0 \\ \vdots & \vdots & & \vdots \\ a_{n1} & a_{n2} & \cdots & a_{nn} \end{vmatrix}+\begin{vmatrix} a_{11} & a_{12} & \cdots & a_{1n} \\ \vdots & \vdots & & \vdots \\ 0 & a_{i2} & \cdots & 0 \\ \vdots & \vdots & & \vdots \\ a_{n1} & a_{n2} & \cdots & a_{nn} \end{vmatrix}+\cdots+\begin{vmatrix} a_{11} & a_{12} & \cdots & a_{1n} \\ \vdots & \vdots & & \vdots \\ 0 & 0 & \cdots & a_{in} \\ \vdots & \vdots & & \vdots \\ a_{n1} & a_{n2} & \cdots & a_{nn} \end{vmatrix}$$

$$=a_{i1}A_{i1}+a_{i2}A_{i2}+\cdots+a_{in}A_{in}.$$

此即行列式按第 i 行展开的公式；类似可证行列式按第 j 列展开的公式.

定理 1.3 n 阶行列式 $D=|a_{ij}|_n$ 的某一行(列)的各元素与另一行(列)对应元素的代数余子式乘积之和等于零，即

$$a_{i1}A_{j1}+a_{i2}A_{j2}+\cdots+a_{in}A_{jn}=\sum_{k=1}^{n}a_{ik}A_{jk}=0\quad(i\neq j);$$

或

$$a_{1i}A_{1j}+a_{2i}A_{2j}+\cdots+a_{ni}A_{nj}=\sum_{k=1}^{n}a_{ki}A_{kj}=0\quad(i\neq j).$$

证法 1 由行列式的倍加性和可展性有

$$D\xlongequal{c_j+c_i}\begin{vmatrix} a_{11} & \cdots & a_{1i} & \cdots & a_{1j}+a_{1i} & \cdots & a_{1n} \\ a_{21} & \cdots & a_{2i} & \cdots & a_{2j}+a_{2i} & \cdots & a_{2n} \\ \vdots & & \vdots & & \vdots & & \vdots \\ a_{n1} & \cdots & a_{ni} & \cdots & a_{nj}+a_{ni} & \cdots & a_{nn} \end{vmatrix}=\sum_{k=1}^{n}(a_{kj}+a_{ki})A_{kj}$$

$$=\sum_{k=1}^{n}a_{kj}A_{kj}+\sum_{k=1}^{n}a_{ki}A_{kj}=D+\sum_{k=1}^{n}a_{ki}A_{kj},$$

所以 $\sum_{k=1}^{n}a_{ki}A_{kj}=0(i\neq j)$. 类似可证另一等式.

证法 2 将 $D=|a_{ij}|_n$ 的第 j 行元素换成第 i 行元素得两行相同的行

列式

$$0=\begin{vmatrix} a_{11} & a_{12} & \cdots & a_{1n} \\ \vdots & \vdots & & \vdots \\ a_{i1} & a_{i2} & \cdots & a_{in} \\ \vdots & \vdots & & \vdots \\ a_{i1} & a_{i2} & \cdots & a_{in} \\ \vdots & \vdots & & \vdots \\ a_{n1} & a_{n2} & \cdots & a_{nn} \end{vmatrix} \begin{matrix} \\ \\ i\text{ 行} \\ \\ j\text{ 行} \\ \\ \\ \end{matrix} \xlongequal{\text{按第 } j \text{ 行展开}} \sum_{k=1}^{n} a_{ik}A_{jk}\ (i\neq j).$$

类似可证另一等式.

综合定理 1.2 与定理 1.3 可得行列式 $D=|a_{ij}|_n$ 的重要公式：

$$a_{i1}A_{j1}+a_{i2}A_{j2}+\cdots+a_{in}A_{jn}=\sum_{k=1}^{n}a_{ik}A_{jk}=\begin{cases} D & (i=j), \\ 0 & (i\neq j). \end{cases}$$

$$a_{1i}A_{1j}+a_{2i}A_{2j}+\cdots+a_{ni}A_{nj}=\sum_{k=1}^{n}a_{ki}A_{kj}=\begin{cases} D & (i=j), \\ 0 & (i\neq j). \end{cases}$$

二、行列式的计算

利用行列式的可展性把高阶行列式转化为较低阶行列式进行计算的方法，称为**降阶法**；但直接应用按行（列）展开公式计算行列式，运算量较大，因此用降阶法计算行列式应按零较多的行或列展开. 实际中通常用行列式的性质把零较多的行或列化为只有一个元素不为零，而后按该行或列展开，对降阶后的行列式再如法进行. 降阶法是计算行列式的又一个最基本、最重要的方法，须熟练掌握.

为了使计算过程更加醒目，将按第 i 行（列）展开记为 (r_i)（(c_i)）.

例 1.10 计算行列式

$$D=\begin{vmatrix} 1 & 0 & -1 & 2 & 0 \\ 5 & 6 & 2 & 0 & 3 \\ -2 & 1 & 3 & 1 & 0 \\ 0 & 1 & 0 & -1 & 0 \\ 1 & 3 & 4 & -2 & 0 \end{vmatrix}.$$

解 $D\xlongequal{(c_5)}3\cdot(-1)^{2+5}\begin{vmatrix} 1 & 0 & -1 & 2 \\ -2 & 1 & 3 & 1 \\ 0 & 1 & 0 & -1 \\ 1 & 3 & 4 & -2 \end{vmatrix}\xlongequal{c_4+c_2}-3\begin{vmatrix} 1 & 0 & -1 & 2 \\ -2 & 1 & 3 & 2 \\ 0 & 1 & 0 & 0 \\ 1 & 3 & 4 & 1 \end{vmatrix}$

$$\xlongequal{(r_3)}(-3)\cdot 1\cdot(-1)^{3+2}\begin{vmatrix}1&-1&2\\-2&3&2\\1&4&1\end{vmatrix}\xlongequal[r_3-r_1]{r_2+2r_1}3\begin{vmatrix}1&-1&2\\0&1&6\\0&5&-1\end{vmatrix}$$

$$\xlongequal{(c_1)}3\begin{vmatrix}1&6\\5&-1\end{vmatrix}=-93.$$

例 1.11 计算 n 阶行列式

$$D=\begin{vmatrix}a&0&\cdots&0&b\\0&a&\cdots&0&0\\\vdots&\vdots&&\vdots&\vdots\\0&0&\cdots&a&0\\b&0&\cdots&0&a\end{vmatrix}.$$

解 按第 1 列展开得

$$D=a\begin{vmatrix}a&\cdots&0&0\\\vdots&&\vdots&\vdots\\0&\cdots&a&0\\0&\cdots&0&a\end{vmatrix}+(-1)^{n+1}b\begin{vmatrix}0&\cdots&0&b\\a&\cdots&0&0\\\vdots&&\vdots&\vdots\\0&\cdots&a&0\end{vmatrix}$$

$$=a^n+(-1)^{n+1}(-1)^n b^2\begin{vmatrix}a&&&\\&a&&\\&&\ddots&\\&&&a\end{vmatrix}=a^{n-2}(a^2-b^2).$$

例 1.12 计算 n 阶行列式

$$D_n=\begin{vmatrix}x&-1&0&\cdots&0&0\\0&x&-1&\cdots&0&0\\0&0&x&\cdots&0&0\\\vdots&\vdots&\vdots&&\vdots&\vdots\\0&0&0&\cdots&x&-1\\a_0&a_1&a_2&\cdots&a_{n-2}&a_{n-1}\end{vmatrix}.$$

解 按第 1 列展开得

$$D_n=xD_{n-1}+a_0(-1)^{n+1}\begin{vmatrix}-1&0&\cdots&0&0\\x&-1&\cdots&0&0\\\vdots&\vdots&&\vdots&\vdots\\0&0&\cdots&x&-1\end{vmatrix}$$

$$
\begin{aligned}
&= xD_{n-1} + a_0 \quad (\text{递推公式}) \\
&= x(xD_{n-2} + a_1) + a_0 = x^2 D_{n-2} + a_1 x + a_0 \\
&= \cdots = x^{n-1} D_1 + a_{n-2} x^{n-2} + \cdots + a_1 x + a_0 \\
&= a_{n-1} x^{n-1} + a_{n-2} x^{n-2} + \cdots + a_1 x + a_0 .
\end{aligned}
$$

利用行列式特性建立起同类型的 n 阶行列式与 $n-1$ 阶(或更低阶)行列式间的关系(即**递推公式**),然后逐次递推算出行列式的值,这是计算行列式时的一种很有效的方法,称为**递推法**.

***例 1.13** 计算 n 阶三对角行列式

$$
D_n = \begin{vmatrix} a+b & a & 0 & \cdots & 0 & 0 \\ b & a+b & a & \cdots & 0 & 0 \\ 0 & b & a+b & \cdots & 0 & 0 \\ \vdots & \vdots & \vdots & & \vdots & \vdots \\ 0 & 0 & 0 & \cdots & a+b & a \\ 0 & 0 & 0 & \cdots & b & a+b \end{vmatrix} .
$$

解 按第 1 列展开有

$$
\begin{aligned}
D_n &= (a+b)D_{n-1} - b \begin{vmatrix} a & 0 & 0 & \cdots & 0 & 0 \\ b & a+b & a & \cdots & 0 & 0 \\ 0 & b & a+b & \cdots & 0 & 0 \\ \vdots & \vdots & \vdots & & \vdots & \vdots \\ 0 & 0 & 0 & \cdots & a+b & a \\ 0 & 0 & 0 & \cdots & b & a+b \end{vmatrix} \\
&= (a+b)D_{n-1} - abD_{n-2} ,
\end{aligned}
$$

即得递推公式

$$
D_n - aD_{n-1} = b(D_{n-1} - aD_{n-2}) .
$$

又

$$
D_1 = a+b , D_2 = \begin{vmatrix} a+b & a \\ b & a+b \end{vmatrix} = a^2 + ab + b^2 ,
$$

所以逐次递推有

$$
\begin{aligned}
D_n - aD_{n-1} &= b(D_{n-1} - aD_{n-2}) = b^2(D_{n-2} - aD_{n-3}) = \cdots \\
&= b^{n-2}(D_2 - aD_1) = b^{n-2} b^2 = b^n ,
\end{aligned}
$$

于是得另一递推公式

$$
D_n = b^n + aD_{n-1} .
$$

再逐次递推有

$$
\begin{aligned}
D_n &= b^n + aD_{n-1} = b^n + a(b^{n-1} + aD_{n-2}) = b^n + ab^{n-1} + a^2(b^{n-2} + aD_{n-3}) \\
&= \cdots = b^n + ab^{n-1} + a^2b^{n-2} + \cdots + a^{n-2}(b^2 + aD_1) \\
&= b^n + ab^{n-1} + a^2b^{n-2} + \cdots + a^{n-2}b^2 + a^{n-1}b + a^n \\
&= \begin{cases} (n+1)a^n & (a=b), \\ \dfrac{a^{n+1}-b^{n+1}}{a-b} & (a \neq b). \end{cases}
\end{aligned}
$$

例 1.14 证明 n 阶范德蒙德(Vandermonde)行列式

$$
D_n = \begin{vmatrix} 1 & 1 & \cdots & 1 \\ a_1 & a_2 & \cdots & a_n \\ a_1^2 & a_2^2 & \cdots & a_n^2 \\ \vdots & \vdots & & \vdots \\ a_1^{n-1} & a_2^{n-1} & \cdots & a_n^{n-1} \end{vmatrix} = \prod_{1 \leqslant j < i \leqslant n} (a_i - a_j) \quad (n \geqslant 2).
$$

其中“$\prod$”表示连乘号.

***证明** 用数学归纳法证明. 当 $n=2$ 时,

$$
D_2 = \begin{vmatrix} 1 & 1 \\ a_1 & a_2 \end{vmatrix} = a_2 - a_1,
$$

结论成立,假设对 $n-1$ 阶范德蒙德行列式结论成立,现证对 n 阶范德蒙德行列式结论也成立. 从第 n 行开始,自下而上,依次用下一行减去上一行的 a_1 倍,得

$$
\begin{aligned}
D_n &= \begin{vmatrix} 1 & 1 & 1 & \cdots & 1 \\ 0 & a_2-a_1 & a_3-a_1 & \cdots & a_n-a_1 \\ 0 & a_2(a_2-a_1) & a_3(a_3-a_1) & \cdots & a_n(a_n-a_1) \\ \vdots & \vdots & \vdots & & \vdots \\ 0 & a_2^{n-2}(a_2-a_1) & a_3^{n-2}(a_3-a_1) & \cdots & a_n^{n-2}(a_n-a_1) \end{vmatrix} \\
&= (a_2-a_1)(a_3-a_1)\cdots(a_n-a_1) \begin{vmatrix} 1 & 1 & \cdots & 1 \\ a_2 & a_3 & \cdots & a_n \\ \vdots & \vdots & & \vdots \\ a_2^{n-2} & a_3^{n-2} & \cdots & a_n^{n-2} \end{vmatrix} \\
&= (a_2-a_1)(a_3-a_1)\cdots(a_n-a_1) \prod_{2 \leqslant j < i \leqslant n} (a_i - a_j) \quad (\text{由归纳假设}) \\
&= \prod_{1 \leqslant j < i \leqslant n} (a_i - a_j).
\end{aligned}
$$

递推与数学归纳法

显然,n 阶范德蒙德行列式 $D_n \neq 0$ 的充要条件是它的元素 $a_1, a_2, \cdots, a_n$ 互不相同.

例 1.15(与 2001 年考研试题类似) 设 M_{ij}, A_{ij} 分别为行列式

$$D=\begin{vmatrix}3&0&1&0\\2&2&2&2\\0&-2&0&0\\1&2&0&-1\end{vmatrix}$$

中元素 a_{ij} 的余子式和代数余子式,试求

(1) $A_{41}+A_{42}+A_{43}+A_{44}$;

(2) $M_{41}+M_{42}+M_{43}+M_{44}$;

(3) $3M_{13}+2A_{23}-M_{43}$.

解 (1) $A_{41}+A_{42}+A_{43}+A_{44}=\begin{vmatrix}3&0&1&0\\2&2&2&2\\0&-2&0&0\\1&1&1&1\end{vmatrix}=0$;

(2) $M_{41}+M_{42}+M_{43}+M_{44}=-A_{41}+A_{42}-A_{43}+A_{44}$

$$=\begin{vmatrix}3&0&1&0\\2&2&2&2\\0&-2&0&0\\-1&1&-1&1\end{vmatrix}\xlongequal{(r_3)}(-2)(-1)^{3+2}\begin{vmatrix}3&1&0\\2&2&2\\-1&-1&1\end{vmatrix}$$

$$\xlongequal{r_2+2r_3}2\begin{vmatrix}3&1&0\\0&0&4\\-1&-1&1\end{vmatrix}=16;$$

(3) $3M_{13}+2A_{23}-M_{43}=3A_{13}+2A_{23}+A_{43}=\begin{vmatrix}3&0&3&0\\2&2&2&2\\0&-2&0&0\\1&2&1&-1\end{vmatrix}=0.$

一般地,设 A_{ij} 为行列式 $D=|a_{ij}|_n$ 中元素 a_{ij} 的代数余子式,则

$$b_1A_{11}+b_2A_{12}+\cdots+b_nA_{1n}=\begin{vmatrix}b_1&b_2&\cdots&b_n\\a_{21}&a_{22}&\cdots&a_{2n}\\\vdots&\vdots&&\vdots\\a_{n1}&a_{n2}&\cdots&a_{nn}\end{vmatrix}.$$

§1.5 克拉默法则

前面我们研究了 n 阶行列式的概念、性质与计算,下面我们研究行列式在求解特殊线性方程组中的应用,即利用行列式给出特殊线性方程组解的公式.

定理 1.4(克拉默(Cramer)法则) 如果 n 个方程的 n 元线性方程组

$$\begin{cases} a_{11}x_1 + a_{12}x_2 + \cdots + a_{1n}x_n = b_1, \\ a_{21}x_1 + a_{22}x_2 + \cdots + a_{2n}x_n = b_2, \\ \cdots\cdots\cdots\cdots \\ a_{n1}x_1 + a_{n2}x_2 + \cdots + a_{nn}x_n = b_n \end{cases} \tag{1.1}$$

的系数行列式

$$D = \begin{vmatrix} a_{11} & a_{12} & \cdots & a_{1n} \\ a_{21} & a_{22} & \cdots & a_{2n} \\ \vdots & \vdots & & \vdots \\ a_{n1} & a_{n2} & \cdots & a_{nn} \end{vmatrix} \neq 0,$$

则方程组(1.1)有唯一解

$$x_1 = \frac{D_1}{D}, \quad x_2 = \frac{D_2}{D}, \quad \cdots, \quad x_n = \frac{D_n}{D}, \tag{1.2}$$

其中 D_j 是用常数项 $b_1, b_2, \cdots, b_n$ 替换系数行列式 D 中第 j 列所得行列式，即

$$D_j = \begin{vmatrix} a_{11} & \cdots & a_{1(j-1)} & b_1 & a_{1(j+1)} & \cdots & a_{1n} \\ a_{21} & \cdots & a_{2(j-1)} & b_2 & a_{2(j+1)} & \cdots & a_{2n} \\ \vdots & & \vdots & \vdots & \vdots & & \vdots \\ a_{n1} & \cdots & a_{n(j-1)} & b_n & a_{n(j+1)} & \cdots & a_{nn} \end{vmatrix} \quad (j = 1, 2, \cdots, n).$$

证明 先证解的唯一性. 若方程组(1.1)有解 $x_1, x_2, \cdots, x_n$，则

$$x_1 D = \begin{vmatrix} a_{11}x_1 & a_{12} & \cdots & a_{1n} \\ a_{21}x_1 & a_{22} & \cdots & a_{2n} \\ \vdots & \vdots & & \vdots \\ a_{n1}x_1 & a_{n2} & \cdots & a_{nn} \end{vmatrix}$$

$$\xlongequal[(i=2,\cdots,n)]{c_1 + x_i c_i} \begin{vmatrix} a_{11}x_1 + a_{12}x_2 + \cdots + a_{1n}x_n & a_{12} & \cdots & a_{1n} \\ a_{21}x_1 + a_{22}x_2 + \cdots + a_{2n}x_n & a_{22} & \cdots & a_{2n} \\ \vdots & \vdots & & \vdots \\ a_{n1}x_1 + a_{n2}x_2 + \cdots + a_{nn}x_n & a_{n2} & \cdots & a_{nn} \end{vmatrix}$$

$$= \begin{vmatrix} b_1 & a_{12} & \cdots & a_{1n} \\ b_2 & a_{22} & \cdots & a_{2n} \\ \vdots & \vdots & & \vdots \\ b_n & a_{n2} & \cdots & a_{nn} \end{vmatrix} = D_1.$$

同理可证：$x_2 D = D_2, \cdots, x_n D = D_n$，又 $D \neq 0$，所以

$$x_1 = \frac{D_1}{D}, \quad x_2 = \frac{D_2}{D}, \quad \cdots, \quad x_n = \frac{D_n}{D}.$$

这说明了方程组(1.1)若有解，则解必为式(1.2).

下面验证式(1.2)是方程组(1.1)的解.

$$b_iD=\begin{vmatrix} b_i & 0 & 0 & \cdots & 0 \\ b_1 & a_{11} & a_{12} & \cdots & a_{1n} \\ \vdots & \vdots & \vdots & & \vdots \\ b_n & a_{n1} & a_{n2} & \cdots & a_{nn} \end{vmatrix} \xlongequal{r_1-r_{i+1}} \begin{vmatrix} 0 & -a_{i1} & -a_{i2} & \cdots & -a_{in} \\ b_1 & a_{11} & a_{12} & \cdots & a_{1n} \\ \vdots & \vdots & \vdots & & \vdots \\ b_n & a_{n1} & a_{n2} & \cdots & a_{nn} \end{vmatrix},$$

将后面的行列式按第 1 行展开,并经过变形整理得:

$$b_iD=a_{i1}D_1+a_{i2}D_2+\cdots+a_{in}D_n,$$

又 $D\neq 0$,所以

$$a_{i1}\frac{D_1}{D}+a_{i2}\frac{D_2}{D}+\cdots+a_{in}\frac{D_n}{D}=b_i \quad (i=1,2,\cdots,n).$$

故式(1.2)是方程组(1.1)的解.

应用克拉默法则有两个前提:一是方程个数与未知量个数相同,二是系数行列式非零;克拉默法则的主要优点是将方程组的解用系数及常数项表示成了公式,具有重要的理论价值;克拉默法则的弱点是当 n 较大时,计算量大,实用性差.

由克拉默法则可得下述定理.

定理 1.5 若线性方程组(1.1)的系数行列式 $D\neq 0$,则它有唯一解. 换言之,若线性方程组(1.1)无解或解不唯一,则它的系数行列式 $D=0$.

当方程组(1.1)的常数项 $b_1,b_2,\cdots,b_n$ 全为零时,即

$$\begin{cases} a_{11}x_1+a_{12}x_2+\cdots+a_{1n}x_n=0, \\ a_{21}x_1+a_{22}x_2+\cdots+a_{2n}x_n=0, \\ \cdots\cdots\cdots\cdots \\ a_{n1}x_1+a_{n2}x_2+\cdots+a_{nn}x_n=0, \end{cases} \tag{1.3}$$

称它为**齐次线性方程组**.

齐次线性方程组(1.3)一定有解:$x_1=0,x_2=0,\cdots,x_n=0$,称为它的**零解**. 若一组不全为零的数是方程组(1.3)的解,则称之为齐次线性方程组(1.3)的**非零解**. 齐次线性方程组永远有零解,但未必有非零解.

由克拉默法则可得下述定理.

定理 1.6 若齐次线性方程组(1.3)的系数行列式 $D\neq 0$,则它只有零解. 换言之,若齐次线性方程组(1.3)有非零解,则它的系数行列式 $D=0$.

例 1.16 解线性方程组

$$\begin{cases} x_1-x_2+x_3+2x_4=1, \\ x_1+x_2-2x_3+x_4=1, \\ x_1+x_2+x_4=2, \\ x_1+x_3-x_4=1. \end{cases}$$

解 由于系数行列式

$$D=\begin{vmatrix}1&-1&1&2\\1&1&-2&1\\1&1&0&1\\1&0&1&-1\end{vmatrix}\xlongequal{r_2-r_3}\begin{vmatrix}1&-1&1&2\\0&0&-2&0\\1&1&0&1\\1&0&1&-1\end{vmatrix}$$

$$=2\begin{vmatrix}1&-1&2\\1&1&1\\1&0&-1\end{vmatrix}=-10\neq 0,$$

$$D_1=\begin{vmatrix}1&-1&1&2\\1&1&-2&1\\2&1&0&1\\1&0&1&-1\end{vmatrix}=-8,\quad D_2=\begin{vmatrix}1&1&1&2\\1&1&-2&1\\1&2&0&1\\1&1&1&-1\end{vmatrix}=-9,$$

$$D_3=\begin{vmatrix}1&-1&1&2\\1&1&1&1\\1&1&2&1\\1&0&1&-1\end{vmatrix}=-5,\quad D_4=\begin{vmatrix}1&-1&1&1\\1&1&-2&1\\1&1&0&2\\1&0&1&1\end{vmatrix}=-3,$$

所以方程组有唯一解

$$x_1=\frac{D_1}{D}=\frac{4}{5},\quad x_2=\frac{D_2}{D}=\frac{9}{10},\quad x_3=\frac{D_3}{D}=\frac{1}{2},\quad x_4=\frac{D_4}{D}=\frac{3}{10}.$$

例 1.17 当 k 为何值时，齐次线性方程组

$$\begin{cases}kx_1+2x_2+2x_3=0,\\2x_1+kx_2+2x_3=0,\\2x_1+2x_2+kx_3=0\end{cases}$$

有非零解？

解 要使方程组有非零解，则它的系数行列式

$$\begin{vmatrix}k&2&2\\2&k&2\\2&2&k\end{vmatrix}=(k+4)\begin{vmatrix}1&2&2\\1&k&2\\1&2&k\end{vmatrix}=(k+4)\begin{vmatrix}1&2&2\\0&k-2&0\\0&0&k-2\end{vmatrix}$$

$$=(k+4)(k-2)^2=0,$$

即 $k=2$ 或 $k=-4$ 时，方程组有非零解.

* **例 1.18** 求过三点 $(1,1,1)$，$(2,3,-1)$，$(3,-1,-1)$ 的平面方程.

解 设平面方程为

$$Ax+By+Cz+D=0\quad(A,B,C\text{ 不全为零}),$$

将三已知点(1,1,1),(2,3,−1),(3,−1,−1)及平面上的任意点(x,y,z)代入方程得

$$\begin{cases} A+B+C+D=0, \\ 2A+3B-C+D=0, \\ 3A-B-C+D=0, \\ xA+yB+zC+D=0, \end{cases}$$

可视为未知量是A,B,C,D的齐次线性方程组,因为它有非零解,所以由定理1.6知,它的系数行列式

$$\begin{vmatrix} 1 & 1 & 1 & 1 \\ 2 & 3 & -1 & 1 \\ 3 & -1 & -1 & 1 \\ x & y & z & 1 \end{vmatrix} = 2(4x+y+3z-8)=0.$$

故所求平面方程为$4x+y+3z-8=0$.

***例 1.19** 证明$n-1$次方程

$$f(x)=a_0+a_1x+a_2x^2+\cdots+a_{n-1}x^{n-1}=0 \quad (a_{n-1}\neq 0)$$

至多有$n-1$个互异的根.

证明(反证法) 设方程有n个互异的根$x_1,x_2,\cdots,x_n$,逐个代入得

$$\begin{cases} a_0+a_1x_1+a_2x_1^2+\cdots+a_{n-1}x_1^{n-1}=0, \\ a_0+a_1x_2+a_2x_2^2+\cdots+a_{n-1}x_2^{n-1}=0, \\ \cdots\cdots\cdots\cdots \\ a_0+a_1x_n+a_2x_n^2+\cdots+a_{n-1}x_n^{n-1}=0, \end{cases}$$

可视为未知量是$a_0,a_1,\cdots,a_{n-1}$的齐次线性方程组,其系数行列式D是范德蒙德行列式的转置,因为$x_1,x_2,\cdots,x_n$互异,所以

$$D=\begin{vmatrix} 1 & x_1 & x_1^2 & \cdots & x_1^{n-1} \\ 1 & x_2 & x_2^2 & \cdots & x_2^{n-1} \\ \vdots & \vdots & \vdots & & \vdots \\ 1 & x_n & x_n^2 & \cdots & x_n^{n-1} \end{vmatrix} \neq 0.$$

由定理1.6知,方程组只有零解:$a_0=0,a_1=0,\cdots,a_{n-1}=0$,与$a_{n-1}\neq 0$相矛盾.

故原方程至多有$n-1$个互异的根.

请读者思考以下两个问题:

(1) 如何求解系数行列式$D=0$的线性方程组?

(2) 如何求解方程个数与未知量个数不等的线性方程组?

小　结

一、数域与排列

1. 数域(略)

2. n 元排列

(1) 排列 $i_1i_2\cdots i_n$ 的逆序数:

$\tau(i_1i_2\cdots i_n)=$(1 前数码个数)+(2 前大于 2 的数码个数)+⋯+

($n-1$ 前大于 $n-1$ 的数码个数);

(2) 对换改变排列的奇偶性;

(3) 在 n 元排列中,奇偶排列各占一半,各有 $\frac{n!}{2}$ 个.

二、行列式

1. n 阶行列式的定义

$$D=\det(a_{ij})=|a_{ij}|_n=\begin{vmatrix} a_{11} & a_{12} & \cdots & a_{1n} \\ a_{21} & a_{22} & \cdots & a_{2n} \\ \vdots & \vdots & & \vdots \\ a_{n1} & a_{n2} & \cdots & a_{nn} \end{vmatrix}$$

$$=\sum_{j_1j_2\cdots j_n}(-1)^{\tau(j_1j_2\cdots j_n)}a_{1j_1}a_{2j_2}\cdots a_{nj_n}=\sum_{i_1i_2\cdots i_n}(-1)^{\tau(i_1i_2\cdots i_n)}a_{i_11}a_{i_22}\cdots a_{i_nn}$$

$$=\sum(-1)^{\tau(i_1i_2\cdots i_n)+\tau(j_1j_2\cdots j_n)}a_{i_1j_1}a_{i_2j_2}\cdots a_{i_nj_n}.$$

即 n 阶行列式 $|a_{ij}|_n$ 是 $n!$ 项的代数和,最终结果是一个数,对它应明确三点:

(1) 项的构成:不同行不同列的 n 个元素乘积 $a_{1j_1}a_{2j_2}\cdots a_{nj_n}$;

(2) 项数:$n!$;

(3) 项 $a_{1j_1}a_{2j_2}\cdots a_{nj_n}$ 的符号:$(-1)^{\tau(j_1j_2\cdots j_n)}$.

2. 特殊行列式

(1) 2 阶与 3 阶行列式

$$\begin{vmatrix} a_{11} & a_{12} \\ a_{21} & a_{22} \end{vmatrix}=a_{11}a_{22}-a_{12}a_{21}.$$

$$\begin{vmatrix} a_{11} & a_{12} & a_{13} \\ a_{21} & a_{22} & a_{23} \\ a_{31} & a_{32} & a_{33} \end{vmatrix}=a_{11}a_{22}a_{33}+a_{12}a_{23}a_{31}+a_{13}a_{21}a_{32}-a_{13}a_{22}a_{31}-a_{12}a_{21}a_{33}-$$

$a_{11}a_{23}a_{32}$.

(2) n 阶上(下)三角形行列式及对角行列式

$$\begin{vmatrix} a_{11} & a_{12} & \cdots & a_{1n} \\ 0 & a_{22} & \cdots & a_{2n} \\ \vdots & \vdots & & \vdots \\ 0 & 0 & \cdots & a_{nn} \end{vmatrix} = \begin{vmatrix} a_{11} & 0 & \cdots & 0 \\ a_{21} & a_{22} & \cdots & 0 \\ \vdots & \vdots & & \vdots \\ a_{n1} & a_{n2} & \cdots & a_{nn} \end{vmatrix} = \begin{vmatrix} a_{11} & 0 & \cdots & 0 \\ 0 & a_{22} & \cdots & 0 \\ \vdots & \vdots & & \vdots \\ 0 & 0 & \cdots & a_{nn} \end{vmatrix}$$
$$= a_{11}a_{22}\cdots a_{nn}.$$

(3) n 阶次上(下)三角形行列式及次对角行列式

$$\begin{vmatrix} a_{11} & a_{12} & \cdots & a_{1(n-1)} & a_{1n} \\ a_{21} & a_{22} & \cdots & a_{2(n-1)} & 0 \\ \vdots & \vdots & & \vdots & \vdots \\ a_{(n-1)1} & a_{(n-1)2} & \cdots & 0 & 0 \\ a_{n1} & 0 & \cdots & 0 & 0 \end{vmatrix} = \begin{vmatrix} 0 & \cdots & 0 & a_{1n} \\ 0 & \cdots & a_{2(n-1)} & a_{2n} \\ \vdots & & \vdots & \vdots \\ a_{n1} & \cdots & a_{n(n-1)} & a_{nn} \end{vmatrix}$$
$$= \begin{vmatrix} 0 & \cdots & 0 & a_{1n} \\ 0 & \cdots & a_{2(n-1)} & 0 \\ \vdots & & \vdots & \vdots \\ a_{n1} & \cdots & 0 & 0 \end{vmatrix}$$
$$= (-1)^{\frac{n(n-1)}{2}} a_{1n}a_{2(n-1)}\cdots a_{n1}.$$

(4) n 阶范德蒙德行列式

$$D_n = \begin{vmatrix} 1 & 1 & \cdots & 1 \\ a_1 & a_2 & \cdots & a_n \\ a_1^2 & a_2^2 & \cdots & a_n^2 \\ \vdots & \vdots & & \vdots \\ a_1^{n-1} & a_2^{n-1} & \cdots & a_n^{n-1} \end{vmatrix} = \prod_{1\leqslant j<i\leqslant n}(a_i - a_j) \quad (n \geqslant 2).$$

显然：n 阶范德蒙德行列式 $D_n \neq 0 \Leftrightarrow a_1, a_2, \cdots, a_n$ 互异.

3. 行列式的性质

(1) **可转性** 行列式 D 与它的转置行列式 D^{T} 相等：$D = D^{\mathrm{T}}$.

(2) **半可交换性** 交换行列式的两行(列)，行列式反号.

(3) **可提(乘)性** 行列式某行(列)的公因子 k 可以提到行列式符号外.

(4) **零性**

① 有一行(列)元素全为零的行列式 $D=0$；

② 有两行(列)元素相同的行列式 $D=0$；

③ 有两行(列)元素对应成比例的行列式 $D=0$.

注：上述三条件均是行列式等于零的充分条件而非必要条件.

(5) **可加性**　若行列式中某一行(列)是两组数之和，则此行列式等于两行列式之和，这两行列式的这一行(列)分别是第一组数和第二组数，其余各行(列)与原行列式相同.

(6) **倍加性**　把行列式一行(列)元素的 k 倍加到另一行(列)对应元素上，行列式的值不变.

(7) **可展性**　行列式 $D=|a_{ij}|_n$ 有重要公式：

$$a_{i1}A_{j1}+a_{i2}A_{j2}+\cdots+a_{in}A_{jn}=\sum_{k=1}^{n}a_{ik}A_{jk}=\begin{cases}D & (i=j),\\ 0 & (i\neq j).\end{cases}$$

$$a_{1i}A_{1j}+a_{2i}A_{2j}+\cdots+a_{ni}A_{nj}=\sum_{k=1}^{n}a_{ki}A_{kj}=\begin{cases}D & (i=j),\\ 0 & (i\neq j).\end{cases}$$

注：行列式 $D=|a_{ij}|_n$ 中元素 a_{ij} 的余子式 M_{ij} 和代数余子式 A_{ij} 只与元素 a_{ij} 的位置有关，而与元素 a_{ij} 无关；它们间有关系

$$A_{ij}=\begin{cases}M_{ij}, & \text{当 } i+j \text{ 为偶数时},\\ -M_{ij}, & \text{当 } i+j \text{ 为奇数时},\end{cases}$$

且

$$b_1A_{11}+b_2A_{12}+\cdots+b_nA_{1n}=\begin{vmatrix}b_1 & b_2 & \cdots & b_n\\ a_{21} & a_{22} & \cdots & a_{2n}\\ \vdots & \vdots & & \vdots\\ a_{n1} & a_{n2} & \cdots & a_{nn}\end{vmatrix}.$$

4. 计算行列式的主要方法：三角化法，降阶法，递推法，数学归纳法等.

三、行列式在求解线性方程组中的应用

1. 克拉默法则(略).

2. 若线性方程组(1.1)的系数行列式 $D\neq 0$，则它有唯一解. 换言之，若线性方程组(1.1)无解或解不唯一，则它的系数行列式 $D=0$.

3. 若齐次线性方程组(1.3)的系数行列式 $D\neq 0$，则它只有零解. 换言之，若齐次线性方程组(1.3)有非零解，则它的系数行列式 $D=0$.

四、重点与难点

1. 难点：n 阶行列式的概念与计算.

2. 重点：计算行列式的三角化法与降阶法，在实际计算中这两种方法有时是交叉进行的.

习 题 一

(A)

1. 求以下排列的逆序数：

(1) 7512436；　(2) 36715284；　(3) $24\cdots(2n)13\cdots(2n-1)$.

2. 计算以下 2 阶或 3 阶行列式：

(1) $\begin{vmatrix} 3 & -2 \\ 5 & 4 \end{vmatrix}$；　(2) $\begin{vmatrix} 3 & 2 \\ b & a \end{vmatrix}$；

(3) $\begin{vmatrix} 1 & -4 & 1 \\ 2 & -5 & 3 \\ -1 & -1 & 1 \end{vmatrix}$；　(4) $\begin{vmatrix} 2 & -4 & 1 \\ 1 & -5 & 2 \\ 1 & -1 & -1 \end{vmatrix}$.

3. 解下列线性方程组：

(1) $\begin{cases} 3x+2y=1, \\ 4x+3y=0; \end{cases}$　(2) $\begin{cases} x_1-2x_2+x_3=-2, \\ 2x_1+x_2-3x_3=1, \\ -x_1+x_2-x_3=0. \end{cases}$

4. 判断下列乘积是否为 5 阶行列式 $D=|a_{ij}|_5$ 的项. 若是，应取什么符号？

(1) $a_{25}a_{44}a_{12}a_{34}a_{53}$；　(2) $a_{24}a_{45}a_{52}a_{31}a_{13}$.

5. 写出 4 阶行列式中包含 $a_{12}a_{34}$ 的项，并指出其所带的符号.

6. 计算下列行列式：

(1) $D=\begin{vmatrix} 3 & 1 & -1 & 2 \\ -5 & 1 & 3 & -4 \\ 2 & 0 & 1 & -1 \\ 1 & -5 & 3 & -3 \end{vmatrix}$；　(2) $D=\begin{vmatrix} -2 & 3 & -8 & 1 \\ 1 & -2 & 5 & 0 \\ 3 & 1 & -2 & 4 \\ \frac{1}{2} & 2 & 1 & -\frac{5}{2} \end{vmatrix}$；

(3) $D=\begin{vmatrix} 3 & 1 & 1 & 1 \\ 1 & 3 & 1 & 1 \\ 1 & 1 & 3 & 1 \\ 1 & 1 & 1 & 3 \end{vmatrix}$；　(4) $D=\begin{vmatrix} 1 & 0 & -1 & 2 \\ -2 & 1 & 3 & 1 \\ 0 & 1 & 0 & -1 \\ 1 & 3 & 4 & -2 \end{vmatrix}$；

(5) $D=\begin{vmatrix} a^2 & b^2 & c^2 & d^2 \\ (a+1)^2 & (b+1)^2 & (c+1)^2 & (d+1)^2 \\ (a+2)^2 & (b+2)^2 & (c+2)^2 & (d+2)^2 \\ (a+3)^2 & (b+3)^2 & (c+3)^2 & (d+3)^2 \end{vmatrix}$.

7. 计算下列 n 阶行列式：

(1) $D_n=\begin{vmatrix} y & a & a & \cdots & a \\ a & y & a & \cdots & a \\ a & a & y & \cdots & a \\ \vdots & \vdots & \vdots & & \vdots \\ a & a & a & \cdots & y \end{vmatrix}$;

(2) $D_n=\begin{vmatrix} a_1+c & a_2 & a_3 & \cdots & a_n \\ a_1 & a_2+c & a_3 & \cdots & a_n \\ a_1 & a_2 & a_3+c & \cdots & a_n \\ \vdots & \vdots & \vdots & & \vdots \\ a_1 & a_2 & a_3 & \cdots & a_n+c \end{vmatrix}$;

(3) $D_n=\begin{vmatrix} b_1 & -b_1 & 0 & \cdots & 0 & 0 \\ 0 & b_2 & -b_2 & \cdots & 0 & 0 \\ \vdots & \vdots & \vdots & & \vdots & \vdots \\ 0 & 0 & 0 & \cdots & b_{n-1} & -b_{n-1} \\ 1 & 1 & 1 & \cdots & 1 & 1 \end{vmatrix}$;

(4) $D_n=\begin{vmatrix} a_1+b_1 & a_1+b_2 & \cdots & a_1+b_n \\ a_2+b_1 & a_2+b_2 & \cdots & a_2+b_n \\ \vdots & \vdots & & \vdots \\ a_n+b_1 & a_n+b_2 & \cdots & a_n+b_n \end{vmatrix}\ (n>2)$;

(5) $D_n=\begin{vmatrix} b_1 & a_1 & 0 & \cdots & 0 & 0 \\ 0 & b_2 & a_2 & \cdots & 0 & 0 \\ \vdots & \vdots & \vdots & & \vdots & \vdots \\ 0 & 0 & 0 & \cdots & b_{n-1} & a_{n-1} \\ a_n & 0 & 0 & \cdots & 0 & b_n \end{vmatrix}$;

(6) $D_n=\begin{vmatrix} a & 0 & \cdots & 0 & b \\ 0 & 0 & \cdots & b & 0 \\ \vdots & \vdots & & \vdots & \vdots \\ 0 & b & \cdots & 0 & 0 \\ b & 0 & \cdots & 0 & a \end{vmatrix}$;

(7) $D_n=\begin{vmatrix} x & -1 & 0 & \cdots & 0 & 0 \\ 0 & x & -1 & \cdots & 0 & 0 \\ 0 & 0 & x & \cdots & 0 & 0 \\ \vdots & \vdots & \vdots & & \vdots & \vdots \\ 0 & 0 & 0 & \cdots & x & -1 \\ a_0 & a_1 & a_2 & \cdots & a_{n-2} & x+a_{n-1} \end{vmatrix}$.

8. (与 2001 年考研试题类似)设 M_{ij},A_{ij} 分别为行列式

$$D=\begin{vmatrix} 3 & 0 & 1 & 0 \\ 2 & 2 & 2 & 2 \\ 0 & -2 & 0 & 0 \\ 1 & 2 & 0 & -1 \end{vmatrix}$$

中元素 a_{ij} 的余子式和代数余子式,试求

(1) $A_{31}+A_{32}+A_{33}+A_{34}$;

(2) $M_{41}+M_{42}+M_{43}+M_{44}$;

(3) $-3M_{14}+2M_{24}+A_{44}$.

9. 用克拉默法则解下列线性方程组:

(1) $\begin{cases} 2x_1+x_2-5x_3+x_4=8, \\ x_1-3x_2-6x_4=9, \\ 2x_2-x_3+2x_4=-5, \\ x_1+4x_2-7x_3+6x_4=0; \end{cases}$ (2) $\begin{cases} 2x_1+x_2-3x_3+x_4=1, \\ x_1+2x_2-3x_3+x_4=0, \\ x_2-2x_3+x_4=1, \\ -x_1+3x_2-4x_3=0. \end{cases}$

10. (1) 当 λ 取何值时,以下齐次线性方程组有非零解?

$$\begin{cases} x+y+z=0, \\ 2x+3y+\lambda z=0, \\ x+\lambda y+3z=0. \end{cases}$$

(2) (与 1989 年考研试题类似)当 λ 取何值时,以下齐次线性方程组只有零解?

$$\begin{cases} \lambda x+y-z=0, \\ x+\lambda y-z=0, \\ 2x-y+z=0. \end{cases}$$

(B)

一、填空题

1. 若 $a_{11}a_{i2}a_{23}a_{44}a_{j5}$ 为行列式 $|a_{ij}|_5$ 中带负号的一项,则 $i=$____, $j=$____.

2. $\begin{vmatrix} 0 & 0 & 3 & 0 \\ 0 & 2 & 6 & 0 \\ 1 & 7 & 9 & 0 \\ 5 & 4 & 3 & 8 \end{vmatrix}=$____.

3. $\begin{vmatrix} 1 & 1 & 1 & 0 \\ 1 & 1 & 0 & 1 \\ 1 & 0 & 1 & 1 \\ 0 & 1 & 1 & 1 \end{vmatrix}=$____.

4. $\begin{vmatrix} 1 & -1 & 1 & x-1 \\ 1 & -1 & x+1 & -1 \\ 1 & x-1 & 1 & -1 \\ x+1 & -1 & 1 & -1 \end{vmatrix}=$____.

5. $f(x)=\begin{vmatrix} x & 1 & 2 & 1 \\ 1 & 1 & -1 & x \\ 3 & x & 1 & 2 \\ 1 & 3x & 1 & -1 \end{vmatrix}$中 x^3 项的系数为____.

6. 行列式$\begin{vmatrix} 3 & 0 & 4 & 0 \\ 2 & 2 & 2 & 2 \\ 0 & -7 & 0 & 0 \\ 5 & 3 & -2 & 2 \end{vmatrix}$的第 4 行各元素的余子式之和为____.

7. 行列式$\begin{vmatrix} 1 & 2 & 3 & \cdots & n \\ 2 & -1 & 0 & \cdots & 0 \\ 3 & 0 & -1 & \cdots & 0 \\ \vdots & \vdots & \vdots & & \vdots \\ n & 0 & 0 & \cdots & -1 \end{vmatrix}$的第 1 行各元素的代数余子式之和为____.

8. n 阶行列式$\begin{vmatrix} 0 & 1 & 1 & \cdots & 1 & 1 \\ 1 & 0 & 1 & \cdots & 1 & 1 \\ \vdots & \vdots & \vdots & & \vdots & \vdots \\ 1 & 1 & 1 & \cdots & 0 & 1 \\ 1 & 1 & 1 & \cdots & 1 & 0 \end{vmatrix}=$____.

9. n 阶行列式 $\begin{vmatrix} a & b & 0 & \cdots & 0 & 0 \\ 0 & a & b & \cdots & 0 & 0 \\ \vdots & \vdots & \vdots & & \vdots & \vdots \\ 0 & 0 & 0 & \cdots & a & b \\ b & 0 & 0 & \cdots & 0 & a \end{vmatrix}=$____.

10. 在 4 阶行列式 D 中,第 2 列元素为 1,2,0,3,它们的余子式依次是 3,2,1,4,则 $D=$____.

11. 方程 $f(x)=\begin{vmatrix} 1 & 3 & 5 & 2 \\ 1 & x & 6 & 3 \\ 1 & 3 & x & 7 \\ 1 & 3 & 5 & x \end{vmatrix}=0$ 的根为____.

12. 设 4 阶行列式 D 中第 1 行元素为 -1,0,1,4,第 3 行元素的余子式依次是 5,10,b,4,则 $b=$____.

13. (与 2013 年考研试题类似)设 A_{ij} 是 3 阶行列式 $|a_{ij}|_n=\det(a_{ij})$ 的元素 a_{ij} 的代数余子式,若 $a_{ij}+A_{ij}=0$ 且 a_{ij} 不全为 $0(i,j=1,2,3)$,则 $|a_{ij}|_n=$____.

14. (2015 年考研试题) n 阶行列式 $\begin{vmatrix} 2 & 0 & 0 & \cdots & 0 & 2 \\ -1 & 2 & 0 & \cdots & 0 & 2 \\ \vdots & \vdots & \vdots & & \vdots & \vdots \\ 0 & 0 & 0 & \cdots & 2 & 2 \\ 0 & 0 & 0 & \cdots & -1 & 2 \end{vmatrix}=$____.

15. (2016 年考研试题)行列式 $\begin{vmatrix} \lambda & -1 & 0 & 0 \\ 0 & \lambda & -1 & 0 \\ 0 & 0 & \lambda & -1 \\ 4 & 3 & 2 & \lambda+1 \end{vmatrix}=$____.

二、选择题

1. 设 $\begin{vmatrix} a_{11} & a_{12} & a_{13} \\ a_{21} & a_{22} & a_{23} \\ a_{31} & a_{32} & a_{33} \end{vmatrix}=m$,则 $\begin{vmatrix} a_{21} & a_{22} & a_{23} \\ 2a_{31}-a_{11} & 2a_{32}-a_{12} & 2a_{33}-a_{13} \\ 3a_{11}+2a_{21} & 3a_{12}+2a_{22} & 3a_{13}+2a_{23} \end{vmatrix}=$(　　).

(A) $6m$　　(B) $-6m$　　(C) $12m$　　(D) $-12m$

2. 多项式 $f(x)=\begin{vmatrix} x & 0 & 1 & x \\ 1 & 2 & 3 & x \\ 4 & -5 & -1 & 2 \\ 1 & -2 & 1 & x \end{vmatrix}$ 中的常数项是(　　).

(A) -8　　(B) 8　　(C) 4　　(D) -4

3. 设 D 为 n 阶行列式，则 $D=0$ 的充要条件是(　　).

(A) D 中有两行(列)元素对应成比例

(B) D 中有一行(列)元素全为零

(C) D 中有一行(列)元素的代数余子式全为零

(D) D 中有一行(列)元素可通过倍加性全化为零

4. 当 λ 的值为(　　)时，齐次线性方程组 $\begin{cases} \lambda x - y - z = 0, \\ x + \lambda y + z = 0, \\ -x + y + \lambda z = 0 \end{cases}$ 只有零解.

(A) -4　　(B) -1

(C) 0　　(D) 异于 0 与 ± 1 的数

三、计算行列式

1. $D_n = \begin{vmatrix} 1+b_1 & 1 & 1 & \cdots & 1 \\ 1 & 1+b_2 & 1 & \cdots & 1 \\ 1 & 1 & 1+b_3 & \cdots & 1 \\ \vdots & \vdots & \vdots & & \vdots \\ 1 & 1 & 1 & \cdots & 1+b_n \end{vmatrix}$　$(b_i \neq 0, i=1,2,\cdots,n)$.

2. $D_n = \begin{vmatrix} 1 & 2 & 3 & 4 & \cdots & n \\ 1 & 1 & 2 & 3 & \cdots & n-1 \\ 1 & a & 1 & 2 & \cdots & n-2 \\ 1 & a & a & 1 & \cdots & n-3 \\ \vdots & \vdots & \vdots & \vdots & & \vdots \\ 1 & a & a & a & \cdots & 2 \\ 1 & a & a & a & \cdots & 1 \end{vmatrix}$.

第2章 矩　阵

矩阵是分析和解决线性问题的有力工具,也是线性代数的主要研究对象. 由于线性问题广泛存在于科学技术和经济管理的各个领域,而且在一定条件下某些非线性问题可以转化或近似转化为线性问题,使得矩阵理论和方法具有十分广泛的应用. 此外,矩阵具有特殊的运算规律,熟练掌握矩阵的各种基本运算和方法,对学好线性代数和解决实际问题都至关重要.

本章首先由线性方程组和实际问题引出矩阵概念,然后介绍矩阵的基本运算、逆矩阵、分块矩阵、矩阵的初等变换及矩阵的秩. 主要知识结构如下:

- 矩阵
  - 基本概念
    - 矩阵的定义
    - 矩阵相等的定义
  - 特殊矩阵
    - 上(下)三角形矩阵
    - 对角矩阵、单位矩阵
    - 对(反)称矩阵等
  - 基本运算
    - 矩阵的线性运算
    - 矩阵的乘法
    - 矩阵的转置
  - 矩阵的逆
    - 定义、判定
    - 求法
      - 伴随矩阵法
      - 初等变换法
  - 分块矩阵
    - 分块矩阵的运算
    - 分块矩阵的应用
  - 矩阵的初等变换
    - 定义、性质
    - 初等矩阵
    - 应用:求逆矩阵、秩等
  - 矩阵的秩
    - 定义、求法
    - 应用:判别方阵可逆等

§2.1 由线性方程组引出矩阵概念

一、引例

在实际问题中常常需要处理大量的数据，为了方便可以将这些数据按一定顺序列成矩形数表来表示数据间的关系.

引例 1 在第 1 章中利用克拉默法则已经会求解一种特殊(方程个数与未知量个数相等且系数行列式不等于零)的线性方程组(1.1)，其解由方程组中未知量的系数及常数项构成的行列式唯一确定，与未知量的记号无关. 对于一般的 n 元线性方程组(方程个数 m 与未知量个数 n 可以不等)：

$$\begin{cases} a_{11}x_1+a_{12}x_2+\cdots+a_{1n}x_n=b_1, \\ a_{21}x_1+a_{22}x_2+\cdots+a_{2n}x_n=b_2, \\ \cdots\cdots\cdots\cdots \\ a_{m1}x_1+a_{m2}x_2+\cdots+a_{mn}x_n=b_m, \end{cases} \tag{2.1}$$

其解的判定及求解显然不能再利用克拉默法则，此时我们可以通过未知量的系数和常数项构成的矩形数表

$$\begin{matrix} a_{11} & a_{12} & \cdots & a_{1n} & b_1 \\ a_{21} & a_{22} & \cdots & a_{2n} & b_2 \\ \vdots & \vdots & & \vdots & \vdots \\ a_{m1} & a_{m2} & \cdots & a_{mn} & b_m \end{matrix}$$

来进行研究，为了表明矩形数表的整体性，通常用括号将它括起来

$$\begin{pmatrix} a_{11} & a_{12} & \cdots & a_{1n} & b_1 \\ a_{21} & a_{22} & \cdots & a_{2n} & b_2 \\ \vdots & \vdots & & \vdots & \vdots \\ a_{m1} & a_{m2} & \cdots & a_{mn} & b_m \end{pmatrix}.$$

引例 2 某日，国内某机场部分出港航班动态信息如表 2-1：

表 2-1 某机场部分出港航班动态

航空公司	北京	深圳	昆明	银川
中国国航	起飞	延误	计划	起飞
东方航空	计划	起飞	起飞	延误
南方航空	延误	计划	计划	起飞

类似地，如果以“0”表示延误，以“1”表示起飞或计划，则上述信息可以简单表示为

$$\begin{pmatrix} 1 & 0 & 1 & 1 \\ 1 & 1 & 1 & 0 \\ 0 & 1 & 1 & 1 \end{pmatrix}.$$

从以上两例的表示中可以抽象出矩阵概念.

二、矩阵概念

定义 2.1 由数域 F 上的 $m\times n$ 个数 $a_{ij}(i=1,\cdots,m;j=1,\cdots,n)$ 构成的 m 行 n 列的矩形数表

$$\boldsymbol{A}=\begin{pmatrix} a_{11} & a_{12} & \cdots & a_{1n} \\ a_{21} & a_{22} & \cdots & a_{2n} \\ \vdots & \vdots & & \vdots \\ a_{m1} & a_{m2} & \cdots & a_{mn} \end{pmatrix}$$

称为数域 F 上的一个 $m\times n$ **矩阵**(matrix),记为 $\boldsymbol{A}=\boldsymbol{A}_{m\times n}$ 或 $\boldsymbol{A}=(a_{ij})_{m\times n}$，其中 a_{ij} 称为矩阵 $\boldsymbol{A}$ 的第 i 行第 j 列元素. 特别地:

(1) 当 $m=n$ 时,称 $\boldsymbol{A}$ 为 n **阶矩阵**或 n **阶方阵**;

(2) 当 $m=1$ 时,称 $\boldsymbol{A}=(a_{11}\quad a_{12}\quad \cdots\quad a_{1n})$ 为**行矩阵**或**行向量**,为避免元素混淆,行矩阵可记为 $\boldsymbol{A}=(a_{11},a_{12},\cdots,a_{1n})$;

(3) 当 $n=1$ 时,称

$$\boldsymbol{A}=\begin{pmatrix} a_{11} \\ a_{21} \\ \vdots \\ a_{n1} \end{pmatrix}$$

为**列矩阵**或**列向量**;

(4) 当 $m=n=1$ 时,矩阵 $\boldsymbol{A}=(a_{11})=a_{11}$;

(5) 称元素全为零的矩阵为**零矩阵**,记为 $\boldsymbol{O}$ 或 $\boldsymbol{O}_{m\times n}$.

若未作特别说明,本书涉及的矩阵均指实数域上的矩阵.

定义 2.2 若矩阵 $\boldsymbol{A}$ 与 $\boldsymbol{B}$ 的行数、列数分别相等,则称 $\boldsymbol{A}$ 与 $\boldsymbol{B}$ 为**同型矩阵**.

定义 2.3 如果同型矩阵 $\boldsymbol{A}$ 与 $\boldsymbol{B}$ 对应位置上的元素都相等,则称矩阵 $\boldsymbol{A}$ 与矩阵 $\boldsymbol{B}$ **相等**,记为 $\boldsymbol{A}=\boldsymbol{B}$.

例 2.1 设矩阵

$$\boldsymbol{A}=\begin{pmatrix} x-1 & -3 \\ 2 & y+1 \end{pmatrix},\quad \boldsymbol{B}=\begin{pmatrix} 4 & s \\ t & -1 \end{pmatrix},$$

且 $\boldsymbol{A}=\boldsymbol{B}$,求 x,y,s,t 的值.

解 因为 $x-1=4$，$-3=s$，$2=t$，$y+1=-1$，所以 $x=5$，$y=-2$，$s=-3$，$t=2$.

三、几种特殊的 n 阶方阵

从 n 阶方阵 $\boldsymbol{A}=(a_{ij})_{n\times n}$ 左上角到右下角的元素 $a_{11},a_{22},\cdots,a_{nn}$ 称为主对角线元素.

1. 对角矩阵

形如

$$\boldsymbol{A}=\begin{pmatrix} a_{11} & 0 & \cdots & 0 \\ 0 & a_{22} & \cdots & 0 \\ \vdots & \vdots & & \vdots \\ 0 & 0 & \cdots & a_{nn} \end{pmatrix}$$

的 n 阶矩阵，称为**对角矩阵**(diagonal matrix)，可简记为

$$\boldsymbol{A}=\begin{pmatrix} a_{11} & & & \\ & a_{22} & & \\ & & \ddots & \\ & & & a_{nn} \end{pmatrix} \quad 或 \quad \boldsymbol{A}=\mathrm{diag}(a_{11},a_{22},\cdots,a_{nn}).$$

2. 数量矩阵

形如

$$\boldsymbol{A}=\begin{pmatrix} a & & & \\ & a & & \\ & & \ddots & \\ & & & a \end{pmatrix}$$

的 n 阶对角矩阵，称为**数量矩阵**(scalar matrix).

特别地，当 $a=1$ 时，称 n 阶数量矩阵

$$\boldsymbol{A}=\begin{pmatrix} 1 & & & \\ & 1 & & \\ & & \ddots & \\ & & & 1 \end{pmatrix}$$

为**单位矩阵**(unit matrix)，记为 $\boldsymbol{E}_n$ 或 $\boldsymbol{E}$.

3. 三角形矩阵

形如

$$\begin{pmatrix} a_{11} & a_{12} & \cdots & a_{1n} \\ & a_{22} & \cdots & a_{2n} \\ & & \ddots & \vdots \\ & & & a_{nn} \end{pmatrix}$$

的方阵称为 n 阶**上三角形矩阵**(upper triangular matrix).

形如

$$\begin{pmatrix} a_{11} & & & \\ a_{21} & a_{22} & & \\ \vdots & \vdots & \ddots & \\ a_{n1} & a_{n2} & \cdots & a_{nn} \end{pmatrix}$$

的方阵称为 n 阶**下三角形矩阵**(lower triangular matrix).

上述矩阵中未写出的元素均为 0.

§2.2 矩阵的运算

一、矩阵加法

定义 2.4 设矩阵 $\boldsymbol{A}=(a_{ij})_{m\times n}$，$\boldsymbol{B}=(b_{ij})_{m\times n}$，称矩阵 $\boldsymbol{C}=(c_{ij})_{m\times n}=(a_{ij}+b_{ij})_{m\times n}$ 为矩阵 $\boldsymbol{A}$ 与 $\boldsymbol{B}$ 的和,记为 $\boldsymbol{C}=\boldsymbol{A}+\boldsymbol{B}$.

注意,只有同型矩阵才能进行加法运算.

设矩阵 $\boldsymbol{A}=(a_{ij})_{m\times n}$，称 $-\boldsymbol{A}=(-a_{ij})_{m\times n}$ 为 $\boldsymbol{A}$ 的负矩阵,从而定义矩阵的减法为

$$\boldsymbol{A}-\boldsymbol{B}=\boldsymbol{A}+(-\boldsymbol{B}).$$

由定义 2.4,不难验证矩阵加法满足如下运算规律:

(1) 交换律:$\boldsymbol{A}+\boldsymbol{B}=\boldsymbol{B}+\boldsymbol{A}$.

(2) 结合律:$(\boldsymbol{A}+\boldsymbol{B})+\boldsymbol{C}=\boldsymbol{A}+(\boldsymbol{B}+\boldsymbol{C})$.

(3) $\boldsymbol{A}+\boldsymbol{O}=\boldsymbol{A}$.

(4) $\boldsymbol{A}+(-\boldsymbol{A})=\boldsymbol{A}-\boldsymbol{A}=\boldsymbol{O}$,

其中 $\boldsymbol{A},\boldsymbol{B},\boldsymbol{C}$ 和零矩阵 $\boldsymbol{O}$ 是同型矩阵.

二、数与矩阵的乘法

定义 2.5 设 $\boldsymbol{A}=(a_{ij})_{m\times n}$，$k$ 为任一常数,则称矩阵

$$(ka_{ij})_{m\times n}=\begin{pmatrix} ka_{11} & ka_{12} & \cdots & ka_{1n} \\ ka_{21} & ka_{22} & \cdots & ka_{2n} \\ \vdots & \vdots & & \vdots \\ ka_{m1} & ka_{m2} & \cdots & ka_{mn} \end{pmatrix}$$

为 k 与 $\boldsymbol{A}$ 的乘积，简称**数乘**，记为 $k\boldsymbol{A}$ 或 $\boldsymbol{A}k$.

由数乘运算定义，数量矩阵

$$\begin{pmatrix} a & & & \\ & a & & \\ & & \ddots & \\ & & & a \end{pmatrix}=a\boldsymbol{E}.$$

设 $\boldsymbol{A},\boldsymbol{B}$ 是同型矩阵，k,l 为两个常数，则数乘具有下列运算规律：

(1) 结合律：$(kl)\boldsymbol{A}=k(l\boldsymbol{A})=l(k\boldsymbol{A})$.

(2) 分配律：$(k+l)\boldsymbol{A}=k\boldsymbol{A}+l\boldsymbol{A}$；$k(\boldsymbol{A}+\boldsymbol{B})=k\boldsymbol{A}+k\boldsymbol{B}$.

(3) $0\boldsymbol{A}=\boldsymbol{O}$，$1\boldsymbol{A}=\boldsymbol{A}$.

矩阵的加法与矩阵的数乘运算统称为矩阵的线性运算.

显然，矩阵的线性运算满足：

(1) $k\boldsymbol{A}=\boldsymbol{O}\Leftrightarrow k=0$ 或 $\boldsymbol{A}=\boldsymbol{O}$.

(2) 移项法则：$\boldsymbol{A}+\boldsymbol{B}=\boldsymbol{C}\Leftrightarrow\boldsymbol{A}=\boldsymbol{C}-\boldsymbol{B}$.

三、矩阵乘法

定义 2.6 设矩阵

$$\boldsymbol{A}=\begin{pmatrix} a_{11} & a_{12} & \cdots & a_{1s} \\ a_{21} & a_{22} & \cdots & a_{2s} \\ \vdots & \vdots & & \vdots \\ a_{m1} & a_{m2} & \cdots & a_{ms} \end{pmatrix},\boldsymbol{B}=\begin{pmatrix} b_{11} & b_{12} & \cdots & b_{1n} \\ b_{21} & b_{22} & \cdots & b_{2n} \\ \vdots & \vdots & & \vdots \\ b_{s1} & b_{s2} & \cdots & b_{sn} \end{pmatrix},$$

以 $\boldsymbol{AB}$ 表示矩阵 $\boldsymbol{A}$ 与 $\boldsymbol{B}$ 的乘积，若记 $\boldsymbol{C}=(c_{ij})_{m\times n}=\boldsymbol{AB}$，则

$$c_{ij}=\sum_{k=1}^{s}a_{ik}b_{kj}=a_{i1}b_{1j}+a_{i2}b_{2j}+\cdots+a_{is}b_{sj}\quad(i=1,\cdots,m;j=1,\cdots,n).$$

由定义 2.6 可知，只有当左矩阵 $\boldsymbol{A}$ 的列数等于右矩阵 $\boldsymbol{B}$ 的行数时，乘积 $\boldsymbol{AB}$ 才有意义；乘积 $\boldsymbol{AB}$ 的行数等于左矩阵 $\boldsymbol{A}$ 的行数，乘积 $\boldsymbol{AB}$ 的列数等于右矩阵 $\boldsymbol{B}$ 的列数，即 $\boldsymbol{A}_{m\times s}\boldsymbol{B}_{s\times n}=\boldsymbol{C}_{m\times n}$. 为方便记忆，$\boldsymbol{AB}=\boldsymbol{C}$ 可以直观地表示为

$$\boldsymbol{AB}=\begin{pmatrix} \vdots & \vdots & & \vdots \\ a_{i1} & a_{i2} & \cdots & a_{is} \\ \vdots & \vdots & & \vdots \end{pmatrix}\begin{pmatrix} \cdots & b_{1j} & \cdots \\ \cdots & b_{2j} & \cdots \\ & \vdots & \\ \cdots & b_{sj} & \cdots \end{pmatrix}=\begin{pmatrix} & \vdots & \\ \cdots & c_{ij} & \cdots \\ & \vdots & \end{pmatrix}=\boldsymbol{C}.$$

例 2.2 某网站一周内售出的商品甲、乙、丙的数量及单价如下：

商品	日销售量/件							单价/元
	日	一	二	三	四	五	六	
甲	5	9	4	0	3	7	2	2
乙	12	7	6	9	8	9	0	4
丙	0	2	5	4	6	10	3	5

试用矩阵表示并计算一周内每天的销售额.

解 记 $\boldsymbol{A}=\begin{pmatrix}5&9&4&0&3&7&2\\12&7&6&9&8&9&0\\0&2&5&4&6&10&3\end{pmatrix}$，$\boldsymbol{B}=(2,4,5)$，则

每天的销售额依次为：$\boldsymbol{BA}=(2,4,5)\begin{pmatrix}5&9&4&0&3&7&2\\12&7&6&9&8&9&0\\0&2&5&4&6&10&3\end{pmatrix}$

$$=(58,56,57,56,68,100,19).$$

例 2.3 设矩阵

$$\boldsymbol{A}=\begin{pmatrix}1&0\\2&1\\-1&3\end{pmatrix},\quad \boldsymbol{B}=\begin{pmatrix}2&3\\1&-1\end{pmatrix},$$

求 $\boldsymbol{AB}$ 和 $\boldsymbol{BA}$.

解 $\boldsymbol{AB}=\begin{pmatrix}1&0\\2&1\\-1&3\end{pmatrix}\begin{pmatrix}2&3\\1&-1\end{pmatrix}=\begin{pmatrix}2&3\\5&5\\1&-6\end{pmatrix}$，但是 $\boldsymbol{BA}$ 无意义.

例 2.4 设矩阵 $\boldsymbol{A}=(a_1,a_2,\cdots,a_n)$，$\boldsymbol{B}=\begin{pmatrix}b_1\\b_2\\\vdots\\b_n\end{pmatrix}$，求 $\boldsymbol{AB}$ 和 $\boldsymbol{BA}$.

解 $\boldsymbol{AB}=(a_1,a_2,\cdots,a_n)\begin{pmatrix}b_1\\b_2\\\vdots\\b_n\end{pmatrix}=a_1b_1+a_2b_2+\cdots+a_nb_n$.

$$\boldsymbol{BA}=\begin{pmatrix}b_1\\b_2\\\vdots\\b_n\end{pmatrix}(a_1,a_2,\cdots,a_n)=\begin{pmatrix}b_1a_1&b_1a_2&\cdots&b_1a_n\\b_2a_1&b_2a_2&\cdots&b_2a_n\\\vdots&\vdots&&\vdots\\b_na_1&b_na_2&\cdots&b_na_n\end{pmatrix}.$$

由例 2.3 和例 2.4 可看出:矩阵乘法一般不满足交换律. 具体而言,当 $\boldsymbol{AB}$ 有意义时,$\boldsymbol{BA}$ 不一定有意义;即使 $\boldsymbol{AB}$ 和 $\boldsymbol{BA}$ 都有意义,$\boldsymbol{AB}$ 和 $\boldsymbol{BA}$ 也不一定相等. 因此,通常称 $\boldsymbol{AB}$ 为 $\boldsymbol{A}$ 左乘 $\boldsymbol{B}$(或 $\boldsymbol{B}$ 右乘 $\boldsymbol{A}$).

如果 $\boldsymbol{AB}=\boldsymbol{BA}$,则称矩阵 $\boldsymbol{A}$ 与 $\boldsymbol{B}$ **可交换**.

对单位矩阵 $\boldsymbol{E}$,容易验证:

$$\boldsymbol{E}_m\boldsymbol{A}_{m\times n}=\boldsymbol{A}_{m\times n},\quad \boldsymbol{A}_{m\times n}\boldsymbol{E}_n=\boldsymbol{A}_{m\times n}.$$

若 $\boldsymbol{A}$ 是方阵,则有

$$\boldsymbol{EA}=\boldsymbol{AE}=\boldsymbol{A}.$$

由此可见,单位矩阵 $\boldsymbol{E}$ 与方阵 $\boldsymbol{A}$ 可交换,且单位矩阵 $\boldsymbol{E}$ 在矩阵乘法中的作用类似于数 1.

例 2.5 设矩阵 $\boldsymbol{A}=\begin{pmatrix}1&2\\0&1\end{pmatrix}$,求所有与 $\boldsymbol{A}$ 可交换的矩阵.

解 设 $\boldsymbol{B}=\begin{pmatrix}x_{11}&x_{12}\\x_{21}&x_{22}\end{pmatrix}$是与 $\boldsymbol{A}$ 可交换的矩阵,即 $\boldsymbol{AB}=\boldsymbol{BA}$.

$$\boldsymbol{AB}=\begin{pmatrix}1&2\\0&1\end{pmatrix}\begin{pmatrix}x_{11}&x_{12}\\x_{21}&x_{22}\end{pmatrix}=\begin{pmatrix}x_{11}+2x_{21}&x_{12}+2x_{22}\\x_{21}&x_{22}\end{pmatrix},$$

$$\boldsymbol{BA}=\begin{pmatrix}x_{11}&x_{12}\\x_{21}&x_{22}\end{pmatrix}\begin{pmatrix}1&2\\0&1\end{pmatrix}=\begin{pmatrix}x_{11}&2x_{11}+x_{12}\\x_{21}&2x_{21}+x_{22}\end{pmatrix}.$$

由 $\boldsymbol{AB}=\boldsymbol{BA}$,得方程组

$$\begin{cases}x_{11}+2x_{21}=x_{11},\\x_{12}+2x_{22}=2x_{11}+x_{12},\\x_{22}=2x_{21}+x_{22},\end{cases}$$

解得 $x_{21}=0,x_{11}=x_{22}$,故令 $x_{12}=b,x_{11}=x_{22}=a$,则

$$\boldsymbol{B}=\begin{pmatrix}a&b\\0&a\end{pmatrix},$$

其中 a,b 为任意常数.

例 2.6 设矩阵 $\boldsymbol{A}=\begin{pmatrix}-4&2\\-2&1\end{pmatrix}$,$\boldsymbol{B}=\begin{pmatrix}1&3\\2&6\end{pmatrix}$,求 $\boldsymbol{AB}$ 和 $\boldsymbol{BA}$.

解 $\boldsymbol{AB}=\begin{pmatrix}-4&2\\-2&1\end{pmatrix}\begin{pmatrix}1&3\\2&6\end{pmatrix}=\begin{pmatrix}0&0\\0&0\end{pmatrix}$,$\boldsymbol{BA}=\begin{pmatrix}1&3\\2&6\end{pmatrix}\begin{pmatrix}-4&2\\-2&1\end{pmatrix}=\begin{pmatrix}-10&5\\-20&10\end{pmatrix}$.

例 2.7 设矩阵 $\boldsymbol{A}=\begin{pmatrix}1&2\\2&4\end{pmatrix}$，$\boldsymbol{B}=\begin{pmatrix}1&3\\-2&-1\end{pmatrix}$，$\boldsymbol{C}=\begin{pmatrix}-7&5\\2&-2\end{pmatrix}$，求 $\boldsymbol{AB}$ 和 $\boldsymbol{AC}$.

解

$$\boldsymbol{AB}=\begin{pmatrix}1&2\\2&4\end{pmatrix}\begin{pmatrix}1&3\\-2&-1\end{pmatrix}=\begin{pmatrix}-3&1\\-6&2\end{pmatrix},$$

$$\boldsymbol{AC}=\begin{pmatrix}1&2\\2&4\end{pmatrix}\begin{pmatrix}-7&5\\2&-2\end{pmatrix}=\begin{pmatrix}-3&1\\-6&2\end{pmatrix}.$$

由例 2.6 和例 2.7 可知：两个非零矩阵的乘积可能是零矩阵，即由 $\boldsymbol{AB}=\boldsymbol{O}$，一般推不出 $\boldsymbol{A}=\boldsymbol{O}$ 或 $\boldsymbol{B}=\boldsymbol{O}$；并且矩阵乘法一般不满足消去律，即由 $\boldsymbol{AB}=\boldsymbol{AC}$ 且 $\boldsymbol{A}\neq\boldsymbol{O}$，一般推不出 $\boldsymbol{B}=\boldsymbol{C}$.

设矩阵 $\boldsymbol{A}$，$\boldsymbol{B}$，$\boldsymbol{C}$ 满足乘法条件，k 为任意实数，则矩阵乘法满足下列运算规律：

(1) 结合律：$(\boldsymbol{AB})\boldsymbol{C}=\boldsymbol{A}(\boldsymbol{BC})$.

(2) 分配律：$\boldsymbol{A}(\boldsymbol{B}+\boldsymbol{C})=\boldsymbol{AB}+\boldsymbol{AC}$（左分配律）；

$(\boldsymbol{B}+\boldsymbol{C})\boldsymbol{A}=\boldsymbol{BA}+\boldsymbol{CA}$（右分配律）.

(3) $k(\boldsymbol{AB})=(k\boldsymbol{A})\boldsymbol{B}=\boldsymbol{A}(k\boldsymbol{B})$.

例 2.8 利用矩阵乘法将线性方程组(2.1)表示成矩阵形式.

解 设

$$\boldsymbol{A}=\begin{pmatrix}a_{11}&a_{12}&\cdots&a_{1n}\\a_{21}&a_{22}&\cdots&a_{2n}\\\vdots&\vdots&&\vdots\\a_{m1}&a_{m2}&\cdots&a_{mn}\end{pmatrix},\quad \boldsymbol{x}=\begin{pmatrix}x_1\\x_2\\\vdots\\x_n\end{pmatrix},\quad \boldsymbol{\beta}=\begin{pmatrix}b_1\\b_2\\\vdots\\b_m\end{pmatrix},$$

则线性方程组(2.1)可表示为矩阵形式：

$$\boldsymbol{Ax}=\boldsymbol{\beta},\tag{2.2}$$

称矩阵 $\boldsymbol{A}$ 为方程组(2.1)的系数矩阵，方程组(2.2)也称为矩阵方程.

由此可知，将线性方程组简洁地表示成矩阵方程(2.2)的形式，给用矩阵理论研究线性方程组带来了极大方便.

四、方阵的幂

定义 2.7 设 $\boldsymbol{A}$ 是 n 阶方阵，对正整数 k，称

$$\boldsymbol{A}^k=\underbrace{\boldsymbol{AA}\cdots\boldsymbol{A}}_{k\text{个}}$$

为 $\boldsymbol{A}$ 的 k **次幂**.

特别地，当 $\boldsymbol{A}$ 是非零方阵时，规定 $\boldsymbol{A}^0=\boldsymbol{E}$.

方阵的幂满足以下运算规律：

(1) $A^mA^n=A^{m+n}$ (m,n 为正整数).

(2) $(A^m)^n=A^{mn}$.

注 一般地，$(AB)^k\neq A^kB^k$ (k 为正整数)；当 $A^k=O$ 时，不一定有 $A=O$.

当 $AB=BA$ 时，有 $(AB)^k=A^kB^k$，其中 A,B 为 n 阶方阵，并且

$$(A+B)^2=A^2+2AB+B^2;(A+B)(A-B)=A^2-B^2;$$

$$(AB)^k=A^kB^k(A,B \text{ 为 } n \text{ 阶方阵}, k \text{ 为正整数}).$$

例 2.9 设矩阵

$$A=\begin{pmatrix}1&0&0\\0&2&0\\0&0&3\end{pmatrix},$$

求 A^n.

解

$$A^2=\begin{pmatrix}1&0&0\\0&2&0\\0&0&3\end{pmatrix}\begin{pmatrix}1&0&0\\0&2&0\\0&0&3\end{pmatrix}=\begin{pmatrix}1&0&0\\0&4&0\\0&0&9\end{pmatrix},$$

$$A^3=A^2A=\begin{pmatrix}1&0&0\\0&4&0\\0&0&9\end{pmatrix}\begin{pmatrix}1&0&0\\0&2&0\\0&0&3\end{pmatrix}=\begin{pmatrix}1&0&0\\0&8&0\\0&0&27\end{pmatrix},\cdots,$$

所以，

$$A^n=\begin{pmatrix}1&0&0\\0&2^n&0\\0&0&3^n\end{pmatrix}.$$

五、矩阵的转置

定义 2.8 将矩阵 $A=(a_{ij})_{m\times n}$ 的行与列互换，得到的 $n\times m$ 矩阵称为 A 的**转置矩阵**，记为 A^{T}. 即如果

$$A=\begin{pmatrix}a_{11}&a_{12}&\cdots&a_{1n}\\a_{21}&a_{22}&\cdots&a_{2n}\\\vdots&\vdots&&\vdots\\a_{m1}&a_{m2}&\cdots&a_{mn}\end{pmatrix}, \text{则 } A^{\mathrm{T}}=\begin{pmatrix}a_{11}&a_{21}&\cdots&a_{m1}\\a_{12}&a_{22}&\cdots&a_{m2}\\\vdots&\vdots&&\vdots\\a_{1n}&a_{2n}&\cdots&a_{mn}\end{pmatrix}.$$

例如，$A=\begin{pmatrix}2&1\\0&3\\-1&4\end{pmatrix}$，则 $A^{\mathrm{T}}=\begin{pmatrix}2&0&-1\\1&3&4\end{pmatrix}$.

又如 $\boldsymbol{A}=(a_1,a_2,\cdots,a_n)$，则 $\boldsymbol{A}^{\mathrm{T}}=\begin{pmatrix}a_1\\a_2\\\vdots\\a_n\end{pmatrix}$.

矩阵的转置具有以下运算性质：

(1) $(\boldsymbol{A}^{\mathrm{T}})^{\mathrm{T}}=\boldsymbol{A}$；　　(2) $(\boldsymbol{A}+\boldsymbol{B})^{\mathrm{T}}=\boldsymbol{A}^{\mathrm{T}}+\boldsymbol{B}^{\mathrm{T}}$；

(3) $(k\boldsymbol{A})^{\mathrm{T}}=k\boldsymbol{A}^{\mathrm{T}}$；　　(4) $(\boldsymbol{AB})^{\mathrm{T}}=\boldsymbol{B}^{\mathrm{T}}\boldsymbol{A}^{\mathrm{T}}$.

运算性质(1)—(3)由定义容易直接验证，请读者自证. 这里只证明(4).

证明　设 $\boldsymbol{A}=(a_{ij})_{m\times s}$，$\boldsymbol{B}=(b_{ij})_{s\times n}$，则 $\boldsymbol{AB}$ 是 $m\times n$ 矩阵，$(\boldsymbol{AB})^{\mathrm{T}}$ 是 $n\times m$ 矩阵；$\boldsymbol{B}^{\mathrm{T}}$ 是 $n\times s$ 矩阵，$\boldsymbol{A}^{\mathrm{T}}$ 是 $s\times m$ 矩阵，则 $\boldsymbol{B}^{\mathrm{T}}\boldsymbol{A}^{\mathrm{T}}$ 是 $n\times m$ 矩阵.

再设矩阵 $(\boldsymbol{AB})^{\mathrm{T}}$ 和 $\boldsymbol{B}^{\mathrm{T}}\boldsymbol{A}^{\mathrm{T}}$ 第 i 行第 j 列的元素分别为 c_{ij} 和 d_{ij}，其中 c_{ij} 为 $\boldsymbol{AB}$ 的第 j 行第 i 列元素，即

$$c_{ij}=a_{j1}b_{1i}+a_{j2}b_{2i}+\cdots+a_{js}b_{si}=\sum_{k=1}^{s}a_{jk}b_{ki}\ ,$$

d_{ij} 为 $\boldsymbol{B}^{\mathrm{T}}\boldsymbol{A}^{\mathrm{T}}$ 的第 i 行第 j 列元素，亦为矩阵 $\boldsymbol{B}$ 的第 i 列与矩阵 $\boldsymbol{A}$ 的第 j 行对应元素乘积之和，即

$$d_{ij}=b_{1i}a_{j1}+b_{2i}a_{j2}+\cdots+b_{si}a_{js}=\sum_{k=1}^{s}b_{ki}a_{jk}=c_{ij},$$

所以，

$$(\boldsymbol{AB})^{\mathrm{T}}=\boldsymbol{B}^{\mathrm{T}}\boldsymbol{A}^{\mathrm{T}}.$$

运算性质(4)可推广到有限个矩阵相乘的情形

$$(\boldsymbol{A}_1\boldsymbol{A}_2\cdots\boldsymbol{A}_t)^{\mathrm{T}}=\boldsymbol{A}_t^{\mathrm{T}}\cdots\boldsymbol{A}_2^{\mathrm{T}}\boldsymbol{A}_1^{\mathrm{T}}.$$

例 2.10　设矩阵

$$\boldsymbol{A}=\begin{pmatrix}2&0&1\\-1&3&4\end{pmatrix},\quad \boldsymbol{B}=\begin{pmatrix}0&1\\-2&3\\-1&2\end{pmatrix},$$

求 $(\boldsymbol{AB})^{\mathrm{T}}$.

解法 1　因为

$$\boldsymbol{AB}=\begin{pmatrix}2&0&1\\-1&3&4\end{pmatrix}\begin{pmatrix}0&1\\-2&3\\-1&2\end{pmatrix}=\begin{pmatrix}-1&4\\-10&16\end{pmatrix},$$

所以，

$$(\boldsymbol{AB})^{\mathrm{T}}=\begin{pmatrix}-1&-10\\4&16\end{pmatrix}.$$

解法 2　$(\boldsymbol{AB})^{\mathrm{T}}=\boldsymbol{B}^{\mathrm{T}}\boldsymbol{A}^{\mathrm{T}}-\begin{pmatrix}0&-2&-1\\1&3&2\end{pmatrix}\begin{pmatrix}2&-1\\0&3\\1&4\end{pmatrix}-\begin{pmatrix}-1&-10\\4&16\end{pmatrix}.$

例 2.11 设矩阵 $\boldsymbol{A}=\begin{pmatrix}1\\-1\\1\end{pmatrix}$，记 $\boldsymbol{C}=\boldsymbol{A}\boldsymbol{A}^{\mathrm{T}}$，求 $\boldsymbol{C}^{n}$.

解 因为

$$\boldsymbol{A}\boldsymbol{A}^{\mathrm{T}}=\begin{pmatrix}1&-1&1\\-1&1&-1\\1&-1&1\end{pmatrix},$$

而 $\boldsymbol{A}^{\mathrm{T}}\boldsymbol{A}=(1,-1,1)\begin{pmatrix}1\\-1\\1\end{pmatrix}=3$，所以

$$\begin{aligned}\boldsymbol{C}^{n}&=\underbrace{(\boldsymbol{A}\boldsymbol{A}^{\mathrm{T}})(\boldsymbol{A}\boldsymbol{A}^{\mathrm{T}})\cdots(\boldsymbol{A}\boldsymbol{A}^{\mathrm{T}})}_{n\text{个}}=\boldsymbol{A}\underbrace{(\boldsymbol{A}^{\mathrm{T}}\boldsymbol{A})\cdots(\boldsymbol{A}^{\mathrm{T}}\boldsymbol{A})}_{(n-1)\text{个}}\boldsymbol{A}^{\mathrm{T}}\\&=3^{n-1}\boldsymbol{A}\boldsymbol{A}^{\mathrm{T}}=3^{n-1}\begin{pmatrix}1&-1&1\\-1&1&-1\\1&-1&1\end{pmatrix}.\end{aligned}$$

定义 2.9 如果 n 阶方阵 $\boldsymbol{A}=(a_{ij})_{n\times n}$ 满足：$\boldsymbol{A}^{\mathrm{T}}=\boldsymbol{A}$，即 $a_{ij}=a_{ji}(i,j=1,2,\cdots,n)$，则称 $\boldsymbol{A}$ 为 n 阶**对称矩阵**(symmetric matrix).

例如

$$\begin{pmatrix}1&2&-3\\2&0&4\\-3&4&-2\end{pmatrix}$$

是一个 3 阶对称矩阵.

如果 n 阶方阵 $\boldsymbol{A}=(a_{ij})_{n\times n}$ 满足：$\boldsymbol{A}^{\mathrm{T}}=-\boldsymbol{A}$，即 $a_{ij}=-a_{ji}(i,j=1,2,\cdots,n)$，则称 $\boldsymbol{A}$ 为 n 阶**反对称矩阵**(skew-symmetric matrix).

例如

$$\begin{pmatrix}0&2&-3\\-2&0&1\\3&-1&0\end{pmatrix}$$

是一个 3 阶反对称矩阵.

六、方阵的行列式

定义 2.10 设 $\boldsymbol{A}=(a_{ij})_{n\times n}$，由方阵 $\boldsymbol{A}$ 的元素按原次序构成的 n 阶行列式

$$\begin{vmatrix}a_{11}&a_{12}&\cdots&a_{1n}\\a_{21}&a_{22}&\cdots&a_{2n}\\\vdots&\vdots&&\vdots\\a_{n1}&a_{n2}&\cdots&a_{nn}\end{vmatrix}$$

称为方阵 $\boldsymbol{A}$ 的**行列式**，记为 $|\boldsymbol{A}|$ 或 $\det \boldsymbol{A}$.

注意区分 n 阶方阵 $\boldsymbol{A}$ 和它的行列式 $\det \boldsymbol{A}$ 这两个完全不同的概念. 方阵 $\boldsymbol{A}$ 是 n^2 个数排列成的一个正方形数表，而 $\det \boldsymbol{A}$ 则是这些数按一定的运算规则所确定的一个数值.

由行列式的性质可证明 n 阶方阵的行列式具有以下性质：

(1) $|\boldsymbol{A}^{\mathrm{T}}|=|\boldsymbol{A}|$；

(2) $|k\boldsymbol{A}|=k^n|\boldsymbol{A}|$（$k$ 为常数）；

(3) $|\boldsymbol{AB}|=|\boldsymbol{A}||\boldsymbol{B}|$.

证明略去. 特别注意性质(2)与矩阵数乘的区别.

例如，$5\begin{pmatrix}1 & 2\\ 3 & 4\end{pmatrix}=\begin{pmatrix}5 & 10\\ 15 & 20\end{pmatrix}$，$5\begin{vmatrix}1 & 2\\ 3 & 4\end{vmatrix}=\begin{vmatrix}5 & 10\\ 3 & 4\end{vmatrix}=\begin{vmatrix}1 & 10\\ 3 & 20\end{vmatrix}=-10$.

对于 n 阶方阵 $\boldsymbol{A}$ 和 $\boldsymbol{B}$，一般 $\boldsymbol{AB}\neq\boldsymbol{BA}$，但总有 $|\boldsymbol{AB}|=|\boldsymbol{BA}|$.

性质(3)可推广到有限个方阵乘积的行列式的情形. 即如果 $\boldsymbol{A}_1,\boldsymbol{A}_2,\cdots,\boldsymbol{A}_t$ 均为 n 阶方阵，则 $|\boldsymbol{A}_1\boldsymbol{A}_2\cdots\boldsymbol{A}_t|=|\boldsymbol{A}_1||\boldsymbol{A}_2|\cdots|\boldsymbol{A}_t|$.

§2.3 逆 矩 阵

众所周知，每个非零实数 a 都有倒数 $a^{-1}=\dfrac{1}{a}$，使得 $aa^{-1}=a^{-1}a=1$. 那么，对矩阵 $\boldsymbol{A}$，是否存在矩阵 $\boldsymbol{B}$ 满足 $\boldsymbol{AB}=\boldsymbol{BA}=\boldsymbol{E}$，即矩阵是否可以作除法？为此，我们先引入逆矩阵的概念.

一、逆矩阵的概念

定义 2.11 设 $\boldsymbol{A}$ 为 n 阶方阵，如果存在 n 阶方阵 $\boldsymbol{B}$，使 $\boldsymbol{AB}=\boldsymbol{BA}=\boldsymbol{E}$，则称方阵 $\boldsymbol{A}$ 是**可逆的**(reversible)，并称 $\boldsymbol{B}$ 为 $\boldsymbol{A}$ 的**逆矩阵**(inverse matrix).

由定义 2.11 可知，可逆矩阵和它的逆矩阵是同阶方阵，只有方阵才有逆矩阵的概念；$\boldsymbol{A}$ 与 $\boldsymbol{B}$ 的地位对等，它们互为逆矩阵，因而也可以称 $\boldsymbol{A}$ 是 $\boldsymbol{B}$ 的逆矩阵.

如果 $\boldsymbol{A}$ 可逆，则 $\boldsymbol{A}$ 的逆矩阵唯一.

事实上，若 $\boldsymbol{B}$ 与 $\boldsymbol{C}$ 都是 $\boldsymbol{A}$ 的逆矩阵，则

$$\boldsymbol{AB}=\boldsymbol{BA}=\boldsymbol{E},\quad \boldsymbol{AC}=\boldsymbol{CA}=\boldsymbol{E},$$

从而有 $\boldsymbol{B}=\boldsymbol{BE}=\boldsymbol{B}(\boldsymbol{AC})=(\boldsymbol{BA})\boldsymbol{C}=\boldsymbol{EC}=\boldsymbol{C}$.

将可逆矩阵 $\boldsymbol{A}$ 的唯一逆矩阵记为 $\boldsymbol{A}^{-1}$，即有

$$\boldsymbol{AA}^{-1}=\boldsymbol{A}^{-1}\boldsymbol{A}=\boldsymbol{E}.$$

注 $\boldsymbol{A}^{-1}$ 是 $\boldsymbol{A}$ 的逆矩阵的记号，不能将 $\boldsymbol{A}^{-1}$ 等同于 $\dfrac{1}{\boldsymbol{A}}$.

同时,若线性方程组 $\boldsymbol{Ax}=\boldsymbol{b}$ 的系数矩阵 $\boldsymbol{A}$ 可逆,则它的解为 $\boldsymbol{x}=\boldsymbol{A}^{-1}\boldsymbol{b}$.

例 2.12 单位矩阵 $\boldsymbol{E}$ 可逆. 因为 $\boldsymbol{EE}=\boldsymbol{E}$,所以 $\boldsymbol{E}^{-1}=\boldsymbol{E}$.

例 2.13 设 $\boldsymbol{A}=\begin{pmatrix}2 & 1\\ -1 & 0\end{pmatrix}$, $\boldsymbol{B}=\begin{pmatrix}0 & -1\\ 1 & 2\end{pmatrix}$. 因为 $\boldsymbol{AB}=\boldsymbol{BA}=\boldsymbol{E}$, 所以 $\boldsymbol{A}$, $\boldsymbol{B}$ 均可逆,且 $\boldsymbol{A}^{-1}=\boldsymbol{B}$, $\boldsymbol{B}^{-1}=\boldsymbol{A}$.

不难验证,对 n 阶零矩阵 $\boldsymbol{O}$,因为 $\boldsymbol{OA}=\boldsymbol{AO}=\boldsymbol{O}\neq\boldsymbol{E}$,所以 $\boldsymbol{O}$ 不可逆. 因此,不是任何一个方阵都可逆. 下面,我们给出一种判定可逆和求逆矩阵的方法.

二、逆矩阵的公式

定义 2.12 设矩阵 $\boldsymbol{A}=(a_{ij})_{n\times n}$,且 A_{ij} 为行列式 $|\boldsymbol{A}|$ 中元素 a_{ij} 的代数余子式,则称矩阵

$$\boldsymbol{A}^{*}=\begin{pmatrix}A_{11} & A_{21} & \cdots & A_{n1}\\ A_{12} & A_{22} & \cdots & A_{n2}\\ \vdots & \vdots & & \vdots\\ A_{1n} & A_{2n} & \cdots & A_{nn}\end{pmatrix}$$

为 $\boldsymbol{A}$ 的**伴随矩阵**(adjoint matrix).

由定理 1.2 及定理 1.3 可得:

伴随矩阵的性质

$$\boldsymbol{AA}^{*}=\begin{pmatrix}a_{11} & a_{12} & \cdots & a_{1n}\\ a_{21} & a_{22} & \cdots & a_{2n}\\ \vdots & \vdots & & \vdots\\ a_{n1} & a_{n2} & \cdots & a_{nn}\end{pmatrix}\begin{pmatrix}A_{11} & A_{21} & \cdots & A_{n1}\\ A_{12} & A_{22} & \cdots & A_{n2}\\ \vdots & \vdots & & \vdots\\ A_{1n} & A_{2n} & \cdots & A_{nn}\end{pmatrix}$$

$$=\begin{pmatrix}|\boldsymbol{A}| & 0 & \cdots & 0\\ 0 & |\boldsymbol{A}| & \cdots & 0\\ \vdots & \vdots & & \vdots\\ 0 & 0 & \cdots & |\boldsymbol{A}|\end{pmatrix}=|\boldsymbol{A}|\boldsymbol{E},$$

同理有 $\boldsymbol{A}^{*}\boldsymbol{A}=|\boldsymbol{A}|\boldsymbol{E}$.

定理 2.1 n 阶方阵 $\boldsymbol{A}$ 可逆的充要条件是 $|\boldsymbol{A}|\neq 0$,且当 $\boldsymbol{A}$ 可逆时,有求逆矩阵的公式

$$\boldsymbol{A}^{-1}=\frac{1}{|\boldsymbol{A}|}\boldsymbol{A}^{*}. \tag{2.3}$$

证明 必要性 若 $\boldsymbol{A}$ 为可逆矩阵,则存在 $\boldsymbol{A}^{-1}$,使 $\boldsymbol{AA}^{-1}=\boldsymbol{E}$. 等式两边取行列式得 $|\boldsymbol{A}||\boldsymbol{A}^{-1}|=1$, 所以, $|\boldsymbol{A}|\neq 0$.

充分性 若 $|\boldsymbol{A}|\neq 0$, 记 $\boldsymbol{B}=\dfrac{1}{|\boldsymbol{A}|}\boldsymbol{A}^{*}$, 则

$$AB=A\left(\frac{1}{|A|}A^*\right)=\frac{1}{|A|}AA^*=E,\quad BA=\left(\frac{1}{|A|}A^*\right)A=E,$$

所以 A 可逆，且 $A^{-1}=\frac{1}{|A|}A^*$.

此定理给出了一个判定 n 阶方阵是否可逆以及求逆矩阵的方法，称这种求逆矩阵的方法为公式法或伴随矩阵法. 下面的推论给出了另一个判定方阵是否可逆的方法.

推论 2.1 设 A,B 均为 n 阶方阵，若 $AB=E$，则 A,B 均可逆，且 $A^{-1}=B$，$B^{-1}=A$.

证明 由 $AB=E$，得 $|A||B|=1$，故 $|A|\neq 0$，$|B|\neq 0$，由定理 2.1 知，A,B 均可逆，在等式 $AB=E$ 两端分别左乘 A^{-1}，右乘 B^{-1}，依次可得 $B=A^{-1}$，$A=B^{-1}$.

利用这个方法判定方阵是否可逆，显然比用定义 2.11 简单.

例 2.14 设 $A=\begin{pmatrix} a & b \\ c & d \end{pmatrix}$，确定 A 可逆的条件，当 A 可逆时，求 A^{-1}.

解 A 可逆的充分必要条件是 $|A|=ad-bc\neq 0$. 又

$$A^*=\begin{pmatrix} A_{11} & A_{21} \\ A_{12} & A_{22} \end{pmatrix}=\begin{pmatrix} d & -b \\ -c & a \end{pmatrix},$$

所以，当 $|A|=ad-bc\neq 0$ 时，

$$A^{-1}=\frac{1}{|A|}A^*=\frac{1}{ad-bc}\begin{pmatrix} d & -b \\ -c & a \end{pmatrix}.$$

例 2.15 设 $A=\begin{pmatrix} 1 & 1 & 0 \\ 1 & 2 & -1 \\ -1 & 0 & 1 \end{pmatrix}$，求 A^{-1}.

解 因为

$$|A|=\begin{vmatrix} 1 & 1 & 0 \\ 1 & 2 & -1 \\ -1 & 0 & 1 \end{vmatrix}=2\neq 0,$$

所以 A 可逆. 又

$$A_{11}=\begin{vmatrix} 2 & -1 \\ 0 & 1 \end{vmatrix}=2,\quad A_{12}=-\begin{vmatrix} 1 & -1 \\ -1 & 1 \end{vmatrix}=0,\quad A_{13}=\begin{vmatrix} 1 & 2 \\ -1 & 0 \end{vmatrix}=2,$$

类似可得 $A_{21}=-1$，$A_{22}=1$，$A_{23}=-1$，$A_{31}=-1$，$A_{32}=1$，$A_{33}=1$，所以

$$A^*=\begin{pmatrix} 2 & -1 & -1 \\ 0 & 1 & 1 \\ 2 & -1 & 1 \end{pmatrix},\quad A^{-1}=\frac{1}{|A|}A^*=\frac{1}{2}\begin{pmatrix} 2 & -1 & -1 \\ 0 & 1 & 1 \\ 2 & -1 & 1 \end{pmatrix}.$$

从例 2.14、例 2.15 可知，用伴随矩阵法求 2 阶可逆矩阵的逆矩阵是非常方便的，但对于高阶可逆矩阵，多个高阶行列式的计算量相当大，因此，定理 2.1 主要具有理论上的意义. 更简便实用的求逆矩阵的方法将在 § 2.5 介绍.

例 2.16 设 n 阶方阵 $\boldsymbol{A}$ 满足 $\boldsymbol{A}^2+3\boldsymbol{A}-2\boldsymbol{E}=\boldsymbol{O}$，证明 $\boldsymbol{A}$ 与 $\boldsymbol{A}+\boldsymbol{E}$ 均可逆，并求 $\boldsymbol{A}^{-1}$ 和 $(\boldsymbol{A}+\boldsymbol{E})^{-1}$.

证明 由 $\boldsymbol{A}^2+3\boldsymbol{A}-2\boldsymbol{E}=\boldsymbol{O}$，有

$$\boldsymbol{A}\left[\frac{1}{2}(\boldsymbol{A}+3\boldsymbol{E})\right]=\boldsymbol{E},$$

所以 $\boldsymbol{A}$ 可逆，且 $\boldsymbol{A}^{-1}=\frac{1}{2}(\boldsymbol{A}+3\boldsymbol{E})$.

同理，由 $\boldsymbol{A}^2+3\boldsymbol{A}-2\boldsymbol{E}=\boldsymbol{O}$，有 $\boldsymbol{A}^2+\boldsymbol{A}+2\boldsymbol{A}+2\boldsymbol{E}-4\boldsymbol{E}=\boldsymbol{O}$，即

$$(\boldsymbol{A}+\boldsymbol{E})\left[\frac{1}{4}(\boldsymbol{A}+2\boldsymbol{E})\right]=\boldsymbol{E},$$

因此，$\boldsymbol{A}+\boldsymbol{E}$ 可逆，且 $(\boldsymbol{A}+\boldsymbol{E})^{-1}=\frac{1}{4}(\boldsymbol{A}+2\boldsymbol{E})$.

三、可逆矩阵的性质

(1) 若矩阵 $\boldsymbol{A}$ 可逆，则 $\boldsymbol{A}^{-1}$ 也可逆，且 $(\boldsymbol{A}^{-1})^{-1}=\boldsymbol{A}$.

(2) 若矩阵 $\boldsymbol{A}$ 可逆，数 $k\neq 0$，则 $k\boldsymbol{A}$ 也可逆，且 $(k\boldsymbol{A})^{-1}=\frac{1}{k}\boldsymbol{A}^{-1}$.

(3) 若矩阵 $\boldsymbol{A}$ 可逆，则 $\boldsymbol{A}^{\mathrm{T}}$ 也可逆，且 $(\boldsymbol{A}^{\mathrm{T}})^{-1}=(\boldsymbol{A}^{-1})^{\mathrm{T}}$.

(4) 若矩阵 $\boldsymbol{A},\boldsymbol{B}$ 均可逆，则 $\boldsymbol{AB}$ 也可逆，且 $(\boldsymbol{AB})^{-1}=\boldsymbol{B}^{-1}\boldsymbol{A}^{-1}$.

(5) 若矩阵 $\boldsymbol{A}$ 可逆，则 $|\boldsymbol{A}^{-1}|=|\boldsymbol{A}|^{-1}$.

证明 请读者自证性质(1)，(2)及(5). 下面仅给出性质(3)和(4)的证明.

(3) $\boldsymbol{A}^{\mathrm{T}}(\boldsymbol{A}^{-1})^{\mathrm{T}}=(\boldsymbol{A}^{-1}\boldsymbol{A})^{\mathrm{T}}=\boldsymbol{E}^{\mathrm{T}}=\boldsymbol{E}$，所以 $\boldsymbol{A}^{\mathrm{T}}$ 可逆，且 $(\boldsymbol{A}^{\mathrm{T}})^{-1}=(\boldsymbol{A}^{-1})^{\mathrm{T}}$.

(4) 因为 $\boldsymbol{AB}(\boldsymbol{B}^{-1}\boldsymbol{A}^{-1})=\boldsymbol{A}(\boldsymbol{BB}^{-1})\boldsymbol{A}^{-1}=\boldsymbol{AEA}^{-1}=\boldsymbol{AA}^{-1}=\boldsymbol{E}$，所以 $\boldsymbol{AB}$ 也可逆，且 $(\boldsymbol{AB})^{-1}=\boldsymbol{B}^{-1}\boldsymbol{A}^{-1}$.

注 性质(4)可推广到任意有限个同阶可逆矩阵的情形：设 $\boldsymbol{A}_1,\boldsymbol{A}_2,\cdots,\boldsymbol{A}_t$ 是同阶可逆矩阵，则 $\boldsymbol{A}_1\boldsymbol{A}_2\cdots\boldsymbol{A}_t$ 也可逆，且 $(\boldsymbol{A}_1\boldsymbol{A}_2\cdots\boldsymbol{A}_t)^{-1}=\boldsymbol{A}_t^{-1}\cdots\boldsymbol{A}_2^{-1}\boldsymbol{A}_1^{-1}$.

例 2.17 已知 $\boldsymbol{A}$ 为 3 阶矩阵，且 $|\boldsymbol{A}|=\frac{1}{3}$，求 $|\boldsymbol{A}^*-(2\boldsymbol{A})^{-1}|$ 的值.

解
$$\begin{aligned}|\boldsymbol{A}^*-(2\boldsymbol{A})^{-1}|&=\left||\boldsymbol{A}|\boldsymbol{A}^{-1}-\frac{1}{2}\boldsymbol{A}^{-1}\right|=\left|\frac{1}{3}\boldsymbol{A}^{-1}-\frac{1}{2}\boldsymbol{A}^{-1}\right|\\&=\left|-\frac{1}{6}\boldsymbol{A}^{-1}\right|=\left(-\frac{1}{6}\right)^3|\boldsymbol{A}|^{-1}=-\frac{1}{72}.\end{aligned}$$

§2.4 分块矩阵

一、分块矩阵的概念

在理论和实际问题中，经常遇到行、列数很大或结构特殊的高阶矩阵，为了简化运算，经常采用分块法，将矩阵用若干条横线或纵线分成多个小矩阵，每个小矩阵称为原矩阵的子块或子阵，以子块为元素的矩阵称为**分块矩阵**.

矩阵的分块方法较多，一般根据实际需要或矩阵的结构特征进行分块，下面列举常见的三种形式：

$$(1)\ \boldsymbol{A}=\left(\begin{array}{cc:cc}1&3&1&0\\4&5&0&1\\ \hdashline 2&0&0&0\\0&2&0&0\end{array}\right)=\begin{pmatrix}\boldsymbol{B}&\boldsymbol{E}\\2\boldsymbol{E}&\boldsymbol{O}\end{pmatrix}.$$

$$(2)\ \boldsymbol{A}=\left(\begin{array}{c:c:c:c}1&3&1&0\\4&5&0&1\\2&0&0&0\\0&2&0&0\end{array}\right)=(\boldsymbol{\alpha}_1,\boldsymbol{\alpha}_2,\boldsymbol{\alpha}_3,\boldsymbol{\alpha}_4).$$

$$(3)\ \boldsymbol{A}=\left(\begin{array}{cccc}1&3&1&0\\ \hdashline 4&5&0&1\\ \hdashline 2&0&0&0\\ \hdashline 0&2&0&0\end{array}\right)=\begin{pmatrix}\boldsymbol{\beta}_1\\\boldsymbol{\beta}_2\\\boldsymbol{\beta}_3\\\boldsymbol{\beta}_4\end{pmatrix}.$$

二、分块矩阵的运算

分块矩阵的运算规则与普通矩阵的运算规则类似，运算时把子块当作元素看待，直接运用矩阵运算的有关法则.

1. 加减法与数乘

设同型矩阵 $\boldsymbol{A},\boldsymbol{B}$ 有相同的分块方式，即

$$\boldsymbol{A}=\begin{pmatrix}\boldsymbol{A}_{11}&\cdots&\boldsymbol{A}_{1t}\\\vdots&&\vdots\\\boldsymbol{A}_{s1}&\cdots&\boldsymbol{A}_{st}\end{pmatrix},\quad \boldsymbol{B}=\begin{pmatrix}\boldsymbol{B}_{11}&\cdots&\boldsymbol{B}_{1t}\\\vdots&&\vdots\\\boldsymbol{B}_{s1}&\cdots&\boldsymbol{B}_{st}\end{pmatrix},$$

其中 $\boldsymbol{A}_{ij},\boldsymbol{B}_{ij}(i=1,2,\cdots,s;j=1,2,\cdots,t)$ 也是同型矩阵，则

$$A \pm B = \begin{pmatrix} A_{11} \pm B_{11} & \cdots & A_{1t} \pm B_{1t} \\ \vdots & & \vdots \\ A_{s1} \pm B_{s1} & \cdots & A_{st} \pm B_{st} \end{pmatrix}, kA = \begin{pmatrix} kA_{11} & \cdots & kA_{1t} \\ \vdots & & \vdots \\ kA_{s1} & \cdots & kA_{st} \end{pmatrix} \quad (k \text{ 是常数}).$$

2. 乘法

设 A 为 $m \times l$ 矩阵，B 为 $l \times n$ 矩阵，分块成

$$A = \begin{pmatrix} A_{11} & A_{12} & \cdots & A_{1t} \\ A_{21} & A_{22} & \cdots & A_{2t} \\ \vdots & \vdots & & \vdots \\ A_{s1} & A_{s2} & \cdots & A_{st} \end{pmatrix}, \quad B = \begin{pmatrix} B_{11} & B_{12} & \cdots & B_{1r} \\ B_{21} & B_{22} & \cdots & B_{2r} \\ \vdots & \vdots & & \vdots \\ B_{t1} & B_{t2} & \cdots & B_{tr} \end{pmatrix},$$

其中 $A_{p1}, A_{p2}, \cdots, A_{pt}$ $(p = 1, 2, \cdots, s)$ 的列数分别等于 $B_{1q}, B_{2q}, \cdots, B_{tq}$ $(q = 1, 2, \cdots, r)$ 的行数，则

$$AB = \begin{pmatrix} C_{11} & C_{12} & \cdots & C_{1r} \\ C_{21} & C_{22} & \cdots & C_{2r} \\ \vdots & \vdots & & \vdots \\ C_{s1} & C_{s2} & \cdots & C_{sr} \end{pmatrix},$$

其中，$C_{pq} = \sum_{k=1}^{t} A_{pk} B_{kq}$ $(p = 1, 2, \cdots, s; q = 1, 2, \cdots, r)$.

例 2.18 设矩阵

$$A = \begin{pmatrix} 1 & 0 & 0 & 0 \\ 0 & 1 & 0 & 0 \\ -1 & 2 & 1 & 0 \\ 1 & 1 & 0 & 1 \end{pmatrix}, \quad B = \begin{pmatrix} 1 & 0 & 3 & 2 \\ -1 & 2 & 0 & 1 \\ 0 & 0 & -1 & 0 \\ 0 & 0 & 0 & -1 \end{pmatrix},$$

用分块矩阵求 $2A + B$，AB.

解 将 A, B 分块如下：

$$A = \begin{pmatrix} 1 & 0 & 0 & 0 \\ 0 & 1 & 0 & 0 \\ -1 & 2 & 1 & 0 \\ 1 & 1 & 0 & 1 \end{pmatrix} = \begin{pmatrix} E & O \\ C & E \end{pmatrix}, \quad B = \begin{pmatrix} 1 & 0 & 3 & 2 \\ -1 & 2 & 0 & 1 \\ 0 & 0 & -1 & 0 \\ 0 & 0 & 0 & -1 \end{pmatrix} = \begin{pmatrix} D & F \\ O & -E \end{pmatrix},$$

则

$$2A + B = \begin{pmatrix} 2E & O \\ 2C & 2E \end{pmatrix} + \begin{pmatrix} D & F \\ O & -E \end{pmatrix} = \begin{pmatrix} 2E + D & F \\ 2C & E \end{pmatrix} = \begin{pmatrix} 3 & 0 & 3 & 2 \\ -1 & 4 & 0 & 1 \\ -2 & 4 & 1 & 0 \\ 2 & 2 & 0 & 1 \end{pmatrix}.$$

$$\boldsymbol{AB}=\begin{pmatrix}\boldsymbol{E}&\boldsymbol{O}\\\boldsymbol{C}&\boldsymbol{E}\end{pmatrix}\begin{pmatrix}\boldsymbol{D}&\boldsymbol{F}\\\boldsymbol{O}&-\boldsymbol{E}\end{pmatrix}=\begin{pmatrix}\boldsymbol{D}&\boldsymbol{F}\\\boldsymbol{CD}&\boldsymbol{CF}-\boldsymbol{E}\end{pmatrix},$$

而

$$\boldsymbol{CD}=\begin{pmatrix}-1&2\\1&1\end{pmatrix}\begin{pmatrix}1&0\\-1&2\end{pmatrix}=\begin{pmatrix}-3&4\\0&2\end{pmatrix},$$

$$\boldsymbol{CF}-\boldsymbol{E}=\begin{pmatrix}-1&2\\1&1\end{pmatrix}\begin{pmatrix}3&2\\0&1\end{pmatrix}-\begin{pmatrix}1&0\\0&1\end{pmatrix}=\begin{pmatrix}-4&0\\3&2\end{pmatrix},$$

于是

$$\boldsymbol{AB}=\begin{pmatrix}1&0&3&2\\-1&2&0&1\\-3&4&-4&0\\0&2&3&2\end{pmatrix}.$$

例 2.19 设 $\boldsymbol{A}=(a_{ij})_{m\times s}$，$\boldsymbol{B}=(b_{ij})_{s\times n}$，如果将矩阵 $\boldsymbol{A}$ 按行分块为 $\boldsymbol{A}=\begin{pmatrix}\boldsymbol{A}_1\\\boldsymbol{A}_2\\\vdots\\\boldsymbol{A}_m\end{pmatrix}$，把矩阵 $\boldsymbol{B}$ 按列分块为 $\boldsymbol{B}=(\boldsymbol{B}_1,\boldsymbol{B}_2,\cdots,\boldsymbol{B}_n)$，其中 $\boldsymbol{A}_i=(a_{i1},a_{i2},\cdots,a_{is})\ (i=1,2,\cdots,m)$ 是 $\boldsymbol{A}$ 的第 i 行，$\boldsymbol{B}_j=(b_{1j},b_{2j},\cdots,b_{sj})^{\mathrm{T}}\ (j=1,2,\cdots,n)$ 是 $\boldsymbol{B}$ 的第 j 列，则

$$\boldsymbol{AB}=\begin{pmatrix}\boldsymbol{A}_1\\\boldsymbol{A}_2\\\vdots\\\boldsymbol{A}_m\end{pmatrix}\boldsymbol{B}=\begin{pmatrix}\boldsymbol{A}_1\boldsymbol{B}\\\boldsymbol{A}_2\boldsymbol{B}\\\vdots\\\boldsymbol{A}_m\boldsymbol{B}\end{pmatrix}=\boldsymbol{A}(\boldsymbol{B}_1,\boldsymbol{B}_2,\cdots,\boldsymbol{B}_n)=(\boldsymbol{AB}_1,\boldsymbol{AB}_2,\cdots,\boldsymbol{AB}_n).$$

例 2.20 若 n 元线性方程组(2.1)的系数矩阵 $\boldsymbol{A}=(a_{ij})_{m\times n}$ 按列分块为 $\boldsymbol{A}=(\boldsymbol{\alpha}_1,\boldsymbol{\alpha}_2,\cdots,\boldsymbol{\alpha}_n)$，其中 $\boldsymbol{\alpha}_j=(a_{1j},a_{2j},\cdots,a_{mj})^{\mathrm{T}}$，$j=1,2,\cdots,n$. 记 $\boldsymbol{X}=(x_1,x_2,\cdots,x_n)^{\mathrm{T}}$，$\boldsymbol{\beta}=(b_1,b_2,\cdots,b_m)^{\mathrm{T}}$，则此线性方程组的矩阵形式 $\boldsymbol{AX}=\boldsymbol{\beta}$ 可写成

$$(\boldsymbol{\alpha}_1,\boldsymbol{\alpha}_2,\cdots,\boldsymbol{\alpha}_n)\begin{pmatrix}x_1\\x_2\\\vdots\\x_n\end{pmatrix}=\boldsymbol{\beta},$$

即 $\boldsymbol{\alpha}_1x_1+\boldsymbol{\alpha}_2x_2+\cdots+\boldsymbol{\alpha}_nx_n=\boldsymbol{\beta}$，这就是线性方程组(2.1)的向量表示形式.

3. 转置

设分块矩阵

$$\boldsymbol{A}=\begin{pmatrix}\boldsymbol{A}_{11}&\boldsymbol{A}_{12}&\cdots&\boldsymbol{A}_{1t}\\\boldsymbol{A}_{21}&\boldsymbol{A}_{22}&\cdots&\boldsymbol{A}_{2t}\\\vdots&\vdots&&\vdots\\\boldsymbol{A}_{s1}&\boldsymbol{A}_{s2}&\cdots&\boldsymbol{A}_{st}\end{pmatrix},$$

则 $\boldsymbol{A}$ 的转置为

$$\boldsymbol{A}^{\mathrm{T}}=\begin{pmatrix}\boldsymbol{A}_{11}^{\mathrm{T}} & \boldsymbol{A}_{21}^{\mathrm{T}} & \cdots & \boldsymbol{A}_{s1}^{\mathrm{T}}\\ \boldsymbol{A}_{12}^{\mathrm{T}} & \boldsymbol{A}_{22}^{\mathrm{T}} & \cdots & \boldsymbol{A}_{s2}^{\mathrm{T}}\\ \vdots & \vdots & & \vdots\\ \boldsymbol{A}_{1t}^{\mathrm{T}} & \boldsymbol{A}_{2t}^{\mathrm{T}} & \cdots & \boldsymbol{A}_{st}^{\mathrm{T}}\end{pmatrix}.$$

注 分块矩阵转置时，不仅要将行与列的子阵位置互换，而且子阵还要转置.

三、特殊结构的分块矩阵

1. 分块对角矩阵

形如

$$\boldsymbol{A}=\begin{pmatrix}\boldsymbol{A}_{1} & & & \\ & \boldsymbol{A}_{2} & & \\ & & \ddots & \\ & & & \boldsymbol{A}_{s}\end{pmatrix}$$

的分块矩阵称为**分块对角矩阵**或**准对角矩阵**，其中 $\boldsymbol{A}_k(k=1,2,\cdots,s)$ 均为方阵，未写出的子块都是零矩阵. 分块对角矩阵也可简记为 $\boldsymbol{A}=\mathrm{diag}(\boldsymbol{A}_1,\boldsymbol{A}_2,\cdots,\boldsymbol{A}_s)$.

分块对角矩阵具有如下性质：

(1) 若 $\boldsymbol{A}=\mathrm{diag}(\boldsymbol{A}_1,\boldsymbol{A}_2,\cdots,\boldsymbol{A}_s)$，则 $|\boldsymbol{A}|=|\boldsymbol{A}_1||\boldsymbol{A}_2|\cdots|\boldsymbol{A}_s|$.

(2) 若 $\boldsymbol{A}=\mathrm{diag}(\boldsymbol{A}_1,\boldsymbol{A}_2,\cdots,\boldsymbol{A}_s)$，且 $|\boldsymbol{A}_k|\neq 0(k=1,2,\cdots,s)$，则

$$\boldsymbol{A}^{-1}=\begin{pmatrix}\boldsymbol{A}_{1}^{-1} & & & \\ & \boldsymbol{A}_{2}^{-1} & & \\ & & \ddots & \\ & & & \boldsymbol{A}_{s}^{-1}\end{pmatrix}.$$

(3) 相同结构的分块对角矩阵的加、减、数乘、乘积及逆仍是分块对角矩阵，且运算为对应子块作相应运算.

2. 分块上(下)三角形矩阵

形如

$$\boldsymbol{A}=\begin{pmatrix}\boldsymbol{A}_{11} & \boldsymbol{A}_{12} & \cdots & \boldsymbol{A}_{1s}\\ \boldsymbol{O} & \boldsymbol{A}_{22} & \cdots & \boldsymbol{A}_{2s}\\ \vdots & \vdots & & \vdots\\ \boldsymbol{O} & \boldsymbol{O} & \cdots & \boldsymbol{A}_{ss}\end{pmatrix} \text{或} \boldsymbol{A}=\begin{pmatrix}\boldsymbol{A}_{11} & \boldsymbol{O} & \cdots & \boldsymbol{O}\\ \boldsymbol{A}_{21} & \boldsymbol{A}_{22} & \cdots & \boldsymbol{O}\\ \vdots & \vdots & & \vdots\\ \boldsymbol{A}_{s1} & \boldsymbol{A}_{s2} & \cdots & \boldsymbol{A}_{ss}\end{pmatrix}$$

的分块矩阵(其中 $\boldsymbol{A}_{ii}(i=1,2,\cdots,s)$ 均为方阵)称为**分块上(下)三角形矩阵**.

显然，分块对角矩阵是分块上(下)三角形矩阵的特例.

相同结构的分块上(下)三角形矩阵的加、减、数乘、乘积及逆仍是分块上(下)三角形矩阵.

例 2.21 设

$$\boldsymbol{A}=\begin{pmatrix}6&0&0&0\\0&1&2&0\\0&3&4&0\\0&0&0&5\end{pmatrix},$$

证明 $\boldsymbol{A}$ 可逆并求 $\boldsymbol{A}^{-1}$.

解 将 $\boldsymbol{A}$ 分块为分块对角矩阵 $\boldsymbol{A}=\mathrm{diag}(\boldsymbol{A}_1,\boldsymbol{A}_2,\boldsymbol{A}_3)$, 其中

$$\boldsymbol{A}_1=(6),\quad \boldsymbol{A}_2=\begin{pmatrix}1&2\\3&4\end{pmatrix},\quad \boldsymbol{A}_3=(5).$$

因为 $|\boldsymbol{A}|=|\boldsymbol{A}_1||\boldsymbol{A}_2||\boldsymbol{A}_3|=6\times(-2)\times5=-60\neq0$, 所以 $\boldsymbol{A}$ 可逆. 又

$$\boldsymbol{A}_1^{-1}=\frac{1}{6},\quad \boldsymbol{A}_2^{-1}=\begin{pmatrix}-2&1\\\frac{3}{2}&-\frac{1}{2}\end{pmatrix},\quad \boldsymbol{A}_3^{-1}=\frac{1}{5},$$

从而

$$\boldsymbol{A}^{-1}=\mathrm{diag}(\boldsymbol{A}_1^{-1},\boldsymbol{A}_2^{-1},\boldsymbol{A}_3^{-1})=\begin{pmatrix}\frac{1}{6}&0&0&0\\0&-2&1&0\\0&\frac{3}{2}&-\frac{1}{2}&0\\0&0&0&\frac{1}{5}\end{pmatrix}.$$

例 2.22 分块上三角形矩阵

$$\boldsymbol{P}=\begin{pmatrix}\boldsymbol{A}&\boldsymbol{C}\\\boldsymbol{O}&\boldsymbol{B}\end{pmatrix},$$

其中 $\boldsymbol{A},\boldsymbol{B}$ 分别为 m 阶、n 阶可逆矩阵,证明 $\boldsymbol{P}$ 可逆并求 $\boldsymbol{P}^{-1}$.

解 因 $|\boldsymbol{A}|\neq0$, $|\boldsymbol{B}|\neq0$, 又由行列式性质知 $|\boldsymbol{P}|=|\boldsymbol{A}||\boldsymbol{B}|$, 故 $|\boldsymbol{P}|\neq0$, $\boldsymbol{P}$ 可逆.

设 $\boldsymbol{P}^{-1}=\begin{pmatrix}\boldsymbol{X}&\boldsymbol{Z}\\\boldsymbol{W}&\boldsymbol{Y}\end{pmatrix}$, 其中 $\boldsymbol{X},\boldsymbol{Y}$ 分别是 m 阶、n 阶方阵. 则由 $\boldsymbol{P}\boldsymbol{P}^{-1}=\boldsymbol{E}$, 有

$$\begin{pmatrix}\boldsymbol{A}&\boldsymbol{C}\\\boldsymbol{O}&\boldsymbol{B}\end{pmatrix}\begin{pmatrix}\boldsymbol{X}&\boldsymbol{Z}\\\boldsymbol{W}&\boldsymbol{Y}\end{pmatrix}=\begin{pmatrix}\boldsymbol{E}_m&\boldsymbol{O}\\\boldsymbol{O}&\boldsymbol{E}_n\end{pmatrix},$$

即

$$\begin{pmatrix} AX+CW & AZ+CY \\ BW & BY \end{pmatrix} = \begin{pmatrix} E_m & O \\ O & E_n \end{pmatrix},$$

于是得

$$\begin{cases} AX+CW=E_m, \\ AZ+CY=O, \\ BW=O, \\ BY=E_n, \end{cases}$$

因为 A,B 均可逆，所以由第三、第四式得 $W=O,Y=B^{-1}$，将它们分别代入第一、第二式得 $X=A^{-1},Z=-A^{-1}CB^{-1}$，因此

$$\begin{pmatrix} A & C \\ O & B \end{pmatrix}^{-1} = P^{-1} = \begin{pmatrix} A^{-1} & -A^{-1}CB^{-1} \\ O & B^{-1} \end{pmatrix}.$$

特别地，当 $C=O$ 时，

$$\begin{pmatrix} A & O \\ O & B \end{pmatrix}^{-1} = \begin{pmatrix} A^{-1} & O \\ O & B^{-1} \end{pmatrix}.$$

类似地，

$$\begin{pmatrix} A & O \\ C & B \end{pmatrix}^{-1} = \begin{pmatrix} A^{-1} & O \\ -B^{-1}CA^{-1} & B^{-1} \end{pmatrix}, \quad \begin{pmatrix} O & A \\ B & O \end{pmatrix}^{-1} = \begin{pmatrix} O & B^{-1} \\ A^{-1} & O \end{pmatrix},$$

其中 A,B 为可逆矩阵.

例 2.23 设 A 为 3 阶矩阵，且 $|A|=5$，如果将 A 按列分块为 $A=(A_1,A_2,A_3)$，其中 $A_j(j=1,2,3)$ 是 A 的第 j 列，求行列式 $|A_1+A_2,A_2,2A_1-3A_3|$.

解 因为 $|A|=|A_1,A_2,A_3|=5$，由行列式的性质得

$$\begin{aligned} |A_1+A_2,A_2,2A_1-3A_3| &= |A_1,A_2,2A_1-3A_3| \\ &= |A_1,A_2,-3A_3| = -3|A| = -15. \end{aligned}$$

§2.5 矩阵的初等变换与初等矩阵

用伴随矩阵法求高阶可逆矩阵的逆矩阵，高阶行列式的计算量相当大. 因此，有必要寻找求逆矩阵的简便方法——初等变换法. 矩阵的初等变换是连接行列式、矩阵运算和线性方程组的重要纽带.

一、矩阵的初等变换

定义 2.13 矩阵的下列三种变换称为矩阵的**初等行变换**：

(1) 交换矩阵的第 i 行与第 j 行的位置，记作 $r_i \leftrightarrow r_j$；

(2) 用一个非零数 k 乘矩阵的第 i 行各元素，记作 kr_i；

(3) 将矩阵的第 j 行的 k 倍加到第 i 行的对应元素上 $(j \neq i)$，记作 $r_i + kr_j$.

将定义 2.13 中的行换成列，即得矩阵的**初等列变换**的定义（相应记号中的 r 换成 c）. 一般将矩阵的初等行、列变换统称为矩阵的**初等变换**(elementary operation).

定义 2.14 设 $\boldsymbol{A},\boldsymbol{B}$ 均为 $m\times n$ 矩阵，如果 $\boldsymbol{A}$ 经过有限次初等变换化为 $\boldsymbol{B}$，则称 $\boldsymbol{A}$ 与 $\boldsymbol{B}$ **等价**，记为 $\boldsymbol{A}\cong\boldsymbol{B}$ 或 $\boldsymbol{A}\to\boldsymbol{B}$.

显然，矩阵的等价关系具有下列性质：

(1) 反身性：$\boldsymbol{A}\cong\boldsymbol{A}$；

(2) 对称性：若 $\boldsymbol{A}\cong\boldsymbol{B}$，则 $\boldsymbol{B}\cong\boldsymbol{A}$；

(3) 传递性：若 $\boldsymbol{A}\cong\boldsymbol{B},\boldsymbol{B}\cong\boldsymbol{C}$，则 $\boldsymbol{A}\cong\boldsymbol{C}$.

在 $\boldsymbol{A}$ 的一系列等价矩阵中，是否存在结构相对简单的矩阵呢？下面引入矩阵等价相关的概念.

定义 2.15 称满足下列条件的矩阵为**行阶梯形矩阵**（简称**阶梯阵**）：

(1) 零行（元素全为零的行）位于非零行下方.

(2) 各非零行从左至右的第一个不为零元素（首非零元）只出现在上一行首个非零元的右边.

特别地，如果非零行的首个非零元为 1，并且该非零元 1 所在列的其余元素都为零的阶梯阵称为**行最简形矩阵**. 例如

$$\begin{pmatrix} 1 & -2 & 3 & -1 & 1 \\ 0 & 5 & -4 & 0 & -1 \\ 0 & 0 & 0 & 0 & 3 \end{pmatrix},\quad \begin{pmatrix} 2 & 0 & 2 & 6 \\ 0 & 1 & -1 & 5 \\ 0 & 0 & 0 & 0 \end{pmatrix},\quad \begin{pmatrix} 1 & 0 & 0 & 3 \\ 0 & 1 & 0 & 5 \\ 0 & 0 & 1 & -6 \end{pmatrix}$$

都是阶梯阵，但只有第 3 个才是行最简形矩阵.

定理 2.2 任意矩阵 $\boldsymbol{A}=(a_{ij})_{m\times n}$ 经过有限次初等变换，总可以化为形如

$$\boldsymbol{D}=\begin{pmatrix} \boldsymbol{E}_r & \boldsymbol{O} \\ \boldsymbol{O} & \boldsymbol{O} \end{pmatrix}$$

的矩阵.

证明 若 $\boldsymbol{A}=\boldsymbol{O}$，则 $\boldsymbol{A}$ 已是 $\boldsymbol{D}$ 的形式$(r=0)$. 若 $\boldsymbol{A}\neq\boldsymbol{O}$，则 $\boldsymbol{A}$ 中至少有一个元素不等于零，不妨设 $a_{11}\neq 0$（若 $a_{11}=0$，则对 $\boldsymbol{A}$ 施以第一种初等变换，使位于第一行、第一列的元素不为零），现对 $\boldsymbol{A}$ 按下列步骤施以初等变换：① $r_i+\left(-\dfrac{a_{i1}}{a_{11}}\right)r_1\,(i=2,\cdots,m)$；② $c_j+\left(-\dfrac{a_{1j}}{a_{11}}\right)c_1\,(j=2,\cdots,n)$；③ $\dfrac{1}{a_{11}}r_1$，则 $\boldsymbol{A}$ 化为

$$\begin{pmatrix} 1 & 0 & \cdots & 0 \\ 0 & a'_{22} & \cdots & a'_{2n} \\ \vdots & \vdots & & \vdots \\ 0 & a'_{m2} & \cdots & a'_{mn} \end{pmatrix}=\begin{pmatrix} \boldsymbol{E}_1 & \boldsymbol{O} \\ \boldsymbol{O} & \boldsymbol{A}_1 \end{pmatrix},$$

其中 $\boldsymbol{A}_1$ 是 $(m-1)\times(n-1)$ 矩阵. 对 $\boldsymbol{A}_1$ 重复上述做法,则经有限次初等变换,必可把 $\boldsymbol{A}$ 化为 $\boldsymbol{D}$ 的形式.

在定理 2.2 中,矩阵 $\boldsymbol{D}$ 称为矩阵 $\boldsymbol{A}$ 的**等价标准形**.

例 2.24 设

$$\boldsymbol{A}=\begin{pmatrix}1 & -2 & 1 & -2\\ 2 & -4 & 2 & -3\\ -1 & 2 & -1 & 0\end{pmatrix},$$

求 $\boldsymbol{A}$ 的等价标准形.

解

$$\boldsymbol{A}=\begin{pmatrix}1 & -2 & 1 & -2\\ 2 & -4 & 2 & -3\\ -1 & 2 & -1 & 0\end{pmatrix}\xrightarrow[r_3+r_1]{r_2-2r_1}\begin{pmatrix}1 & -2 & 1 & -2\\ 0 & 0 & 0 & 1\\ 0 & 0 & 0 & -2\end{pmatrix}$$

$$\xrightarrow[\substack{c_3-c_1\\ c_4+2c_1}]{c_2+2c_1}\begin{pmatrix}1 & 0 & 0 & 0\\ 0 & 0 & 0 & 1\\ 0 & 0 & 0 & -2\end{pmatrix}\xrightarrow[c_2\leftrightarrow c_4]{r_3+2r_2}\begin{pmatrix}1 & 0 & 0 & 0\\ 0 & 1 & 0 & 0\\ 0 & 0 & 0 & 0\end{pmatrix}=\begin{pmatrix}\boldsymbol{E}_2 & \boldsymbol{O}\\ \boldsymbol{O} & \boldsymbol{O}\end{pmatrix}.$$

矩阵的初等变换

二、初等矩阵

定义 2.16 对单位矩阵 $\boldsymbol{E}$ 作一次初等变换得到的矩阵称为**初等矩阵**(elementary matrix).

对应于三种初等行(列)变换,有三种初等矩阵:

(1) 交换 $\boldsymbol{E}$ 的第 i,j 两行(或第 i,j 两列),得到的初等矩阵,记作 $\boldsymbol{E}(i,j)$:

$$\boldsymbol{E}(i,j)=\begin{pmatrix}1 &&&&&&\\ & \ddots &&&&&\\ && 0 & \cdots & 1 &&\\ &&& 1 &&&\\ && \vdots & \ddots & \vdots &&\\ &&&& 1 &&\\ && 1 & \cdots & 0 &&\\ &&&&& \ddots &\\ &&&&&& 1\end{pmatrix}\begin{matrix}\\ \\ i\text{ 行}\\ \\ \\ \\ j\text{ 行};\\ \\ \\ \end{matrix}$$

$$\qquad\qquad i\text{ 列}\qquad\qquad j\text{ 列}$$

(2) $\boldsymbol{E}$ 的第 i 行(或第 i 列)乘非零常数 k,得到的初等矩阵记作 $\boldsymbol{E}[i(k)]$:

$$\boldsymbol{E}[i(k)]=\begin{pmatrix}1 &&&&&\\ & \ddots &&&&\\ && 1 &&&\\ &&& k &&\\ &&&& 1 &\\ &&&&& \ddots &\\ &&&&&& 1\end{pmatrix}\begin{matrix}\\ \\ \\ i\text{ 行};\\ \\ \\ \\ \end{matrix}$$

$$i\text{ 列}$$

(3) 把 $\boldsymbol{E}$ 的第 j 行的 k 倍加到第 i 行上(或第 i 列的 k 倍加到第 j 列上),得到的初等矩阵记为 $\boldsymbol{E}[ij(k)]$:

$$\boldsymbol{E}[ij(k)]=\begin{pmatrix}1 & & & & & & \\ & \ddots & & & & & \\ & & 1 & \cdots & k & & \\ & & & \ddots & \vdots & & \\ & & & & 1 & & \\ & & & & & \ddots & \\ & & & & & & 1\end{pmatrix}\begin{matrix} \\ \\ i\text{ 行} \\ \\ j\text{ 行}. \\ \\ \\ \end{matrix}$$

$$\qquad\qquad i\text{ 列}\qquad j\text{ 列}$$

显然,初等矩阵都是可逆的,且初等矩阵的逆矩阵是同类型的初等矩阵:

$$\boldsymbol{E}(i,j)^{-1}=\boldsymbol{E}(i,j);\quad \boldsymbol{E}[i(k)]^{-1}=\boldsymbol{E}[i(k^{-1})];\quad \boldsymbol{E}[ij(k)]^{-1}=\boldsymbol{E}[ij(-k)].$$

初等变换与初等矩阵有非常密切的关系.

定理 2.3 设 $\boldsymbol{A}=(a_{ij})_{m\times n}$,则

(1) 对 $\boldsymbol{A}$ 作一次初等行变换,相当于用一个相应的 m 阶初等矩阵左乘 $\boldsymbol{A}$;

(2) 对 $\boldsymbol{A}$ 作一次初等列变换,相当于用一个相应的 n 阶初等矩阵右乘 $\boldsymbol{A}$.

证明 仅对第三种初等行变换进行证明.

将 $\boldsymbol{A}$ 和 m 阶单位矩阵按行分块为

$$\boldsymbol{A}=\begin{pmatrix}\boldsymbol{A}_1\\ \boldsymbol{A}_2\\ \vdots\\ \boldsymbol{A}_m\end{pmatrix},\quad \boldsymbol{E}=\begin{pmatrix}\boldsymbol{\varepsilon}_1\\ \boldsymbol{\varepsilon}_2\\ \vdots\\ \boldsymbol{\varepsilon}_m\end{pmatrix},$$

其中 $\boldsymbol{A}_i=(a_{i1},a_{i2},\cdots,a_{in})$,$\boldsymbol{\varepsilon}_i=(0,\cdots,0,1,0,\cdots,0)(i=1,2,\cdots,m)$.

$$\boldsymbol{A}\xrightarrow{r_i+kr_j}\boldsymbol{A}'=\begin{pmatrix}\boldsymbol{A}_1\\ \vdots\\ \boldsymbol{A}_i+k\boldsymbol{A}_j\\ \vdots\\ \boldsymbol{A}_j\\ \vdots\\ \boldsymbol{A}_m\end{pmatrix},\text{而对应的 } m \text{ 阶初等矩阵为 } \boldsymbol{E}[ij(k)]=\begin{pmatrix}\boldsymbol{\varepsilon}_1\\ \vdots\\ \boldsymbol{\varepsilon}_i+k\boldsymbol{\varepsilon}_j\\ \vdots\\ \boldsymbol{\varepsilon}_j\\ \vdots\\ \boldsymbol{\varepsilon}_m\end{pmatrix},$$

于是

$$\boldsymbol{E}[ij(k)]\boldsymbol{A}=\begin{pmatrix}\boldsymbol{\varepsilon}_1\\ \vdots\\ \boldsymbol{\varepsilon}_i+k\boldsymbol{\varepsilon}_j\\ \vdots\\ \boldsymbol{\varepsilon}_j\\ \vdots\\ \boldsymbol{\varepsilon}_m\end{pmatrix}\boldsymbol{A}=\begin{pmatrix}\boldsymbol{\varepsilon}_1\boldsymbol{A}\\ \vdots\\ (\boldsymbol{\varepsilon}_i+k\boldsymbol{\varepsilon}_j)\boldsymbol{A}\\ \vdots\\ \boldsymbol{\varepsilon}_j\boldsymbol{A}\\ \vdots\\ \boldsymbol{\varepsilon}_m\boldsymbol{A}\end{pmatrix}=\begin{pmatrix}\boldsymbol{A}_1\\ \vdots\\ \boldsymbol{A}_i+k\boldsymbol{A}_j\\ \vdots\\ \boldsymbol{A}_j\\ \vdots\\ \boldsymbol{A}_m\end{pmatrix}=\boldsymbol{A}'.$$

这表明用初等矩阵 $\boldsymbol{E}[ij(k)]$ 左乘 $\boldsymbol{A}$，等于将 $\boldsymbol{A}$ 的第 j 行的 k 倍加到第 i 行上.

其余结论可类似证明，请读者自证.

例 2.25 计算 $\boldsymbol{A}=\begin{pmatrix}0&0&1\\0&1&0\\1&0&0\end{pmatrix}^{2019}\begin{pmatrix}2&0&2\\0&1&0\\1&0&1\end{pmatrix}\begin{pmatrix}1&0&0\\0&2&0\\0&0&1\end{pmatrix}^{2020}$.

解 因为初等矩阵 $\boldsymbol{E}(1,3)=\begin{pmatrix}0&0&1\\0&1&0\\1&0&0\end{pmatrix}$，$\boldsymbol{E}[2(2)]=\begin{pmatrix}1&0&0\\0&2&0\\0&0&1\end{pmatrix}$，由定理 2.3 得

$$\boldsymbol{A}=\begin{pmatrix}1&0&1\\0&1&0\\2&0&2\end{pmatrix}\begin{pmatrix}1&0&0\\0&2&0\\0&0&1\end{pmatrix}^{2020}=\begin{pmatrix}1&0&1\\0&2^{2020}&0\\2&0&2\end{pmatrix}.$$

三、初等变换法求逆矩阵

根据定理 2.2 及定理 2.3，可得下述推论

推论 2.2 对于任意 $m\times n$ 矩阵 $\boldsymbol{A}$，存在 m 阶初等矩阵 $\boldsymbol{P}_1,\boldsymbol{P}_2,\cdots,\boldsymbol{P}_s$ 和 n 阶初等矩阵 $\boldsymbol{Q}_1,\boldsymbol{Q}_2,\cdots,\boldsymbol{Q}_t$，使得

$$\boldsymbol{P}_s\cdots\boldsymbol{P}_2\boldsymbol{P}_1\boldsymbol{A}\boldsymbol{Q}_1\boldsymbol{Q}_2\cdots\boldsymbol{Q}_t=\begin{pmatrix}\boldsymbol{E}_r&\boldsymbol{O}\\\boldsymbol{O}&\boldsymbol{O}\end{pmatrix}.$$

推论 2.3 若 $\boldsymbol{A}$ 为 n 阶可逆矩阵，则 $\boldsymbol{A}$ 的等价标准形为 $\boldsymbol{E}_n$.

证明 由定理 2.2 和推论 2.2 知，存在 n 阶初等矩阵 $\boldsymbol{P}_1,\boldsymbol{P}_2,\cdots,\boldsymbol{P}_s$ 及 $\boldsymbol{Q}_1,\boldsymbol{Q}_2,\cdots,\boldsymbol{Q}_t$，使

$$\boldsymbol{P}_s\cdots\boldsymbol{P}_2\boldsymbol{P}_1\boldsymbol{A}\boldsymbol{Q}_1\boldsymbol{Q}_2\cdots\boldsymbol{Q}_t=\begin{pmatrix}\boldsymbol{E}_r&\boldsymbol{O}\\\boldsymbol{O}&\boldsymbol{O}\end{pmatrix}.$$

由于初等矩阵均可逆，则

$$|\boldsymbol{P}_s|\cdots|\boldsymbol{P}_1||\boldsymbol{A}||\boldsymbol{Q}_1|\cdots|\boldsymbol{Q}_t|=\begin{vmatrix}\boldsymbol{E}_r&\boldsymbol{O}\\\boldsymbol{O}&\boldsymbol{O}\end{vmatrix}\neq 0,$$

从而 $r=n$，即 $\boldsymbol{A}$ 的等价标准形为 $\boldsymbol{E}_n$.

定理 2.4 n 阶矩阵 $\boldsymbol{A}$ 可逆的充要条件是 $\boldsymbol{A}$ 可以表示成一系列初等矩阵的乘积.

证明 **充分性** 如果 $\boldsymbol{A}$ 可以表示成一系列初等矩阵的乘积,则由初等矩阵都可逆,得 $\boldsymbol{A}$ 也可逆.

必要性 如果 $\boldsymbol{A}$ 可逆,由推论 2.3 知存在初等矩阵 $\boldsymbol{P}_1,\boldsymbol{P}_2,\cdots,\boldsymbol{P}_s$ 及 $\boldsymbol{Q}_1,\boldsymbol{Q}_2,\cdots,\boldsymbol{Q}_t$,使得

$$\boldsymbol{P}_s\cdots\boldsymbol{P}_2\boldsymbol{P}_1\boldsymbol{A}\boldsymbol{Q}_1\boldsymbol{Q}_2\cdots\boldsymbol{Q}_t=\boldsymbol{E}.$$

因为初等矩阵均可逆,所以

$$\boldsymbol{A}=\boldsymbol{P}_1^{-1}\boldsymbol{P}_2^{-1}\cdots\boldsymbol{P}_s^{-1}\boldsymbol{Q}_t^{-1}\cdots\boldsymbol{Q}_2^{-1}\boldsymbol{Q}_1^{-1},$$

又初等矩阵的逆矩阵仍为初等矩阵,故 $\boldsymbol{A}$ 表示成了一系列初等矩阵的乘积.

若 $\boldsymbol{A}$ 可逆,则 $\boldsymbol{A}^{-1}$ 也可逆,根据定理 2.4,存在初等矩阵 $\boldsymbol{G}_1,\boldsymbol{G}_2,\cdots,\boldsymbol{G}_k$ 使得

$$\boldsymbol{G}_1\boldsymbol{G}_2\cdots\boldsymbol{G}_k\boldsymbol{E}=\boldsymbol{A}^{-1}.$$

用 $\boldsymbol{A}$ 右乘上式两端,得

$$\boldsymbol{G}_1\boldsymbol{G}_2\cdots\boldsymbol{G}_k\boldsymbol{A}=\boldsymbol{E}.$$

比较以上两式可知:在对 $\boldsymbol{A}$ 作 k 次初等行变换化为单位矩阵 $\boldsymbol{E}$ 时,对单位矩阵 $\boldsymbol{E}$ 作相同的初等行变换就化为了 $\boldsymbol{A}^{-1}$,即有下述求逆矩阵 $\boldsymbol{A}^{-1}$ 的初等行变换法:

$$(\boldsymbol{A},\boldsymbol{E})\xrightarrow{\text{初等行变换}}(\boldsymbol{E},\boldsymbol{A}^{-1}).$$

例 2.26 设 $\boldsymbol{A}=\begin{pmatrix}1&1&2\\3&2&2\\1&2&1\end{pmatrix}$,求 $\boldsymbol{A}^{-1}$.

解 因为

$$(\boldsymbol{A},\boldsymbol{E})=\begin{pmatrix}1&1&2&1&0&0\\3&2&2&0&1&0\\1&2&1&0&0&1\end{pmatrix}\xrightarrow[r_3-r_1]{r_2-3r_1}\begin{pmatrix}1&1&2&1&0&0\\0&-1&-4&-3&1&0\\0&1&-1&-1&0&1\end{pmatrix}$$

$$\xrightarrow{r_3+r_2}\begin{pmatrix}1&1&2&1&0&0\\0&-1&-4&-3&1&0\\0&0&-5&-4&1&1\end{pmatrix}\xrightarrow{-\frac{1}{5}r_3}\begin{pmatrix}1&1&2&1&0&0\\0&-1&-4&-3&1&0\\0&0&1&\frac{4}{5}&-\frac{1}{5}&-\frac{1}{5}\end{pmatrix}$$

$$\xrightarrow[r_1-2r_3]{r_2+4r_3}\begin{pmatrix}1&1&0&-\frac{3}{5}&\frac{2}{5}&\frac{2}{5}\\0&-1&0&\frac{1}{5}&\frac{1}{5}&-\frac{4}{5}\\0&0&1&\frac{4}{5}&-\frac{1}{5}&-\frac{1}{5}\end{pmatrix}$$

$$\xrightarrow[(-1)r_2]{r_1+r_2}\begin{pmatrix}1&0&0&-\frac{2}{5}&\frac{3}{5}&-\frac{2}{5}\\0&1&0&-\frac{1}{5}&-\frac{1}{5}&\frac{4}{5}\\0&0&1&\frac{4}{5}&-\frac{1}{5}&-\frac{1}{5}\end{pmatrix},$$

所以

$$\boldsymbol{A}^{-1}=\begin{pmatrix}-\frac{2}{5}&\frac{3}{5}&-\frac{2}{5}\\-\frac{1}{5}&-\frac{1}{5}&\frac{4}{5}\\\frac{4}{5}&-\frac{1}{5}&-\frac{1}{5}\end{pmatrix}.$$

注 类似地可导出,利用初等列变换求逆矩阵 $\boldsymbol{A}^{-1}$ 的方法:

$$\begin{pmatrix}\boldsymbol{A}\\\boldsymbol{E}\end{pmatrix}\xrightarrow{\text{初等列变换}}\begin{pmatrix}\boldsymbol{E}\\\boldsymbol{A}^{-1}\end{pmatrix}.$$

四、初等变换法解矩阵方程

求解形如 $\boldsymbol{AX}=\boldsymbol{B}$ 或 $\boldsymbol{XA}=\boldsymbol{B}$ 的矩阵方程有多种方法.

方法一,利用矩阵乘法及矩阵相等求解未知矩阵 $\boldsymbol{X}$.

方法二,当 $\boldsymbol{A}$ 可逆时,方程两端左乘(或右乘)$\boldsymbol{A}^{-1}$,就可求得未知矩阵

$$\boldsymbol{X}=\boldsymbol{A}^{-1}\boldsymbol{B}\quad \text{或}\quad \boldsymbol{X}=\boldsymbol{B}\boldsymbol{A}^{-1}.$$

方法三(初等变换法),对方程 $\boldsymbol{AX}=\boldsymbol{B}$(若 $\boldsymbol{A}$ 可逆,由方法二知 $\boldsymbol{X}=\boldsymbol{A}^{-1}\boldsymbol{B}$),比较以下两式

$$\boldsymbol{A}^{-1}\boldsymbol{A}=(\boldsymbol{G}_1\boldsymbol{G}_2\cdots\boldsymbol{G}_k)\boldsymbol{A}=\boldsymbol{E},$$

$$\boldsymbol{A}^{-1}\boldsymbol{B}=(\boldsymbol{G}_1\boldsymbol{G}_2\cdots\boldsymbol{G}_k)\boldsymbol{B}=\boldsymbol{X}$$

可知:对 $\boldsymbol{A},\boldsymbol{B}$ 作相同的初等行变换,当把 $\boldsymbol{A}$ 化为单位矩阵 $\boldsymbol{E}$ 时,$\boldsymbol{B}$ 就化为了$\boldsymbol{A}^{-1}\boldsymbol{B}=\boldsymbol{X}$. 即

$$(\boldsymbol{A},\boldsymbol{B})\xrightarrow{\text{初等行变换}}(\boldsymbol{E},\boldsymbol{A}^{-1}\boldsymbol{B}).$$

例 2.27 设

$$\boldsymbol{A}=\begin{pmatrix}2&-2&3\\1&-1&2\\-1&0&1\end{pmatrix},\quad \boldsymbol{B}=\begin{pmatrix}1&-1\\2&0\\5&-3\end{pmatrix},$$

满足 $\boldsymbol{AX}=\boldsymbol{B}$,求 $\boldsymbol{X}$.

解法 1 因为 $\boldsymbol{A}$ 可逆,则有 $\boldsymbol{X}=\boldsymbol{A}^{-1}\boldsymbol{B}$. 用初等变换方法求得

$$A^{-1}=\begin{pmatrix}-1&2&-1\\-3&5&-1\\-1&2&0\end{pmatrix},$$

所以

$$X=\begin{pmatrix}-1&2&-1\\-3&5&-1\\-1&2&0\end{pmatrix}\begin{pmatrix}1&-1\\2&0\\5&-3\end{pmatrix}=\begin{pmatrix}-2&4\\2&6\\3&1\end{pmatrix}.$$

解法 2 因为

$$(A,B)=\begin{pmatrix}2&-2&3&1&-1\\1&-1&2&2&0\\-1&0&1&5&-3\end{pmatrix}\xrightarrow{r_1\leftrightarrow r_2}\begin{pmatrix}1&-1&2&2&0\\2&-2&3&1&-1\\-1&0&1&5&-3\end{pmatrix}$$

$$\xrightarrow[r_3+r_1]{r_2-2r_1}\begin{pmatrix}1&-1&2&2&0\\0&0&-1&-3&-1\\0&-1&3&7&-3\end{pmatrix}\xrightarrow{r_2\leftrightarrow r_3}\begin{pmatrix}1&-1&2&2&0\\0&-1&3&7&-3\\0&0&-1&-3&-1\end{pmatrix}$$

$$\xrightarrow[r_1+2r_3]{r_2+3r_3}\begin{pmatrix}1&-1&0&-4&-2\\0&-1&0&-2&-6\\0&0&-1&-3&-1\end{pmatrix}\xrightarrow[\substack{(-1)r_2\\(-1)r_3}]{r_1-r_2}\begin{pmatrix}1&0&0&-2&4\\0&1&0&2&6\\0&0&1&3&1\end{pmatrix},$$

所以

$$X=\begin{pmatrix}-2&4\\2&6\\3&1\end{pmatrix}.$$

同理,对方程 $XA=B$(A 可逆),有

$$\begin{pmatrix}A\\B\end{pmatrix}\xrightarrow{\text{初等列变换}}\begin{pmatrix}E\\BA^{-1}\end{pmatrix}.$$

例 2.28[*] 设矩阵 A 和 X 满足 $XA=X+A$,其中 $A=\begin{pmatrix}2&5\\1&4\end{pmatrix}$,求 X.

解法 1 将方程变形为 $XA-X=A$,即 $X(A-E)=A$,而 $A-E=\begin{pmatrix}1&5\\1&3\end{pmatrix}$.用初等变换法

$$\begin{pmatrix} A-E \\ A \end{pmatrix} = \begin{pmatrix} 1 & 5 \\ 1 & 3 \\ 2 & 5 \\ 1 & 4 \end{pmatrix} \xrightarrow{c_2-5c_1} \begin{pmatrix} 1 & 0 \\ 1 & -2 \\ 2 & -5 \\ 1 & -1 \end{pmatrix} \xrightarrow[-\frac{1}{2}c_2]{c_1+\frac{1}{2}c_2} \begin{pmatrix} 1 & 0 \\ 0 & 1 \\ -\frac{1}{2} & \frac{5}{2} \\ \frac{1}{2} & \frac{1}{2} \end{pmatrix},$$

所以

$$X = \begin{pmatrix} -\frac{1}{2} & \frac{5}{2} \\ \frac{1}{2} & \frac{1}{2} \end{pmatrix}.$$

解法 2 方程 $X(A-E)=A$ 两边取转置，得 $(A-E)^{\mathrm{T}}X^{\mathrm{T}}=A^{\mathrm{T}}$，由例 2.27 解法 2 求出 X^{T}，再取转置求 X.

§2.6 矩阵的秩

秩是矩阵的一个重要数字特征，是矩阵在初等变换下的一个不变量，也是研究和分析线性方程组理论的重要基础.

定义 2.17 在 $m\times n$ 矩阵 A 中，任取 k 行 k 列（$1\leqslant k\leqslant m, 1\leqslant k\leqslant n$），位于这些行列交叉位置处的 k^2 个元素，按原次序构成的一个 k 阶行列式，称为 A 的一个 k **阶子式**.

例如，在矩阵

$$A = \begin{pmatrix} -1 & 2 & 3 & -2 \\ 3 & 4 & 1 & 0 \\ 2 & 5 & 0 & -3 \end{pmatrix}$$

中，若取 A 的第 2 行和第 4 列，位于交叉处的元素可构成一阶子式 0. 若取第 2 行、第 3 行，再取第 1 列、第 4 列，可构成一个二阶子式 $\begin{vmatrix} 3 & 0 \\ 2 & -3 \end{vmatrix}=-9$.

注 一个 $m\times n$ 矩阵的 k 阶子式共有 $\mathrm{C}_m^k\mathrm{C}_n^k$ 个.

定义 2.18 设 A 是 $m\times n$ 矩阵，A 中不等于零的子式的最高阶数 r 称为矩阵 A 的**秩**（rank），记为 $r(A)=r$.

由定义易知，若 $r(A)=r$，则 A 存在一个 r 阶子式不等于零，而所有的 $r+1$ 阶子式（若存在的话）都等于零.

特别地，规定零矩阵 $O_{m\times n}$ 的秩为零，即 $r(O)=0$.

例 2.29 在矩阵

$$A=\begin{pmatrix}1&2&3&-2\\3&4&3&-2\\0&0&0&0\end{pmatrix}$$

中,有一个 2 阶子式

$$\begin{vmatrix}1&2\\3&4\end{vmatrix}=-2\neq 0,$$

而 $\boldsymbol{A}$ 所有的 3 阶子式全为 0,所以 $r(\boldsymbol{A})=2$.

另一方面,在矩阵

$$\boldsymbol{B}=\begin{pmatrix}1&2&3&4&5\\0&1&3&5&7\\0&0&2&4&6\\0&0&0&0&3\end{pmatrix}$$

中,有一个 4 阶子式

$$\begin{vmatrix}1&2&3&5\\0&1&3&7\\0&0&2&6\\0&0&0&3\end{vmatrix}=6\neq 0,$$

且 $\boldsymbol{B}$ 不存在 5 阶子式,所以 $r(\boldsymbol{B})=4$.

例 2.30 试证明:n 阶矩阵 $\boldsymbol{A}$ 可逆的充分必要条件是 $r(\boldsymbol{A})=n$.

证明 充分性 若 $r(\boldsymbol{A})=n$,则 $\boldsymbol{A}$ 的 n 阶子式不等于零,即 $|\boldsymbol{A}|\neq 0$,故 $\boldsymbol{A}$ 可逆.

必要性 若 $\boldsymbol{A}$ 可逆,则 $|\boldsymbol{A}|\neq 0$,即 $\boldsymbol{A}$ 的不等于零的子式的最高阶数为 n,故 $r(\boldsymbol{A})=n$.

由定义 2.18,矩阵 $\boldsymbol{A}_{m\times n}$ 的秩具有下述性质:

(1) $0\leqslant r(\boldsymbol{A})\leqslant \min\{m,n\}$;

(2) $r(\boldsymbol{A})=r(\boldsymbol{A}^{\mathrm{T}})$.

若 $r(\boldsymbol{A})=m$,则称 $\boldsymbol{A}$ 为**行满秩矩阵**. 若 $r(\boldsymbol{A})=n$,则称 $\boldsymbol{A}$ 为**列满秩矩阵**. 若 $\boldsymbol{A}$ 为 n 阶矩阵,且 $r(\boldsymbol{A})=n$,则称 $\boldsymbol{A}$ 为**满秩矩阵**.

利用定义 2.18 求矩阵的秩时,若矩阵的行列数较高,则计算量可能很大. 在例 2.29 中不难发现:对于行阶梯形矩阵,它的秩等于非零行的行数. 那么,能否用初等变换先将矩阵化成行阶梯形矩阵,然后再求秩? 下面来回答这个问题.

定理 2.5 初等变换不改变矩阵的秩,即若 $\boldsymbol{A}\cong\boldsymbol{B}$,则 $r(\boldsymbol{A})=r(\boldsymbol{B})$.

证明 仅证明对矩阵 $\boldsymbol{A}$ 施以一次第三种行变换后其秩不改变的情形：即若 $\boldsymbol{A} \xrightarrow{r_j + kr_i} \boldsymbol{B}$，则 $r(\boldsymbol{A}) = r(\boldsymbol{B})$.

事实上，设 $r(\boldsymbol{A}) = r$，则由于行列式的某行乘数 k 加于另一行，行列式的值不变，所以 $\boldsymbol{B}$ 的任一 $r+1$ 阶子式 D 若不含 j 行或同时含 i, j 两行，则 D 都是 $\boldsymbol{A}$ 的一个 $r+1$ 阶子式；若 D 只含 j 行不含 i 行，则 $D = D_1 + kD_2$，其中 D_1, D_2 是 $\boldsymbol{A}$ 的 $r+1$ 阶子式，所以 $D=0$，因而 $r(\boldsymbol{B}) \leqslant r = r(\boldsymbol{A})$. 又 $\boldsymbol{B} \xrightarrow{r_j - kr_i} \boldsymbol{A}$，所以 $r(\boldsymbol{A}) \leqslant r(\boldsymbol{B})$. 故 $r(\boldsymbol{A}) = r(\boldsymbol{B})$.

其余情形请读者自证.

由定理 2.5 可知：若 $\boldsymbol{A} \xrightarrow{\text{初等变换}} \boldsymbol{B}$（行阶梯形矩阵），则 $r(\boldsymbol{A}) = r(\boldsymbol{B})$，等于 $\boldsymbol{B}$ 中非零行的行数. 这是求矩阵秩的最常用最有效的方法，务必熟练掌握.

例 2.31 设

$$\boldsymbol{A} = \begin{pmatrix} 1 & 6 & -4 & -1 & 0 \\ 2 & 0 & 1 & 1 & -3 \\ 0 & -4 & 3 & 1 & -1 \\ 3 & 2 & 0 & 5 & 0 \end{pmatrix},$$

求 $r(\boldsymbol{A})$，以及 $\boldsymbol{A}$ 的一个最高阶非零子式.

解 $$\boldsymbol{A} = \begin{pmatrix} 1 & 6 & -4 & -1 & 0 \\ 2 & 0 & 1 & 1 & -3 \\ 0 & -4 & 3 & 1 & -1 \\ 3 & 2 & 0 & 5 & 0 \end{pmatrix} \xrightarrow[r_4 - 3r_1]{r_2 - 2r_1} \begin{pmatrix} 1 & 6 & -4 & -1 & 0 \\ 0 & -12 & 9 & 3 & -3 \\ 0 & -4 & 3 & 1 & -1 \\ 0 & -16 & 12 & 8 & 0 \end{pmatrix}$$

$$\xrightarrow[r_4 - 4r_3]{r_2 - 3r_3} \begin{pmatrix} 1 & 6 & -4 & -1 & 0 \\ 0 & 0 & 0 & 0 & 0 \\ 0 & -4 & 3 & 1 & -1 \\ 0 & 0 & 0 & 4 & 4 \end{pmatrix} \xrightarrow[r_3 \leftrightarrow r_4]{r_2 \leftrightarrow r_3} \begin{pmatrix} 1 & 6 & -4 & -1 & 0 \\ 0 & -4 & 3 & 1 & -1 \\ 0 & 0 & 0 & 4 & 4 \\ 0 & 0 & 0 & 0 & 0 \end{pmatrix},$$

所以 $r(\boldsymbol{A}) = 3$. 此外，由 $r(\boldsymbol{A}) = 3$ 得 $\boldsymbol{A}$ 的最高阶非零子式为三阶，共有 $\mathrm{C}_4^3 \mathrm{C}_5^3 = 40$ 个. 根据对 $\boldsymbol{A}$ 进行初等行变换得到的行阶梯形矩阵可知，由第 1,3,4 行与第 1,2,4 列组成的三阶子式就是 $\boldsymbol{A}$ 的一个最高阶非零子式，即

$$\begin{vmatrix} 1 & 6 & -1 \\ 0 & -4 & 1 \\ 3 & 2 & 5 \end{vmatrix} = \begin{vmatrix} 1 & 6 & -1 \\ 0 & -4 & 1 \\ 0 & -16 & 8 \end{vmatrix} = \begin{vmatrix} 1 & 6 & -1 \\ 0 & -4 & 1 \\ 0 & 0 & 4 \end{vmatrix} = -16 \neq 0.$$

例 2.32 设 $\boldsymbol{A}$ 是 n 阶可逆矩阵，$\boldsymbol{B}$ 是 $n \times m$ 矩阵，试证明：$r(\boldsymbol{AB}) = r(\boldsymbol{B})$.

证明 由 $\boldsymbol{A}$ 可逆，则 $\boldsymbol{A} = \boldsymbol{P}_1 \boldsymbol{P}_2 \cdots \boldsymbol{P}_s$，其中 $\boldsymbol{P}_1, \boldsymbol{P}_2, \cdots, \boldsymbol{P}_s$ 是初等矩阵. 则

$$\boldsymbol{AB}=\boldsymbol{P}_1\boldsymbol{P}_2\cdots\boldsymbol{P}_s\boldsymbol{B},$$

即 $\boldsymbol{AB}$ 是由矩阵 $\boldsymbol{B}$ 经 s 次行初等变换而得到的，由定理 2.5 知

$$r(\boldsymbol{AB})=r(\boldsymbol{B}).$$

类似可得：$r(\boldsymbol{AB})=r(\boldsymbol{B})=r(\boldsymbol{ABC})$，其中 $\boldsymbol{A},\boldsymbol{C}$ 为可逆矩阵.

小　　结

一、主要内容和重要结论

（一）矩阵及其运算

1. 矩阵是数量关系的一种表现形式，它将一个有序数表作为一个整体研究，与行列式（表达式）不同.

2. 矩阵的运算（加法、数乘、乘法、转置）实质上是表格的运算，需注意以下几点：

（1）可乘条件：左矩阵列数必须等于右矩阵行数，两个矩阵才能相乘.

（2）交换律不成立，即一般 $\boldsymbol{AB}\neq\boldsymbol{BA}$；进而 $(\boldsymbol{A}\pm\boldsymbol{B})^2\neq\boldsymbol{A}^2\pm2\boldsymbol{AB}+\boldsymbol{B}^2$；$(\boldsymbol{A}+\boldsymbol{B})(\boldsymbol{A}-\boldsymbol{B})\neq\boldsymbol{A}^2-\boldsymbol{B}^2$；$(\boldsymbol{AB})^k\neq\boldsymbol{A}^k\boldsymbol{B}^k$.

（3）设 $\boldsymbol{AB}=\boldsymbol{BA}$，则 $(\boldsymbol{AB})^k=\boldsymbol{A}^k\boldsymbol{B}^k$；$(\boldsymbol{A}\pm\boldsymbol{B})^2=\boldsymbol{A}^2\pm2\boldsymbol{AB}+\boldsymbol{B}^2$；$(\boldsymbol{A}+\boldsymbol{B})(\boldsymbol{A}-\boldsymbol{B})=\boldsymbol{A}^2-\boldsymbol{B}^2$；$(\boldsymbol{A}+\boldsymbol{B})^n=\boldsymbol{A}^n+\mathrm{C}_n^1\boldsymbol{A}^{n-1}\boldsymbol{B}+\cdots+\mathrm{C}_n^{n-1}\boldsymbol{AB}^{n-1}+\boldsymbol{B}^n$.

（4）消去律不成立，即一般由 $\boldsymbol{AB}=\boldsymbol{AC}$，且 $\boldsymbol{A}\neq\boldsymbol{O}$，推不出 $\boldsymbol{B}=\boldsymbol{C}$；但若 $\boldsymbol{AB}=\boldsymbol{AC}$，且 $\boldsymbol{A}$ 可逆，则有 $\boldsymbol{B}=\boldsymbol{C}$.

（5）由 $\boldsymbol{AB}=\boldsymbol{O}$，一般推不出 $\boldsymbol{A}=\boldsymbol{O}$ 或 $\boldsymbol{B}=\boldsymbol{O}$. 特别由 $\boldsymbol{A}^2=\boldsymbol{O}$ 推不出 $\boldsymbol{A}=\boldsymbol{O}$；由 $\boldsymbol{A}^2=\boldsymbol{E}$ 推不出 $\boldsymbol{A}=\pm\boldsymbol{E}$；但若方阵 $\boldsymbol{A},\boldsymbol{B}$ 满足 $|\boldsymbol{AB}|=0$，则必有 $|\boldsymbol{A}|=0$ 或 $|\boldsymbol{B}|=0$.

（6）矩阵运算律：$\boldsymbol{A}+\boldsymbol{B}=\boldsymbol{B}+\boldsymbol{A}$；$(\boldsymbol{A}+\boldsymbol{B})+\boldsymbol{C}=\boldsymbol{A}+(\boldsymbol{B}+\boldsymbol{C})$.$\boldsymbol{A}(\boldsymbol{BC})=(\boldsymbol{AB})\boldsymbol{C}$；$\boldsymbol{A}(\boldsymbol{B}+\boldsymbol{C})=\boldsymbol{AB}+\boldsymbol{AC}$；$(\boldsymbol{B}+\boldsymbol{C})\boldsymbol{A}=\boldsymbol{BA}+\boldsymbol{CA}$；$\boldsymbol{AO}=\boldsymbol{O}$；$\boldsymbol{EA}=\boldsymbol{AE}=\boldsymbol{A}$；$k(\boldsymbol{AB})=(k\boldsymbol{A})\boldsymbol{B}=\boldsymbol{A}(k\boldsymbol{B})$.$(\boldsymbol{A}^m)^n=\boldsymbol{A}^{mn}$；$\boldsymbol{A}^m\boldsymbol{A}^n=\boldsymbol{A}^{m+n}$. $(\boldsymbol{A}^{\mathrm{T}})^{\mathrm{T}}=\boldsymbol{A}$；$(\boldsymbol{A}+\boldsymbol{B})^{\mathrm{T}}=\boldsymbol{A}^{\mathrm{T}}+\boldsymbol{B}^{\mathrm{T}}$；$(k\boldsymbol{A})^{\mathrm{T}}=k\boldsymbol{A}^{\mathrm{T}}$；$(\boldsymbol{AB})^{\mathrm{T}}=\boldsymbol{B}^{\mathrm{T}}\boldsymbol{A}^{\mathrm{T}}$. $(\boldsymbol{A}^{-1})^{-1}=\boldsymbol{A}$；$(k\boldsymbol{A})^{-1}=\dfrac{1}{k}\boldsymbol{A}^{-1}(k\neq0)$；$(\boldsymbol{A}^{\mathrm{T}})^{-1}=(\boldsymbol{A}^{-1})^{\mathrm{T}}$；$(\boldsymbol{AB})^{-1}=\boldsymbol{B}^{-1}\boldsymbol{A}^{-1}$. $(\boldsymbol{A}+\boldsymbol{E})(\boldsymbol{A}-\boldsymbol{E})=\boldsymbol{A}^2-\boldsymbol{E}$；$k\boldsymbol{A}=\boldsymbol{O}\Leftrightarrow k=0$ 或 $\boldsymbol{A}=\boldsymbol{O}$.

（7）方阵行列式性质：$|\boldsymbol{A}^{\mathrm{T}}|=|\boldsymbol{A}|$；$|k\boldsymbol{A}|=k^n|\boldsymbol{A}|$；$|\boldsymbol{AB}|=|\boldsymbol{A}||\boldsymbol{B}|$；$|\boldsymbol{A}^{-1}|=|\boldsymbol{A}|^{-1}$. 设 $\boldsymbol{A}$ 为 m 阶方阵，$\boldsymbol{B}$ 为 n 阶方阵，则

$$\begin{vmatrix}\boldsymbol{A}&\boldsymbol{C}\\\boldsymbol{O}&\boldsymbol{B}\end{vmatrix}=\begin{vmatrix}\boldsymbol{A}&\boldsymbol{O}\\\boldsymbol{C}&\boldsymbol{B}\end{vmatrix}=|\boldsymbol{A}||\boldsymbol{B}|；\begin{vmatrix}\boldsymbol{A}&\boldsymbol{O}\\\boldsymbol{O}&\boldsymbol{B}\end{vmatrix}=|\boldsymbol{A}||\boldsymbol{B}|；$$

$$\begin{vmatrix} \boldsymbol{C} & \boldsymbol{A} \\ \boldsymbol{B} & \boldsymbol{O} \end{vmatrix} = \begin{vmatrix} \boldsymbol{O} & \boldsymbol{A} \\ \boldsymbol{B} & \boldsymbol{C} \end{vmatrix} = (-1)^{mn} |\boldsymbol{A}| |\boldsymbol{B}| ; \begin{vmatrix} \boldsymbol{O} & \boldsymbol{A} \\ \boldsymbol{B} & \boldsymbol{O} \end{vmatrix} = (-1)^{mn} |\boldsymbol{A}| |\boldsymbol{B}| .$$

（二）逆矩阵

1. 矩阵可逆的判定、求逆矩阵及其应用的常见方法：

(1) 同阶方阵 $\boldsymbol{A},\boldsymbol{B}$ 满足 $\boldsymbol{AB}=\boldsymbol{E}$ 或 $\boldsymbol{BA}=\boldsymbol{E}\Rightarrow\boldsymbol{A},\boldsymbol{B}$ 均可逆，且 $\boldsymbol{A}^{-1}=\boldsymbol{B}$，$\boldsymbol{B}^{-1}=\boldsymbol{A}$.

(2) n 阶方阵 $\boldsymbol{A}$ 可逆 $\Leftrightarrow|\boldsymbol{A}|\neq 0\Leftrightarrow r(\boldsymbol{A})=n\Leftrightarrow\boldsymbol{A}\cong E\Leftrightarrow\boldsymbol{A}$ 为初等矩阵之积.

(3) 利用公式 $\boldsymbol{A}^{-1}=\dfrac{1}{|\boldsymbol{A}|}\boldsymbol{A}^*$ 求逆矩阵(伴随矩阵法)，该法适用于阶数较低的矩阵求逆，超过 3 阶则 $\boldsymbol{A}^*$ 的计算量比较大.

(4) 初等变换法(常用)：

$$(\boldsymbol{A},\boldsymbol{E})\xrightarrow{\text{初等行变换}}(\boldsymbol{E},\boldsymbol{A}^{-1})\ ;\ \begin{pmatrix}\boldsymbol{A}\\ \boldsymbol{E}\end{pmatrix}\xrightarrow{\text{初等列变换}}\begin{pmatrix}\boldsymbol{E}\\ \boldsymbol{A}^{-1}\end{pmatrix}.$$

(5) 高阶特殊分块矩阵求逆法：

(见小结(三).)

2. 逆矩阵的应用：

(1) 求秩及行列式：n 阶方阵 $\boldsymbol{A}$ 可逆 $\Leftrightarrow r(\boldsymbol{A})=n\Leftrightarrow|\boldsymbol{A}|\neq 0$；

(2) 求解涉及 $\boldsymbol{A}^*$ 的某些问题：n 阶方阵 $\boldsymbol{A}$ 可逆，则 $\boldsymbol{A}^*=|\boldsymbol{A}|\boldsymbol{A}^{-1}$. 如求 $|\boldsymbol{A}^*|$，$(\boldsymbol{A}^*)^*$，$(k\boldsymbol{A})^*$ 等.

(3) 求解矩阵方程：$\boldsymbol{AX}=\boldsymbol{B}$ ($\boldsymbol{A}$ 可逆) $\Rightarrow\boldsymbol{X}=\boldsymbol{A}^{-1}\boldsymbol{B}$；

$$\boldsymbol{XA}=\boldsymbol{B}(\boldsymbol{A}\text{ 可逆})\Rightarrow\boldsymbol{X}=\boldsymbol{BA}^{-1};$$

$$\boldsymbol{AXB}=\boldsymbol{C}(\boldsymbol{A},\boldsymbol{B}\text{ 均可逆})\Rightarrow\boldsymbol{X}=\boldsymbol{A}^{-1}\boldsymbol{CB}^{-1}.$$

3. 伴随矩阵 $\boldsymbol{A}^*$ 由性质 $\boldsymbol{AA}^*=\boldsymbol{A}^*\boldsymbol{A}=|\boldsymbol{A}|\boldsymbol{E}$ 不难验证如下结论：

(1) $\boldsymbol{A}^*=|\boldsymbol{A}|\boldsymbol{A}^{-1}(|\boldsymbol{A}|\neq 0)$；

(2) $|\boldsymbol{A}^*|=|\boldsymbol{A}|^{n-1}$；

(3) $(k\boldsymbol{A})^*=k^{n-1}\boldsymbol{A}^*(k\neq 0)$；

(4) $(\boldsymbol{A}^*)^*=|\boldsymbol{A}|^{n-2}\boldsymbol{A}$；

(5) $(\boldsymbol{A}^{\mathrm{T}})^*=(\boldsymbol{A}^*)^{\mathrm{T}}$；

(6) $(\boldsymbol{A}^*)^{-1}=(\boldsymbol{A}^{-1})^*=\dfrac{1}{|\boldsymbol{A}|}\boldsymbol{A}$ ($\boldsymbol{A}$ 可逆时)；

(7) $r(\boldsymbol{A}^*)=\begin{cases} n, & r(\boldsymbol{A})=n, \\ 1, & r(\boldsymbol{A})=n-1, \\ 0, & r(\boldsymbol{A})<n-1. \end{cases}$

（三）分块矩阵

分块是研究矩阵的常用方法，分块的目的是将高阶矩阵转化为低阶矩阵处理，以简化运算.

$$\begin{pmatrix} A & C \\ O & B \end{pmatrix}^{-1} = \begin{pmatrix} A^{-1} & -A^{-1}CB^{-1} \\ O & B^{-1} \end{pmatrix};\quad \begin{pmatrix} A & O \\ C & B \end{pmatrix}^{-1} = \begin{pmatrix} A^{-1} & O \\ -B^{-1}CA^{-1} & B^{-1} \end{pmatrix};$$

$$\begin{pmatrix} A & O \\ O & B \end{pmatrix}^{-1} = \begin{pmatrix} A^{-1} & O \\ O & B^{-1} \end{pmatrix};\quad \begin{pmatrix} O & A \\ B & O \end{pmatrix}^{-1} = \begin{pmatrix} O & B^{-1} \\ A^{-1} & O \end{pmatrix},$$ 其中 A,B 为可逆矩阵；

$$\begin{pmatrix} A_1 & & & \\ & A_2 & & \\ & & \ddots & \\ & & & A_t \end{pmatrix}^{-1} = \begin{pmatrix} A_1^{-1} & & & \\ & A_2^{-1} & & \\ & & \ddots & \\ & & & A_t^{-1} \end{pmatrix},$$ 其中 $A_i(i=1,2,\cdots,t)$ 为可逆矩阵.

（四）初等变换与初等矩阵

1. 矩阵的初等变换是研究线性代数重要而常用的方法，其应用十分广泛. 本章的应用主要有：

（1）求逆矩阵.

（2）求解某些矩阵方程：

对方程 $AX=B$（A 可逆），有 $(A,B)\xrightarrow{\text{初等行变换}}(E,X)$.

对方程 $XA=B$（A 可逆），有 $\begin{pmatrix} A \\ B \end{pmatrix}\xrightarrow{\text{初等列变换}}\begin{pmatrix} E \\ X \end{pmatrix}$.

对更复杂的矩阵方程，先化为 $AX=B$ 或 $XA=B$ 这两种形式的方程，再用初等变换法求解. 如矩阵方程 $A^{-1}XA=2A+XA$，用 A，A^{-1} 分别左乘、右乘该方程，可化为 $(E-A)X=2A$，再用初等变换法求解：

$$(E-A,2A)\to\cdots\to(E,X).$$

（3）求矩阵的等价标准形.

（4）求矩阵的秩.

2. 初等变换与矩阵运算的关系：对矩阵 A 作初等行（列）变换就相当于用相应的初等矩阵左（右）乘 A. 关于矩阵等价主要有以下结论：

（1）若 $A\cong B$，则 $r(A)=r(B)$.

（2）任一 $m\times n$ 矩阵 $A\cong\begin{pmatrix} E_r & O \\ O & O \end{pmatrix}$（$A$ 的等价标准形），即存在 m 阶可逆矩阵 P，n 阶可逆矩阵 Q 使 $PAQ=\begin{pmatrix} E_r & O \\ O & O \end{pmatrix}$ $(r=r(A))$.

(3) $m\times n$ 矩阵 $\boldsymbol{A}$ 与 $\boldsymbol{B}$ 等价：$\boldsymbol{A}\cong\boldsymbol{B}\Leftrightarrow(\boldsymbol{A}\rightarrow\boldsymbol{B})\Leftrightarrow$ 存在可逆矩阵 $\boldsymbol{P},\boldsymbol{Q}$ 使 $\boldsymbol{PAQ}=\boldsymbol{B}\Leftrightarrow\boldsymbol{A}$ 与 $\boldsymbol{B}$ 有相同的等价标准形 $\Leftrightarrow\boldsymbol{A}$ 与 $\boldsymbol{B}$ 同型且 $r(\boldsymbol{A})=r(\boldsymbol{B})$.

（五）矩阵的秩

1. 定义：矩阵的非零子式的最高阶数，且 $r(\boldsymbol{A}_{m\times n})\leqslant\min\{m,n\}$.

2. 求矩阵秩的主要方法：

(1) 定义法：通过寻找矩阵的非零子式的最高阶数来求秩.

(2) 利用矩阵秩的有关结论求秩：如 $r(\boldsymbol{A}^{\mathrm{T}})=r(\boldsymbol{A})$；$|\boldsymbol{A}_n|\neq0\Leftrightarrow r(\boldsymbol{A})=n$；$r(\boldsymbol{A})=r(\boldsymbol{QA})=r(\boldsymbol{QAP})$（$\boldsymbol{Q},\boldsymbol{P}$ 为可逆矩阵），以及求 $r(\boldsymbol{A}^*)$（见（二）逆矩阵小结 3(7)）等.

二、重点与难点

1. 难点：矩阵乘法；矩阵可逆的证明；初等矩阵与初等变换的关系.

2. 重点：矩阵运算（加法、数乘、乘法、方幂、行列式、转置）及其运算律；矩阵可逆的判定和逆矩阵的求法；解矩阵方程；矩阵的秩；初等矩阵与初等变换；分块矩阵的乘法、分块对角矩阵的逆及行列式.

习 题 二

(A)

1. 设矩阵 $\boldsymbol{A}=\begin{pmatrix}1-3a & 2+b\\ c & 2d-4\end{pmatrix}$，且 $\boldsymbol{A}=\boldsymbol{O}$，求 a,b,c,d.

2. 设矩阵 $\boldsymbol{A}=\begin{pmatrix}1 & 3 & 0\\ 2 & -1 & 3\end{pmatrix}$，$\boldsymbol{B}=\begin{pmatrix}2 & 3 & -1\\ -3 & 1 & 4\end{pmatrix}$，(1) 求 $3\boldsymbol{A}-\boldsymbol{B}$；(2) 若 $\boldsymbol{X}$ 满足 $\boldsymbol{A}^{\mathrm{T}}+\boldsymbol{X}^{\mathrm{T}}=\boldsymbol{B}^{\mathrm{T}}$，求 $\boldsymbol{X}$.

3. 计算下列矩阵的乘积：

(1) $\begin{pmatrix}1 & 3\\ 5 & 7\end{pmatrix}\begin{pmatrix}0 & 1\\ 1 & 0\end{pmatrix}$；(2) $\begin{pmatrix}-1 & 2 & 3\\ 1 & 0 & 5\end{pmatrix}\begin{pmatrix}-1 & 6\\ 0 & 3\\ 3 & 2\end{pmatrix}$；(3) $(1,2,-1)\begin{pmatrix}2\\ 1\\ 3\end{pmatrix}$；

(4) $\begin{pmatrix}1\\ 2\\ 3\end{pmatrix}(2,-1,3)$；(5) $\begin{pmatrix}-1 & 1 & 1\\ -3 & 2 & 1\\ 1 & 1 & 0\end{pmatrix}\begin{pmatrix}4 & 5\\ 0 & -1\\ 3 & 2\end{pmatrix}$；

(6) $(\boldsymbol{x}_1,\boldsymbol{x}_2,\boldsymbol{x}_3)\begin{pmatrix}\boldsymbol{a}_{11} & \boldsymbol{a}_{12} & \boldsymbol{a}_{13}\\ \boldsymbol{a}_{12} & \boldsymbol{a}_{22} & \boldsymbol{a}_{23}\\ \boldsymbol{a}_{13} & \boldsymbol{a}_{23} & \boldsymbol{a}_{33}\end{pmatrix}\begin{pmatrix}\boldsymbol{x}_1\\ \boldsymbol{x}_2\\ \boldsymbol{x}_3\end{pmatrix}$.

4. 某企业某年出口到三个国家的两类货物的数量、单价和单位质量如下：

商品	美国	韩国	日本	单价/万元	单位质量/吨
甲	2 400	1 500	800	0.5	0.02
乙	1 800	1 100	1 200	0.4	0.06

试用矩阵表示并计算该企业出口到三个国家货物的总价值、总质量.

5. 设 $\boldsymbol{A}=\begin{pmatrix}1&0&2\\0&3&1\\0&0&1\end{pmatrix}$，$\boldsymbol{B}=\begin{pmatrix}1&0&0\\0&3&1\\2&0&1\end{pmatrix}$，求(1) $\boldsymbol{AB},\boldsymbol{BA}$；(2) $(\boldsymbol{A}+\boldsymbol{B})(\boldsymbol{A}-\boldsymbol{B})$；(3) $\boldsymbol{A}^2-\boldsymbol{B}^2$.

6. 设 $\boldsymbol{A}=\begin{pmatrix}1&0\\3&1\end{pmatrix}$，求所有与 $\boldsymbol{A}$ 可交换的矩阵.

7. 计算：

(1) $\begin{pmatrix}2&1\\-1&0\end{pmatrix}^3$；　(2) $\begin{pmatrix}1&0\\2&1\end{pmatrix}^n$；　(3) $\begin{pmatrix}a&0&0\\0&b&0\\0&0&c\end{pmatrix}^n$；　(4) $\begin{pmatrix}1&1&0\\0&1&1\\0&0&1\end{pmatrix}^n$.

8. 已知 $f(x)=x^2-x-1$，$\boldsymbol{A}=\begin{pmatrix}2&-1\\-3&3\end{pmatrix}$，求 $f(\boldsymbol{A})$.

9. 证明：(1) 对任意的 $m\times n$ 矩阵 $\boldsymbol{A}$，$\boldsymbol{A}^{\mathrm{T}}\boldsymbol{A}$，$\boldsymbol{A}\boldsymbol{A}^{\mathrm{T}}$ 都是对称矩阵；(2) 对任意的 n 阶矩阵 $\boldsymbol{A}$，$\boldsymbol{A}+\boldsymbol{A}^{\mathrm{T}}$ 为对称矩阵，$\boldsymbol{A}-\boldsymbol{A}^{\mathrm{T}}$ 为反对称矩阵.

10. 设 $\boldsymbol{A},\boldsymbol{B}$ 都是 n 阶对称矩阵，证明 $\boldsymbol{AB}$ 是对称矩阵的充分必要条件是 $\boldsymbol{AB}=\boldsymbol{BA}$.

11. 设 $\boldsymbol{A},\boldsymbol{B}$ 是 n 阶矩阵，且 $\boldsymbol{A}$ 为对称矩阵，证明 $\boldsymbol{B}^{\mathrm{T}}\boldsymbol{AB}$ 也是对称矩阵.

12. 利用伴随矩阵法求下列矩阵的逆矩阵：

(1) $\begin{pmatrix}1&3\\3&7\end{pmatrix}$；　(2) $\begin{pmatrix}1&2&3\\0&1&2\\0&0&1\end{pmatrix}$.

13. 设非零 n 阶矩阵 $\boldsymbol{A}$ 满足 $\boldsymbol{A}^k=\boldsymbol{O}(k\geqslant 2)$，证明：$\boldsymbol{E}-\boldsymbol{A}$ 可逆，且 $(\boldsymbol{E}-\boldsymbol{A})^{-1}=\boldsymbol{E}+\boldsymbol{A}+\boldsymbol{A}^2+\cdots+\boldsymbol{A}^{k-1}$.

14. 已知 n 阶矩阵 $\boldsymbol{A}$ 满足 $\boldsymbol{A}^2+2\boldsymbol{A}-4\boldsymbol{E}=\boldsymbol{O}$，证明：$\boldsymbol{A}$ 可逆，并求 $\boldsymbol{A}^{-1}$.

15. 如果矩阵 $\boldsymbol{A}$ 可逆，试证：$\boldsymbol{A}^*$ 也可逆，并求 $(\boldsymbol{A}^*)^{-1}$. 若设 $\boldsymbol{A}=\begin{pmatrix}1&0&0\\2&2&0\\3&4&5\end{pmatrix}$，求 $(\boldsymbol{A}^*)^{-1}$.

16. 设 $\boldsymbol{A}$ 为 3 阶矩阵，且已知 $|\boldsymbol{A}|=\dfrac{1}{5}$，求行列式 $|(5\boldsymbol{A})^{-1}-3\boldsymbol{A}^*|$ 的值.

17. (2003 年考研试题)已知 $\boldsymbol{A},\boldsymbol{B}$ 均为 3 阶矩阵，$\boldsymbol{E}$ 是三阶单位矩阵，已知 $\boldsymbol{AB}=2\boldsymbol{A}+\boldsymbol{B}$，设 $\boldsymbol{B}=\begin{pmatrix}2&0&2\\0&4&0\\2&0&2\end{pmatrix}$，求 $(\boldsymbol{A}-\boldsymbol{E})^{-1}$.

18. 设 $\boldsymbol{A}=\begin{pmatrix}1&2&0&0\\1&3&0&0\\0&0&-2&3\\0&0&0&-1\end{pmatrix}$，求 $|\boldsymbol{A}|$，$\boldsymbol{A}^{-1}$，$\boldsymbol{A}\boldsymbol{A}^{\mathrm{T}}$.

19. 设 $\boldsymbol{A}$ 为 3 阶矩阵，$|\boldsymbol{A}|=-5$，把 $\boldsymbol{A}$ 按列分块为 $\boldsymbol{A}=(\boldsymbol{A}_1,\boldsymbol{A}_2,\boldsymbol{A}_3)$，$\boldsymbol{A}_j\,(j=1,2,3)$ 是 $\boldsymbol{A}$ 的第 j 列，求行列式：

(1) $|\boldsymbol{A}_2,\boldsymbol{A}_3,3\boldsymbol{A}_1|$；　　(2) $|\boldsymbol{A}_2-3\boldsymbol{A}_1,2\boldsymbol{A}_1,\boldsymbol{A}_3|$；

(3) $|\boldsymbol{A}_1+\boldsymbol{A}_2,\boldsymbol{A}_2-3\boldsymbol{A}_3,2\boldsymbol{A}_3-\boldsymbol{A}_1|$.

20. 求下列矩阵的行最简形和标准形.

(1) $\begin{pmatrix}1&-1&2\\3&2&1\\1&-2&0\end{pmatrix}$；(2) $\begin{pmatrix}2&3&1&0\\0&1&3&-4\\1&2&5&1\end{pmatrix}$；(3) $\begin{pmatrix}2&3&1&-3&-7\\1&2&0&-2&-4\\3&-2&8&3&0\\2&-3&7&4&3\end{pmatrix}$.

21. 利用初等变换法求下列矩阵的逆矩阵：

(1) $\begin{pmatrix}1&2\\-3&4\end{pmatrix}$；　(2) $\begin{pmatrix}1&0&0\\2&2&0\\3&4&5\end{pmatrix}$；　(3) $\begin{pmatrix}1&2&-1\\3&4&-2\\5&-4&1\end{pmatrix}$；

(4) $\begin{pmatrix}-11&2&2\\-4&0&1\\6&-1&-1\end{pmatrix}$；　(5) $\begin{pmatrix}1&3&-5&7\\0&1&2&3\\0&0&1&2\\0&0&0&1\end{pmatrix}$.

22. 解矩阵方程：

(1) $\begin{pmatrix}2&5\\1&3\end{pmatrix}\boldsymbol{X}=\begin{pmatrix}4&-6\\2&1\end{pmatrix}$；　(2) $\begin{pmatrix}2&3&-1\\1&2&0\\-1&2&-2\end{pmatrix}\boldsymbol{X}=\begin{pmatrix}2&1\\-1&0\\3&1\end{pmatrix}$；

(3) $\boldsymbol{X}\begin{pmatrix}2 & 1 & -1\\ 2 & 1 & 0\\ 1 & -1 & 1\end{pmatrix}=\begin{pmatrix}1 & -1 & 3\\ 3 & 3 & 2\end{pmatrix}$；

*(4) $\begin{pmatrix}0 & 1 & 0\\ 1 & 0 & 0\\ 0 & 0 & 1\end{pmatrix}\boldsymbol{X}\begin{pmatrix}1 & 0 & 0\\ 0 & 0 & 1\\ 0 & 1 & 0\end{pmatrix}=\begin{pmatrix}1 & -4 & 3\\ 2 & 0 & -1\\ 1 & -2 & 0\end{pmatrix}$.

23. 设 $\boldsymbol{A}=\begin{pmatrix}1 & -1 & 0\\ 0 & 1 & -1\\ -1 & 0 & 1\end{pmatrix}$，$\boldsymbol{AX}=\boldsymbol{A}+2\boldsymbol{X}$，求矩阵 $\boldsymbol{X}$.

24. 设 $\boldsymbol{A}=\begin{pmatrix}0 & 1 & 1\\ 1 & 0 & 1\\ 0 & 1 & 0\end{pmatrix}$，$\boldsymbol{A}^*\boldsymbol{X}=\boldsymbol{A}^{-1}+\boldsymbol{X}$，求矩阵 $\boldsymbol{X}$.

25. 设 $\boldsymbol{A}$，$\boldsymbol{B}$ 为 3 阶矩阵，满足方程 $\boldsymbol{A}^{-1}\boldsymbol{BA}=6\boldsymbol{A}+\boldsymbol{BA}$ 且 $\boldsymbol{A}=\begin{pmatrix}\frac{1}{3} & 0 & 0\\ 0 & \frac{1}{4} & 0\\ 0 & 0 & \frac{1}{7}\end{pmatrix}$，求 $\boldsymbol{B}$.

26. 求下列矩阵的秩：

(1) $\begin{pmatrix}1 & 2\\ 2 & 4\end{pmatrix}$；　　(2) $\begin{pmatrix}0 & 2 & -1\\ 2 & 3 & 1\\ 4 & 3 & 2\end{pmatrix}$；

(3) $\begin{pmatrix}3 & 1 & 0 & 2\\ 1 & -1 & 2 & -1\\ 1 & 3 & -4 & 4\end{pmatrix}$；　　(4) $\begin{pmatrix}1 & -1 & 2 & 1 & 0\\ 2 & -2 & 4 & 2 & 0\\ 3 & 0 & 6 & -1 & 1\\ 0 & 3 & 0 & 0 & 1\end{pmatrix}$.

27.（2001 年考研试题）设矩阵 $\boldsymbol{A}=\begin{pmatrix}k & 1 & 1 & 1\\ 1 & k & 1 & 1\\ 1 & 1 & k & 1\\ 1 & 1 & 1 & k\end{pmatrix}$，且 $r(\boldsymbol{A})=3$，求 k.

28. 设 $\boldsymbol{A}=\begin{pmatrix}1 & -2 & 3k\\ -1 & 2k & -3\\ k & -2 & 3\end{pmatrix}$，问 k 为何值时，可使(1) $r(\boldsymbol{A})=1$；(2) $r(\boldsymbol{A})=2$；

(3) $r(\boldsymbol{A})=3$.

(B)

一、填空题

1. 设 $\boldsymbol{A},\boldsymbol{B}$ 为 3 阶矩阵，且 $|\boldsymbol{A}|=-3$，$|2\boldsymbol{B}|=8$，则 $|\boldsymbol{A}\boldsymbol{B}^{-1}|=$________.

2. 已知 $\boldsymbol{\alpha}=(1,2,3)^{\mathrm{T}}$，$\boldsymbol{\beta}=\left(1,\frac{1}{2},\frac{1}{3}\right)^{\mathrm{T}}$，$\boldsymbol{A}=\boldsymbol{\alpha}\boldsymbol{\beta}^{\mathrm{T}}$，则 $\boldsymbol{A}^3=$________.

3. 设 $\boldsymbol{A}=\begin{pmatrix}0&0&5&2\\0&0&2&1\\1&-2&0&0\\1&1&0&0\end{pmatrix}$，则 $\boldsymbol{A}^{-1}=$________.

4. (与 2006 年考研试题类似)设 $\boldsymbol{A}=\begin{pmatrix}2&1\\-1&2\end{pmatrix}$，$\boldsymbol{E}$ 为 2 阶单位矩阵，矩阵 $\boldsymbol{B}$ 满足 $\boldsymbol{B}\boldsymbol{A}=\boldsymbol{B}+2\boldsymbol{E}$，则 $|\boldsymbol{B}|=$________.

5. 设 $\boldsymbol{A}$ 为 3 阶可逆矩阵，且 $\boldsymbol{A}\begin{pmatrix}a&1&2\\-1&0&1\\0&-1&1\end{pmatrix}=\begin{pmatrix}-3&0&3\\0&-2&0\\-1&0&1\end{pmatrix}$，则 $a=$________.

6. $\boldsymbol{A}$ 是 3×4 矩阵，其秩 $r(\boldsymbol{A})=2$，$\boldsymbol{B}=\begin{pmatrix}2&0&-2\\0&3&0\\1&0&1\end{pmatrix}$，则 $r(\boldsymbol{B}\boldsymbol{A})=$________.

7. 若 $\boldsymbol{A}=\begin{pmatrix}1&1&1\\1&2&1\\1&1&3\end{pmatrix}$，则 $(\boldsymbol{A}^*)^{-1}=$________.

8. 设 $\boldsymbol{A}=\begin{pmatrix}2&a-6&-2\\a-3&2&-4\\4&2&-4\end{pmatrix}$，若存在两个不同的 3 阶矩阵 $\boldsymbol{B}$ 和 $\boldsymbol{C}$，满足 $\boldsymbol{A}\boldsymbol{B}=\boldsymbol{A}\boldsymbol{C}$，则 $a=$________.

9. (2000 年考研试题)设 $\boldsymbol{\alpha}=(1,0,-1)^{\mathrm{T}}$，矩阵 $\boldsymbol{A}=\boldsymbol{\alpha}\boldsymbol{\alpha}^{\mathrm{T}}$，$n$ 为正整数，则 $|a\boldsymbol{E}-\boldsymbol{A}^n|=$________.

10. (2003 年考研试题)设 $\boldsymbol{\alpha}$ 为 3 维列向量，$\boldsymbol{\alpha}^{\mathrm{T}}$ 是 $\boldsymbol{\alpha}$ 的转置，若 $\boldsymbol{\alpha}\boldsymbol{\alpha}^{\mathrm{T}}=\begin{pmatrix}1&-1&1\\-1&1&-1\\1&-1&1\end{pmatrix}$，则 $\boldsymbol{\alpha}^{\mathrm{T}}\boldsymbol{\alpha}=$________.

11. 计算 $\begin{pmatrix}0&0&1\\0&1&0\\1&0&0\end{pmatrix}^{2020}\begin{pmatrix}2&0&2\\0&1&0\\2&0&2\end{pmatrix}\begin{pmatrix}1&0&0\\0&2&0\\0&0&1\end{pmatrix}^{2021}=$ ________.

12. 计算 $\begin{pmatrix}0&0&1\\0&1&0\\1&0&0\end{pmatrix}^{2021}\begin{pmatrix}1&2&3\\4&5&6\\7&8&9\end{pmatrix}\begin{pmatrix}0&1&0\\1&0&0\\0&0&1\end{pmatrix}^{2022}=$ ________.

二、选择题

1. 以下结论正确的是(　　).

(A) 若方阵 $\boldsymbol{A}$ 的行列式 $|\boldsymbol{A}|=0$, 则 $\boldsymbol{A}=\boldsymbol{O}$

(B) 若 $\boldsymbol{A}^2=\boldsymbol{A}$, 则 $\boldsymbol{A}=\boldsymbol{E}$ 或 $\boldsymbol{A}=\boldsymbol{O}$

(C) $(\boldsymbol{A}-\boldsymbol{B})^2=\boldsymbol{A}^2-2\boldsymbol{AB}+\boldsymbol{B}^2$

(D) $(\boldsymbol{A}+\boldsymbol{E})(\boldsymbol{A}-\boldsymbol{E})=\boldsymbol{A}^2-\boldsymbol{E}$, $\boldsymbol{E}$ 与 $\boldsymbol{A}$ 同阶

2. 若 $\boldsymbol{A},\boldsymbol{B}$ 都为 n 阶矩阵,则正确的是(　　).

(A) $(\boldsymbol{AB})^{\mathrm{T}}=\boldsymbol{A}^{\mathrm{T}}\boldsymbol{B}^{\mathrm{T}}$　　(B) $(\boldsymbol{AB})^k=\boldsymbol{A}^k\boldsymbol{B}^k$

(C) $(\boldsymbol{AB})^{-1}=\boldsymbol{A}^{-1}\boldsymbol{B}^{-1}$　　(D) $|(\boldsymbol{AB})^k|=|\boldsymbol{A}|^k|\boldsymbol{B}|^k$

3. 若 $\boldsymbol{A},\boldsymbol{B}$ 都为 n 阶对称矩阵,则下述结论中不正确的是(　　).

(A) $\boldsymbol{AB}$ 为对称矩阵　　(B) $\boldsymbol{A}+\boldsymbol{B}$ 为对称矩阵

(C) $\boldsymbol{A}^2+\boldsymbol{B}^2$ 为对称矩阵　　(D) $\boldsymbol{BAB}$ 为对称矩阵

4. 设 $\boldsymbol{A},\boldsymbol{B},\boldsymbol{C}$ 均是 n 阶非零矩阵,则下列结论必成立的是(　　).

(A) 若 $\boldsymbol{AB}=\boldsymbol{AC}$, 则 $\boldsymbol{B}=\boldsymbol{C}$　　(B) $|\boldsymbol{A}|\neq 0, |\boldsymbol{B}|\neq 0, |\boldsymbol{C}|\neq 0$

(C) $\boldsymbol{ABC}\neq\boldsymbol{O}$　　(D) 若 $\boldsymbol{ABC}=\boldsymbol{E}$, 则 $\boldsymbol{A},\boldsymbol{B},\boldsymbol{C}$ 均可逆

5. (与 2005 年考研试题类似)设 n 阶方阵 $\boldsymbol{A},\boldsymbol{B},\boldsymbol{C}$ 满足关系式 $\boldsymbol{ABC}=\boldsymbol{E}$, 则下列结论必成立的是(　　).

(A) $\boldsymbol{ACB}=\boldsymbol{E}$　　(B) $\boldsymbol{CBA}=\boldsymbol{E}$

(C) $\boldsymbol{BCA}=\boldsymbol{E}$　　(D) $\boldsymbol{BAC}=\boldsymbol{E}$

6. 设 $\boldsymbol{A},\boldsymbol{B}$ 均为 n 阶可逆矩阵,则下列结论中不正确的是(　　).

(A) $(k\boldsymbol{A})^{-1}=k^{-1}\boldsymbol{A}^{-1}$　　(B) $(\boldsymbol{A}+\boldsymbol{B})^{-1}=\boldsymbol{A}^{-1}+\boldsymbol{B}^{-1}$

(C) $((\boldsymbol{AB})^{\mathrm{T}})^{-1}=(\boldsymbol{A}^{-1})^{\mathrm{T}}(\boldsymbol{B}^{-1})^{\mathrm{T}}$　　(D) $|(k\boldsymbol{AB})^{-1}|=k^{-n}|\boldsymbol{A}|^{-1}|\boldsymbol{B}|^{-1}$

7. 设 $\boldsymbol{A}$ 是 4 阶方阵, $r(\boldsymbol{A})=3$,则 $r(\boldsymbol{A}^*)=$(　　).

(A) 3　　(B) 2　　(C) 1　　(D) 0

8. 设 $\boldsymbol{A}$ 是 n ($n\geqslant 2$)阶可逆矩阵, $\boldsymbol{A}^*$ 是 $\boldsymbol{A}$ 的伴随矩阵,则(　　).

(A) $(\boldsymbol{A}^*)^*=|\boldsymbol{A}|^{n-1}\boldsymbol{A}$　　(B) $(\boldsymbol{A}^*)^*=|\boldsymbol{A}|^{n+1}\boldsymbol{A}$

(C) $(\boldsymbol{A}^*)^*=|\boldsymbol{A}|^{n-2}\boldsymbol{A}$　　(D) $(\boldsymbol{A}^*)^*=|\boldsymbol{A}|^{n+2}\boldsymbol{A}$

9. 设 n 阶方阵 $\boldsymbol{A}$ 经过若干次初等变换后得到矩阵 $\boldsymbol{B}$，则下列结论正确的是(　　).

(A) $|\boldsymbol{A}|=|\boldsymbol{B}|$　　(B) $|\boldsymbol{A}|\neq|\boldsymbol{B}|$

(C) 若 $|\boldsymbol{A}|>0$，则 $|\boldsymbol{B}|>0$　　(D) 若 $|\boldsymbol{A}|=0$，则 $|\boldsymbol{B}|=0$

10.（与 2008 年考研试题类似）设 $\boldsymbol{A}$ 为 n 阶非零矩阵，若 $\boldsymbol{A}^3=\boldsymbol{O}$，则(　　).

(A) $\boldsymbol{E}-\boldsymbol{A}$ 可逆，$\boldsymbol{E}+\boldsymbol{A}$ 不可逆　　(B) $\boldsymbol{E}-\boldsymbol{A}$ 不可逆，$\boldsymbol{E}+\boldsymbol{A}$ 可逆

(C) $\boldsymbol{E}-\boldsymbol{A}$ 可逆，$\boldsymbol{E}+\boldsymbol{A}$ 可逆　　(D) $\boldsymbol{E}-\boldsymbol{A}$ 不可逆，$\boldsymbol{E}+\boldsymbol{A}$ 不可逆

11.（2009 年考研试题）设 $\boldsymbol{A},\boldsymbol{B}$ 都是 2 阶矩阵，$\boldsymbol{A}^*$，$\boldsymbol{B}^*$ 分别是 $\boldsymbol{A},\boldsymbol{B}$ 的伴随矩阵，若 $|\boldsymbol{A}|=2$，$|\boldsymbol{B}|=3$，则 $\begin{pmatrix}\boldsymbol{O} & \boldsymbol{A}\\ \boldsymbol{B} & \boldsymbol{O}\end{pmatrix}^*=$(　　).

(A) $\begin{pmatrix}\boldsymbol{O} & 3\boldsymbol{B}^*\\ 2\boldsymbol{A}^* & \boldsymbol{O}\end{pmatrix}$　　(B) $\begin{pmatrix}\boldsymbol{O} & 2\boldsymbol{B}^*\\ 3\boldsymbol{A}^* & \boldsymbol{O}\end{pmatrix}$

(C) $\begin{pmatrix}\boldsymbol{O} & 3\boldsymbol{A}^*\\ 2\boldsymbol{B}^* & \boldsymbol{O}\end{pmatrix}$　　(D) $\begin{pmatrix}\boldsymbol{O} & 2\boldsymbol{A}^*\\ 3\boldsymbol{B}^* & \boldsymbol{O}\end{pmatrix}$

12. 设 $\boldsymbol{A}$ 为 3 阶矩阵，将 $\boldsymbol{A}$ 的第 2 列加到第 1 列得到矩阵 $\boldsymbol{B}$，再交换 $\boldsymbol{B}$ 的第 2 行与第 3 行得到单位矩阵，记 $\boldsymbol{P}_1=\begin{pmatrix}1 & 0 & 0\\ 1 & 1 & 0\\ 0 & 0 & 1\end{pmatrix}$，$\boldsymbol{P}_2=\begin{pmatrix}1 & 0 & 0\\ 0 & 0 & 1\\ 0 & 1 & 0\end{pmatrix}$，则 $\boldsymbol{A}=$(　　).

(A) $\boldsymbol{P}_1\boldsymbol{P}_2$　　(B) $\boldsymbol{P}_1^{-1}\boldsymbol{P}_2$　　(C) $\boldsymbol{P}_2\boldsymbol{P}_1$　　(D) $\boldsymbol{P}_2\boldsymbol{P}_1^{-1}$

13. 设 $\boldsymbol{A}$ 为 3 阶矩阵，$\boldsymbol{P}=(\boldsymbol{\alpha}_1,\boldsymbol{\alpha}_2,\boldsymbol{\alpha}_3)$ 为 3 阶可逆矩阵，且 $\boldsymbol{P}^{-1}\boldsymbol{A}\boldsymbol{P}=\begin{pmatrix}1 & 0 & 0\\ 0 & 1 & 0\\ 0 & 0 & 2\end{pmatrix}$，若 $\boldsymbol{Q}=(\boldsymbol{\alpha}_1+\boldsymbol{\alpha}_2,\boldsymbol{\alpha}_2,\boldsymbol{\alpha}_3)$，则 $\boldsymbol{Q}^{-1}\boldsymbol{A}\boldsymbol{Q}=$(　　).

(A) $\begin{pmatrix}1 & 0 & 0\\ 0 & 2 & 0\\ 0 & 0 & 1\end{pmatrix}$　　(B) $\begin{pmatrix}1 & 0 & 0\\ 0 & 1 & 0\\ 0 & 0 & 2\end{pmatrix}$

(C) $\begin{pmatrix}2 & 0 & 0\\ 0 & 1 & 0\\ 0 & 0 & 2\end{pmatrix}$　　(D) $\begin{pmatrix}2 & 0 & 0\\ 0 & 2 & 0\\ 0 & 0 & 1\end{pmatrix}$

14. 设 $\boldsymbol{A}=\begin{pmatrix}a_{11} & a_{12} & a_{13} & a_{14}\\ a_{21} & a_{22} & a_{23} & a_{24}\\ a_{31} & a_{32} & a_{33} & a_{34}\\ a_{41} & a_{42} & a_{43} & a_{44}\end{pmatrix}$，$\boldsymbol{B}=\begin{pmatrix}a_{14} & a_{13} & a_{12} & a_{11}\\ a_{24} & a_{23} & a_{22} & a_{21}\\ a_{34} & a_{33} & a_{32} & a_{31}\\ a_{44} & a_{43} & a_{42} & a_{41}\end{pmatrix}$，如果矩阵 $\boldsymbol{A}$ 可

逆，且 $P_1=\begin{pmatrix}0&0&0&1\\0&1&0&0\\0&0&1&0\\1&0&0&0\end{pmatrix}$，$P_2=\begin{pmatrix}1&0&0&0\\0&0&1&0\\0&1&0&0\\0&0&0&1\end{pmatrix}$，则 $B^{-1}=($　　$)$.

(A) $A^{-1}P_1P_2$　　　　(B) $P_1A^{-1}P_2$

(C) $P_1P_2A^{-1}$　　　　(D) $P_2A^{-1}P_1$

15. (2018 年考研试题)设 A，B 为 n 阶单位矩阵，记 $r(X)$为矩阵 X 的秩，$(X\quad Y)$表示分块矩阵，则(　　).

(A) $r(A\quad AB)=r(A)$　　　　(B) $r(A\quad BA)=r(A)$

(C) $r(A\quad B)=\max\{r(A),r(B)\}$　　　　(D) $r(A\quad B)=r(A^{\mathrm{T}}\quad B^{\mathrm{T}})$

三、解答题和证明题

1. 设 $\alpha^{\mathrm{T}}=(1,2,3)$，$\beta^{\mathrm{T}}=(1,1,1)$，求 $(\alpha\beta^{\mathrm{T}})^n$.

2. (与 2003 年考研试题类似)设三阶方阵 A，B 满足 $A^2B-A-B=E$，若

$$A=\begin{pmatrix}1&0&1\\0&2&0\\-2&0&1\end{pmatrix},$$

求 $|B|$.

3. 设矩阵 $A=(a_{ij})_{n\times n}$，称 A 的主对角线上所有元素之和为 A 的迹，记为 $\mathrm{tr}\,A$，即

$$\mathrm{tr}A=\sum_{i=1}^{n}a_{ii}.$$

设 $B=(b_{ij})_{n\times n}$，证明：

(1) $\mathrm{tr}(A+B)=\mathrm{tr}A+\mathrm{tr}B$；　　　　(2) $\mathrm{tr}(kA)=k\,\mathrm{tr}\,A$($k$ 为常数)；

(3) $\mathrm{tr}\,A^{\mathrm{T}}=\mathrm{tr}\,A$；　　　　(4) $\mathrm{tr}(AB)=\mathrm{tr}(BA)$.

4. 证明：

(1) A 为实对称矩阵，且 $A^2=O$，则 $A=O$；

(2) A 为奇数阶反对称矩阵，则 $|A|=0$；

(3) A 为可逆对称矩阵，则 A^{-1}也是对称矩阵.

5. 设 $A=\begin{pmatrix}1&3&0&0\\2&5&0&0\\-1&2&2&1\\1&-1&1&1\end{pmatrix}$，求 A^{-1}.

6. (与 2005 年考研试题类似)设 A，B，C 都是 n 阶矩阵，满足 $B=E+AB$，$C=$

$\boldsymbol{A}+\boldsymbol{CA}$,证明 $\boldsymbol{B}-\boldsymbol{C}=\boldsymbol{E}$.

7. (与 1998 年考研试题类似)设 $\boldsymbol{A},\boldsymbol{B}$ 均为 n 阶矩阵,且 $|\boldsymbol{A}|=2$,$|\boldsymbol{B}|=-3$,求 $|2\boldsymbol{A}^*\boldsymbol{B}^{-1}|$.

8. 设矩阵 $\boldsymbol{A}=\begin{pmatrix}3&-5&1\\1&-1&0\\-1&0&2\end{pmatrix}$,$\boldsymbol{A}^{-1}\boldsymbol{XA}=2\boldsymbol{A}+\boldsymbol{XA}$,求 $\boldsymbol{X}$.

9. 设 $\boldsymbol{A}$ 为 n 阶矩阵,且 $\boldsymbol{A}^3-\boldsymbol{A}^2+2\boldsymbol{A}-\boldsymbol{E}=\boldsymbol{O}$,证明:$\boldsymbol{A}$ 与 $\boldsymbol{E}-\boldsymbol{A}$ 均可逆,并求 $\boldsymbol{A}^{-1}$ 和 $(\boldsymbol{E}-\boldsymbol{A})^{-1}$.

10. (2015 年考研试题)设 $\boldsymbol{A}=\begin{pmatrix}a&1&0\\1&a&-1\\0&1&a\end{pmatrix}$,且 $\boldsymbol{A}^3=\boldsymbol{O}$. (1) 求 a 的值;

(2) 若矩阵 $\boldsymbol{X}$ 满足 $\boldsymbol{X}-\boldsymbol{XA}^2-\boldsymbol{AX}+\boldsymbol{AXA}^2=\boldsymbol{E}$,其中 $\boldsymbol{E}$ 为 3 阶单位矩阵,求 $\boldsymbol{X}$.

11. 设 $\boldsymbol{A},\boldsymbol{B}$ 和 $\boldsymbol{A}+\boldsymbol{B}$ 均可逆,试证 $\boldsymbol{A}^{-1}+\boldsymbol{B}^{-1}$ 也可逆,并求 $(\boldsymbol{A}^{-1}+\boldsymbol{B}^{-1})^{-1}$.

12. (与 2003 年考研试题类似)设 $\boldsymbol{\alpha}=(a,0,\cdots,0,a)^{\mathrm{T}}$,$a<0$,记 $\boldsymbol{A}=\boldsymbol{E}-\boldsymbol{\alpha\alpha}^{\mathrm{T}}$,$\boldsymbol{B}=\boldsymbol{E}+\dfrac{1}{a}\boldsymbol{\alpha\alpha}^{\mathrm{T}}$,已知 $\boldsymbol{B}$ 是 $\boldsymbol{A}$ 的逆矩阵,求 a.

13. 已知 $\boldsymbol{A}=\begin{pmatrix}1&2&-3\\0&1&2\\0&0&1\end{pmatrix}$,$\boldsymbol{B}=\begin{pmatrix}1&2&0\\0&1&2\\0&0&1\end{pmatrix}$,且 $(2\boldsymbol{E}-\boldsymbol{A}^{-1}\boldsymbol{B})\boldsymbol{C}^{\mathrm{T}}=\boldsymbol{A}^{-1}$,求 $\boldsymbol{C}$.

14. 设 3 阶矩阵 $\boldsymbol{A}=(\boldsymbol{\alpha}_1,\boldsymbol{\alpha}_2,\boldsymbol{\alpha}_3)$,已知 $|\boldsymbol{A}|=-2$,求 $|2\boldsymbol{\alpha}_1+\boldsymbol{\alpha}_2-\boldsymbol{\alpha}_3,-\boldsymbol{\alpha}_1+\boldsymbol{\alpha}_2,\boldsymbol{\alpha}_2+2\boldsymbol{\alpha}_3|$.

15. 设 $\boldsymbol{A}=\begin{pmatrix}a&1&1\\-1&1&0\\1&2&1\end{pmatrix}$,$\boldsymbol{B}=\begin{pmatrix}1&2&3\\2&1&1\\0&0&1\end{pmatrix}$,已知 $r(\boldsymbol{AB})=2$,求 a.

16. 设 $\boldsymbol{A}$ 是 n 阶反对称矩阵,试证明:(1) 对任意 n 维列向量 $\boldsymbol{\alpha}$,恒有 $\boldsymbol{\alpha}^{\mathrm{T}}\boldsymbol{A\alpha}=0$;(2) 对任意非零常数 k,矩阵 $\boldsymbol{A}+k\boldsymbol{E}$ 恒可逆.

第 3 章　线性方程组

线性方程组是线性代数中最重要最基本的内容之一，是解决很多实际问题的有力工具，在科学技术和经济管理的许多领域（如物理、化学、网络理论、结构分析、最优化方法和投入产出模型等）中都有广泛应用.

第 1 章介绍的克拉默法则只适用于求解方程个数与未知量个数相同，且系数行列式非零的线性方程组. 本章研究一般线性方程组，主要讨论线性方程组解的判定、解法及解的结构等问题，还要讨论与此密切相关的向量线性相关性等. 其主要知识结构如下：

- 线性方程组
  - 解的判定
    - $\boldsymbol{A}\boldsymbol{x}=\boldsymbol{\beta}$
      - $r(\boldsymbol{A})=r(\boldsymbol{A},\boldsymbol{\beta})=n$，有唯一解
      - $r(\boldsymbol{A})=r(\boldsymbol{A},\boldsymbol{\beta})<n$，有无穷多个解
      - $r(\boldsymbol{A})\neq r(\boldsymbol{A},\boldsymbol{\beta})$，无解
    - $\boldsymbol{A}\boldsymbol{x}=\boldsymbol{0}$
      - $r(\boldsymbol{A})=n$，只有零解
      - $r(\boldsymbol{A})<n$，有非零解
  - 求解方法：消元法 $(\boldsymbol{A},\boldsymbol{\beta})\rightarrow$ 阶梯形矩阵，得同解方程组
  - 解的关系
    - 向量
      - 线性表示、线性组合
      - 线性相关、线性无关
      - 极大线性无关组
    - 解的结构
      - 基础解系
      - 通解

§3.1　消　元　法

第 1 章讨论了含 n 个方程的 n 元线性方程组的求解问题. 下面我们讨论一般的 n 元**线性方程组**（system of linear equations）

$$\begin{cases} a_{11}x_1+a_{12}x_2+\cdots+a_{1n}x_n=b_1, \\ a_{21}x_1+a_{22}x_2+\cdots+a_{2n}x_n=b_2, \\ \cdots\cdots\cdots\cdots \\ a_{m1}x_1+a_{m2}x_2+\cdots+a_{mn}x_n=b_m, \end{cases} \tag{3.1}$$

写成矩阵形式为

$$\boldsymbol{A}\boldsymbol{x}=\boldsymbol{\beta},$$

其中

$$\boldsymbol{A}=\begin{pmatrix} a_{11} & a_{12} & \cdots & a_{1n} \\ a_{21} & a_{22} & \cdots & a_{2n} \\ \vdots & \vdots & & \vdots \\ a_{m1} & a_{m2} & \cdots & a_{mn} \end{pmatrix},\quad \boldsymbol{x}=\begin{pmatrix} x_1 \\ x_2 \\ \vdots \\ x_n \end{pmatrix},\quad \boldsymbol{\beta}=\begin{pmatrix} b_1 \\ b_2 \\ \vdots \\ b_m \end{pmatrix}$$

分别称为方程组(3.1)的**系数矩阵**(coefficient matrix)、**未知量矩阵**和**常数项矩阵**. 当 $\boldsymbol{\beta}=\boldsymbol{0}=(0,0,\cdots,0)^{\mathrm{T}}$ 时,称 $\boldsymbol{A}\boldsymbol{x}=\boldsymbol{0}$ 为 n 元**齐次线性方程组**;当 $\boldsymbol{\beta}\neq\boldsymbol{0}$ 时,称 $\boldsymbol{A}\boldsymbol{x}=\boldsymbol{\beta}$ 为 n 元**非齐次线性方程组**. 并称

$$\bar{\boldsymbol{A}}=(\boldsymbol{A},\boldsymbol{\beta})=\begin{pmatrix} a_{11} & a_{12} & \cdots & a_{1n} & b_1 \\ a_{21} & a_{22} & \cdots & a_{2n} & b_2 \\ \vdots & \vdots & & \vdots & \vdots \\ a_{m1} & a_{m2} & \cdots & a_{mn} & b_m \end{pmatrix}$$

为方程组(3.1)的**增广矩阵**(augmented matrix). 因为一个线性方程组由它的系数和常数项完全确定,所以线性方程组与它的增广矩阵是一一对应的.

如果 $x_1=c_1,x_2=c_2,\cdots,x_n=c_n$ 可以使线性方程组(3.1)中的每个等式都成立,则称 $\boldsymbol{x}=(c_1,c_2,\cdots,c_n)^{\mathrm{T}}$ 为线性方程组(3.1)的一个**解**(solution). 线性方程组(3.1)的解的全体称为它的**解集**(solution set). 若两个线性方程组的解集相等,则称它们**同解**. 若线性方程组(3.1)的解存在,则称它**有解**或**相容**. 否则称它**无解**或**矛盾**. 解线性方程组实际上先要判断它是否有解,在有解时求出它的全部解.

消元法是求解线性方程组的一种基本方法,其基本思想是通过消元变形把方程组化成容易求解的同解方程组. 在中学代数里,我们学过用消元法求解二元或三元线性方程组,现在把这种方法理论化、规范化,并与矩阵的初等变换结合起来,使它适用于求解含更多未知量或方程的线性方程组. 为此,先看一个例子.

例 3.1 解线性方程组

$$\begin{cases} 2x_1-x_2+3x_3=1, & (1)\\ 2x_1\qquad+2x_3=6, & (2)\\ 4x_1+2x_2+5x_3=4. & (3)\end{cases}$$

解 原方程组

$$\xrightarrow[(3)-2\times(1)]{(2)-(1)}\begin{cases} 2x_1-x_2+3x_3=1, & (1)\\ \qquad x_2-x_3=5, & (4)\\ \qquad 4x_2-x_3=2 & (5)\end{cases}$$

$$\xrightarrow[(5)-4\times(4)]{(1)+(4)}\begin{cases}2x_1 \quad +2x_3=6, & (6)\\ \quad x_2-\ x_3=5, & (4)\\ \qquad 3x_3=-18 & (7)\end{cases}$$

$$\xrightarrow[\frac{1}{3}\times(7)]{\frac{1}{2}\times(6)}\begin{cases}x_1 \quad +x_3=3, & (8)\\ \quad x_2-x_3=5, & (4)\\ \qquad x_3=-6 & (9)\end{cases}$$

$$\xrightarrow[(4)+(9)]{(8)-(9)}\begin{cases}x_1 \qquad =9,\\ \quad x_2 \quad =-1,\\ \qquad x_3=-6.\end{cases}$$

显然原方程组与最后的方程组(称为阶梯形方程组)同解,所以原方程组有唯一解:

$$x_1=9,\quad x_2=-1,\quad x_3=-6,$$

即 $\boldsymbol{x}=(9,-1,-6)^{\mathrm{T}}$.

由此不难发现,在求解线性方程组的过程中,可能对方程组反复施行以下三种变换:

(1) 交换两个方程的位置;

(2) 用一个非零数乘某个方程的两边;

(3) 把一个方程的倍数加到另一个方程上,

称它们为线性方程组的初等变换.

显然,线性方程组的初等变换保持线性方程组的同解性.

在例 3.1 的求解过程中,我们只对方程组的系数和常数项进行了运算,对线性方程组施行一次初等变换,就相当于对它的增广矩阵施行一次相应的初等行变换,用方程组的初等变换化简线性方程组就相当于用矩阵的初等行变换化简它的增广矩阵. 下面我们将例 3.1 的求解过程写成矩阵形式:

$$\overline{\boldsymbol{A}}=\begin{pmatrix}2 & -1 & 3 & 1\\ 2 & 0 & 2 & 6\\ 4 & 2 & 5 & 4\end{pmatrix}\xrightarrow[r_3-2r_1]{r_2-r_1}\begin{pmatrix}2 & -1 & 3 & 1\\ 0 & 1 & -1 & 5\\ 0 & 4 & -1 & 2\end{pmatrix}$$

$$\xrightarrow[r_3-4r_2]{r_1+r_2}\begin{pmatrix}2 & 0 & 2 & 6\\ 0 & 1 & -1 & 5\\ 0 & 0 & 3 & -18\end{pmatrix}\xrightarrow[\frac{1}{3}r_3]{\frac{1}{2}r_1}\begin{pmatrix}1 & 0 & 1 & 3\\ 0 & 1 & -1 & 5\\ 0 & 0 & 1 & -6\end{pmatrix}$$

$$\xrightarrow[r_2+r_3]{r_1-r_3}\begin{pmatrix}1&0&0&9\\0&1&0&-1\\0&0&1&-6\end{pmatrix}.$$

所以原方程组有唯一解

$$x_1=9,\quad x_2=-1,\quad x_3=-6,$$

即 $\boldsymbol{x}=(9,-1,-6)^{\mathrm{T}}$.

一般地,不妨设线性方程组(3.1)的增广矩阵可通过适当的初等行变换化为阶梯形矩阵:

$$\overline{\boldsymbol{A}}\longrightarrow\begin{pmatrix}1&0&\cdots&0&c_{1(r+1)}&\cdots&c_{1n}&d_1\\0&1&\cdots&0&c_{2(r+1)}&\cdots&c_{2n}&d_2\\\vdots&\vdots&&\vdots&\vdots&&\vdots&\vdots\\0&0&\cdots&1&c_{r(r+1)}&\cdots&c_{rn}&d_r\\0&0&\cdots&0&0&\cdots&0&d_{r+1}\\0&0&\cdots&0&0&\cdots&0&0\\\vdots&\vdots&&\vdots&\vdots&&\vdots&\vdots\\0&0&\cdots&0&0&\cdots&0&0\end{pmatrix}.$$

因而由初等行变换不改变矩阵的秩可知:线性方程组(3.1)的系数矩阵 $\boldsymbol{A}$ 与增广矩阵 $\overline{\boldsymbol{A}}$ 的秩分别为

$$r(\boldsymbol{A})=r,\quad r(\overline{\boldsymbol{A}})=\begin{cases}r, & \text{当 } d_{r+1}=0 \text{ 时},\\ r+1, & \text{当 } d_{r+1}\neq 0 \text{ 时}.\end{cases}$$

由线性方程组的初等变换保持线性方程组的同解性可知:线性方程组(3.1)与阶梯形方程组

$$\begin{cases}x_1 \qquad +c_{1(r+1)}x_{r+1}+\cdots+c_{1n}x_n=d_1,\\ \quad x_2 \quad +c_{2(r+1)}x_{r+1}+\cdots+c_{2n}x_n=d_2,\\ \qquad\cdots\cdots\cdots\cdots\\ \qquad x_r+c_{r(r+1)}x_{r+1}+\cdots+c_{rn}x_n=d_r,\\ \qquad\qquad\qquad\qquad 0=d_{r+1}\end{cases}\tag{3.2}$$

同解,且其解有三种情形:

(1) 当 $d_{r+1}\neq 0$, 即 $r(\boldsymbol{A})\neq r(\overline{\boldsymbol{A}})$ 时,方程组(3.1)无解.

(2) 当 $d_{r+1}=0, r=n$, 即 $r(\boldsymbol{A})=r(\overline{\boldsymbol{A}})=r=n$ 时,方程组(3.1)有唯一解

$$\boldsymbol{x}=(d_1,d_2,\cdots,d_n)^{\mathrm{T}}.$$

(3) 当 $d_{r+1}=0, r<n$, 即 $r(\boldsymbol{A})=r(\overline{\boldsymbol{A}})=r<n$ 时,方程组(3.2)可变成

$$\begin{cases} x_1 = d_1 - c_{1(r+1)} x_{r+1} - \cdots - c_{1n} x_n, \\ x_2 = d_2 - c_{2(r+1)} x_{r+1} - \cdots - c_{2n} x_n, \\ \cdots\cdots\cdots\cdots \\ x_r = d_r - c_{r(r+1)} x_{r+1} - \cdots - c_{rn} x_n, \end{cases}$$

其中 $x_{r+1}, x_{r+2}, \cdots, x_n$ 在相应数域上可任意取值，称为**自由未知量**，以下我们在实数域 $\mathbf{R}$ 上讨论，任意给定自由未知量一组值：$x_{r+1}=k_1, x_{r+2}=k_2, \cdots, x_n=k_{n-r}$ 代入可求得 $x_1, x_2, \cdots, x_r$ 的相应值，把这两组数合并起来就得到方程组(3.1)的一个解，因此方程组(3.1)有无穷多个解，其**一般解**为

$$\begin{cases} x_1 = d_1 - c_{1(r+1)} x_{r+1} - \cdots - c_{1n} x_n, \\ x_2 = d_2 - c_{2(r+1)} x_{r+1} - \cdots - c_{2n} x_n, \\ \cdots\cdots\cdots\cdots \\ x_r = d_r - c_{r(r+1)} x_{r+1} - \cdots - c_{rn} x_n \end{cases} \quad (x_{r+1}, x_{r+2}, \cdots, x_n \text{ 为自由未知量})$$

线性方程组解的判定

或

$$\begin{cases} x_1 = d_1 - c_{1(r+1)} k_1 - \cdots - c_{1n} k_{n-r}, \\ \cdots\cdots\cdots\cdots \\ x_r = d_r - c_{r(r+1)} k_1 - \cdots - c_{rn} k_{n-r}, \\ x_{r+1} = k_1, \\ \cdots\cdots\cdots\cdots \\ x_n = k_{n-r} \end{cases} \quad (k_1, \cdots, k_{n-r} \in \mathbf{R}).$$

综上所述，我们可得以下重要定理.

定理 3.1(线性方程组有解判别定理) 线性方程组 $\mathbf{Ax}=\boldsymbol{\beta}$ 有解的充要条件是它的系数矩阵 $\mathbf{A}$ 与增广矩阵 $\bar{\mathbf{A}}=(\mathbf{A}, \boldsymbol{\beta})$ 等秩，即 $r(\mathbf{A})=r(\bar{\mathbf{A}})=r(\mathbf{A}, \boldsymbol{\beta})$.

推论 3.1(解的个数定理) (1) n 元线性方程组 $\mathbf{Ax}=\boldsymbol{\beta}$ 有唯一解的充要条件是 $r(\mathbf{A})=r(\mathbf{A}, \boldsymbol{\beta})=n$.

(2) n 元线性方程组 $\mathbf{Ax}=\boldsymbol{\beta}$ 有无穷多个解的充要条件是 $r(\mathbf{A})=r(\mathbf{A}, \boldsymbol{\beta})=r<n$. 此时它的一般解中含 $n-r$ 个自由未知量.

(3) n 元线性方程组 $\mathbf{Ax}=\boldsymbol{\beta}$ 无解的充要条件是 $r(\mathbf{A}) \neq r(\mathbf{A}, \boldsymbol{\beta})$.

由于上述讨论并未涉及常数项 $b_1, b_2, \cdots, b_m$ 的取值，因此对 $b_1=b_2=\cdots=b_m=0$ 时的 n 元齐次线性方程组

$$\begin{cases} a_{11}x_1 + a_{12}x_2 + \cdots + a_{1n}x_n = 0, \\ a_{21}x_1 + a_{22}x_2 + \cdots + a_{2n}x_n = 0, \\ \cdots\cdots\cdots\cdots \\ a_{m1}x_1 + a_{m2}x_2 + \cdots + a_{mn}x_n = 0, \end{cases}$$

即 $\boldsymbol{A}\boldsymbol{x}=\boldsymbol{0}$,显然有 $r(\boldsymbol{A})=r(\overline{\boldsymbol{A}})$，根据定理 3.1 可得下述定理.

定理 3.2 （1）n 元齐次线性方程组 $\boldsymbol{A}\boldsymbol{x}=\boldsymbol{0}$ 只有零解的充要条件是它的系数矩阵 $\boldsymbol{A}$ 的秩 $r(\boldsymbol{A})=n$.

（2）n 元齐次线性方程组 $\boldsymbol{A}\boldsymbol{x}=\boldsymbol{0}$ 有非零解的充要条件是它的系数矩阵 $\boldsymbol{A}$ 的秩 $r(\boldsymbol{A})<n$.

推论 3.2 （1）n 个方程的 n 元齐次线性方程组 $\boldsymbol{A}\boldsymbol{x}=\boldsymbol{0}$ 只有零解的充要条件是它的系数行列式 $|\boldsymbol{A}|\neq 0$.

（2）n 个方程的 n 元齐次线性方程组 $\boldsymbol{A}\boldsymbol{x}=\boldsymbol{0}$ 有非零解的充要条件是它的系数行列式 $|\boldsymbol{A}|=0$.

（3）若 n 元齐次线性方程组 $\boldsymbol{A}\boldsymbol{x}=\boldsymbol{0}$ 中方程个数 m 小于未知量个数 n，则它必有非零解.

例 3.2 解线性方程组

$$\begin{cases} x_1+2x_2+3x_3+x_4=5, \\ 2x_1+4x_2-x_4=-3, \\ -x_1-2x_2+3x_3+2x_4=8, \\ x_1+2x_2-9x_3-5x_4=-21. \end{cases}$$

解 对方程组的增广矩阵 $\overline{\boldsymbol{A}}$ 作初等行变换，有

$$\overline{\boldsymbol{A}}=\begin{pmatrix} 1 & 2 & 3 & 1 & 5 \\ 2 & 4 & 0 & -1 & -3 \\ -1 & -2 & 3 & 2 & 8 \\ 1 & 2 & -9 & -5 & -21 \end{pmatrix}$$

$$\xrightarrow[r_4-r_1]{\substack{r_2-2r_1 \\ r_3+r_1}}\begin{pmatrix} 1 & 2 & 3 & 1 & 5 \\ 0 & 0 & -6 & -3 & -13 \\ 0 & 0 & 6 & 3 & 13 \\ 0 & 0 & -12 & -6 & -26 \end{pmatrix}$$

$$\xrightarrow[-\frac{1}{6}r_2]{\substack{r_4-2r_2 \\ r_3+r_2 \\ r_1+\frac{1}{2}r_2}}\begin{pmatrix} 1 & 2 & 0 & -\frac{1}{2} & -\frac{3}{2} \\ 0 & 0 & 1 & \frac{1}{2} & \frac{13}{6} \\ 0 & 0 & 0 & 0 & 0 \\ 0 & 0 & 0 & 0 & 0 \end{pmatrix},$$

所以同解方程组为

$$\begin{cases} x_1 + 2x_2 \quad - \dfrac{1}{2}x_4 = -\dfrac{3}{2}, \\ \qquad\qquad x_3 + \dfrac{1}{2}x_4 = \dfrac{13}{6}. \end{cases}$$

一般解为

$$\begin{cases} x_1 = -\dfrac{3}{2} - 2x_2 + \dfrac{1}{2}x_4, \\ x_3 = \dfrac{13}{6} - \dfrac{1}{2}x_4 \end{cases} \qquad (x_2, x_4 \text{ 为自由未知量})$$

或

$$\begin{cases} x_1 = -\dfrac{3}{2} - 2k_1 + \dfrac{1}{2}k_2, \\ x_2 = k_1, \\ x_3 = \dfrac{13}{6} - \dfrac{1}{2}k_2, \\ x_4 = k_2 \end{cases} \qquad (k_1, k_2 \in \mathbf{R}).$$

注 自由未知量的选取不唯一,如例 3.2 中,$\overline{\boldsymbol{A}}$ 可化为

$$\overline{\boldsymbol{A}} \to \begin{pmatrix} 1 & 2 & 1 & 0 & \dfrac{2}{3} \\ 0 & 0 & 2 & 1 & \dfrac{13}{3} \\ 0 & 0 & 0 & 0 & 0 \\ 0 & 0 & 0 & 0 & 0 \end{pmatrix},$$

所以一般解为

$$\begin{cases} x_1 = \dfrac{2}{3} - 2x_2 - x_3, \\ x_4 = \dfrac{13}{3} - 2x_3 \end{cases} \qquad (x_2, x_3 \text{ 为自由未知量}).$$

例 3.3 解线性方程组

$$\begin{cases} x_1 - 2x_2 + 3x_3 - x_4 = 1, \\ 3x_1 - x_2 + 5x_3 - 3x_4 = 3, \\ 2x_1 + x_2 + 2x_3 - 2x_4 = 5. \end{cases}$$

解 对方程组的增广矩阵 $\overline{\boldsymbol{A}}$ 作初等行变换,有

$$\overline{\boldsymbol{A}} = \begin{pmatrix} 1 & -2 & 3 & -1 & 1 \\ 3 & -1 & 5 & -3 & 3 \\ 2 & 1 & 2 & -2 & 5 \end{pmatrix} \to \begin{pmatrix} 1 & -2 & 3 & -1 & 1 \\ 0 & 5 & -4 & 0 & 0 \\ 0 & 5 & -4 & 0 & 3 \end{pmatrix}$$

$$\rightarrow \begin{pmatrix} 1 & -2 & 3 & -1 & 1 \\ 0 & 5 & -4 & 0 & 0 \\ 0 & 0 & 0 & 0 & 3 \end{pmatrix},$$

所以 $r(\mathbf{A})=2\neq 3=r(\bar{\mathbf{A}})$，由推论 3.1 知方程组无解.

例 3.4 解齐次线性方程组

$$\begin{cases} 3x_1+6x_2+2x_3+12x_4-x_5=0, \\ -2x_1-4x_2-x_3-5x_4+x_5=0, \\ 2x_1+4x_2+2x_3+19x_4+x_5=0. \end{cases}$$

解 对齐次线性方程组的系数矩阵 $\mathbf{A}$ 作初等行变换，有

$$\mathbf{A}=\begin{pmatrix} 3 & 6 & 2 & 12 & -1 \\ -2 & -4 & -1 & -5 & 1 \\ 2 & 4 & 2 & 19 & 1 \end{pmatrix} \rightarrow \begin{pmatrix} 1 & 2 & 1 & 7 & 0 \\ -2 & -4 & -1 & -5 & 1 \\ 2 & 4 & 2 & 19 & 1 \end{pmatrix}$$

$$\rightarrow \begin{pmatrix} 1 & 2 & 1 & 7 & 0 \\ 0 & 0 & 1 & 9 & 1 \\ 0 & 0 & 0 & 5 & 1 \end{pmatrix} \rightarrow \begin{pmatrix} 1 & 2 & 0 & -2 & -1 \\ 0 & 0 & 1 & 9 & 1 \\ 0 & 0 & 0 & 5 & 1 \end{pmatrix} \rightarrow \begin{pmatrix} 1 & 2 & 0 & 3 & 0 \\ 0 & 0 & 1 & 4 & 0 \\ 0 & 0 & 0 & 5 & 1 \end{pmatrix},$$

所以同解方程组为

$$\begin{cases} x_1+2x_2+3x_4=0, \\ x_3+4x_4=0, \\ 5x_4+x_5=0, \end{cases}$$

一般解为

$$\begin{cases} x_1=-2x_2-3x_4, \\ x_3=-4x_4, \\ x_5=-5x_4 \end{cases} \quad (x_2,x_4 \text{ 为自由未知量}),$$

或

$$\begin{cases} x_1=-2k_1-3k_2, \\ x_2=k_1, \\ x_3=-4k_2, \\ x_4=k_2, \\ x_5=-5k_2 \end{cases} \quad (k_1,k_2\in \mathbf{R}).$$

例 3.5 当 a 取何值时，齐次线性方程组

$$\begin{cases} x_1+2x_2+x_3=0, \\ -x_1+ax_2+x_3=0, \\ 2x_1+4x_2+ax_3=0 \end{cases}$$

只有零解,有非零解?在有非零解时求出一般解.

解 对齐次线性方程组的系数矩阵 $\boldsymbol{A}$ 作初等行变换,有

$$\boldsymbol{A}=\begin{pmatrix}1&2&1\\-1&a&1\\2&4&a\end{pmatrix}\to\begin{pmatrix}1&2&1\\0&a+2&2\\0&0&a-2\end{pmatrix}.$$

当 $a\neq 2$ 且 $a\neq -2$ 时,$r(\boldsymbol{A})=3$,方程组只有零解;

当 $a=2$ 时,

$$\boldsymbol{A}\to\begin{pmatrix}1&0&0\\0&2&1\\0&0&0\end{pmatrix},$$

$r(\boldsymbol{A})=2<3$,方程组有非零解,其一般解为

$$\begin{cases}x_1=0,\\x_2=k,\\x_3=-2k\end{cases}\quad(k\in\mathbf{R});$$

当 $a=-2$ 时,

$$\boldsymbol{A}\to\begin{pmatrix}1&2&0\\0&0&1\\0&0&0\end{pmatrix},$$

$r(\boldsymbol{A})=2<3$,方程组有非零解,其一般解为

$$\begin{cases}x_1=-2k,\\x_2=k,\\x_3=0\end{cases}\quad(k\in\mathbf{R}).$$

例 3.6 当 a,b 取何值时,线性方程组

$$\begin{cases}2x_1+ax_2-x_3=1,\\ax_1-x_2+x_3=2,\\2x_1+x_2-x_3=b\end{cases}$$

无解、有唯一解或有无穷多个解?在有无穷多个解时求出一般解.

***解法 1** 对方程组的增广矩阵 $\overline{\boldsymbol{A}}$ 作初等行变换,有

$$\overline{\boldsymbol{A}}=\begin{pmatrix}2&a&-1&1\\a&-1&1&2\\2&1&-1&b\end{pmatrix}\to\begin{pmatrix}2&a&-1&1\\a+2&a-1&0&3\\0&1-a&0&b-1\end{pmatrix}$$

$$\to\begin{pmatrix}2&a&-1&1\\a+2&a-1&0&3\\a+2&0&0&b+2\end{pmatrix}.$$

当 $a \neq 1$ 且 $a \neq -2$ 时，$r(\mathbf{A})=r(\bar{\mathbf{A}})=3$，方程组有唯一解；

当 $a=-2$ 时，若 $b \neq -2$，则 $r(\mathbf{A})=2 \neq 3=r(\bar{\mathbf{A}})$，方程组无解；

若 $b=-2$，则

$$\bar{\mathbf{A}} \rightarrow \begin{pmatrix} 2 & 0 & -1 & -1 \\ 0 & 1 & 0 & -1 \\ 0 & 0 & 0 & 0 \end{pmatrix},$$

$r(\mathbf{A})=r(\bar{\mathbf{A}})=2<3$，方程组有无穷多个解，其一般解为

$$\begin{cases} x_1=k, \\ x_2=-1, \\ x_3=1+2k \end{cases} \quad (k \in \mathbf{R});$$

当 $a=1$ 时，若 $b \neq 1$，则 $r(\mathbf{A})=2 \neq 3=r(\bar{\mathbf{A}})$，方程组无解；

若 $b=1$，则

$$\bar{\mathbf{A}} \rightarrow \begin{pmatrix} 1 & 0 & 0 & 1 \\ 0 & 1 & -1 & -1 \\ 0 & 0 & 0 & 0 \end{pmatrix},$$

$r(\mathbf{A})=r(\bar{\mathbf{A}})=2<3$，方程组有无穷多个解，其一般解为

$$\begin{cases} x_1=1, \\ x_2=-1+k, \\ x_3=k \end{cases} \quad (k \in \mathbf{R}).$$

注 按常规应作初等行变换将增广矩阵 $\bar{\mathbf{A}}$ 化为阶梯形，但实施中很困难，因此采用上述办法讨论.

解法 2 因为方程组的系数矩阵 $\mathbf{A}$ 的行列式

$$|\mathbf{A}|=\begin{vmatrix} 2 & a & -1 \\ a & -1 & 1 \\ 2 & 1 & -1 \end{vmatrix}=\begin{vmatrix} 2 & a-1 & -1 \\ a & 0 & 1 \\ 2 & 0 & -1 \end{vmatrix}=-(a-1)\begin{vmatrix} a & 1 \\ 2 & -1 \end{vmatrix}$$

$$=(a-1)(a+2).$$

当 $a \neq 1$ 且 $a \neq -2$ 时，$|\mathbf{A}| \neq 0$，由克拉默法则知方程组有唯一解；

当 $a=-2$ 时，对方程组的增广矩阵 $\bar{\mathbf{A}}$ 作初等行变换，有

$$\bar{\mathbf{A}}=\begin{pmatrix} 2 & -2 & -1 & 1 \\ -2 & -1 & 1 & 2 \\ 2 & 1 & -1 & b \end{pmatrix} \rightarrow \begin{pmatrix} 2 & -2 & -1 & 1 \\ 0 & -3 & 0 & 3 \\ 0 & 3 & 0 & b-1 \end{pmatrix} \rightarrow \begin{pmatrix} 2 & 0 & -1 & -1 \\ 0 & 1 & 0 & -1 \\ 0 & 0 & 0 & b+2 \end{pmatrix}.$$

若 $b \neq -2$，则 $r(\mathbf{A})=2 \neq 3=r(\bar{\mathbf{A}})$，方程组无解；

若 $b=-2$，则 $r(\mathbf{A})=r(\bar{\mathbf{A}})=2<3$，方程组有无穷多个解，其一般解为

$$\begin{cases} x_1 = k, \\ x_2 = -1, \qquad (k \in \mathbf{R}); \\ x_3 = 1 + 2k \end{cases}$$

当 $a = 1$ 时,对方程组的增广矩阵 $\bar{\mathbf{A}}$ 作初等行变换,有

$$\bar{\mathbf{A}} = \begin{pmatrix} 2 & 1 & -1 & 1 \\ 1 & -1 & 1 & 2 \\ 2 & 1 & -1 & b \end{pmatrix} \to \begin{pmatrix} 1 & -1 & 1 & 2 \\ 0 & 3 & -3 & -3 \\ 0 & 0 & 0 & b-1 \end{pmatrix} \to \begin{pmatrix} 1 & 0 & 0 & 1 \\ 0 & 1 & -1 & -1 \\ 0 & 0 & 0 & b-1 \end{pmatrix}.$$

若 $b \neq 1$, 则 $r(\mathbf{A}) = 2 \neq 3 = r(\bar{\mathbf{A}})$, 方程组无解;

若 $b = 1$, 则 $r(\mathbf{A}) = r(\bar{\mathbf{A}}) = 2 < 3$, 方程组有无穷多个解,其一般解为

$$\begin{cases} x_1 = 1, \\ x_2 = -1 + k, \quad (k \in \mathbf{R}). \\ x_3 = k \end{cases}$$

一般地,求解含参数的线性方程组是本章的重点之一,必须熟练掌握. 在求解含参数的线性方程组时,若增广矩阵 $\bar{\mathbf{A}}$ 能用初等行变换化为阶梯形,则解法 1 较简便;若增广矩阵 $\bar{\mathbf{A}}$ 用初等行变换化为阶梯形很困难,而此时方程个数与未知量个数又相等,则可用解法 2,因为计算系数矩阵行列式的方法远比矩阵的初等行变换多,系数行列式一旦算出,除个别参数值外,都能判断方程组有唯一解,而对那些个别参数值,无非是解几个具体的系数线性方程组,由定理 3.1 及推论 3.1 就能判定.

§3.2 n 维向量空间

在 n 元线性方程组有无穷多个解时,是否可用其中有限个解将它的每一个解都表示出来呢? 为此,需要研究线性方程组解集的性质. 而 $n(n>1)$ 元线性方程组的解不是一个数,而是一个有序数组,为了更好地讨论这些数组的集合,特引入向量的概念. 它是线性代数的一个基本研究对象,在数学的各分支以及物理学、计算机科学、经济学等许多领域都有广泛的应用.

定义 3.1 由数域 F 中 n 个数 $a_1, a_2, \cdots, a_n$ 组成的有序数组

$$\boldsymbol{\alpha} = (a_1, a_2, \cdots, a_n) \quad 或 \quad \boldsymbol{\alpha} = \begin{pmatrix} a_1 \\ a_2 \\ \vdots \\ a_n \end{pmatrix} = (a_1, a_2, \cdots, a_n)^{\mathrm{T}}$$

称为数域 F 上的 n **维向量**(vector). 前者称为**行向量**,后者称为**列向量**. a_i 称为 n

维向量 $\boldsymbol{\alpha}$ 的第 i 个**分量**或**坐标**（$i=1,2,\cdots,n$）. 分量全是实数的向量称为**实向量**,分量是复数的向量称为**复向量**. 常用黑体小写字母 $\boldsymbol{\alpha},\boldsymbol{\beta},\boldsymbol{a},\boldsymbol{b}$ 等表示向量.

$\mathbf{0}=(0,0,\cdots,0)^{\mathrm{T}}$ 称为零向量.

$-\boldsymbol{\alpha}=(-a_1,-a_2,\cdots,-a_n)^{\mathrm{T}}$ 称为向量 $\boldsymbol{\alpha}=(a_1,a_2,\cdots,a_n)^{\mathrm{T}}$ 的负向量.

n 元齐次线性方程组 $\boldsymbol{Ax}=\mathbf{0}$ 的一个解就是一个 n 维向量(称为解向量),易知它的两解之和以及解的倍数均是解. 因此,应当引进向量加法及数乘法.

由于 n 维行(列)向量可看成 $1\times n$ 矩阵($n\times 1$ 矩阵),反之亦然,所以,矩阵相等、矩阵加法和数乘及其运算规律都适合于 n 维向量. 即

设 $\boldsymbol{\alpha}=(a_1,a_2,\cdots,a_n)^{\mathrm{T}},\boldsymbol{\beta}=(b_1,b_2,\cdots,b_n)^{\mathrm{T}},k\in F$, 则

向量 $\boldsymbol{\alpha}$ 与 $\boldsymbol{\beta}$ 相等:$\boldsymbol{\alpha}=\boldsymbol{\beta}$ 当且仅当 $a_i=b_i(i=1,2,\cdots,n)$.

向量 $\boldsymbol{\alpha}$ 与 $\boldsymbol{\beta}$ 的和:$\boldsymbol{\alpha}+\boldsymbol{\beta}=(a_1+b_1,a_2+b_2,\cdots,a_n+b_n)^{\mathrm{T}}$.

数 k 与向量 $\boldsymbol{\alpha}$ 的数量乘积:$k\boldsymbol{\alpha}=(ka_1,ka_2,\cdots,ka_n)^{\mathrm{T}}$.

向量 $\boldsymbol{\alpha}$ 与 $\boldsymbol{\beta}$ 的差:$\boldsymbol{\alpha}-\boldsymbol{\beta}=\boldsymbol{\alpha}+(-\boldsymbol{\beta})=(a_1-b_1,a_2-b_2,\cdots,a_n-b_n)^{\mathrm{T}}$.

n 维向量的加法和数乘满足以下运算规律($\boldsymbol{\alpha},\boldsymbol{\beta},\boldsymbol{\gamma}$ 是 n 维向量, k,l 是常数):

(1) $\boldsymbol{\alpha}+\boldsymbol{\beta}=\boldsymbol{\beta}+\boldsymbol{\alpha}$;

(2) $(\boldsymbol{\alpha}+\boldsymbol{\beta})+\boldsymbol{\gamma}=\boldsymbol{\alpha}+(\boldsymbol{\beta}+\boldsymbol{\gamma})$;

(3) $\boldsymbol{\alpha}+\mathbf{0}=\boldsymbol{\alpha}$;

(4) $\boldsymbol{\alpha}+(-\boldsymbol{\alpha})=\mathbf{0}$;

(5) $k(\boldsymbol{\alpha}+\boldsymbol{\beta})=k\boldsymbol{\alpha}+k\boldsymbol{\beta}$;

(6) $(k+l)\boldsymbol{\alpha}=k\boldsymbol{\alpha}+l\boldsymbol{\alpha}$;

(7) $(kl)\boldsymbol{\alpha}=k(l\boldsymbol{\alpha})$;

(8) $1\cdot\boldsymbol{\alpha}=\boldsymbol{\alpha}$.

并且有

$$k\boldsymbol{\alpha}=\mathbf{0}\Leftrightarrow k=0 \text{ 或 } \boldsymbol{\alpha}=\mathbf{0},$$

及移项法则

$$\boldsymbol{\alpha}+\boldsymbol{\beta}=\boldsymbol{\gamma}\Leftrightarrow\boldsymbol{\alpha}=\boldsymbol{\gamma}-\boldsymbol{\beta}.$$

例 3.7 设 $\boldsymbol{\alpha}=(2,0,1,-2)^{\mathrm{T}},\boldsymbol{\beta}=(-1,1,0,2)^{\mathrm{T}}$, 求满足 $\boldsymbol{\alpha}+2(\boldsymbol{\beta}-\boldsymbol{\gamma})=\mathbf{0}$ 的 $\boldsymbol{\gamma}$.

解 $2\boldsymbol{\gamma}=\boldsymbol{\alpha}+2\boldsymbol{\beta}=(2,0,1,-2)^{\mathrm{T}}+(-2,2,0,4)^{\mathrm{T}}=(0,2,1,2)^{\mathrm{T}}$,

所以 $\boldsymbol{\gamma}=\left(0,1,\dfrac{1}{2},1\right)^{\mathrm{T}}$.

定义 3.2 数域 F 上所有 n 维向量组成的集合

$$F^n=\{(a_1,a_2,\cdots,a_n)^{\mathrm{T}}\mid a_1,a_2,\cdots,a_n\in F\}$$

连同其上定义的加法和数量乘法,称为数域 F 上的 n **维向量空间**(vector space). 特别

地，$\mathbf{R}^n$ 表示实数域 $\mathbf{R}$ 上的 n 维向量空间. 以后，若无特别说明，涉及的向量均为 $\mathbf{R}^n$ 中的向量.

§3.3 向量组的线性相关性

一、线性组合、线性表示

设 $\boldsymbol{\alpha}_1,\boldsymbol{\alpha}_2,\cdots,\boldsymbol{\alpha}_s$ 为 n 元齐次线性方程组 $\boldsymbol{Ax}=\mathbf{0}$ 的 s 个解向量，$k_1,k_2,\cdots,k_s$ 为 s 个常数，则显然

$$k_1\boldsymbol{\alpha}_1+k_2\boldsymbol{\alpha}_2+\cdots+k_s\boldsymbol{\alpha}_s$$

也是方程组 $\boldsymbol{Ax}=\mathbf{0}$ 的解向量. 因此，可以引入线性组合的概念.

若干个同维数的列(或行)向量构成的集合称为向量组. 如 $m\times n$ 矩阵 $\boldsymbol{A}=(a_{ij})_{m\times n}$ 可表示为

$$(\boldsymbol{\alpha}_1,\boldsymbol{\alpha}_2,\cdots,\boldsymbol{\alpha}_n)\text{ 或 }\begin{pmatrix}\boldsymbol{\beta}_1\\ \boldsymbol{\beta}_2\\ \vdots\\ \boldsymbol{\beta}_m\end{pmatrix},$$

其中 m 维列向量组 $\boldsymbol{\alpha}_j=(a_{1j},a_{2j},\cdots,a_{mj})^{\mathrm{T}}(j=1,2,\cdots,n)$ 称为矩阵 $\boldsymbol{A}$ 的**列向量组**；n 维行向量组 $\boldsymbol{\beta}_i=(a_{i1},a_{i2},\cdots,a_{in})(i=1,2,\cdots,m)$ 称为矩阵 $\boldsymbol{A}$ 的**行向量组**. 反之，向量个数有限的向量组也可构成一个矩阵.

n 元线性方程组

$$\begin{cases}a_{11}x_1+a_{12}x_2+\cdots+a_{1n}x_n=b_1,\\ a_{21}x_1+a_{22}x_2+\cdots+a_{2n}x_n=b_2,\\ \cdots\cdots\cdots\cdots\\ a_{m1}x_1+a_{m2}x_2+\cdots+a_{mn}x_n=b_m\end{cases}$$

可写成向量形式

$$x_1\begin{pmatrix}a_{11}\\ a_{21}\\ \vdots\\ a_{m1}\end{pmatrix}+x_2\begin{pmatrix}a_{12}\\ a_{22}\\ \vdots\\ a_{m2}\end{pmatrix}+\cdots+x_n\begin{pmatrix}a_{1n}\\ a_{2n}\\ \vdots\\ a_{mn}\end{pmatrix}=\begin{pmatrix}b_1\\ b_2\\ \vdots\\ b_m\end{pmatrix}.$$

即

$$x_1\boldsymbol{\alpha}_1+x_2\boldsymbol{\alpha}_2+\cdots+x_n\boldsymbol{\alpha}_n=\boldsymbol{\beta},$$

其中 $\boldsymbol{\alpha}_1,\boldsymbol{\alpha}_2,\cdots,\boldsymbol{\alpha}_n,\boldsymbol{\beta}$ 为方程组增广矩阵 $\overline{\boldsymbol{A}}$ 的列向量组. 于是，n 元线性方程组是

否有解，就相当于是否存在一组数 $k_1,k_2,\cdots,k_n$ 使得下式成立：

$$\boldsymbol{\beta}=k_1\boldsymbol{\alpha}_1+k_2\boldsymbol{\alpha}_2+\cdots+k_n\boldsymbol{\alpha}_n.$$

此时，我们称向量 $\boldsymbol{\beta}$ 可由向量组 $\boldsymbol{\alpha}_1,\boldsymbol{\alpha}_2,\cdots,\boldsymbol{\alpha}_n$ 线性表示. 一般地有下述定义.

定义 3.3 设 $\boldsymbol{\alpha}_1,\boldsymbol{\alpha}_2,\cdots,\boldsymbol{\alpha}_s,\boldsymbol{\beta}$ 是 n 维向量，若存在一组数 $k_1,k_2,\cdots,k_s$ 使

$$\boldsymbol{\beta}=k_1\boldsymbol{\alpha}_1+k_2\boldsymbol{\alpha}_2+\cdots+k_s\boldsymbol{\alpha}_s,$$

则称向量 $\boldsymbol{\beta}$ 是向量组 $\boldsymbol{\alpha}_1,\boldsymbol{\alpha}_2,\cdots,\boldsymbol{\alpha}_s$ 的一个**线性组合**(linear combination)，也称向量 $\boldsymbol{\beta}$ 可由向量组 $\boldsymbol{\alpha}_1,\boldsymbol{\alpha}_2,\cdots,\boldsymbol{\alpha}_s$ **线性表示**(linear representation)或**线性表出**，k_1，$k_2,\cdots,k_s$ 称为**表示(或组合)系数**.

由定义 3.3 可知：向量 $\boldsymbol{\beta}$ 是否可由向量组 $\boldsymbol{\alpha}_1,\boldsymbol{\alpha}_2,\cdots,\boldsymbol{\alpha}_s$ 线性表示，等价于线性方程组

$$x_1\boldsymbol{\alpha}_1+x_2\boldsymbol{\alpha}_2+\cdots+x_s\boldsymbol{\alpha}_s=\boldsymbol{\beta}$$

是否有解，由定理 3.1 可得下述定理.

定理 3.3 n 维向量 $\boldsymbol{\beta}$ 可由 n 维向量组 $\boldsymbol{\alpha}_1,\boldsymbol{\alpha}_2,\cdots,\boldsymbol{\alpha}_s$ 线性表示

$\Leftrightarrow s$ 元线性方程组 $x_1\boldsymbol{\alpha}_1+x_2\boldsymbol{\alpha}_2+\cdots+x_s\boldsymbol{\alpha}_s=\boldsymbol{\beta}$ 有解

$\Leftrightarrow$ 矩阵 $\mathbf{A}=(\boldsymbol{\alpha}_1,\boldsymbol{\alpha}_2,\cdots,\boldsymbol{\alpha}_s)$ 与矩阵 $\bar{\mathbf{A}}=(\boldsymbol{\alpha}_1,\boldsymbol{\alpha}_2,\cdots,\boldsymbol{\alpha}_s,\boldsymbol{\beta})$ 的秩相等.

由此可知：

(1) n 维向量 $\boldsymbol{\beta}$ 可由 n 维向量组 $\boldsymbol{\alpha}_1,\boldsymbol{\alpha}_2,\cdots,\boldsymbol{\alpha}_s$ 唯一线性表示 $\Leftrightarrow r(\mathbf{A})=r(\bar{\mathbf{A}})=s$；

(2) n 维向量 $\boldsymbol{\beta}$ 可由 n 维向量组 $\boldsymbol{\alpha}_1,\boldsymbol{\alpha}_2,\cdots,\boldsymbol{\alpha}_s$ 线性表示且表示法不唯一 $\Leftrightarrow r(\mathbf{A})=r(\bar{\mathbf{A}})<s$；

(3) n 维向量 $\boldsymbol{\beta}$ 不能由 n 维向量组 $\boldsymbol{\alpha}_1,\boldsymbol{\alpha}_2,\cdots,\boldsymbol{\alpha}_s$ 线性表示 $\Leftrightarrow r(\mathbf{A})\neq r(\bar{\mathbf{A}})$.

例 3.8 判断向量 $\boldsymbol{\beta}=(3,3,6)^{\mathrm{T}}$ 是否可由向量组 $\boldsymbol{\alpha}_1=(1,3,2)^{\mathrm{T}},\boldsymbol{\alpha}_2=(3,2,1)^{\mathrm{T}},\boldsymbol{\alpha}_3=(-2,-5,1)^{\mathrm{T}}$ 线性表示？若能，写出表示式.

解 设 $k_1\boldsymbol{\alpha}_1+k_2\boldsymbol{\alpha}_2+k_3\boldsymbol{\alpha}_3=\boldsymbol{\beta}$，对增广矩阵 $\bar{\mathbf{A}}$ 作初等行变换，有

$$\bar{\mathbf{A}}=(\boldsymbol{\alpha}_1,\boldsymbol{\alpha}_2,\boldsymbol{\alpha}_3,\boldsymbol{\beta})=\begin{pmatrix}1&3&-2&3\\3&2&-5&3\\2&1&1&6\end{pmatrix}\to\begin{pmatrix}1&3&-2&3\\0&-7&1&-6\\0&-5&5&0\end{pmatrix}$$

$$\to\begin{pmatrix}1&0&1&3\\0&1&-1&0\\0&0&-6&-6\end{pmatrix}\to\begin{pmatrix}1&0&0&2\\0&1&0&1\\0&0&1&1\end{pmatrix}.$$

所以，$r(\bar{\mathbf{A}})=r(\mathbf{A})=3$，方程组有唯一解：$k_1=2,k_2=1,k_3=1$，因此向量 $\boldsymbol{\beta}$ 可由向量组 $\boldsymbol{\alpha}_1,\boldsymbol{\alpha}_2,\boldsymbol{\alpha}_3$ 唯一线性表示：$\boldsymbol{\beta}=2\boldsymbol{\alpha}_1+\boldsymbol{\alpha}_2+\boldsymbol{\alpha}_3$.

例 3.9 (与 1998 年、1999 年、2000 年及 2004 年考研试题类似)已知

向量

$$\boldsymbol{\alpha}_1=(1,4,0,2)^{\mathrm T},\quad \boldsymbol{\alpha}_2=(2,7,1,3)^{\mathrm T},\quad \boldsymbol{\alpha}_3=(0,-2,2,b)^{\mathrm T},\quad \boldsymbol{\beta}=(2,9,c,5)^{\mathrm T}.$$

(1) 当 b,c 为何值时，$\boldsymbol{\beta}$ 不能由 $\boldsymbol{\alpha}_1,\boldsymbol{\alpha}_2,\boldsymbol{\alpha}_3$ 线性表示？

(2) 当 b,c 为何值时，$\boldsymbol{\beta}$ 能由 $\boldsymbol{\alpha}_1,\boldsymbol{\alpha}_2,\boldsymbol{\alpha}_3$ 线性表示？并写出表示式.

解 设 $k_1\boldsymbol{\alpha}_1+k_2\boldsymbol{\alpha}_2+k_3\boldsymbol{\alpha}_3=\boldsymbol{\beta}$，对增广矩阵 $\overline{\mathbf{A}}$ 作初等行变换，有

$$\overline{\mathbf{A}}=(\boldsymbol{\alpha}_1,\boldsymbol{\alpha}_2,\boldsymbol{\alpha}_3,\boldsymbol{\beta})=\begin{pmatrix}1&2&0&2\\4&7&-2&9\\0&1&2&c\\2&3&b&5\end{pmatrix}\to\begin{pmatrix}1&2&0&2\\0&-1&-2&1\\0&1&2&c\\0&-1&b&1\end{pmatrix}$$

$$\to\begin{pmatrix}1&0&-4&4\\0&-1&-2&1\\0&0&0&c+1\\0&0&b+2&0\end{pmatrix}\to\begin{pmatrix}1&0&-4&4\\0&1&2&-1\\0&0&b+2&0\\0&0&0&c+1\end{pmatrix}.$$

(1) 当 $c\neq-1$，b 为任意实数时，$r(\overline{\mathbf{A}})\neq r(\mathbf{A})$，方程组无解，$\boldsymbol{\beta}$ 不能由 $\boldsymbol{\alpha}_1,\boldsymbol{\alpha}_2,\boldsymbol{\alpha}_3$ 线性表示.

(2) 当 $b\neq-2,c=-1$ 时，$r(\overline{\mathbf{A}})=r(\mathbf{A})=3$，方程组有唯一解：$k_1=4$，$k_2=-1,k_3=0$，$\boldsymbol{\beta}$ 可由 $\boldsymbol{\alpha}_1,\boldsymbol{\alpha}_2,\boldsymbol{\alpha}_3$ 唯一线性表示：$\boldsymbol{\beta}=4\boldsymbol{\alpha}_1-\boldsymbol{\alpha}_2$.

当 $b=-2,c=-1$ 时，$r(\overline{\mathbf{A}})=r(\mathbf{A})=2<3$，方程组有无穷多个解：

$$\begin{cases}k_1=4+4t,\\k_2=-1-2t,\\k_3=t\end{cases}\quad(t\in\mathbf{R}).$$

因此，$\boldsymbol{\beta}$ 可由 $\boldsymbol{\alpha}_1,\boldsymbol{\alpha}_2,\boldsymbol{\alpha}_3$ 线性表示，表示法不唯一：

$$\boldsymbol{\beta}=(4+4t)\boldsymbol{\alpha}_1-(1+2t)\boldsymbol{\alpha}_2+t\boldsymbol{\alpha}_3\quad(t\in\mathbf{R}).$$

由定义 3.3 及定理 3.3 易得下述推论.

推论 3.3 (1) 任一 n 维向量 $\boldsymbol{\alpha}=(a_1,a_2,\cdots,a_n)^{\mathrm T}$ 均可由 n 维单位向量组

$$\boldsymbol{\varepsilon}_1=(1,0,\cdots,0)^{\mathrm T},\quad \boldsymbol{\varepsilon}_2=(0,1,\cdots,0)^{\mathrm T},\quad \cdots,\quad \boldsymbol{\varepsilon}_n=(0,0,\cdots,1)^{\mathrm T}$$

线性表示：$\boldsymbol{\alpha}=a_1\boldsymbol{\varepsilon}_1+a_2\boldsymbol{\varepsilon}_2+\cdots+a_n\boldsymbol{\varepsilon}_n$.

(2) 向量组 $\boldsymbol{\alpha}_1,\boldsymbol{\alpha}_2,\cdots,\boldsymbol{\alpha}_s$ 中任一向量 $\boldsymbol{\alpha}_i(i=1,2,\cdots,s)$ 均可由该向量组线性表示：$\boldsymbol{\alpha}_i=0\boldsymbol{\alpha}_1+\cdots+0\boldsymbol{\alpha}_{i-1}+1\boldsymbol{\alpha}_i+0\boldsymbol{\alpha}_{i+1}+\cdots+0\boldsymbol{\alpha}_s$.

(3) n 维零向量 $\mathbf{0}$ 可由任一 n 维向量组 $\boldsymbol{\alpha}_1,\boldsymbol{\alpha}_2,\cdots,\boldsymbol{\alpha}_s$ 线性表示：$\mathbf{0}=0\boldsymbol{\alpha}_1+0\boldsymbol{\alpha}_2+\cdots+0\boldsymbol{\alpha}_s$.

现在讨论两个向量组之间的线性表示问题.

定义 3.4 设有两个向量组

$$(\mathrm{A}):\boldsymbol{\alpha}_1,\boldsymbol{\alpha}_2,\cdots,\boldsymbol{\alpha}_s;\qquad(\mathrm{B}):\boldsymbol{\beta}_1,\boldsymbol{\beta}_2,\cdots,\boldsymbol{\beta}_t.$$

若向量组(A)中每个向量都可由向量组(B)线性表示，则称**向量组**(A)**可由向量组**(B)**线性表示**. 若向量组(A)与向量组(B)可以互相线性表示，则称**向量组**(A)**与**(B)**等价**，记为 $\{\boldsymbol{\alpha}_1,\boldsymbol{\alpha}_2,\cdots,\boldsymbol{\alpha}_s\}\cong\{\boldsymbol{\beta}_1,\boldsymbol{\beta}_2,\cdots,\boldsymbol{\beta}_t\}$ 或(A) $\cong$ (B).

由定义 3.4 不难验证向量组的等价关系具有下列性质：

设(A)，(B)，(C)均为 n 维向量组，则

(1) 反身性：任一 n 维向量组(A) $\cong$ (A).

(2) 对称性：若(A) $\cong$ (B)，则(B) $\cong$ (A).

(3) 传递性：若(A) $\cong$ (B)，(B) $\cong$ (C)，则(A) $\cong$ (C).

设向量组(B)：$\boldsymbol{\beta}_1,\boldsymbol{\beta}_2,\cdots,\boldsymbol{\beta}_t$ 可由向量组(A)：$\boldsymbol{\alpha}_1,\boldsymbol{\alpha}_2,\cdots,\boldsymbol{\alpha}_s$ 线性表示为

$$\boldsymbol{\beta}_j=k_{1j}\boldsymbol{\alpha}_1+k_{2j}\boldsymbol{\alpha}_2+\cdots+k_{sj}\boldsymbol{\alpha}_s=(\boldsymbol{\alpha}_1,\boldsymbol{\alpha}_2,\cdots,\boldsymbol{\alpha}_s)\begin{pmatrix}k_{1j}\\k_{2j}\\\vdots\\k_{sj}\end{pmatrix}\quad(j=1,2,\cdots,t).$$

将上述线性表示式写成矩阵形式：

$$(\boldsymbol{\beta}_1,\boldsymbol{\beta}_2,\cdots,\boldsymbol{\beta}_t)=(\boldsymbol{\alpha}_1,\boldsymbol{\alpha}_2,\cdots,\boldsymbol{\alpha}_s)\begin{pmatrix}k_{11}&k_{12}&\cdots&k_{1t}\\k_{21}&k_{22}&\cdots&k_{2t}\\\vdots&\vdots&&\vdots\\k_{s1}&k_{s2}&\cdots&k_{st}\end{pmatrix}.$$

记矩阵 $\boldsymbol{A}=(\boldsymbol{\alpha}_1,\boldsymbol{\alpha}_2,\cdots,\boldsymbol{\alpha}_s)$，$\boldsymbol{B}=(\boldsymbol{\beta}_1,\boldsymbol{\beta}_2,\cdots,\boldsymbol{\beta}_t)$，$\boldsymbol{K}=(k_{ij})_{s\times t}$，则上式可写成：

$$\boldsymbol{B}=\boldsymbol{AK},$$

其中 $\boldsymbol{K}=(k_{ij})_{s\times t}$ 称为这一线性表示的系数矩阵.

一般地，若矩阵 $\boldsymbol{A},\boldsymbol{B},\boldsymbol{C}$ 具有关系 $\boldsymbol{A}=\boldsymbol{BC}$，则矩阵 $\boldsymbol{A}$ 的列向量组可由矩阵 $\boldsymbol{B}$ 的列向量组线性表示，$\boldsymbol{C}$ 为这一表示的系数矩阵；而矩阵 $\boldsymbol{A}$ 的行向量组可由矩阵 $\boldsymbol{C}$ 的行向量组线性表示，$\boldsymbol{B}$ 为这一表示的系数矩阵. 特别地，若矩阵 $\boldsymbol{C}$ 可逆，则矩阵 $\boldsymbol{A}$ 的列向量组与矩阵 $\boldsymbol{B}$ 的列向量组等价；若矩阵 $\boldsymbol{B}$ 可逆，则矩阵 $\boldsymbol{A}$ 的行向量组与矩阵 $\boldsymbol{C}$ 的行向量组等价.

上述讨论表明，向量组(B)：$\boldsymbol{\beta}_1,\boldsymbol{\beta}_2,\cdots,\boldsymbol{\beta}_t$ 可由向量组(A)：$\boldsymbol{\alpha}_1,\boldsymbol{\alpha}_2,\cdots,\boldsymbol{\alpha}_s$ 线性表示的充要条件是矩阵方程

$$\boldsymbol{AX}=\boldsymbol{B},\text{即}(\boldsymbol{\alpha}_1,\boldsymbol{\alpha}_2,\cdots,\boldsymbol{\alpha}_s)\boldsymbol{X}=(\boldsymbol{\beta}_1,\boldsymbol{\beta}_2,\cdots,\boldsymbol{\beta}_t)$$

有解 $\boldsymbol{X}=\boldsymbol{K}=(k_{ij})_{s\times t}$. 这启示我们可将定理 3.3 推广为下述定理.

***定理 3.4** 向量组 $\boldsymbol{\beta}_1,\boldsymbol{\beta}_2,\cdots,\boldsymbol{\beta}_t$ 可由向量组 $\boldsymbol{\alpha}_1,\boldsymbol{\alpha}_2,\cdots,\boldsymbol{\alpha}_s$ 线性表示的充要条件是 $r(\boldsymbol{A})=r(\boldsymbol{A},\boldsymbol{B})$，其中 $\boldsymbol{A}=(\boldsymbol{\alpha}_1,\boldsymbol{\alpha}_2,\cdots,\boldsymbol{\alpha}_s)$，$\boldsymbol{B}=(\boldsymbol{\beta}_1,\boldsymbol{\beta}_2,\cdots,\boldsymbol{\beta}_t)$.

证明 若 $r(\boldsymbol{A})=r(\boldsymbol{A},\boldsymbol{B})$，则由

$$r(\boldsymbol{A})\leqslant r(\boldsymbol{A},\boldsymbol{\beta}_j)\leqslant r(\boldsymbol{A},\boldsymbol{B})$$

有 $r(\boldsymbol{A})=r(\boldsymbol{A},\boldsymbol{\beta}_j)(j=1,2,\cdots,t)$，于是由定理 3.1 知：线性方程组 $\boldsymbol{A}\boldsymbol{x}_j=\boldsymbol{\beta}_j(j=1,2,\cdots,t)$ 有解，由定理 3.3 知：向量组 $\boldsymbol{\beta}_1,\boldsymbol{\beta}_2,\cdots,\boldsymbol{\beta}_t$ 可由向量组 $\boldsymbol{\alpha}_1,\boldsymbol{\alpha}_2,\cdots,\boldsymbol{\alpha}_s$ 线性表示.

反之，若向量组 $\boldsymbol{\beta}_1,\boldsymbol{\beta}_2,\cdots,\boldsymbol{\beta}_t$ 可由向量组 $\boldsymbol{\alpha}_1,\boldsymbol{\alpha}_2,\cdots,\boldsymbol{\alpha}_s$ 线性表示，则对矩阵 $(\boldsymbol{A},\boldsymbol{B})=(\boldsymbol{\alpha}_1,\boldsymbol{\alpha}_2,\cdots,\boldsymbol{\alpha}_s,\boldsymbol{\beta}_1,\boldsymbol{\beta}_2,\cdots,\boldsymbol{\beta}_t)$ 作初等列变换可得

$$(\boldsymbol{A},\boldsymbol{B})\rightarrow(\boldsymbol{\alpha}_1,\boldsymbol{\alpha}_2,\cdots,\boldsymbol{\alpha}_s,\boldsymbol{0},\boldsymbol{0},\cdots,\boldsymbol{0})=(\boldsymbol{A},\boldsymbol{O}).$$

又初等列变换不改变矩阵的秩，故 $r(\boldsymbol{A})=r(\boldsymbol{A},\boldsymbol{O})=r(\boldsymbol{A},\boldsymbol{B})$.

* **推论 3.4** 设矩阵 $\boldsymbol{A}=(\boldsymbol{\alpha}_1,\boldsymbol{\alpha}_2,\cdots,\boldsymbol{\alpha}_s)$，$\boldsymbol{B}=(\boldsymbol{\beta}_1,\boldsymbol{\beta}_2,\cdots,\boldsymbol{\beta}_t)$，那么

(1) 向量组 $\boldsymbol{\beta}_1,\boldsymbol{\beta}_2,\cdots,\boldsymbol{\beta}_t$ 与向量组 $\boldsymbol{\alpha}_1,\boldsymbol{\alpha}_2,\cdots,\boldsymbol{\alpha}_s$ 等价的充要条件是 $r(\boldsymbol{A})=r(\boldsymbol{B})=r(\boldsymbol{A},\boldsymbol{B})$.

(2) 若向量组 $\boldsymbol{\beta}_1,\boldsymbol{\beta}_2,\cdots,\boldsymbol{\beta}_t$ 可由向量组 $\boldsymbol{\alpha}_1,\boldsymbol{\alpha}_2,\cdots,\boldsymbol{\alpha}_s$ 线性表示，则 $r(\boldsymbol{B})\leqslant r(\boldsymbol{A})$.

(3) $r(\boldsymbol{AB})\leqslant\min\{r(\boldsymbol{A}),r(\boldsymbol{B})\}$，特别地，当矩阵 $\boldsymbol{A}$ 可逆时，$r(\boldsymbol{AB})=r(\boldsymbol{B})$.

证明 (1) 显然成立.

(2) 由条件及定理 3.4 知：$r(\boldsymbol{B})\leqslant r(\boldsymbol{A},\boldsymbol{B})=r(\boldsymbol{A})$.

(3) 令 $\boldsymbol{C}=\boldsymbol{AB}$，则矩阵 $\boldsymbol{C}$ 的列向量组可由矩阵 $\boldsymbol{A}$ 的列向量组线性表示，矩阵 $\boldsymbol{C}$ 的行向量组可由矩阵 $\boldsymbol{B}$ 的行向量组线性表示，于是由(2) 知

$$r(\boldsymbol{AB})=r(\boldsymbol{C})\leqslant r(\boldsymbol{A}),r(\boldsymbol{AB})=r(\boldsymbol{C})=r(\boldsymbol{C}^{\mathrm{T}})\leqslant r(\boldsymbol{B}^{\mathrm{T}})=r(\boldsymbol{B}).$$

故 $r(\boldsymbol{AB})\leqslant\min\{r(\boldsymbol{A}),r(\boldsymbol{B})\}$.

当矩阵 $\boldsymbol{A}$ 可逆时，$r(\boldsymbol{B})=r(\boldsymbol{A}^{-1}(\boldsymbol{AB}))\leqslant r(\boldsymbol{AB})\leqslant r(\boldsymbol{B})$，故 $r(\boldsymbol{AB})=r(\boldsymbol{B})$.

定理 3.5 (1) 若矩阵 $\boldsymbol{A}$ 经有限次初等行(列)变换化成矩阵 $\boldsymbol{B}$，则矩阵 $\boldsymbol{A}$ 与 $\boldsymbol{B}$ 的行(列)向量组等价.

(2) 若矩阵 $\boldsymbol{A}$ 经有限次初等行(列)变换化成矩阵 $\boldsymbol{B}$，则矩阵 $\boldsymbol{B}$ 的列(行)向量与矩阵 $\boldsymbol{A}$ 的列(行)向量间有相同的线性关系，即矩阵的初等行(列)变换不改变矩阵的列(行)向量间的线性关系.

证明 设矩阵 $\boldsymbol{A}$ 经有限次初等行变换化成矩阵 $\boldsymbol{B}$，则存在可逆矩阵 $\boldsymbol{P}$ 使 $\boldsymbol{PA}=\boldsymbol{B}$，所以矩阵 $\boldsymbol{A}$ 与 $\boldsymbol{B}$ 的行向量组等价且

$$\boldsymbol{A}\begin{pmatrix}k_1\\k_2\\\vdots\\k_n\end{pmatrix}=\boldsymbol{0}\Leftrightarrow\boldsymbol{PA}\begin{pmatrix}k_1\\k_2\\\vdots\\k_n\end{pmatrix}=\boldsymbol{B}\begin{pmatrix}k_1\\k_2\\\vdots\\k_n\end{pmatrix}=\boldsymbol{0},$$

即矩阵 $\boldsymbol{B}$ 的列向量与矩阵 $\boldsymbol{A}$ 的列向量间有相同的线性关系.

二、线性相关与线性无关

我们已经知道:零向量 $\mathbf{0}$ 可由任一向量组 $\boldsymbol{\alpha}_1,\boldsymbol{\alpha}_2,\cdots,\boldsymbol{\alpha}_s$ 线性表示,表示方法是否唯一呢?

定义 3.5 对于 n 维向量组 $\boldsymbol{\alpha}_1,\boldsymbol{\alpha}_2,\cdots,\boldsymbol{\alpha}_s$,若存在不全为零的数 $k_1,k_2,\cdots,k_s$ 使

$$k_1\boldsymbol{\alpha}_1+k_2\boldsymbol{\alpha}_2+\cdots+k_s\boldsymbol{\alpha}_s=\mathbf{0},$$

则称向量组 $\boldsymbol{\alpha}_1,\boldsymbol{\alpha}_2,\cdots,\boldsymbol{\alpha}_s$ **线性相关**(linearly dependence);若仅当 $k_1=k_2=\cdots=k_s=0$ 时,上式才成立,或者说,只要 $k_1,k_2,\cdots,k_s$ 不全为零,必有 $k_1\boldsymbol{\alpha}_1+k_2\boldsymbol{\alpha}_2+\cdots+k_s\boldsymbol{\alpha}_s\neq\mathbf{0}$,则称向量组 $\boldsymbol{\alpha}_1,\boldsymbol{\alpha}_2,\cdots,\boldsymbol{\alpha}_s$ **线性无关**(linearly independence).

注 (1) 线性相关与线性无关是相互对立的概念,任一向量组要么线性相关,要么线性无关,二者必居且只居其一.

(2) 含零向量的向量组 $\mathbf{0},\boldsymbol{\alpha}_2,\cdots,\boldsymbol{\alpha}_s$ 必线性相关.

(3) 一个向量 $\boldsymbol{\alpha}$ 线性相(无)关当且仅当 $\boldsymbol{\alpha}=\mathbf{0}(\boldsymbol{\alpha}\neq\mathbf{0})$.

(4) 两个向量 $\boldsymbol{\alpha}_1,\boldsymbol{\alpha}_2$ 线性相(无)关当且仅当 $\boldsymbol{\alpha}_1,\boldsymbol{\alpha}_2$ 的分量(不)对应成比例.

一般地,有下述定理.

定理 3.6 向量组 $\boldsymbol{\alpha}_1,\boldsymbol{\alpha}_2,\cdots,\boldsymbol{\alpha}_s(s\geqslant 2)$ 线性相关的充要条件是其中至少有一个向量能被其余向量线性表示.

证明 不妨设 $\boldsymbol{\alpha}_1$ 可由其余向量线性表示,即存在一组数 $k_2,\cdots,k_s$ 使

$$\boldsymbol{\alpha}_1=k_2\boldsymbol{\alpha}_2+\cdots+k_s\boldsymbol{\alpha}_s,$$

移项得

$$(-1)\boldsymbol{\alpha}_1+k_2\boldsymbol{\alpha}_2+\cdots+k_s\boldsymbol{\alpha}_s=\mathbf{0},$$

由定义 3.5 知:向量组 $\boldsymbol{\alpha}_1,\boldsymbol{\alpha}_2,\cdots,\boldsymbol{\alpha}_s$ 线性相关.

反之,设向量组 $\boldsymbol{\alpha}_1,\boldsymbol{\alpha}_2,\cdots,\boldsymbol{\alpha}_s$ 线性相关,则存在不全为零的数 $k_1,k_2,\cdots,k_s$ 使

$$k_1\boldsymbol{\alpha}_1+k_2\boldsymbol{\alpha}_2+\cdots+k_s\boldsymbol{\alpha}_s=\mathbf{0},$$

不妨设 $k_1\neq 0$,则

$$\boldsymbol{\alpha}_1=-\frac{k_2}{k_1}\boldsymbol{\alpha}_2-\cdots-\frac{k_s}{k_1}\boldsymbol{\alpha}_s,$$

即 $\boldsymbol{\alpha}_1$ 可由其余向量线性表示.

推论 3.5 向量组 $\boldsymbol{\alpha}_1,\boldsymbol{\alpha}_2,\cdots,\boldsymbol{\alpha}_s(s\geqslant 2)$ 线性无关的充要条件是其中每个向量都不能被其余向量线性表示.

定理 3.7(线性相关判别定理) n 维向量组 $\boldsymbol{\alpha}_1,\boldsymbol{\alpha}_2,\cdots,\boldsymbol{\alpha}_s$ 线性相(无)关的充要条件是以它为列构成矩阵 $\mathbf{A}=(\boldsymbol{\alpha}_1,\boldsymbol{\alpha}_2,\cdots,\boldsymbol{\alpha}_s)$ 的秩 $r(\mathbf{A})<s(r(\mathbf{A})=s)$.

证明 n 维向量组 $\boldsymbol{\alpha}_1,\boldsymbol{\alpha}_2,\cdots,\boldsymbol{\alpha}_s$ 线性相(无)关

$\Leftrightarrow$ 线性方程组 $x_1\boldsymbol{\alpha}_1 + x_2\boldsymbol{\alpha}_2 + \cdots + x_s\boldsymbol{\alpha}_s = \mathbf{0}$，即 $\boldsymbol{Ax} = \mathbf{0}$ 有非零解(只有零解)

$\Leftrightarrow r(\boldsymbol{A}) < s(r(\boldsymbol{A}) = s)$.

推论 3.6 (1) n 个 n 维向量 $\boldsymbol{\alpha}_1, \boldsymbol{\alpha}_2, \cdots, \boldsymbol{\alpha}_n$ 线性相(无)关的充要条件是以它为列构成矩阵 $\boldsymbol{A} = (\boldsymbol{\alpha}_1, \boldsymbol{\alpha}_2, \cdots, \boldsymbol{\alpha}_n)$ 的行列式 $|\boldsymbol{A}| = 0(|\boldsymbol{A}| \neq 0)$.

(2) 向量个数 s 大于向量维数 n 的 n 维向量 $\boldsymbol{\alpha}_1, \boldsymbol{\alpha}_2, \cdots, \boldsymbol{\alpha}_s$ 线性相关.

(3) n 维单位向量组 $\boldsymbol{\varepsilon}_1 = (1,0,\cdots,0)^{\mathrm{T}}, \boldsymbol{\varepsilon}_2 = (0,1,\cdots,0)^{\mathrm{T}}, \cdots, \boldsymbol{\varepsilon}_n = (0,0,\cdots,1)^{\mathrm{T}}$ 线性无关.

(4) 线性无关向量组 $\boldsymbol{\alpha}_j = (a_{1j}, a_{2j}, \cdots, a_{mj})^{\mathrm{T}}(j=1,2,\cdots,s)$ 增添分量后所得向量组 $\boldsymbol{\beta}_j = (a_{1j}, a_{2j}, \cdots, a_{mj}, a_{(m+1)j}, \cdots, a_{nj})^{\mathrm{T}}(j=1,2,\cdots,s)$ 仍线性无关；其等价说法是线性相关向量组减少分量后仍线性相关.

证明 (1) 根据矩阵秩的定义及定理 3.7 知：(1) 显然成立.

(2) 令 $\boldsymbol{A} = (\boldsymbol{\alpha}_1, \boldsymbol{\alpha}_2, \cdots, \boldsymbol{\alpha}_s)$，则 $\boldsymbol{A}$ 为 $n \times s$ 矩阵，于是由矩阵秩的定义知

$$r(\boldsymbol{A}) \leqslant n < s.$$

由定理 3.7 知向量组 $\boldsymbol{\alpha}_1, \boldsymbol{\alpha}_2, \cdots, \boldsymbol{\alpha}_s$ 线性相关.

(3) 由(1)易知(3)成立.

(4) 令 $\boldsymbol{A} = (\boldsymbol{\alpha}_1, \boldsymbol{\alpha}_2, \cdots, \boldsymbol{\alpha}_s), \boldsymbol{B} = (\boldsymbol{\beta}_1, \boldsymbol{\beta}_2, \cdots, \boldsymbol{\beta}_s)$，则 $\boldsymbol{A}, \boldsymbol{B}$ 分别为 $m \times s, n \times s$ 矩阵，由向量组 $\boldsymbol{\alpha}_1, \boldsymbol{\alpha}_2, \cdots, \boldsymbol{\alpha}_s$ 线性无关有 $r(\boldsymbol{A}) = s$，于是

$$s = r(\boldsymbol{A}) \leqslant r(\boldsymbol{B}) \leqslant s,$$

即 $r(\boldsymbol{B}) = s$，故由定理 3.7 知：向量组 $\boldsymbol{\beta}_1, \boldsymbol{\beta}_2, \cdots, \boldsymbol{\beta}_s$ 线性无关.

例 3.10 若向量组中的部分向量线性相关，则全组向量线性相关；其等价说法是线性无关向量组的任何部分向量也线性无关.

证法 1 不妨设向量组 $\boldsymbol{\alpha}_1, \boldsymbol{\alpha}_2, \cdots, \boldsymbol{\alpha}_s$ 的前 $r(r < s)$ 个向量 $\boldsymbol{\alpha}_1, \boldsymbol{\alpha}_2, \cdots, \boldsymbol{\alpha}_r$ 线性相关，则存在不全为零的数 $k_1, k_2, \cdots, k_r$ 使

$$k_1\boldsymbol{\alpha}_1 + k_2\boldsymbol{\alpha}_2 + \cdots + k_r\boldsymbol{\alpha}_r = \mathbf{0},$$

于是

$$k_1\boldsymbol{\alpha}_1 + k_2\boldsymbol{\alpha}_2 + \cdots + k_r\boldsymbol{\alpha}_r + 0\boldsymbol{\alpha}_{r+1} + \cdots + 0\boldsymbol{\alpha}_s = \mathbf{0},$$

所以，向量组 $\boldsymbol{\alpha}_1, \boldsymbol{\alpha}_2, \cdots, \boldsymbol{\alpha}_s$ 线性相关.

证法 2 不妨设向量组 $\boldsymbol{\alpha}_1, \boldsymbol{\alpha}_2, \cdots, \boldsymbol{\alpha}_s$ 的前 $r(1 < r < s)$ 个向量 $\boldsymbol{\alpha}_1, \boldsymbol{\alpha}_2, \cdots, \boldsymbol{\alpha}_r$ 线性相关，则由定理 3.6 知，$\boldsymbol{\alpha}_1, \boldsymbol{\alpha}_2, \cdots, \boldsymbol{\alpha}_r$ 中有一向量(不妨设为 $\boldsymbol{\alpha}_1$)可由其余向量 $\boldsymbol{\alpha}_2, \cdots, \boldsymbol{\alpha}_r$ 线性表示，即存在一组数 $k_2, \cdots, k_r$ 使

$$\boldsymbol{\alpha}_1 = k_2\boldsymbol{\alpha}_2 + \cdots + k_r\boldsymbol{\alpha}_r,$$

于是

$$\boldsymbol{\alpha}_1 = k_2\boldsymbol{\alpha}_2 + \cdots + k_r\boldsymbol{\alpha}_r + 0\boldsymbol{\alpha}_{r+1} + \cdots + 0\boldsymbol{\alpha}_s,$$

即 $\boldsymbol{\alpha}_1$ 可由其余向量 $\boldsymbol{\alpha}_2, \cdots, \boldsymbol{\alpha}_s$ 线性表示，所以，由定理 3.6 知：向量组 $\boldsymbol{\alpha}_1, \boldsymbol{\alpha}_2, \cdots,$

$\boldsymbol{\alpha}_s$ 线性相关.

证法 3 不妨设向量组 $\boldsymbol{\alpha}_1,\boldsymbol{\alpha}_2,\cdots,\boldsymbol{\alpha}_s$ 的前 $r(r<s)$ 个向量 $\boldsymbol{\alpha}_1,\boldsymbol{\alpha}_2,\cdots,\boldsymbol{\alpha}_r$ 线性相关,令 $\boldsymbol{A}=(\boldsymbol{\alpha}_1,\boldsymbol{\alpha}_2,\cdots,\boldsymbol{\alpha}_r)$, $\boldsymbol{B}=(\boldsymbol{\alpha}_1,\boldsymbol{\alpha}_2,\cdots,\boldsymbol{\alpha}_s)$, 则由 $r(\boldsymbol{A})<r$ 有

$$r(\boldsymbol{B})\leqslant r(\boldsymbol{A})+(s-r)<s,$$

故由定理 3.7 知向量组 $\boldsymbol{\alpha}_1,\boldsymbol{\alpha}_2,\cdots,\boldsymbol{\alpha}_s$ 线性相关.

定理 3.8(唯一表示定理) 若向量组 $\boldsymbol{\alpha}_1,\boldsymbol{\alpha}_2,\cdots,\boldsymbol{\alpha}_s$ 线性无关,而 $\boldsymbol{\alpha}_1,\boldsymbol{\alpha}_2,\cdots,\boldsymbol{\alpha}_s,\boldsymbol{\beta}$ 线性相关,则 $\boldsymbol{\beta}$ 可由向量组 $\boldsymbol{\alpha}_1,\boldsymbol{\alpha}_2,\cdots,\boldsymbol{\alpha}_s$ 唯一地线性表示.

证法 1 因为 $\boldsymbol{\alpha}_1,\boldsymbol{\alpha}_2,\cdots,\boldsymbol{\alpha}_s,\boldsymbol{\beta}$ 线性相关,所以存在不全为零的数 $k_1,k_2,\cdots,k_s,b$ 使

$$k_1\boldsymbol{\alpha}_1+k_2\boldsymbol{\alpha}_2+\cdots+k_s\boldsymbol{\alpha}_s+b\boldsymbol{\beta}=\boldsymbol{0},$$

可断定 $b\neq0$(否则,$k_1\boldsymbol{\alpha}_1+k_2\boldsymbol{\alpha}_2+\cdots+k_s\boldsymbol{\alpha}_s=\boldsymbol{0}$, 其中 $k_1,k_2,\cdots,k_s$ 不全为零,这与 $\boldsymbol{\alpha}_1,\boldsymbol{\alpha}_2,\cdots,\boldsymbol{\alpha}_s$ 线性无关相矛盾),于是

$$\boldsymbol{\beta}=-\frac{k_1}{b}\boldsymbol{\alpha}_1-\frac{k_2}{b}\boldsymbol{\alpha}_2-\cdots-\frac{k_s}{b}\boldsymbol{\alpha}_s.$$

下证表示法唯一. 设

$$\boldsymbol{\beta}=a_1\boldsymbol{\alpha}_1+a_2\boldsymbol{\alpha}_2+\cdots+a_s\boldsymbol{\alpha}_s,$$
$$\boldsymbol{\beta}=b_1\boldsymbol{\alpha}_1+b_2\boldsymbol{\alpha}_2+\cdots+b_s\boldsymbol{\alpha}_s,$$

两式相减得

$$(b_1-a_1)\boldsymbol{\alpha}_1+(b_2-a_2)\boldsymbol{\alpha}_2+\cdots+(b_s-a_s)\boldsymbol{\alpha}_s=\boldsymbol{0},$$

由 $\boldsymbol{\alpha}_1,\boldsymbol{\alpha}_2,\cdots,\boldsymbol{\alpha}_s$ 线性无关知: $b_i-a_i=0$,即 $b_i=a_i(i=1,2,\cdots,s)$.

故 $\boldsymbol{\beta}$ 可由向量组 $\boldsymbol{\alpha}_1,\boldsymbol{\alpha}_2,\cdots,\boldsymbol{\alpha}_s$ 线性表示,且表示法唯一.

证法 2 令 $\boldsymbol{A}=(\boldsymbol{\alpha}_1,\boldsymbol{\alpha}_2,\cdots,\boldsymbol{\alpha}_s)$, $\boldsymbol{B}=(\boldsymbol{\alpha}_1,\boldsymbol{\alpha}_2,\cdots,\boldsymbol{\alpha}_s,\boldsymbol{\beta})$, 则 $r(\boldsymbol{A})\leqslant r(\boldsymbol{B})$, 又由 $\boldsymbol{\alpha}_1,\boldsymbol{\alpha}_2,\cdots,\boldsymbol{\alpha}_s$ 线性无关, $\boldsymbol{\alpha}_1,\boldsymbol{\alpha}_2,\cdots,\boldsymbol{\alpha}_s,\boldsymbol{\beta}$ 线性相关及定理 3.7 知: $r(\boldsymbol{A})=s$, $r(\boldsymbol{B})<s+1$, 所以 $s\leqslant r(\boldsymbol{B})<s+1$, 即 $r(\boldsymbol{B})=s$, 于是由 $r(\boldsymbol{A})=r(\boldsymbol{B})=s$ 及定理 3.1 知: s 元线性方程组

$$x_1\boldsymbol{\alpha}_1+x_2\boldsymbol{\alpha}_2+\cdots+x_s\boldsymbol{\alpha}_s=\boldsymbol{\beta}$$

有唯一解,即 $\boldsymbol{\beta}$ 可由向量组 $\boldsymbol{\alpha}_1,\boldsymbol{\alpha}_2,\cdots,\boldsymbol{\alpha}_s$ 线性表示,且表示法唯一.

定理 3.9 若向量组 $\boldsymbol{\beta}_1,\boldsymbol{\beta}_2,\cdots,\boldsymbol{\beta}_t$ 可由向量组 $\boldsymbol{\alpha}_1,\boldsymbol{\alpha}_2,\cdots,\boldsymbol{\alpha}_s$ 线性表示,且 $t>s$, 则向量组 $\boldsymbol{\beta}_1,\boldsymbol{\beta}_2,\cdots,\boldsymbol{\beta}_t$ 线性相关.

证明 令 $\boldsymbol{A}=(\boldsymbol{\alpha}_1,\boldsymbol{\alpha}_2,\cdots,\boldsymbol{\alpha}_s)$, $\boldsymbol{B}=(\boldsymbol{\beta}_1,\boldsymbol{\beta}_2,\cdots,\boldsymbol{\beta}_t)$, 则由向量组 $\boldsymbol{\beta}_1,\boldsymbol{\beta}_2,\cdots,\boldsymbol{\beta}_t$ 可由向量组 $\boldsymbol{\alpha}_1,\boldsymbol{\alpha}_2,\cdots,\boldsymbol{\alpha}_s$ 线性表示及推论 3.4(2)有

$$r(\boldsymbol{B})\leqslant r(\boldsymbol{A})\leqslant s<t,$$

于是由定理 3.7 知:向量组 $\boldsymbol{\beta}_1,\boldsymbol{\beta}_2,\cdots,\boldsymbol{\beta}_t$ 线性相关.

由定理 3.9 易得以下推论.

推论 3.7 (1) 若向量组 $\boldsymbol{\beta}_1,\boldsymbol{\beta}_2,\cdots,\boldsymbol{\beta}_t$ 可由向量组 $\boldsymbol{\alpha}_1,\boldsymbol{\alpha}_2,\cdots,\boldsymbol{\alpha}_s$ 线性表示，且向量组 $\boldsymbol{\beta}_1,\boldsymbol{\beta}_2,\cdots,\boldsymbol{\beta}_t$ 线性无关，则 $t\leqslant s$.

(2) 两个等价的线性无关向量组所含向量个数相同.

例 3.11 判断下列向量组的线性相关性：

(1) $\boldsymbol{\alpha}_1=(1,2,0,1)^{\mathrm{T}},\boldsymbol{\alpha}_2=(1,3,0,1)^{\mathrm{T}},\boldsymbol{\alpha}_3=(1,1,-1,0)^{\mathrm{T}}$；

(2) $\boldsymbol{\alpha}_1=(1,1,1)^{\mathrm{T}},\boldsymbol{\alpha}_2=(1,2,3)^{\mathrm{T}},\boldsymbol{\alpha}_3=(1,1,k)^{\mathrm{T}}$；

(3) $\boldsymbol{\alpha}_1=(1,2,0,1)^{\mathrm{T}},\boldsymbol{\alpha}_2=(2,4,0,2)^{\mathrm{T}},\boldsymbol{\alpha}_3=(1,1,-1,9)^{\mathrm{T}}$；

(4) $\boldsymbol{\alpha}_1=(1,0,0,7)^{\mathrm{T}},\boldsymbol{\alpha}_2=(0,1,0,2)^{\mathrm{T}},\boldsymbol{\alpha}_3=(0,0,1,9)^{\mathrm{T}}$；

(5) 设 $a_1,a_2,\cdots,a_s$ 为互异实数，$\boldsymbol{\beta}_i=(1,a_i,a_i^2,\cdots,a_i^{n-1})^{\mathrm{T}}\ (i=1,2,\cdots,s)$.

解 (1) 对矩阵 $\boldsymbol{A}=(\boldsymbol{\alpha}_1,\boldsymbol{\alpha}_2,\boldsymbol{\alpha}_3)$ 作初等变换有

$$\boldsymbol{A}=(\boldsymbol{\alpha}_1,\boldsymbol{\alpha}_2,\boldsymbol{\alpha}_3)=\begin{pmatrix}1&1&1\\2&3&1\\0&0&-1\\1&1&0\end{pmatrix}\to\begin{pmatrix}1&1&1\\0&1&-1\\0&0&-1\\0&0&0\end{pmatrix}.$$

$r(\boldsymbol{A})=3$，所以向量组 $\boldsymbol{\alpha}_1,\boldsymbol{\alpha}_2,\boldsymbol{\alpha}_3$ 线性无关.

(2) 由于行列式

$$D=|(\boldsymbol{\alpha}_1,\boldsymbol{\alpha}_2,\boldsymbol{\alpha}_3)|=\begin{vmatrix}1&1&1\\1&2&1\\1&3&k\end{vmatrix}=\begin{vmatrix}1&0&0\\1&1&0\\1&2&k-1\end{vmatrix}=k-1.$$

故当 $k\neq 1$ 时，向量组 $\boldsymbol{\alpha}_1,\boldsymbol{\alpha}_2,\boldsymbol{\alpha}_3$ 线性无关；当 $k=1$ 时，向量组 $\boldsymbol{\alpha}_1,\boldsymbol{\alpha}_2,\boldsymbol{\alpha}_3$ 线性相关.

(3) 由 $\boldsymbol{\alpha}_1,\boldsymbol{\alpha}_2$ 的分量对应成比例知：$\boldsymbol{\alpha}_1,\boldsymbol{\alpha}_2$ 线性相关，所以全组向量 $\boldsymbol{\alpha}_1,\boldsymbol{\alpha}_2,\boldsymbol{\alpha}_3$ 线性相关.

(4) 线性无关向量组 $\boldsymbol{\varepsilon}_1=(1,0,0)^{\mathrm{T}},\boldsymbol{\varepsilon}_2=(0,1,0)^{\mathrm{T}},\boldsymbol{\varepsilon}_3=(0,0,1)^{\mathrm{T}}$ 增添分量后的向量组 $\boldsymbol{\alpha}_1,\boldsymbol{\alpha}_2,\boldsymbol{\alpha}_3$ 仍线性无关.

(5) 当 $s>n$ 时，向量组 $\boldsymbol{\beta}_1,\boldsymbol{\beta}_2,\cdots,\boldsymbol{\beta}_s$ 线性相关；

当 $s\leqslant n$ 时，矩阵 $\boldsymbol{A}=(\boldsymbol{\beta}_1,\boldsymbol{\beta}_2,\cdots,\boldsymbol{\beta}_s)$ 存在 s 阶子式是范德蒙德行列式：

$$D_s=\begin{vmatrix}1&1&\cdots&1\\a_1&a_2&\cdots&a_s\\a_1^2&a_2^2&\cdots&a_s^2\\\vdots&\vdots&&\vdots\\a_1^{s-1}&a_2^{s-1}&\cdots&a_s^{s-1}\end{vmatrix}=\prod_{1\leqslant j<i\leqslant s}(a_i-a_j)\neq 0.$$

所以，$r(\boldsymbol{A})=s$，向量组 $\boldsymbol{\beta}_1,\boldsymbol{\beta}_2,\cdots,\boldsymbol{\beta}_s$ 线性无关.

例 3.12 已知向量组 $\boldsymbol{\alpha}_1,\boldsymbol{\alpha}_2,\boldsymbol{\alpha}_3$ 线性无关,证明 $2\boldsymbol{\alpha}_1+3\boldsymbol{\alpha}_2,\boldsymbol{\alpha}_2-\boldsymbol{\alpha}_3,\boldsymbol{\alpha}_1+\boldsymbol{\alpha}_2+\boldsymbol{\alpha}_3$ 线性无关.

证法 1(用定义) 设 $k_1(2\boldsymbol{\alpha}_1+3\boldsymbol{\alpha}_2)+k_2(\boldsymbol{\alpha}_2-\boldsymbol{\alpha}_3)+k_3(\boldsymbol{\alpha}_1+\boldsymbol{\alpha}_2+\boldsymbol{\alpha}_3)=\mathbf{0}$, 即 $(2k_1+k_3)\boldsymbol{\alpha}_1+(3k_1+k_2+k_3)\boldsymbol{\alpha}_2+(-k_2+k_3)\boldsymbol{\alpha}_3=\mathbf{0}$, 又 $\boldsymbol{\alpha}_1,\boldsymbol{\alpha}_2,\boldsymbol{\alpha}_3$ 线性无关,故

$$\begin{cases}2k_1+k_3=0,\\3k_1+k_2+k_3=0,\\-k_2+k_3=0.\end{cases}$$

由于系数行列式

$$\begin{vmatrix}2&0&1\\3&1&1\\0&-1&1\end{vmatrix}=1\neq 0,$$

所以方程组只有零解 $k_1=k_2=k_3=0$, 故 $2\boldsymbol{\alpha}_1+3\boldsymbol{\alpha}_2,\boldsymbol{\alpha}_2-\boldsymbol{\alpha}_3,\boldsymbol{\alpha}_1+\boldsymbol{\alpha}_2+\boldsymbol{\alpha}_3$ 线性无关.

证法 2(用秩) 因为

$$(2\boldsymbol{\alpha}_1+3\boldsymbol{\alpha}_2,\boldsymbol{\alpha}_2-\boldsymbol{\alpha}_3,\boldsymbol{\alpha}_1+\boldsymbol{\alpha}_2+\boldsymbol{\alpha}_3)=(\boldsymbol{\alpha}_1,\boldsymbol{\alpha}_2,\boldsymbol{\alpha}_3)\begin{pmatrix}2&0&1\\3&1&1\\0&-1&1\end{pmatrix},$$

记为 $\boldsymbol{B}=\boldsymbol{AK}$, 由于

$$|\boldsymbol{K}|=\begin{vmatrix}2&0&1\\3&1&1\\0&-1&1\end{vmatrix}=1\neq 0,$$

$\boldsymbol{K}$ 可逆,因此由 $\boldsymbol{\alpha}_1,\boldsymbol{\alpha}_2,\boldsymbol{\alpha}_3$ 线性无关及推论 3.4(3)知: $r(\boldsymbol{B})=r(\boldsymbol{A})=3$, 于是由定理 3.7 可知向量组 $2\boldsymbol{\alpha}_1+3\boldsymbol{\alpha}_2,\boldsymbol{\alpha}_2-\boldsymbol{\alpha}_3,\boldsymbol{\alpha}_1+\boldsymbol{\alpha}_2+\boldsymbol{\alpha}_3$ 线性无关.

例 3.13 设向量组 $\boldsymbol{\alpha}_1,\boldsymbol{\alpha}_2,\boldsymbol{\alpha}_3$ 线性相关,向量组 $\boldsymbol{\alpha}_2,\boldsymbol{\alpha}_3,\boldsymbol{\alpha}_4$ 线性无关,问

(1) $\boldsymbol{\alpha}_1$ 能否由 $\boldsymbol{\alpha}_2,\boldsymbol{\alpha}_3$ 线性表示? 说明理由;

(2) $\boldsymbol{\alpha}_4$ 能否由 $\boldsymbol{\alpha}_1,\boldsymbol{\alpha}_2,\boldsymbol{\alpha}_3$ 线性表示? 说明理由.

解 (1) $\boldsymbol{\alpha}_1$ 能由 $\boldsymbol{\alpha}_2,\boldsymbol{\alpha}_3$ 线性表示,因为 $\boldsymbol{\alpha}_2,\boldsymbol{\alpha}_3,\boldsymbol{\alpha}_4$ 线性无关,所以部分组 $\boldsymbol{\alpha}_2,\boldsymbol{\alpha}_3$ 线性无关,又 $\boldsymbol{\alpha}_1,\boldsymbol{\alpha}_2,\boldsymbol{\alpha}_3$ 线性相关,故由唯一表示定理知 $\boldsymbol{\alpha}_1$ 能由 $\boldsymbol{\alpha}_2,\boldsymbol{\alpha}_3$ 线性表示.

(2) $\boldsymbol{\alpha}_4$ 不能由 $\boldsymbol{\alpha}_1,\boldsymbol{\alpha}_2,\boldsymbol{\alpha}_3$ 线性表示. 用反证法:设 $\boldsymbol{\alpha}_4$ 能由 $\boldsymbol{\alpha}_1,\boldsymbol{\alpha}_2,\boldsymbol{\alpha}_3$ 线性表示,又由(1)知 $\boldsymbol{\alpha}_1$ 能由 $\boldsymbol{\alpha}_2,\boldsymbol{\alpha}_3$ 线性表示,所以 $\boldsymbol{\alpha}_4$ 能由 $\boldsymbol{\alpha}_2,\boldsymbol{\alpha}_3$ 线性表示,由定理 3.6 知 $\boldsymbol{\alpha}_2,\boldsymbol{\alpha}_3,\boldsymbol{\alpha}_4$ 线性相关,这与已知矛盾.

§3.4 向量组的秩

研究一个向量组的线性无关部分组最多可含多少个向量的问题，在理论及应用上都是十分重要的.

定义 3.6 向量组 $\boldsymbol{\alpha}_1,\boldsymbol{\alpha}_2,\cdots,\boldsymbol{\alpha}_s$ 的一个部分组 $\boldsymbol{\alpha}_{i_1},\boldsymbol{\alpha}_{i_2},\cdots,\boldsymbol{\alpha}_{i_r}$ 称为它的**极大无关组**(maximal independent system)，如果

(1) $\boldsymbol{\alpha}_{i_1},\boldsymbol{\alpha}_{i_2},\cdots,\boldsymbol{\alpha}_{i_r}$ 线性无关；

(2) $\boldsymbol{\alpha}_1,\boldsymbol{\alpha}_2,\cdots,\boldsymbol{\alpha}_s$ 中每一向量都可由 $\boldsymbol{\alpha}_{i_1},\boldsymbol{\alpha}_{i_2},\cdots,\boldsymbol{\alpha}_{i_r}$ 线性表示.

显然：(1) 只含零向量的向量组没有极大无关组.

(2) 线性无关向量组的极大无关组为自身.

(3) 设向量组 $\boldsymbol{\alpha}_1,\boldsymbol{\alpha}_2,\cdots,\boldsymbol{\alpha}_s$ 的一个部分组 $\boldsymbol{\alpha}_{i_1},\boldsymbol{\alpha}_{i_2},\cdots,\boldsymbol{\alpha}_{i_r}$ 线性无关，则 $\boldsymbol{\alpha}_{i_1},\boldsymbol{\alpha}_{i_2},\cdots,\boldsymbol{\alpha}_{i_r}$ 为 $\boldsymbol{\alpha}_1,\boldsymbol{\alpha}_2,\cdots,\boldsymbol{\alpha}_s$ 的极大无关组的充要条件是 $\boldsymbol{\alpha}_1,\boldsymbol{\alpha}_2,\cdots,\boldsymbol{\alpha}_s$ 中任一向量 $\boldsymbol{\alpha}_j$ 加入 $\boldsymbol{\alpha}_{i_1},\boldsymbol{\alpha}_{i_2},\cdots,\boldsymbol{\alpha}_{i_r}$ 中得到的向量组 $\boldsymbol{\alpha}_{i_1},\boldsymbol{\alpha}_{i_2},\cdots,\boldsymbol{\alpha}_{i_r},\boldsymbol{\alpha}_j$ 都线性相关.

(4) 向量组的极大无关组一般不唯一. 如向量组

$$\boldsymbol{\alpha}_1=(1,0,0),\quad \boldsymbol{\alpha}_2=(0,1,0),\quad \boldsymbol{\alpha}_3=(1,1,0)$$

有 3 个极大无关组 $\boldsymbol{\alpha}_1,\boldsymbol{\alpha}_2$；$\boldsymbol{\alpha}_1,\boldsymbol{\alpha}_3$；$\boldsymbol{\alpha}_2,\boldsymbol{\alpha}_3$.

由定义 3.6 及定义 3.4 易得以下定理.

定理 3.10 向量组与它的任一极大无关组等价.

推论 3.8 (1) 向量组的任意两个极大无关组等价.

(2) 向量组的任意两个极大无关组所含向量个数相同.

证明 由向量组等价的传递性知(1)成立，由推论 3.7(2)知(2)成立.

定义 3.7 向量组 $\boldsymbol{\alpha}_1,\boldsymbol{\alpha}_2,\cdots,\boldsymbol{\alpha}_s$ 的极大无关组中所含向量的个数称为此**向量组的秩**，记为 $r(\boldsymbol{\alpha}_1,\boldsymbol{\alpha}_2,\cdots,\boldsymbol{\alpha}_s)$，规定只含零向量的向量组的秩为 0.

由定义 3.6 及定义 3.7 易知下述结论成立.

(1) 向量组 $\boldsymbol{\alpha}_1,\boldsymbol{\alpha}_2,\cdots,\boldsymbol{\alpha}_s$ 线性无关的充要条件是 $r(\boldsymbol{\alpha}_1,\boldsymbol{\alpha}_2,\cdots,\boldsymbol{\alpha}_s)=s$；向量组 $\boldsymbol{\alpha}_1,\boldsymbol{\alpha}_2,\cdots,\boldsymbol{\alpha}_s$ 线性相关的充要条件是 $r(\boldsymbol{\alpha}_1,\boldsymbol{\alpha}_2,\cdots,\boldsymbol{\alpha}_s)<s$.

(2) 若 $r(\boldsymbol{\alpha}_1,\boldsymbol{\alpha}_2,\cdots,\boldsymbol{\alpha}_s)=t\,(t>0)$，则 $\boldsymbol{\alpha}_1,\boldsymbol{\alpha}_2,\cdots,\boldsymbol{\alpha}_s$ 中任意 t 个线性无关的向量都是它的一个极大无关组.

定理 3.11 矩阵的秩等于它的列向量组的秩，也等于它的行向量组的秩.

证明 设 $\boldsymbol{A}=(\boldsymbol{\alpha}_1,\boldsymbol{\alpha}_2,\cdots,\boldsymbol{\alpha}_s)$，$r(\boldsymbol{A})=r$，则 $\boldsymbol{A}$ 中至少有一个 r 阶子式 $D_r\neq 0$ 且 $\boldsymbol{A}$ 中所有 $r+1$ 阶子式(若存在的话)都等于 0，根据定理 3.7 及推论 3.6(4)知，$\boldsymbol{A}$ 中含 D_r 的 r 个列向量线性无关，且 $\boldsymbol{A}$ 中的任意 $r+1$ 个列向量(若存在的话)都线性相关，因而 D_r 所在的 $\boldsymbol{A}$ 中 r 个列向量便是 $\boldsymbol{A}$ 的列向量组的一个极大无关组，

即 $\boldsymbol{A}$ 的列向量组的秩等于 $r(\boldsymbol{A})$.

类似可证：$\boldsymbol{A}$ 的行向量组的秩也等于 $r(\boldsymbol{A})$.

例 3.14 (1) 若向量组 $\boldsymbol{\beta}_1,\boldsymbol{\beta}_2,\cdots,\boldsymbol{\beta}_t$ 可由向量组 $\boldsymbol{\alpha}_1,\boldsymbol{\alpha}_2,\cdots,\boldsymbol{\alpha}_s$ 线性表示，则 $r(\boldsymbol{\beta}_1,\boldsymbol{\beta}_2,\cdots,\boldsymbol{\beta}_t)\leqslant r(\boldsymbol{\alpha}_1,\boldsymbol{\alpha}_2,\cdots,\boldsymbol{\alpha}_s)$.

(2) 等价向量组必等秩.

证法 1 (1) 设 $\boldsymbol{\beta}_{i_1},\boldsymbol{\beta}_{i_2},\cdots,\boldsymbol{\beta}_{i_p}$ 和 $\boldsymbol{\alpha}_{j_1},\boldsymbol{\alpha}_{j_2},\cdots,\boldsymbol{\alpha}_{j_q}$ 分别是向量组 $\boldsymbol{\beta}_1,\boldsymbol{\beta}_2,\cdots,\boldsymbol{\beta}_t$ 和 $\boldsymbol{\alpha}_1,\boldsymbol{\alpha}_2,\cdots,\boldsymbol{\alpha}_s$ 的极大无关组，则由定理 3.10 知

$$\{\boldsymbol{\beta}_{i_1},\boldsymbol{\beta}_{i_2},\cdots,\boldsymbol{\beta}_{i_p}\}\cong\{\boldsymbol{\beta}_1,\boldsymbol{\beta}_2,\cdots,\boldsymbol{\beta}_t\},$$

$$\{\boldsymbol{\alpha}_{j_1},\boldsymbol{\alpha}_{j_2},\cdots,\boldsymbol{\alpha}_{j_q}\}\cong\{\boldsymbol{\alpha}_1,\boldsymbol{\alpha}_2,\cdots,\boldsymbol{\alpha}_s\}.$$

又向量组 $\boldsymbol{\beta}_1,\boldsymbol{\beta}_2,\cdots,\boldsymbol{\beta}_t$ 可由向量组 $\boldsymbol{\alpha}_1,\boldsymbol{\alpha}_2,\cdots,\boldsymbol{\alpha}_s$ 线性表示，故 $\boldsymbol{\beta}_{i_1},\boldsymbol{\beta}_{i_2},\cdots,\boldsymbol{\beta}_{i_p}$ 可由 $\boldsymbol{\alpha}_{j_1},\boldsymbol{\alpha}_{j_2},\cdots,\boldsymbol{\alpha}_{j_q}$ 线性表示，再因为 $\boldsymbol{\beta}_{i_1},\boldsymbol{\beta}_{i_2},\cdots,\boldsymbol{\beta}_{i_p}$ 线性无关，故由推论 3.7(1) 知 $p\leqslant q$，即 $r(\boldsymbol{\beta}_1,\boldsymbol{\beta}_2,\cdots,\boldsymbol{\beta}_t)\leqslant r(\boldsymbol{\alpha}_1,\boldsymbol{\alpha}_2,\cdots,\boldsymbol{\alpha}_s)$.

(2) 由等价向量组的定义及(1)可知：等价向量组必等秩.

证法 2 由推论 3.4(2)及定理 3.11 可知例 3.14 成立.

定理 3.12 若向量组 $\boldsymbol{\beta}_1,\boldsymbol{\beta}_2,\cdots,\boldsymbol{\beta}_t$ 可由线性无关的向量组 $\boldsymbol{\alpha}_1,\boldsymbol{\alpha}_2,\cdots,\boldsymbol{\alpha}_s$ 线性表示为

$$(\boldsymbol{\beta}_1,\boldsymbol{\beta}_2,\cdots,\boldsymbol{\beta}_t)=(\boldsymbol{\alpha}_1,\boldsymbol{\alpha}_2,\cdots,\boldsymbol{\alpha}_s)\boldsymbol{C}(\text{其中矩阵 }\boldsymbol{C}=(c_{ij})_{s\times t}),$$

则

$$r(\boldsymbol{\beta}_1,\boldsymbol{\beta}_2,\cdots,\boldsymbol{\beta}_t)=r(\boldsymbol{C}).$$

特别当矩阵 $\boldsymbol{C}$ 可逆时，有

$$\{\boldsymbol{\beta}_1,\boldsymbol{\beta}_2,\cdots,\boldsymbol{\beta}_t\}\cong\{\boldsymbol{\alpha}_1,\boldsymbol{\alpha}_2,\cdots,\boldsymbol{\alpha}_s\},$$

$$r(\boldsymbol{\beta}_1,\boldsymbol{\beta}_2,\cdots,\boldsymbol{\beta}_t)=r(\boldsymbol{\alpha}_1,\boldsymbol{\alpha}_2,\cdots,\boldsymbol{\alpha}_s).$$

证明 由向量组 $\boldsymbol{\alpha}_1,\boldsymbol{\alpha}_2,\cdots,\boldsymbol{\alpha}_s$ 线性无关可知：两个 t 元齐次线性方程组

$$(\boldsymbol{\beta}_1,\boldsymbol{\beta}_2,\cdots,\boldsymbol{\beta}_t)\boldsymbol{x}=(\boldsymbol{\alpha}_1,\boldsymbol{\alpha}_2,\cdots,\boldsymbol{\alpha}_s)\boldsymbol{C}\boldsymbol{x}=\boldsymbol{0}\text{ 与 }\boldsymbol{C}\boldsymbol{x}=\boldsymbol{0}$$

同解，因此由定理 3.11 知：$r(\boldsymbol{\beta}_1,\boldsymbol{\beta}_2,\cdots,\boldsymbol{\beta}_t)=r(\boldsymbol{C})$.

当 $\boldsymbol{C}$ 可逆时，有 $\{\boldsymbol{\beta}_1,\boldsymbol{\beta}_2,\cdots,\boldsymbol{\beta}_t\}\cong\{\boldsymbol{\alpha}_1,\boldsymbol{\alpha}_2,\cdots,\boldsymbol{\alpha}_s\}$，又由例 3.14(2)知：

$$r(\boldsymbol{\beta}_1,\boldsymbol{\beta}_2,\cdots,\boldsymbol{\beta}_t)=r(\boldsymbol{\alpha}_1,\boldsymbol{\alpha}_2,\cdots,\boldsymbol{\alpha}_s).$$

***例 3.15** 设向量组 $\boldsymbol{\alpha}_1,\boldsymbol{\alpha}_2,\boldsymbol{\alpha}_3,\boldsymbol{\alpha}_4$ 线性无关，判断下列向量组的线性相关性：

(1) $\boldsymbol{\alpha}_1+\boldsymbol{\alpha}_2,\boldsymbol{\alpha}_2-\boldsymbol{\alpha}_3,\boldsymbol{\alpha}_3-\boldsymbol{\alpha}_4,\boldsymbol{\alpha}_4-\boldsymbol{\alpha}_1$；

(2) $\boldsymbol{\alpha}_1-\boldsymbol{\alpha}_2,\boldsymbol{\alpha}_2-\boldsymbol{\alpha}_3,\boldsymbol{\alpha}_3-\boldsymbol{\alpha}_4,\boldsymbol{\alpha}_4-\boldsymbol{\alpha}_1$.

解 (1) 因为

$$(\boldsymbol{\alpha}_1+\boldsymbol{\alpha}_2,\boldsymbol{\alpha}_2-\boldsymbol{\alpha}_3,\boldsymbol{\alpha}_3-\boldsymbol{\alpha}_4,\boldsymbol{\alpha}_4-\boldsymbol{\alpha}_1)=(\boldsymbol{\alpha}_1,\boldsymbol{\alpha}_2,\boldsymbol{\alpha}_3,\boldsymbol{\alpha}_4)\begin{pmatrix}1&0&0&-1\\1&1&0&0\\0&-1&1&0\\0&0&-1&1\end{pmatrix}.$$

又

$$\boldsymbol{C}=\begin{pmatrix}1&0&0&-1\\1&1&0&0\\0&-1&1&0\\0&0&-1&1\end{pmatrix}\to\begin{pmatrix}1&0&0&-1\\0&1&0&1\\0&0&1&1\\0&0&0&2\end{pmatrix},$$

且向量组 $\boldsymbol{\alpha}_1,\boldsymbol{\alpha}_2,\boldsymbol{\alpha}_3,\boldsymbol{\alpha}_4$ 线性无关,所以由定理 3.12 知:

$$r(\boldsymbol{\alpha}_1+\boldsymbol{\alpha}_2,\boldsymbol{\alpha}_2-\boldsymbol{\alpha}_3,\boldsymbol{\alpha}_3-\boldsymbol{\alpha}_4,\boldsymbol{\alpha}_4-\boldsymbol{\alpha}_1)=r(\boldsymbol{C})=4.$$

故由定理 3.7 知:向量组 $\boldsymbol{\alpha}_1+\boldsymbol{\alpha}_2,\boldsymbol{\alpha}_2-\boldsymbol{\alpha}_3,\boldsymbol{\alpha}_3-\boldsymbol{\alpha}_4,\boldsymbol{\alpha}_4-\boldsymbol{\alpha}_1$ 线性无关.

(2) 因为

$$(\boldsymbol{\alpha}_1-\boldsymbol{\alpha}_2,\boldsymbol{\alpha}_2-\boldsymbol{\alpha}_3,\boldsymbol{\alpha}_3-\boldsymbol{\alpha}_4,\boldsymbol{\alpha}_4-\boldsymbol{\alpha}_1)=(\boldsymbol{\alpha}_1,\boldsymbol{\alpha}_2,\boldsymbol{\alpha}_3,\boldsymbol{\alpha}_4)\begin{pmatrix}1&0&0&-1\\-1&1&0&0\\0&-1&1&0\\0&0&-1&1\end{pmatrix}.$$

又

$$\boldsymbol{K}=\begin{pmatrix}1&0&0&-1\\-1&1&0&0\\0&-1&1&0\\0&0&-1&1\end{pmatrix}\to\begin{pmatrix}1&0&0&-1\\0&1&0&-1\\0&0&1&-1\\0&0&0&0\end{pmatrix},$$

且向量组 $\boldsymbol{\alpha}_1,\boldsymbol{\alpha}_2,\boldsymbol{\alpha}_3,\boldsymbol{\alpha}_4$ 线性无关,所以由定理 3.12 知:

$$r(\boldsymbol{\alpha}_1-\boldsymbol{\alpha}_2,\boldsymbol{\alpha}_2-\boldsymbol{\alpha}_3,\boldsymbol{\alpha}_3-\boldsymbol{\alpha}_4,\boldsymbol{\alpha}_4-\boldsymbol{\alpha}_1)=r(\boldsymbol{K})=3<4.$$

故由定理 3.7 知:向量组 $\boldsymbol{\alpha}_1-\boldsymbol{\alpha}_2,\boldsymbol{\alpha}_2-\boldsymbol{\alpha}_3,\boldsymbol{\alpha}_3-\boldsymbol{\alpha}_4,\boldsymbol{\alpha}_4-\boldsymbol{\alpha}_1$ 线性相关.

另解 由观察可知:$(\boldsymbol{\alpha}_1-\boldsymbol{\alpha}_2)+(\boldsymbol{\alpha}_2-\boldsymbol{\alpha}_3)+(\boldsymbol{\alpha}_3-\boldsymbol{\alpha}_4)+(\boldsymbol{\alpha}_4-\boldsymbol{\alpha}_1)=\boldsymbol{0}$,所以,向量组 $\boldsymbol{\alpha}_1-\boldsymbol{\alpha}_2,\boldsymbol{\alpha}_2-\boldsymbol{\alpha}_3,\boldsymbol{\alpha}_3-\boldsymbol{\alpha}_4,\boldsymbol{\alpha}_4-\boldsymbol{\alpha}_1$ 线性相关.

注 (1) 定理 3.12 提供了一种判断向量组线性相关性的有效方法(见例 3.15),在考研试题中经常出现,应予重视.

(2) 向量组的极大无关组是线性代数的重点内容之一,因而必须熟练掌握其求法,求向量组的极大无关组的方法主要有:

① 初等行变换法(常用):以向量组的向量为列构成矩阵 $\boldsymbol{A}$,对 $\boldsymbol{A}$ 作初等行变换化成阶梯形阵,在每一阶梯中取一列对应的原向量,则所得向量组即是原向量组的极大无关组.

② 筛选法(不常用):从留下第一个非零向量开始,逐次留下不能由前面留下的向量组线性表示的向量,直至最后,则留下的向量组便是极大无关组.

③ 若已知向量组的秩为 r, 则其中任意 r 个线性无关的向量均为它的极大无关组.

例 3.16 求向量组

$$\boldsymbol{\alpha}_1=(1,-1,2,0)^{\mathrm{T}},\quad \boldsymbol{\alpha}_2=(1,-1,2,4)^{\mathrm{T}},\quad \boldsymbol{\alpha}_3=(0,3,1,2)^{\mathrm{T}},$$
$$\boldsymbol{\alpha}_4=(3,0,7,14)^{\mathrm{T}},\quad \boldsymbol{\alpha}_5=(2,1,5,6)^{\mathrm{T}}$$

的秩与一个极大无关组,并将其余向量用该极大无关组线性表示.

解 对矩阵 $\boldsymbol{A}=(\boldsymbol{\alpha}_1,\boldsymbol{\alpha}_2,\boldsymbol{\alpha}_3,\boldsymbol{\alpha}_4,\boldsymbol{\alpha}_5)$ 作初等行变换有

$$\boldsymbol{A}=(\boldsymbol{\alpha}_1,\boldsymbol{\alpha}_2,\boldsymbol{\alpha}_3,\boldsymbol{\alpha}_4,\boldsymbol{\alpha}_5)=\begin{pmatrix}1&1&0&3&2\\-1&-1&3&0&1\\2&2&1&7&5\\0&4&2&14&6\end{pmatrix}\to\begin{pmatrix}1&1&0&3&2\\0&0&3&3&3\\0&0&1&1&1\\0&4&2&14&6\end{pmatrix}$$

$$\to\begin{pmatrix}1&1&0&3&2\\0&1&0&3&1\\0&0&1&1&1\\0&0&0&0&0\end{pmatrix}\to\begin{pmatrix}1&0&0&0&1\\0&1&0&3&1\\0&0&1&1&1\\0&0&0&0&0\end{pmatrix},$$

所以, $r(\boldsymbol{\alpha}_1,\boldsymbol{\alpha}_2,\boldsymbol{\alpha}_3,\boldsymbol{\alpha}_4,\boldsymbol{\alpha}_5)=r(\boldsymbol{A})=3$, 由定理 3.5(2),即矩阵的初等行变换不改变矩阵的列向量间的线性关系知: $\boldsymbol{\alpha}_1,\boldsymbol{\alpha}_2,\boldsymbol{\alpha}_3$ 是原向量组的一个极大无关组,且

$$\boldsymbol{\alpha}_4=3\boldsymbol{\alpha}_2+\boldsymbol{\alpha}_3,\quad \boldsymbol{\alpha}_5=\boldsymbol{\alpha}_1+\boldsymbol{\alpha}_2+\boldsymbol{\alpha}_3.$$

* **例 3.17**(2006 年考研试题) 设四维向量组

$\boldsymbol{\alpha}_1=(1+a,1,1,1)^{\mathrm{T}},\boldsymbol{\alpha}_2=(2,2+a,2,2)^{\mathrm{T}},\boldsymbol{\alpha}_3=(3,3,3+a,3)^{\mathrm{T}},\boldsymbol{\alpha}_4=(4,4,4,4+a)^{\mathrm{T}}$, 问 a 为何值时, $\boldsymbol{\alpha}_1,\boldsymbol{\alpha}_2,\boldsymbol{\alpha}_3,\boldsymbol{\alpha}_4$ 线性相关? 当 $\boldsymbol{\alpha}_1,\boldsymbol{\alpha}_2,\boldsymbol{\alpha}_3,\boldsymbol{\alpha}_4$ 线性相关时,求其一个极大无关组,并将其余向量用该极大无关组线性表示.

解法 1 对矩阵 $\boldsymbol{A}=(\boldsymbol{\alpha}_1,\boldsymbol{\alpha}_2,\boldsymbol{\alpha}_3,\boldsymbol{\alpha}_4)$ 作初等行变换有

$$\boldsymbol{A}=(\boldsymbol{\alpha}_1,\boldsymbol{\alpha}_2,\boldsymbol{\alpha}_3,\boldsymbol{\alpha}_4)=\begin{pmatrix}1+a&2&3&4\\1&2+a&3&4\\1&2&3+a&4\\1&2&3&4+a\end{pmatrix}\to\begin{pmatrix}1&2&3&4+a\\0&a&0&-a\\0&0&a&-a\\0&0&0&-a(a+10)\end{pmatrix}.$$

当 $a=0$ 时, $r(\boldsymbol{\alpha}_1,\boldsymbol{\alpha}_2,\boldsymbol{\alpha}_3,\boldsymbol{\alpha}_4)=r(\boldsymbol{A})=1<4$, $\boldsymbol{\alpha}_1,\boldsymbol{\alpha}_2,\boldsymbol{\alpha}_3,\boldsymbol{\alpha}_4$ 线性相关, $\boldsymbol{\alpha}_1$ 是一个极大无关组,且 $\boldsymbol{\alpha}_2=2\boldsymbol{\alpha}_1,\boldsymbol{\alpha}_3=3\boldsymbol{\alpha}_1,\boldsymbol{\alpha}_4=4\boldsymbol{\alpha}_1$;

当 $a=-10$ 时,

$$A=(\boldsymbol{\alpha}_1,\boldsymbol{\alpha}_2,\boldsymbol{\alpha}_3,\boldsymbol{\alpha}_4)\to\begin{pmatrix}1&0&0&-1\\0&1&0&-1\\0&0&1&-1\\0&0&0&0\end{pmatrix},$$

$r(\boldsymbol{\alpha}_1,\boldsymbol{\alpha}_2,\boldsymbol{\alpha}_3,\boldsymbol{\alpha}_4)=r(\boldsymbol{A})=3<4$，$\boldsymbol{\alpha}_1,\boldsymbol{\alpha}_2,\boldsymbol{\alpha}_3,\boldsymbol{\alpha}_4$ 线性相关，$\boldsymbol{\alpha}_1,\boldsymbol{\alpha}_2,\boldsymbol{\alpha}_3$ 是一个极大无关组，且 $\boldsymbol{\alpha}_4=-\boldsymbol{\alpha}_1-\boldsymbol{\alpha}_2-\boldsymbol{\alpha}_3$.

解法 2 因为矩阵 $\boldsymbol{A}=(\boldsymbol{\alpha}_1,\boldsymbol{\alpha}_2,\boldsymbol{\alpha}_3,\boldsymbol{\alpha}_4)$ 的行列式

$$|\boldsymbol{A}|=\begin{vmatrix}1+a&2&3&4\\1&2+a&3&4\\1&2&3+a&4\\1&2&3&4+a\end{vmatrix}=(a+10)\begin{vmatrix}1&2&3&4\\1&2+a&3&4\\1&2&3+a&4\\1&2&3&4+a\end{vmatrix}$$

$$=(a+10)\begin{vmatrix}1&2&3&4\\0&a&0&0\\0&0&a&0\\0&0&0&a\end{vmatrix}=(a+10)a^3,$$

所以当 $a=0$ 或 $a=-10$ 时，$|\boldsymbol{A}|=0$，$\boldsymbol{\alpha}_1,\boldsymbol{\alpha}_2,\boldsymbol{\alpha}_3,\boldsymbol{\alpha}_4$ 线性相关.

当 $a=0$ 时，显然 $\boldsymbol{\alpha}_1$ 是一个极大无关组，且 $\boldsymbol{\alpha}_2=2\boldsymbol{\alpha}_1,\boldsymbol{\alpha}_3=3\boldsymbol{\alpha}_1,\boldsymbol{\alpha}_4=4\boldsymbol{\alpha}_1$；

当 $a=-10$ 时，对矩阵 $\boldsymbol{A}=(\boldsymbol{\alpha}_1,\boldsymbol{\alpha}_2,\boldsymbol{\alpha}_3,\boldsymbol{\alpha}_4)$ 作初等行变换有

$$\boldsymbol{A}=\begin{pmatrix}-9&2&3&4\\1&-8&3&4\\1&2&-7&4\\1&2&3&-6\end{pmatrix}\to\begin{pmatrix}1&2&3&-6\\0&-10&0&10\\0&0&-10&10\\0&0&0&0\end{pmatrix}\to\begin{pmatrix}1&0&0&-1\\0&1&0&-1\\0&0&1&-1\\0&0&0&0\end{pmatrix},$$

因而 $\boldsymbol{\alpha}_1,\boldsymbol{\alpha}_2,\boldsymbol{\alpha}_3$ 是一个极大无关组，且 $\boldsymbol{\alpha}_4=-\boldsymbol{\alpha}_1-\boldsymbol{\alpha}_2-\boldsymbol{\alpha}_3$.

* **例 3.18**(与 1995 年考研试题类似) 已知向量组(Ⅰ) $\boldsymbol{\alpha}_1,\boldsymbol{\alpha}_2,\boldsymbol{\alpha}_3$；(Ⅱ) $\boldsymbol{\alpha}_1,\boldsymbol{\alpha}_2,\boldsymbol{\alpha}_3,\boldsymbol{\alpha}_4$；(Ⅲ) $\boldsymbol{\alpha}_1,\boldsymbol{\alpha}_2,\boldsymbol{\alpha}_3,\boldsymbol{\alpha}_5$，若它们的秩分别为 r(Ⅰ)$=r$(Ⅱ)$=3$，r(Ⅲ)$=4$，求向量组 $\boldsymbol{\alpha}_1,\boldsymbol{\alpha}_2,\boldsymbol{\alpha}_3,\boldsymbol{\alpha}_4-\boldsymbol{\alpha}_5$ 的秩.

解法 1 由 r(Ⅰ)$=r$(Ⅱ)$=3$ 知，$\boldsymbol{\alpha}_1,\boldsymbol{\alpha}_2,\boldsymbol{\alpha}_3$ 线性无关，$\boldsymbol{\alpha}_1,\boldsymbol{\alpha}_2,\boldsymbol{\alpha}_3,\boldsymbol{\alpha}_4$ 线性相关，所以 $\boldsymbol{\alpha}_4$ 可由 $\boldsymbol{\alpha}_1,\boldsymbol{\alpha}_2,\boldsymbol{\alpha}_3$ 线性表示，设为 $\boldsymbol{\alpha}_4=b_1\boldsymbol{\alpha}_1+b_2\boldsymbol{\alpha}_2+b_3\boldsymbol{\alpha}_3$，若 $\boldsymbol{\alpha}_4-\boldsymbol{\alpha}_5$ 可由 $\boldsymbol{\alpha}_1,\boldsymbol{\alpha}_2,\boldsymbol{\alpha}_3$ 线性表示：$\boldsymbol{\alpha}_4-\boldsymbol{\alpha}_5=a_1\boldsymbol{\alpha}_1+a_2\boldsymbol{\alpha}_2+a_3\boldsymbol{\alpha}_3$，则

$$\boldsymbol{\alpha}_5=(b_1-a_1)\boldsymbol{\alpha}_1+(b_2-a_2)\boldsymbol{\alpha}_2+(b_3-a_3)\boldsymbol{\alpha}_3.$$

即 $\boldsymbol{\alpha}_1,\boldsymbol{\alpha}_2,\boldsymbol{\alpha}_3,\boldsymbol{\alpha}_5$ 线性相关，这与 r(Ⅲ)$=4$ 相矛盾，因而 $\boldsymbol{\alpha}_4-\boldsymbol{\alpha}_5$ 不能由 $\boldsymbol{\alpha}_1,\boldsymbol{\alpha}_2,\boldsymbol{\alpha}_3$ 线性表示，即 $\boldsymbol{\alpha}_1,\boldsymbol{\alpha}_2,\boldsymbol{\alpha}_3,\boldsymbol{\alpha}_4-\boldsymbol{\alpha}_5$ 线性无关，故 $r(\boldsymbol{\alpha}_1,\boldsymbol{\alpha}_2,\boldsymbol{\alpha}_3,\boldsymbol{\alpha}_4-\boldsymbol{\alpha}_5)=4$.

解法 2 设 $k_1\boldsymbol{\alpha}_1+k_2\boldsymbol{\alpha}_2+k_3\boldsymbol{\alpha}_3+k_4(\boldsymbol{\alpha}_4-\boldsymbol{\alpha}_5)=\boldsymbol{0}$，同解法 1 有

$$\boldsymbol{\alpha}_4=b_1\boldsymbol{\alpha}_1+b_2\boldsymbol{\alpha}_2+b_3\boldsymbol{\alpha}_3.$$

代入上式得

$$(k_1+k_4b_1)\boldsymbol{\alpha}_1+(k_2+k_4b_2)\boldsymbol{\alpha}_2+(k_3+k_4b_3)\boldsymbol{\alpha}_3-k_4\boldsymbol{\alpha}_5=\mathbf{0}.$$

又由 $r(\text{Ⅲ})=4$ 知，$\boldsymbol{\alpha}_1,\boldsymbol{\alpha}_2,\boldsymbol{\alpha}_3,\boldsymbol{\alpha}_5$ 线性无关，所以

$$\begin{cases}k_1+k_4b_1=0,\\k_2+k_4b_2=0,\\k_3+k_4b_3=0,\\-k_4=0\end{cases}$$

只有零解 $k_1=0,k_2=0,k_3=0,k_4=0$，因而 $\boldsymbol{\alpha}_1,\boldsymbol{\alpha}_2,\boldsymbol{\alpha}_3,\boldsymbol{\alpha}_4-\boldsymbol{\alpha}_5$ 线性无关，故 $r(\boldsymbol{\alpha}_1,\boldsymbol{\alpha}_2,\boldsymbol{\alpha}_3,\boldsymbol{\alpha}_4-\boldsymbol{\alpha}_5)=4$.

解法 3 同解法 1 有 $\boldsymbol{\alpha}_4=b_1\boldsymbol{\alpha}_1+b_2\boldsymbol{\alpha}_2+b_3\boldsymbol{\alpha}_3$，对下述矩阵作初等列变换有 $(\boldsymbol{\alpha}_1,\boldsymbol{\alpha}_2,\boldsymbol{\alpha}_3,\boldsymbol{\alpha}_5)\rightarrow(\boldsymbol{\alpha}_1,\boldsymbol{\alpha}_2,\boldsymbol{\alpha}_3,b_1\boldsymbol{\alpha}_1+b_2\boldsymbol{\alpha}_2+b_3\boldsymbol{\alpha}_3-\boldsymbol{\alpha}_5)=(\boldsymbol{\alpha}_1,\boldsymbol{\alpha}_2,\boldsymbol{\alpha}_3,\boldsymbol{\alpha}_4-\boldsymbol{\alpha}_5)$.
由于初等列变换不改变矩阵的秩，故

$$r(\boldsymbol{\alpha}_1,\boldsymbol{\alpha}_2,\boldsymbol{\alpha}_3,\boldsymbol{\alpha}_4-\boldsymbol{\alpha}_5)=r(\boldsymbol{\alpha}_1,\boldsymbol{\alpha}_2,\boldsymbol{\alpha}_3,\boldsymbol{\alpha}_5)=4.$$

***例 3.19**(与 2003 年考研试题类似) 设向量组(Ⅰ)$\boldsymbol{\alpha}_1=(1,0,2)^{\mathrm{T}},\boldsymbol{\alpha}_2=(1,1,3)^{\mathrm{T}},\boldsymbol{\alpha}_3=(1,-1,b+2)^{\mathrm{T}}$ 和向量组(Ⅱ)$\boldsymbol{\beta}_1=(1,2,b+3)^{\mathrm{T}},\boldsymbol{\beta}_2=(2,1,b+6)^{\mathrm{T}},\boldsymbol{\beta}_3=(2,1,b+4)^{\mathrm{T}}$，试问：当 b 为何值时，向量组(Ⅰ)和向量组(Ⅱ)等价？当 b 为何值时，向量组(Ⅰ)和向量组(Ⅱ)不等价？

解 令 $\boldsymbol{A}=(\boldsymbol{\alpha}_1,\boldsymbol{\alpha}_2,\boldsymbol{\alpha}_3)$，$\boldsymbol{B}=(\boldsymbol{\beta}_1,\boldsymbol{\beta}_2,\boldsymbol{\beta}_3)$，对矩阵 $(\boldsymbol{A},\boldsymbol{B})$ 作初等行变换有

$$(\boldsymbol{A},\boldsymbol{B})=\begin{pmatrix}1&1&1&1&2&2\\0&1&-1&2&1&1\\2&3&b+2&b+3&b+6&b+4\end{pmatrix}\rightarrow\begin{pmatrix}1&1&1&1&2&2\\0&1&-1&2&1&1\\0&1&b&b+1&b+2&b\end{pmatrix}$$

$$\rightarrow\begin{pmatrix}1&0&2&-1&1&1\\0&1&-1&2&1&1\\0&0&b+1&b-1&b+1&b-1\end{pmatrix}.$$

(1) 当 $b\neq-1$ 时，$|\boldsymbol{A}|=b+1\neq0$，$|\boldsymbol{B}|=6\neq0$，$r(\boldsymbol{A})=r(\boldsymbol{B})=r(\boldsymbol{A},\boldsymbol{B})=3$，由推论 3.4(1)知：向量组(Ⅰ)和向量组(Ⅱ)等价.

(2) 当 $b=-1$ 时，

$$(\boldsymbol{A},\boldsymbol{B})\rightarrow\begin{pmatrix}1&0&2&-1&1&1\\0&1&-1&2&1&1\\0&0&0&-2&0&-2\end{pmatrix},$$

$|\boldsymbol{A}|=0$，$|\boldsymbol{B}|=6\neq0$，$r(\boldsymbol{B})=r(\boldsymbol{A},\boldsymbol{B})=3$，$r(\boldsymbol{A})=2\neq r(\boldsymbol{A},\boldsymbol{B})$，由定理 3.4 知：向量组(Ⅰ)可由向量组(Ⅱ)线性表示，但向量组(Ⅱ)不能由向量组(Ⅰ)线性表示，因此向量组(Ⅰ)和向量组(Ⅱ)不等价.

§3.5 线性方程组解的结构

本节将应用向量知识来阐明线性方程组解的结构,我们期望用最少的解去表示线性方程组的一切解.

一、齐次线性方程组解的结构

性质1 若 $\boldsymbol{\alpha}_1,\boldsymbol{\alpha}_2$ 为 n 元齐次线性方程组 $\boldsymbol{Ax}=\boldsymbol{0}$ 的两个解,$k\in\mathbf{R}$,则 $\boldsymbol{\alpha}_1+\boldsymbol{\alpha}_2$,$k\boldsymbol{\alpha}_1$ 均为 $\boldsymbol{Ax}=\boldsymbol{0}$ 的解.

证明 因为 $\boldsymbol{\alpha}_1,\boldsymbol{\alpha}_2$ 为方程组 $\boldsymbol{Ax}=\boldsymbol{0}$ 的解,所以 $\boldsymbol{A\alpha}_1=\boldsymbol{0},\boldsymbol{A\alpha}_2=\boldsymbol{0}$,于是

$$\boldsymbol{A}(\boldsymbol{\alpha}_1+\boldsymbol{\alpha}_2)=\boldsymbol{A\alpha}_1+\boldsymbol{A\alpha}_2=\boldsymbol{0}+\boldsymbol{0}=\boldsymbol{0},\boldsymbol{A}(k\boldsymbol{\alpha}_1)=k\boldsymbol{A\alpha}_1=k\boldsymbol{0}=\boldsymbol{0},$$

故 $\boldsymbol{\alpha}_1+\boldsymbol{\alpha}_2,k\boldsymbol{\alpha}_1$ 均为 $\boldsymbol{Ax}=\boldsymbol{0}$ 的解.

一般地,若 $\boldsymbol{\alpha}_1,\boldsymbol{\alpha}_2,\cdots,\boldsymbol{\alpha}_s$ 均是 n 元齐次线性方程组 $\boldsymbol{Ax}=\boldsymbol{0}$ 的解,则这些解的线性组合 $k_1\boldsymbol{\alpha}_1+k_2\boldsymbol{\alpha}_2+\cdots+k_s\boldsymbol{\alpha}_s$ 也是方程组 $\boldsymbol{Ax}=\boldsymbol{0}$ 的解.

该性质提示我们:当 n 元齐次线性方程组 $\boldsymbol{Ax}=\boldsymbol{0}$ 有非零解时,必有无穷多个解,能否从这无穷多个解中找出有限个解使其中每个解都能由这有限个解线性表示呢? 为解决此问题,先介绍基础解系的概念.

定义3.8 设 $\boldsymbol{\alpha}_1,\boldsymbol{\alpha}_2,\cdots,\boldsymbol{\alpha}_s$ 为齐次线性方程组 $\boldsymbol{Ax}=\boldsymbol{0}$ 的解,若

(1) $\boldsymbol{\alpha}_1,\boldsymbol{\alpha}_2,\cdots,\boldsymbol{\alpha}_s$ 线性无关;

(2) $\boldsymbol{Ax}=\boldsymbol{0}$ 的任一解 $\boldsymbol{\alpha}$ 都可由 $\boldsymbol{\alpha}_1,\boldsymbol{\alpha}_2,\cdots,\boldsymbol{\alpha}_s$ 线性表示,

则称 $\boldsymbol{\alpha}_1,\boldsymbol{\alpha}_2,\cdots,\boldsymbol{\alpha}_s$ 为齐次线性方程组 $\boldsymbol{Ax}=\boldsymbol{0}$ 的一个**基础解系**(system of fundamental solutions).

实际上,基础解系就是齐次线性方程组 $\boldsymbol{Ax}=\boldsymbol{0}$ 的解集的一个极大无关组. 因此,齐次线性方程组 $\boldsymbol{Ax}=\boldsymbol{0}$ 的基础解系不唯一.

定理3.13 若 n 元齐次线性方程组 $\boldsymbol{Ax}=\boldsymbol{0}$ 的系数矩阵 $\boldsymbol{A}$ 的秩 $r(\boldsymbol{A})=r<n$,则方程组必有基础解系,且基础解系中所含解向量的个数为 $n-r$(自由未知量的个数).

证明 设 $\boldsymbol{A}$ 的左上角的 r 阶子式非零,则由消元法可得方程组 $\boldsymbol{Ax}=\boldsymbol{0}$ 的一般解:

$$\begin{cases}x_1=-c_{1(r+1)}x_{r+1}-c_{1(r+2)}x_{r+2}\cdots-c_{1n}x_n,\\ x_2=-c_{2(r+1)}x_{r+1}-c_{2(r+2)}x_{r+2}\cdots-c_{2n}x_n,\\ \cdots\cdots\cdots\cdots\\ x_r=-c_{r(r+1)}x_{r+1}-c_{r(r+2)}x_{r+2}\cdots-c_{rn}x_n,\end{cases}$$

其中 $x_{r+1},x_{r+2},\cdots,x_n$ 为自由未知量,依次让它们取 $n-r$ 组值:

$$(x_{r+1},x_{r+2},\cdots,x_n)^{\mathrm{T}}=(1,0,\cdots,0)^{\mathrm{T}},(0,1,\cdots,0)^{\mathrm{T}},\cdots,(0,0,\cdots,1)^{\mathrm{T}},$$

便可得方程组 $\boldsymbol{Ax}=\mathbf{0}$ 的 $n-r$ 个解:

$$\boldsymbol{\alpha}_1=(-c_{1(r+1)},-c_{2(r+1)},\cdots,-c_{r(r+1)},1,0,\cdots,0)^{\mathrm{T}},$$
$$\boldsymbol{\alpha}_2=(-c_{1(r+2)},-c_{2(r+2)},\cdots,-c_{r(r+2)},0,1,\cdots,0)^{\mathrm{T}},$$
$$\cdots\cdots\cdots\cdots$$
$$\boldsymbol{\alpha}_{n-r}=(-c_{1n},-c_{2n},\cdots,-c_{rn},0,0,\cdots,1)^{\mathrm{T}}.$$

它们就是方程组 $\boldsymbol{Ax}=\mathbf{0}$ 的基础解系,事实上,由线性无关向量组增添分量后仍线性无关知:$\boldsymbol{\alpha}_1,\boldsymbol{\alpha}_2,\cdots,\boldsymbol{\alpha}_{n-r}$ 线性无关;又对方程组 $\boldsymbol{Ax}=\mathbf{0}$ 的任一解

$$\boldsymbol{\alpha}=(\lambda_1,\cdots,\lambda_r,\lambda_{r+1},\cdots,\lambda_n)^{\mathrm{T}},$$

由于 $\lambda_{r+1}\boldsymbol{\alpha}_1+\lambda_{r+2}\boldsymbol{\alpha}_2+\cdots+\lambda_n\boldsymbol{\alpha}_{n-r}$ 也是方程组 $\boldsymbol{Ax}=\mathbf{0}$ 的解,比较这两个解知它们的后 $n-r$ 个分量对应相等,即这两个解自由未知量的取值完全一样,所以,

$$\boldsymbol{\alpha}=\lambda_{r+1}\boldsymbol{\alpha}_1+\lambda_{r+2}\boldsymbol{\alpha}_2+\cdots+\lambda_n\boldsymbol{\alpha}_{n-r}.$$

即方程组 $\boldsymbol{Ax}=\mathbf{0}$ 的任一解 $\boldsymbol{\alpha}$ 均可由 $\boldsymbol{\alpha}_1,\boldsymbol{\alpha}_2,\cdots,\boldsymbol{\alpha}_{n-r}$ 线性表示. 故 $\boldsymbol{\alpha}_1,\boldsymbol{\alpha}_2,\cdots,\boldsymbol{\alpha}_{n-r}$ 是方程组 $\boldsymbol{Ax}=\mathbf{0}$ 的一个基础解系.

注 (1) 定理 3.13 的证明过程给出了求基础解系的具体方法,但基础解系不唯一,实际上 n 元齐次线性方程组 $\boldsymbol{Ax}=\mathbf{0}$ 的任意 $n-r$ 个线性无关的解都是它的一个基础解系(其中 $r=r(\boldsymbol{A})$).

(2) 若 $\boldsymbol{\alpha}_1,\boldsymbol{\alpha}_2,\cdots,\boldsymbol{\alpha}_{n-r}$ 是 n 元齐次线性方程组 $\boldsymbol{Ax}=\mathbf{0}$ 的一个基础解系,则它的**通解**(general solution)或**全部解**为

$$\boldsymbol{x}=k_1\boldsymbol{\alpha}_1+k_2\boldsymbol{\alpha}_2+\cdots+k_{n-r}\boldsymbol{\alpha}_{n-r}\quad(k_1,k_2,\cdots,k_{n-r}\in\mathbf{R}).$$

例 3.20 求齐次线性方程组

$$\begin{cases}x_1+x_2+x_3+4x_4-3x_5=0,\\x_1-x_2+3x_3-2x_4-x_5=0,\\2x_1+x_2+3x_3+5x_4-5x_5=0\end{cases}$$

的基础解系与通解.

解 对系数矩阵 $\boldsymbol{A}$ 作初等行变换有

$$\boldsymbol{A}=\begin{pmatrix}1&1&1&4&-3\\1&-1&3&-2&-1\\2&1&3&5&-5\end{pmatrix}\to\begin{pmatrix}1&1&1&4&-3\\0&-2&2&-6&2\\0&-1&1&-3&1\end{pmatrix}\to\begin{pmatrix}1&0&2&1&-2\\0&1&-1&3&-1\\0&0&0&0&0\end{pmatrix},$$

得一般解:

$$\begin{cases}x_1=-2x_3-x_4+2x_5,\\x_2=x_3-3x_4+x_5\end{cases}\quad(x_3,x_4,x_5\text{ 为自由未知量}).$$

所以，基础解系为

$$\boldsymbol{\alpha}_1=(-2,1,1,0,0)^{\mathrm{T}},\quad \boldsymbol{\alpha}_2=(-1,-3,0,1,0)^{\mathrm{T}},\quad \boldsymbol{\alpha}_3=(2,1,0,0,1)^{\mathrm{T}}.$$

方程组的通解为

$$\boldsymbol{x}=k_1\boldsymbol{\alpha}_1+k_2\boldsymbol{\alpha}_2+k_3\boldsymbol{\alpha}_3\quad (k_1,k_2,k_3\in\mathbf{R}).$$

例 3.21 用基础解系表示以下齐次线性方程组的通解

$$\begin{cases} x_1+x_2-x_3-x_4=0,\\ 2x_1-x_2-x_3+x_4=0,\\ 4x_1+x_2-3x_3-x_4=0.\end{cases}$$

解 对系数矩阵 $\boldsymbol{A}$ 作初等行变换有

$$\boldsymbol{A}=\begin{pmatrix}1&1&-1&-1\\2&-1&-1&1\\4&1&-3&-1\end{pmatrix}\to\begin{pmatrix}1&1&-1&-1\\0&-3&1&3\\0&-3&1&3\end{pmatrix}\to\begin{pmatrix}1&0&-\frac{2}{3}&0\\0&1&-\frac{1}{3}&-1\\0&0&0&0\end{pmatrix},$$

得一般解：

$$\begin{cases} x_1=\dfrac{2}{3}x_3,\\ x_2=\dfrac{1}{3}x_3+x_4\end{cases}\quad (x_3,x_4\text{ 为自由未知量}).$$

所以，基础解系为

$$\boldsymbol{\alpha}_1=(2,1,3,0)^{\mathrm{T}},\quad \boldsymbol{\alpha}_2=(0,1,0,1)^{\mathrm{T}}.$$

方程组的通解为

$$\boldsymbol{x}=k_1\boldsymbol{\alpha}_1+k_2\boldsymbol{\alpha}_2\quad (k_1,k_2\in\mathbf{R}).$$

注 自由未知量的选择不同，所得基础解系及通解也不同，如本例中

$$\boldsymbol{A}=\begin{pmatrix}1&1&-1&-1\\2&-1&-1&1\\4&1&-3&-1\end{pmatrix}\to\begin{pmatrix}1&1&-1&-1\\0&-3&1&3\\0&-3&1&3\end{pmatrix}\to\begin{pmatrix}1&-2&0&2\\0&-3&1&3\\0&0&0&0\end{pmatrix},$$

得一般解：

$$\begin{cases} x_1=2x_2-2x_4,\\ x_3=3x_2-3x_4\end{cases}\quad (x_2,x_4\text{ 为自由未知量}).$$

所以，基础解系为

$$\boldsymbol{\alpha}_1=(2,1,3,0)^{\mathrm{T}},\quad \boldsymbol{\alpha}_2=(-2,0,-3,1)^{\mathrm{T}}.$$

方程组的通解为

$$\boldsymbol{x}=k_1\boldsymbol{\alpha}_1+k_2\boldsymbol{\alpha}_2\quad (k_1,k_2\in\mathbf{R}).$$

例 3.22 设 $\boldsymbol{A}$ 为 $m\times n$ 矩阵，$\boldsymbol{B}$ 为 $n\times p$ 矩阵，且 $\boldsymbol{AB}=\boldsymbol{O}$，试证：

(1) $\boldsymbol{B}$ 的每一列向量均为 n 元齐次线性方程组 $\boldsymbol{Ax}=\boldsymbol{0}$ 的解.

(2) $r(\boldsymbol{A})+r(\boldsymbol{B})\leqslant n$.

证明 (1) 设 $\boldsymbol{\beta}_1,\boldsymbol{\beta}_2,\cdots,\boldsymbol{\beta}_p$ 为矩阵 $\boldsymbol{B}$ 的列向量组，则

$$(\boldsymbol{A\beta}_1,\boldsymbol{A\beta}_2,\cdots,\boldsymbol{A\beta}_p)=\boldsymbol{A}(\boldsymbol{\beta}_1,\boldsymbol{\beta}_2,\cdots,\boldsymbol{\beta}_p)=\boldsymbol{AB}=\boldsymbol{O}=(\boldsymbol{0},\boldsymbol{0},\cdots,\boldsymbol{0}),$$

所以 $\boldsymbol{A\beta}_j=\boldsymbol{0}(j=1,2,\cdots,p)$，即 $\boldsymbol{B}$ 的列向量 $\boldsymbol{\beta}_j(j=1,2,\cdots,p)$ 均为 n 元齐次线性方程组 $\boldsymbol{Ax}=\boldsymbol{0}$ 的解.

(2) 由(1)知：矩阵 $\boldsymbol{B}$ 的列向量组 $\boldsymbol{\beta}_1,\boldsymbol{\beta}_2,\cdots,\boldsymbol{\beta}_p$ 可由 n 元齐次线性方程组 $\boldsymbol{Ax}=\boldsymbol{0}$ 的基础解系线性表示，所以，$r(\boldsymbol{\beta}_1,\boldsymbol{\beta}_2,\cdots,\boldsymbol{\beta}_p)$ 不超过 $\boldsymbol{Ax}=\boldsymbol{0}$ 的基础解系中所含解的个数 $n-r(\boldsymbol{A})$，即 $r(\boldsymbol{B})\leqslant n-r(\boldsymbol{A})$，移项得 $r(\boldsymbol{A})+r(\boldsymbol{B})\leqslant n$.

注 设 $\boldsymbol{A}$ 为 n 阶矩阵，且 $|\boldsymbol{A}|=0$，则

(1) $\boldsymbol{A}$ 的每一列向量均为方程组 $\boldsymbol{A}^*\boldsymbol{x}=\boldsymbol{0}$ 的解.

(2) $\boldsymbol{A}^*$ 的每一列向量均为方程组 $\boldsymbol{Ax}=\boldsymbol{0}$ 的解.

(3) $\gamma(\boldsymbol{A})+\gamma(\boldsymbol{A}^*)\leqslant n$.

二、非齐次线性方程组解的结构

把 n 元非齐次线性方程组

$$\boldsymbol{Ax}=\boldsymbol{\beta}$$

的常数项全换成 0 所得到的齐次线性方程组

$$\boldsymbol{Ax}=\boldsymbol{0}$$

称为 $\boldsymbol{Ax}=\boldsymbol{\beta}$ 的导出组，或 $\boldsymbol{Ax}=\boldsymbol{\beta}$ 对应的齐次线性方程组.

性质 2 设 $\boldsymbol{\gamma}$ 为非齐次线性方程组 $\boldsymbol{Ax}=\boldsymbol{\beta}$ 的一个解，$\boldsymbol{\alpha}$ 为其导出组 $\boldsymbol{Ax}=\boldsymbol{0}$ 的一个解，则 $\boldsymbol{\gamma}+\boldsymbol{\alpha}$ 为非齐次线性方程组 $\boldsymbol{Ax}=\boldsymbol{\beta}$ 的一个解.

证明 因为 $\boldsymbol{A\gamma}=\boldsymbol{\beta},\boldsymbol{A\alpha}=\boldsymbol{0}$，所以 $\boldsymbol{A}(\boldsymbol{\gamma}+\boldsymbol{\alpha})=\boldsymbol{A\gamma}+\boldsymbol{A\alpha}=\boldsymbol{\beta}+\boldsymbol{0}=\boldsymbol{\beta}$，即 $\boldsymbol{\gamma}+\boldsymbol{\alpha}$ 为非齐次线性方程组 $\boldsymbol{Ax}=\boldsymbol{\beta}$ 的一个解.

性质 3 设 $\boldsymbol{\gamma}_1,\boldsymbol{\gamma}_2$ 为非齐次线性方程组 $\boldsymbol{Ax}=\boldsymbol{\beta}$ 的两个解，则 $\boldsymbol{\gamma}_1-\boldsymbol{\gamma}_2$ 为其导出组 $\boldsymbol{Ax}=\boldsymbol{0}$ 的解.

证明 由于 $\boldsymbol{A\gamma}_1=\boldsymbol{\beta},\boldsymbol{A\gamma}_2=\boldsymbol{\beta}$，所以 $\boldsymbol{A}(\boldsymbol{\gamma}_1-\boldsymbol{\gamma}_2)=\boldsymbol{A\gamma}_1-\boldsymbol{A\gamma}_2=\boldsymbol{\beta}-\boldsymbol{\beta}=\boldsymbol{0}$，即 $\boldsymbol{\gamma}_1-\boldsymbol{\gamma}_2$ 为导出组 $\boldsymbol{Ax}=\boldsymbol{0}$ 的解.

性质 4 非齐次线性方程组 $\boldsymbol{Ax}=\boldsymbol{\beta}$ 的两个解 $\boldsymbol{\gamma}_1,\boldsymbol{\gamma}_2$ 的线性组合 $k_1\boldsymbol{\gamma}_1+k_2\boldsymbol{\gamma}_2$ 仍是它的解的充要条件是组合系数之和 $k_1+k_2=1$.

证明 因 $\boldsymbol{A\gamma}_1=\boldsymbol{\beta},\boldsymbol{A\gamma}_2=\boldsymbol{\beta}$，故 $\boldsymbol{A}(k_1\boldsymbol{\gamma}_1+k_2\boldsymbol{\gamma}_2)=k_1\boldsymbol{A\gamma}_1+k_2\boldsymbol{A\gamma}_2=(k_1+k_2)\boldsymbol{\beta}$，于是，$k_1\boldsymbol{\gamma}_1+k_2\boldsymbol{\gamma}_2$ 是 $\boldsymbol{Ax}=\boldsymbol{\beta}$ 的解 $\Leftrightarrow\boldsymbol{A}(k_1\boldsymbol{\gamma}_1+k_2\boldsymbol{\gamma}_2)=(k_1+k_2)\boldsymbol{\beta}=\boldsymbol{\beta}\Leftrightarrow k_1+k_2=1$.

注 由性质 4 可知：设 $\boldsymbol{\gamma}_1,\boldsymbol{\gamma}_2$ 为非齐次线性方程组 $\boldsymbol{A}\boldsymbol{x}=\boldsymbol{\beta}$ 的两个解，则 $3\boldsymbol{\gamma}_1-2\boldsymbol{\gamma}_2,\frac{2}{5}\boldsymbol{\gamma}_1+\frac{3}{5}\boldsymbol{\gamma}_2$ 等均是它的解. 另外，性质 4 可推广到更多解的情形.

定理 3.14 设 $\boldsymbol{\gamma}_0$ 为非齐次线性方程组 $\boldsymbol{A}\boldsymbol{x}=\boldsymbol{\beta}$ 的一个特解，则 $\boldsymbol{A}\boldsymbol{x}=\boldsymbol{\beta}$ 的任一解 $\boldsymbol{\gamma}$ 可表为：$\boldsymbol{\gamma}=\boldsymbol{\gamma}_0+\boldsymbol{\alpha}$（其中 $\boldsymbol{\alpha}$ 为导出组 $\boldsymbol{A}\boldsymbol{x}=\boldsymbol{0}$ 的解）.

证明 由于 $\boldsymbol{A}(\boldsymbol{\gamma}-\boldsymbol{\gamma}_0)=\boldsymbol{A}\boldsymbol{\gamma}-\boldsymbol{A}\boldsymbol{\gamma}_0=\boldsymbol{\beta}-\boldsymbol{\beta}=\boldsymbol{0}$，即 $\boldsymbol{\alpha}=\boldsymbol{\gamma}-\boldsymbol{\gamma}_0$ 为导出组 $\boldsymbol{A}\boldsymbol{x}=\boldsymbol{0}$ 的解，所以，$\boldsymbol{\gamma}=\boldsymbol{\gamma}_0+\boldsymbol{\alpha}$.

由定理 3.14 知：若 $r(\boldsymbol{A})=r(\overline{\boldsymbol{A}})=r<n$，$\boldsymbol{\gamma}_0$ 为 n 元非齐次线性方程组 $\boldsymbol{A}\boldsymbol{x}=\boldsymbol{\beta}$ 的一个特解，$\boldsymbol{\alpha}_1,\boldsymbol{\alpha}_2,\cdots,\boldsymbol{\alpha}_{n-r}$ 为其导出组 $\boldsymbol{A}\boldsymbol{x}=\boldsymbol{0}$ 的一个基础解系，则方程组 $\boldsymbol{A}\boldsymbol{x}=\boldsymbol{\beta}$ 的**通解**(**全部解**)为

$$\boldsymbol{x}=\boldsymbol{\gamma}_0+k_1\boldsymbol{\alpha}_1+k_2\boldsymbol{\alpha}_2+\cdots+k_{n-r}\boldsymbol{\alpha}_{n-r}\quad(k_1,k_2,\cdots,k_{n-r}\in\mathbf{R}).$$

例 3.23 求线性方程组

$$\begin{cases}x_1-x_2-x_3+2x_4=1,\\2x_1-2x_2+x_3+x_4=5,\\-x_1+x_2-2x_3+x_4=-4\end{cases}$$

的通解.

解法 1 对方程组的增广矩阵 $\overline{\boldsymbol{A}}$ 作初等行变换有

$$\overline{\boldsymbol{A}}=\begin{pmatrix}1&-1&-1&2&1\\2&-2&1&1&5\\-1&1&-2&1&-4\end{pmatrix}\to\begin{pmatrix}1&-1&-1&2&1\\0&0&3&-3&3\\0&0&-3&3&-3\end{pmatrix}$$

$$\to\begin{pmatrix}1&-1&0&1&2\\0&0&1&-1&1\\0&0&0&0&0\end{pmatrix}.$$

原方程组的一般解为

$$\begin{cases}x_1=2+x_2-x_4,\\x_3=1+x_4\end{cases}\quad(x_2,x_4\text{ 为自由未知量}).$$

原方程组的特解为 $\boldsymbol{\gamma}_0=(2,0,1,0)^{\mathrm{T}}$.

导出组的一般解为

$$\begin{cases}x_1=x_2-x_4,\\x_3=x_4\end{cases}\quad(x_2,x_4\text{ 为自由未知量}).$$

基础解系为 $\boldsymbol{\alpha}_1=(1,1,0,0)^{\mathrm{T}},\boldsymbol{\alpha}_2=(-1,0,1,1)^{\mathrm{T}}$.

故原方程组的通解为

$$\boldsymbol{x}=\boldsymbol{\gamma}_0+k_1\boldsymbol{\alpha}_1+k_2\boldsymbol{\alpha}_2\quad(k_1,k_2\in\mathbf{R}).$$

解法 2 与解法 1 相同，可得出原方程组的一般解为

$$\begin{cases} x_1 = 2 + x_2 - x_4, \\ x_3 = 1 + x_4 \end{cases} \quad (x_2, x_4 \text{ 为自由未知量}),$$

或

$$\begin{cases} x_1 = 2 + k_1 - k_2, \\ x_2 = k_1, \\ x_3 = 1 + k_2, \\ x_4 = k_2 \end{cases} \quad (k_1, k_2 \in \mathbf{R}).$$

故原方程组的通解为

$$\begin{pmatrix} x_1 \\ x_2 \\ x_3 \\ x_4 \end{pmatrix} = \begin{pmatrix} 2 \\ 0 \\ 1 \\ 0 \end{pmatrix} + k_1 \begin{pmatrix} 1 \\ 1 \\ 0 \\ 0 \end{pmatrix} + k_2 \begin{pmatrix} -1 \\ 0 \\ 1 \\ 1 \end{pmatrix} \quad (k_1, k_2 \in \mathbf{R}).$$

例 3.24（2006 年考研试题） 已知非齐次线性方程组

$$\begin{cases} x_1 + x_2 + x_3 + x_4 = -1, \\ 4x_1 + 3x_2 + 5x_3 - x_4 = -1, \\ ax_1 + x_2 + 3x_3 + bx_4 = 1 \end{cases}$$

有 3 个线性无关的解.

（1）证明方程组的系数矩阵 $\mathbf{A}$ 的秩 $r(\mathbf{A}) = 2$.

（2）求 a, b 的值及方程组的通解.

解 （1）设 $\boldsymbol{\alpha}_1, \boldsymbol{\alpha}_2, \boldsymbol{\alpha}_3$ 为 4 元非齐次线性方程组 $\mathbf{A}\boldsymbol{x} = \boldsymbol{\beta}$ 的 3 个线性无关的解，则 $\boldsymbol{\alpha}_1 - \boldsymbol{\alpha}_2, \boldsymbol{\alpha}_1 - \boldsymbol{\alpha}_3$ 是导出组 $\mathbf{A}\boldsymbol{x} = \mathbf{0}$ 的 2 个线性无关的解，于是

$$4 - r(\mathbf{A}) \geqslant 2, \quad \text{即 } r(\mathbf{A}) \leqslant 2.$$

又 $\mathbf{A}$ 中存在 2 阶子式

$$\begin{vmatrix} 1 & 1 \\ 3 & 5 \end{vmatrix} \neq 0,$$

所以 $r(\mathbf{A}) \geqslant 2$，从而 $r(\mathbf{A}) = 2$.

（2）对方程组的增广矩阵 $\overline{\mathbf{A}}$ 作初等行变换有

$$\overline{\mathbf{A}} = \begin{pmatrix} 1 & 1 & 1 & 1 & -1 \\ 4 & 3 & 5 & -1 & -1 \\ a & 1 & 3 & b & 1 \end{pmatrix} \to \begin{pmatrix} 1 & 1 & 1 & 1 & -1 \\ 0 & -1 & 1 & -5 & 3 \\ 0 & 1-a & 3-a & b-a & 1+a \end{pmatrix}$$

$$\to \begin{pmatrix} 1 & 0 & 2 & -4 & 2 \\ 0 & 1 & -1 & 5 & -3 \\ 0 & 0 & 4-2a & 4a+b-5 & 4-2a \end{pmatrix},$$

因方程组有解，所以由(1)有 $r(\bar{\boldsymbol{A}})=r(\boldsymbol{A})=2$，因而

$$4-2a=4a+b-5=4-2a=0,$$

解得 $a=2,b=-3$，此时方程组有无穷多个解，其一般解为

$$\begin{cases}x_1=2-2x_3+4x_4,\\ x_2=-3+x_3-5x_4\end{cases}\quad (x_3,x_4 \text{ 为自由未知量}).$$

方程组的通解为

$$\begin{pmatrix}x_1\\x_2\\x_3\\x_4\end{pmatrix}=\begin{pmatrix}2\\-3\\0\\0\end{pmatrix}+k_1\begin{pmatrix}-2\\1\\1\\0\end{pmatrix}+k_2\begin{pmatrix}4\\-5\\0\\1\end{pmatrix}\quad (k_1,k_2\in\mathbf{R}).$$

例 3.25 (1)(与 2000 年考研试题类似)设 $\boldsymbol{\alpha}_1,\boldsymbol{\alpha}_2,\boldsymbol{\alpha}_3$ 为 4 元非齐次线性方程组 $\boldsymbol{Ax}=\boldsymbol{\beta}$ 的 3 个解，$r(\boldsymbol{A})=3$ 且 $\boldsymbol{\alpha}_1=(3,-4,1,2)^{\mathrm{T}}$，$\boldsymbol{\alpha}_2+2\boldsymbol{\alpha}_3=(6,0,3,-9)^{\mathrm{T}}$，求方程组 $\boldsymbol{Ax}=\boldsymbol{\beta}$ 的通解.

(2)(与 2002 年考研试题类似)设 4 阶矩阵 $\boldsymbol{A}=(\boldsymbol{\alpha}_1,\boldsymbol{\alpha}_2,\boldsymbol{\alpha}_3,\boldsymbol{\alpha}_4)$，其中 $\boldsymbol{\alpha}_1,\boldsymbol{\alpha}_2,\boldsymbol{\alpha}_3$ 线性无关，$\boldsymbol{\alpha}_4=2\boldsymbol{\alpha}_2-\boldsymbol{\alpha}_3$. 若 $\boldsymbol{\beta}=\boldsymbol{\alpha}_1-\boldsymbol{\alpha}_2+\boldsymbol{\alpha}_3-2\boldsymbol{\alpha}_4$，试求线性方程组 $\boldsymbol{Ax}=\boldsymbol{\beta}$ 的通解.

解 (1) 因导出组 $\boldsymbol{Ax}=\boldsymbol{0}$ 的基础解系中所含解的个数为 $4-r(\boldsymbol{A})=1$，又由非齐次线性方程组解的性质 3 知：

$$\frac{1}{3}(\boldsymbol{\alpha}_2+2\boldsymbol{\alpha}_3)=(2,0,1,-3)^{\mathrm{T}}$$

为 $\boldsymbol{Ax}=\boldsymbol{\beta}$ 的解，因而

$$\boldsymbol{\alpha}_1-\frac{1}{3}(\boldsymbol{\alpha}_2+2\boldsymbol{\alpha}_3)=(1,-4,0,5)^{\mathrm{T}}$$

为导出组 $\boldsymbol{Ax}=\boldsymbol{0}$ 的基础解系，故方程组 $\boldsymbol{Ax}=\boldsymbol{\beta}$ 的通解为

$$\boldsymbol{x}=\boldsymbol{\alpha}_1+k\left[\boldsymbol{\alpha}_1-\frac{1}{3}(\boldsymbol{\alpha}_2+2\boldsymbol{\alpha}_3)\right]=(3,-4,1,2)^{\mathrm{T}}+k(1,-4,0,5)^{\mathrm{T}}\quad (k\in\mathbf{R}).$$

(2) 由 $\boldsymbol{\alpha}_1,\boldsymbol{\alpha}_2,\boldsymbol{\alpha}_3$ 线性无关，$\boldsymbol{\alpha}_4=2\boldsymbol{\alpha}_2-\boldsymbol{\alpha}_3$ 知：$r(\boldsymbol{A})=3$，所以导出组 $\boldsymbol{Ax}=\boldsymbol{0}$ 的基础解系中仅含 1 个解，又由 $\boldsymbol{\alpha}_4=2\boldsymbol{\alpha}_2-\boldsymbol{\alpha}_3$ 及 $\boldsymbol{\beta}=\boldsymbol{\alpha}_1-\boldsymbol{\alpha}_2+\boldsymbol{\alpha}_3-2\boldsymbol{\alpha}_4$ 有

$$\boldsymbol{A}(0,2,-1,-1)^{\mathrm{T}}=\boldsymbol{0}\quad 及\quad \boldsymbol{A}(1,-1,1,-2)^{\mathrm{T}}=\boldsymbol{\beta}.$$

即 $\boldsymbol{\alpha}_1=(0,2,-1,-1)^{\mathrm{T}}$ 为导出组 $\boldsymbol{Ax}=\boldsymbol{0}$ 的解，$\boldsymbol{\gamma}_0=(1,-1,1,-2)^{\mathrm{T}}$ 为方程组 $\boldsymbol{Ax}=\boldsymbol{\beta}$ 的特解，故方程组 $\boldsymbol{Ax}=\boldsymbol{\beta}$ 的通解为

$$\boldsymbol{x}=\boldsymbol{\gamma}_0+k_1\boldsymbol{\alpha}_1\quad (k_1\in\mathbf{R}).$$

线性方程组解的证明

小　结

一、向量

（一）n 维向量

1. n 维向量空间 $\mathbf{R}^n=\{\boldsymbol{\alpha}\mid\boldsymbol{\alpha}$ 为 n 维实向量$\}$.

2. 设 $\boldsymbol{\alpha}=(a_1,a_2,\cdots,a_n)^{\mathrm{T}},\boldsymbol{\beta}=(b_1,b_2,\cdots,b_n)^{\mathrm{T}},k\in\mathbf{R}$，则

向量 $\boldsymbol{\alpha}$ 与 $\boldsymbol{\beta}$ 相等：$\boldsymbol{\alpha}=\boldsymbol{\beta}$ 当且仅当 $a_i=b_i(i=1,2,\cdots,n)$.

向量 $\boldsymbol{\alpha}$ 与 $\boldsymbol{\beta}$ 的和(差)：$\boldsymbol{\alpha}\pm\boldsymbol{\beta}=(a_1\pm b_1,a_2\pm b_2,\cdots,a_n\pm b_n)^{\mathrm{T}}$.

数 k 与向量 $\boldsymbol{\alpha}$ 的数量乘积：$k\boldsymbol{\alpha}=(ka_1,ka_2,\cdots,ka_n)^{\mathrm{T}}$.

显然：$k\boldsymbol{\alpha}=\mathbf{0}\Leftrightarrow k=0$ 或 $\boldsymbol{\alpha}=\mathbf{0}$.

（二）线性相关、线性无关、线性表示、极大无关组的重要结论

1. 设 $\boldsymbol{\alpha}_1,\boldsymbol{\alpha}_2,\cdots,\boldsymbol{\alpha}_s$ 是 n 维向量组，则下列命题等价：

(1) $\boldsymbol{\alpha}_1,\boldsymbol{\alpha}_2,\cdots,\boldsymbol{\alpha}_s$ 线性相(无)关.

(2) 存在不全为零的数 $k_1,k_2,\cdots,k_s$ 使 $k_1\boldsymbol{\alpha}_1+k_2\boldsymbol{\alpha}_2+\cdots+k_s\boldsymbol{\alpha}_s=\mathbf{0}$(仅当 $k_1=k_2=\cdots=k_s=0$ 时，$k_1\boldsymbol{\alpha}_1+k_2\boldsymbol{\alpha}_2+\cdots+k_s\boldsymbol{\alpha}_s=\mathbf{0}$ 才成立).

(3) $\boldsymbol{\alpha}_1,\boldsymbol{\alpha}_2,\cdots,\boldsymbol{\alpha}_s(s\geqslant 2)$ 中至少有一个向量(每个向量都不)能被其余向量线性表示.

(4) 向量方程 $x_1\boldsymbol{\alpha}_1+x_2\boldsymbol{\alpha}_2+\cdots+x_s\boldsymbol{\alpha}_s=\mathbf{0}$ 有非零解(只有零解).

(5) s 元齐次线性方程组 $\mathbf{A}\boldsymbol{x}=\mathbf{0}$ 有非零解(只有零解)，其中 $\mathbf{A}=(\boldsymbol{\alpha}_1,\boldsymbol{\alpha}_2,\cdots,\boldsymbol{\alpha}_s)$.

(6) $n\times s$ 矩阵 $\mathbf{A}=(\boldsymbol{\alpha}_1,\boldsymbol{\alpha}_2,\cdots,\boldsymbol{\alpha}_s)$ 的秩 $r(\mathbf{A})<s(=s)$.

(7) 当 $s=n$ 时，方阵 $\mathbf{A}=(\boldsymbol{\alpha}_1,\boldsymbol{\alpha}_2,\cdots,\boldsymbol{\alpha}_n)$ 的行列式 $|\mathbf{A}|=0(|\mathbf{A}|\neq 0)$.

(8) 向量组 $\boldsymbol{\alpha}_1,\boldsymbol{\alpha}_2,\cdots,\boldsymbol{\alpha}_s$ 的秩 $r(\boldsymbol{\alpha}_1,\boldsymbol{\alpha}_2,\cdots,\boldsymbol{\alpha}_s)<s(=s)$.

2. 设 $\boldsymbol{\alpha}_1,\boldsymbol{\alpha}_2,\cdots,\boldsymbol{\alpha}_s,\boldsymbol{\beta}$ 是 n 维向量，则下列命题等价：

(1) $\boldsymbol{\beta}$ 可由 $\boldsymbol{\alpha}_1,\boldsymbol{\alpha}_2,\cdots,\boldsymbol{\alpha}_s$ 线性表示或 $\boldsymbol{\beta}$ 是 $\boldsymbol{\alpha}_1,\boldsymbol{\alpha}_2,\cdots,\boldsymbol{\alpha}_s$ 的线性组合.

(2) 向量方程 $x_1\boldsymbol{\alpha}_1+x_2\boldsymbol{\alpha}_2+\cdots+x_s\boldsymbol{\alpha}_s=\boldsymbol{\beta}$ 有解.

(3) s 元线性方程组 $\mathbf{A}\boldsymbol{x}=\boldsymbol{\beta}$ 有解，其中 $\mathbf{A}=(\boldsymbol{\alpha}_1,\boldsymbol{\alpha}_2,\cdots,\boldsymbol{\alpha}_s)$.

(4) $r(\boldsymbol{\alpha}_1,\boldsymbol{\alpha}_2,\cdots,\boldsymbol{\alpha}_s)=r(\boldsymbol{\alpha}_1,\boldsymbol{\alpha}_2,\cdots,\boldsymbol{\alpha}_s,\boldsymbol{\beta})$.

(5) $\boldsymbol{\alpha}_1,\boldsymbol{\alpha}_2,\cdots,\boldsymbol{\alpha}_s$ 的极大无关组也是 $\boldsymbol{\alpha}_1,\boldsymbol{\alpha}_2,\cdots,\boldsymbol{\alpha}_s,\boldsymbol{\beta}$ 的极大无关组.

3. 线性相关性

(1) 含零向量的向量组 $\mathbf{0},\boldsymbol{\alpha}_2,\cdots,\boldsymbol{\alpha}_s$ 必线性相关.

(2) 一个向量 $\boldsymbol{\alpha}$ 线性相(无)关当且仅当 $\boldsymbol{\alpha}=\mathbf{0}(\boldsymbol{\alpha}\neq\mathbf{0})$.

(3) 两个向量 $\boldsymbol{\alpha}_1,\boldsymbol{\alpha}_2$ 线性相(无)关当且仅当 $\boldsymbol{\alpha}_1,\boldsymbol{\alpha}_2$ 的分量(不)对应成比例.

(4) 向量个数 s 大于向量维数 n 的 n 维向量组 $\boldsymbol{\alpha}_1,\boldsymbol{\alpha}_2,\cdots,\boldsymbol{\alpha}_s$ 线性相关.

(5) n 维单位向量组 $\boldsymbol{\varepsilon}_1=(1,0,\cdots,0)^{\mathrm{T}},\boldsymbol{\varepsilon}_2=(0,1,\cdots,0)^{\mathrm{T}},\cdots,\boldsymbol{\varepsilon}_n=(0,0,\cdots,1)^{\mathrm{T}}$ 线性无关.

(6) 线性无关向量组增添分量后仍线性无关;其等价说法是线性相关向量组减少分量后仍线性相关.

(7) 若部分向量线性相关,则全组向量线性相关;其等价说法是线性无关向量组的任何部分向量也线性无关.

(8) (唯一表示定理)若向量组 $\boldsymbol{\alpha}_1,\boldsymbol{\alpha}_2,\cdots,\boldsymbol{\alpha}_s$ 线性无关,而 $\boldsymbol{\alpha}_1,\boldsymbol{\alpha}_2,\cdots,\boldsymbol{\alpha}_s,\boldsymbol{\beta}$ 线性相关,则 $\boldsymbol{\beta}$ 可由向量组 $\boldsymbol{\alpha}_1,\boldsymbol{\alpha}_2,\cdots,\boldsymbol{\alpha}_s$ 唯一地线性表示.

4. 两个向量组的线性关系

(1) 设向量组 $\boldsymbol{\beta}_1,\boldsymbol{\beta}_2,\cdots,\boldsymbol{\beta}_t$ 可由向量组 $\boldsymbol{\alpha}_1,\boldsymbol{\alpha}_2,\cdots,\boldsymbol{\alpha}_s$ 线性表示,那么,当 $t>s$ 时,向量组 $\boldsymbol{\beta}_1,\boldsymbol{\beta}_2,\cdots,\boldsymbol{\beta}_t$ 线性相关;当 $\boldsymbol{\beta}_1,\boldsymbol{\beta}_2,\cdots,\boldsymbol{\beta}_t$ 线性无关时,$t\leqslant s$.

(2) 两个等价的线性无关向量组所含向量个数相同.

(3) 向量组与它的任一极大无关组等价.

(4) 向量组的任意两个极大无关组等价.

(5) 向量组 $\boldsymbol{\beta}_1,\boldsymbol{\beta}_2,\cdots,\boldsymbol{\beta}_t$ 可由向量组 $\boldsymbol{\alpha}_1,\boldsymbol{\alpha}_2,\cdots,\boldsymbol{\alpha}_s$ 线性表示

$\Leftrightarrow\boldsymbol{\beta}_1,\boldsymbol{\beta}_2,\cdots,\boldsymbol{\beta}_t$ 中每一向量均可由 $\boldsymbol{\alpha}_1,\boldsymbol{\alpha}_2,\cdots,\boldsymbol{\alpha}_s$ 线性表示

$\Leftrightarrow$ 存在矩阵 $\boldsymbol{K}=(k_{ij})_{s\times t}$ 使 $(\boldsymbol{\beta}_1,\boldsymbol{\beta}_2,\cdots,\boldsymbol{\beta}_t)=(\boldsymbol{\alpha}_1,\boldsymbol{\alpha}_2,\cdots,\boldsymbol{\alpha}_s)\boldsymbol{K}$

$\Leftrightarrow$ 矩阵方程 $(\boldsymbol{\alpha}_1,\boldsymbol{\alpha}_2,\cdots,\boldsymbol{\alpha}_s)\boldsymbol{X}=(\boldsymbol{\beta}_1,\boldsymbol{\beta}_2,\cdots,\boldsymbol{\beta}_t)$ 有解

$\Leftrightarrow r(\boldsymbol{\alpha}_1,\boldsymbol{\alpha}_2,\cdots,\boldsymbol{\alpha}_s)=r(\boldsymbol{\alpha}_1,\boldsymbol{\alpha}_2,\cdots,\boldsymbol{\alpha}_s,\boldsymbol{\beta}_1,\boldsymbol{\beta}_2,\cdots,\boldsymbol{\beta}_t)$

$\Rightarrow r(\boldsymbol{\beta}_1,\boldsymbol{\beta}_2,\cdots,\boldsymbol{\beta}_t)\leqslant r(\boldsymbol{\alpha}_1,\boldsymbol{\alpha}_2,\cdots,\boldsymbol{\alpha}_s)$.

(6) 向量组 $\boldsymbol{\beta}_1,\boldsymbol{\beta}_2,\cdots,\boldsymbol{\beta}_t$ 与向量组 $\boldsymbol{\alpha}_1,\boldsymbol{\alpha}_2,\cdots,\boldsymbol{\alpha}_s$ 等价

$\Leftrightarrow$ 向量组 $\boldsymbol{\beta}_1,\boldsymbol{\beta}_2,\cdots,\boldsymbol{\beta}_t$ 与 $\boldsymbol{\alpha}_1,\boldsymbol{\alpha}_2,\cdots,\boldsymbol{\alpha}_s$ 可互相线性表示

$\Leftrightarrow r(\boldsymbol{\beta}_1,\boldsymbol{\beta}_2,\cdots,\boldsymbol{\beta}_t)=r(\boldsymbol{\alpha}_1,\boldsymbol{\alpha}_2,\cdots,\boldsymbol{\alpha}_s)=r(\boldsymbol{\alpha}_1,\boldsymbol{\alpha}_2,\cdots,\boldsymbol{\alpha}_s,\boldsymbol{\beta}_1,\boldsymbol{\beta}_2,\cdots,\boldsymbol{\beta}_t)$.

(7) 若矩阵 $\boldsymbol{A},\boldsymbol{B},\boldsymbol{C}$ 具有关系 $\boldsymbol{A}=\boldsymbol{BC}$,则 $\boldsymbol{A}$ 的列向量组可由 $\boldsymbol{B}$ 的列向量组线性表示,$\boldsymbol{C}$ 为该表示的系数矩阵;而 $\boldsymbol{A}$ 的行向量组可由 $\boldsymbol{C}$ 的行向量组线性表示,$\boldsymbol{B}$ 为该表示的系数矩阵. 特别地,若矩阵 $\boldsymbol{C}$ 可逆,则 $\boldsymbol{A}$ 的列向量组与 $\boldsymbol{B}$ 的列向量组等价;若矩阵 $\boldsymbol{B}$ 可逆,则 $\boldsymbol{A}$ 的行向量组与 $\boldsymbol{C}$ 的行向量组等价.

(8) 若向量组 $\boldsymbol{\beta}_1,\boldsymbol{\beta}_2,\cdots,\boldsymbol{\beta}_t$ 可由向量组 $\boldsymbol{\alpha}_1,\boldsymbol{\alpha}_2,\cdots,\boldsymbol{\alpha}_s$ 线性表示为

$$(\boldsymbol{\beta}_1,\boldsymbol{\beta}_2,\cdots,\boldsymbol{\beta}_t)=(\boldsymbol{\alpha}_1,\boldsymbol{\alpha}_2,\cdots,\boldsymbol{\alpha}_s)\boldsymbol{C}\quad(\text{其中矩阵 }\boldsymbol{C}=(c_{ij})_{s\times t}),$$

则 $r(\boldsymbol{\beta}_1,\boldsymbol{\beta}_2,\cdots,\boldsymbol{\beta}_t)\leqslant\min\{r(\boldsymbol{\alpha}_1,\boldsymbol{\alpha}_2,\cdots,\boldsymbol{\alpha}_s),r(\boldsymbol{C})\}$.

特别地,当 $\boldsymbol{\alpha}_1,\boldsymbol{\alpha}_2,\cdots,\boldsymbol{\alpha}_s$ 线性无关时,有 $r(\boldsymbol{\beta}_1,\boldsymbol{\beta}_2,\cdots,\boldsymbol{\beta}_t)=r(\boldsymbol{C})$ (常用).

当 $\boldsymbol{C}$ 可逆时,有 $\{\boldsymbol{\beta}_1,\boldsymbol{\beta}_2,\cdots,\boldsymbol{\beta}_t\}\cong\{\boldsymbol{\alpha}_1,\boldsymbol{\alpha}_2,\cdots,\boldsymbol{\alpha}_s\}$.

5. 矩阵秩的重要结论

(1) 矩阵 $\boldsymbol{A}$ 的秩 $r(\boldsymbol{A})=\boldsymbol{A}$ 的行秩 $=\boldsymbol{A}$ 的列秩 $=r$

$\Leftrightarrow \boldsymbol{A}$ 中非零子式的最高阶数为 r

$\Leftrightarrow \boldsymbol{A}$ 中存在 r 阶非零子式而所有 $r+1$ 阶子式(若存在的话)全为零.

(2) 矩阵的初等变换不改变矩阵的秩,特别地,若 $\boldsymbol{A}\to\boldsymbol{B}$(行阶梯形阵),则 $r(\boldsymbol{A})=r(\boldsymbol{B})=\boldsymbol{B}$ 中非零行的行数.

(3) 若矩阵 $\boldsymbol{A}$ 经有限次初等行(列)变换化成矩阵 $\boldsymbol{B}$,则 $\boldsymbol{A}$ 与 $\boldsymbol{B}$ 的行(列)向量组等价.

(4) 若矩阵 $\boldsymbol{A}$ 经有限次初等行(列)变换化成矩阵 $\boldsymbol{B}$,则 $\boldsymbol{B}$ 的列(行)向量组与 $\boldsymbol{A}$ 的列(行)向量组间有相同的线性关系,即矩阵的初等行(列)变换不改变矩阵的列(行)向量间的线性关系.

(5) $m\times n$ 矩阵 $\boldsymbol{A}$ 的秩 $r(\boldsymbol{A})=r\Leftrightarrow$ 存在 m 阶可逆矩阵 $\boldsymbol{P}$, n 阶可逆矩阵 $\boldsymbol{Q}$ 使

$$\boldsymbol{PAQ}=\begin{pmatrix}\boldsymbol{E}_r & \boldsymbol{O}\\ \boldsymbol{O} & \boldsymbol{O}\end{pmatrix}\quad(\text{其中 } \boldsymbol{E}_r \text{ 为 } r \text{ 阶单位矩阵}).$$

(6) $0\leqslant r(\boldsymbol{A}_{m\times n})\leqslant\min\{m,n\}$, 且 $r(\boldsymbol{A})=0\Leftrightarrow\boldsymbol{A}=\boldsymbol{O}$.

(7) $r(\boldsymbol{A})=r(\boldsymbol{A}^{\mathrm{T}})=r(k\boldsymbol{A})\quad(k\neq0)$.

(8) $\max\{r(\boldsymbol{A}),r(\boldsymbol{B})\}\leqslant r(\boldsymbol{A},\boldsymbol{B})\leqslant r(\boldsymbol{A})+r(\boldsymbol{B})$.

(9) $r(\boldsymbol{A}\pm\boldsymbol{B})\leqslant r(\boldsymbol{A})+r(\boldsymbol{B})$.

(10) $r\begin{pmatrix}\boldsymbol{A} & \boldsymbol{O}\\ \boldsymbol{O} & \boldsymbol{B}\end{pmatrix}=r\begin{pmatrix}\boldsymbol{O} & \boldsymbol{A}\\ \boldsymbol{B} & \boldsymbol{O}\end{pmatrix}=r(\boldsymbol{A})+r(\boldsymbol{B})$.

(11) 设 $\boldsymbol{A}$ 为 $m\times n$ 矩阵, $\boldsymbol{B}$ 为 $n\times s$ 矩阵,则

$$r(\boldsymbol{A})+r(\boldsymbol{B})-n\leqslant r(\boldsymbol{AB})\leqslant\min\{r(\boldsymbol{A}),r(\boldsymbol{B})\}.$$

特别地,当 $\boldsymbol{A}$ 可逆时, $r(\boldsymbol{AB})=r(\boldsymbol{B})$; 当 $\boldsymbol{B}$ 可逆时, $r(\boldsymbol{AB})=r(\boldsymbol{A})$;

当 $\boldsymbol{AB}=\boldsymbol{O}$ 时,有

1) $\boldsymbol{B}$ 的每一列向量均为方程组 $\boldsymbol{Ax}=\boldsymbol{0}$ 的解;

2) $r(\boldsymbol{A})+r(\boldsymbol{B})\leqslant n$;

3) 若 $\boldsymbol{B}\neq\boldsymbol{O}$, 则 $r(\boldsymbol{A})<n$.

(12) 若 $r(\boldsymbol{A})=\boldsymbol{A}$ 的列数,则 $r(\boldsymbol{AB})=r(\boldsymbol{B})$; 若 $r(\boldsymbol{B})=\boldsymbol{B}$ 的行数,则 $r(\boldsymbol{AB})=r(\boldsymbol{A})$.

二、线性方程组

(一) 基本概念

1. 设 n 元非齐次线性方程组(3.1)的系数矩阵、增广矩阵及未知量构成的矩阵依次为 $\boldsymbol{A}=(\boldsymbol{\alpha}_1,\boldsymbol{\alpha}_2,\cdots,\boldsymbol{\alpha}_n)$, $\overline{\boldsymbol{A}}=(\boldsymbol{A},\boldsymbol{\beta})$, $\boldsymbol{x}=(x_1,x_2,\cdots,x_n)^{\mathrm{T}}$. 则

线性方程组(3.1)的矩阵形式为 $\boldsymbol{Ax}=\boldsymbol{\beta}$.

线性方程组(3.1)的向量形式为 $x_1\boldsymbol{\alpha}_1+x_2\boldsymbol{\alpha}_2+\cdots+x_n\boldsymbol{\alpha}_n=\boldsymbol{\beta}$.

$\boldsymbol{\alpha}=(c_1,c_2,\cdots,c_n)^{\mathrm{T}}$ 为线性方程组(3.1)的解 $\Leftrightarrow \boldsymbol{A\alpha}=\boldsymbol{\beta}$.

线性方程组(3.1)的解的全体称为它的解集.

若两个方程组的解集相等,则称它们同解.

2. n 元齐次线性方程组(即方程组(3.1)的导出组)的矩阵形式为 $\boldsymbol{Ax}=\boldsymbol{0}$;向量形式为 $x_1\boldsymbol{\alpha}_1+x_2\boldsymbol{\alpha}_2+\cdots+x_n\boldsymbol{\alpha}_n=\boldsymbol{0}$.

(1) $\boldsymbol{\alpha}_1,\boldsymbol{\alpha}_2,\cdots,\boldsymbol{\alpha}_s$ 为齐次线性方程组 $\boldsymbol{Ax}=\boldsymbol{0}$ 的基础解系 $\Leftrightarrow \boldsymbol{\alpha}_1,\boldsymbol{\alpha}_2,\cdots,\boldsymbol{\alpha}_s$ 为方程组 $\boldsymbol{Ax}=\boldsymbol{0}$ 的线性无关解且 $\boldsymbol{Ax}=\boldsymbol{0}$ 的任一解均可由它们线性表示.

(2) n 元齐次线性方程组 $\boldsymbol{Ax}=\boldsymbol{0}$ 的基础解系中含解的个数为 $n-r(\boldsymbol{A})$.

(3) n 元齐次线性方程组 $\boldsymbol{Ax}=\boldsymbol{0}$ 的任意 $n-r(\boldsymbol{A})$ 个线性无关解均构成它的一个基础解系.

(二) 线性方程组解的判定

1. (1) n 元非齐次线性方程组 $\boldsymbol{Ax}=\boldsymbol{\beta}$ 有解

$\Leftrightarrow$ 它的系数矩阵与增广矩阵等秩:$r(\boldsymbol{A})=r(\overline{\boldsymbol{A}})=r(\boldsymbol{A},\boldsymbol{\beta})$

$\Leftrightarrow$ 向量 $\boldsymbol{\beta}$ 可由 $\boldsymbol{A}$ 的列向量组 $\boldsymbol{\alpha}_1,\boldsymbol{\alpha}_2,\cdots,\boldsymbol{\alpha}_n$ 线性表示

$\Leftrightarrow\{\boldsymbol{\alpha}_1,\boldsymbol{\alpha}_2,\cdots,\boldsymbol{\alpha}_n\}\cong\{\boldsymbol{\alpha}_1,\boldsymbol{\alpha}_2,\cdots,\boldsymbol{\alpha}_n,\boldsymbol{\beta}\}$.

(2) 若系数矩阵 $\boldsymbol{A}$ 的秩 $r(\boldsymbol{A})=m$ (方程的个数),则方程组 $\boldsymbol{Ax}=\boldsymbol{\beta}$ 必有解.

(3) n 元线性方程组 $\boldsymbol{Ax}=\boldsymbol{\beta}$ 无解的充要条件是 $r(\boldsymbol{A})\neq r(\boldsymbol{A},\boldsymbol{\beta})$.

2. n 元非齐次线性方程组 $\boldsymbol{Ax}=\boldsymbol{\beta}$ 有无穷多个解 $\Leftrightarrow r(\boldsymbol{A})=r(\overline{\boldsymbol{A}})<n$

$\Leftrightarrow\boldsymbol{\beta}$ 可由 $\boldsymbol{A}$ 的列向量组 $\boldsymbol{\alpha}_1,\boldsymbol{\alpha}_2,\cdots,\boldsymbol{\alpha}_n$ 线性表示,且表示法不唯一.

3. n 元非齐次线性方程组 $\boldsymbol{Ax}=\boldsymbol{\beta}$ 有唯一解 $\Leftrightarrow r(\boldsymbol{A})=r(\overline{\boldsymbol{A}})=n$

$\Leftrightarrow\boldsymbol{\beta}$ 可由 $\boldsymbol{A}$ 的列向量组 $\boldsymbol{\alpha}_1,\boldsymbol{\alpha}_2,\cdots,\boldsymbol{\alpha}_n$ 线性表示,且表示法唯一.

特别地,当 $m=n$ 且 $|\boldsymbol{A}|\neq 0$ 时,方程组 $\boldsymbol{Ax}=\boldsymbol{\beta}$ 有唯一解,其巧妙解法有:

(1) 克拉默法则　方程组 $\boldsymbol{Ax}=\boldsymbol{\beta}$ 有唯一解:$x_1=\dfrac{D_1}{|\boldsymbol{A}|},x_2=\dfrac{D_2}{|\boldsymbol{A}|},\cdots,x_n=\dfrac{D_n}{|\boldsymbol{A}|}$,其中 $D_j=|\boldsymbol{\alpha}_1,\cdots,\boldsymbol{\alpha}_{j-1},\boldsymbol{\beta},\boldsymbol{\alpha}_{j+1},\cdots,\boldsymbol{\alpha}_n|$ ($j=1,2,\cdots,n$).

(2) 逆矩阵法　$\boldsymbol{Ax}=\boldsymbol{\beta}$ 的唯一解:$\boldsymbol{x}=\boldsymbol{A}^{-1}\boldsymbol{\beta}$,算法:$(\boldsymbol{A},\boldsymbol{\beta})\rightarrow(\boldsymbol{E},\boldsymbol{A}^{-1}\boldsymbol{\beta})$.

4. n 元齐次线性方程组 $\boldsymbol{Ax}=\boldsymbol{0}$ 有非(只有)零解 $\Leftrightarrow r(\boldsymbol{A})<n\,(r(\boldsymbol{A})=n)$.

特别地,① 当 $m=n$ 时,齐次线性方程组 $\boldsymbol{Ax}=\boldsymbol{0}$ 有非(只有)零解 $\Leftrightarrow|\boldsymbol{A}|=0\,(|\boldsymbol{A}|\neq 0)$. ② 当方程个数 $m<n$ 时,n 元齐次线性方程组 $\boldsymbol{Ax}=\boldsymbol{0}$ 有非零解.

值得指出的是:

(1) 齐次线性方程组 $\boldsymbol{Ax}=\boldsymbol{0}$ 永远有零解 $\boldsymbol{0}=(0,0,\cdots,0)^{\mathrm{T}}$.

(2) 若 $\boldsymbol{Ax}=\boldsymbol{0}$ 有解,则 $\boldsymbol{Ax}=\boldsymbol{\beta}$ 未必有解.

(3) 若 $\boldsymbol{Ax}=\boldsymbol{\beta}$ 有无穷多个解,则 $\boldsymbol{Ax}=\boldsymbol{0}$ 有非零解. 反之不真.

(4) 若 $\boldsymbol{Ax}=\boldsymbol{\beta}$ 有唯一解,则 $\boldsymbol{Ax}=\boldsymbol{0}$ 只有零解. 反之不真.

（三）线性方程组解的性质

1. 若 $\boldsymbol{\alpha}_1,\boldsymbol{\alpha}_2$ 为齐次线性方程组 $\boldsymbol{Ax}=\boldsymbol{0}$ 的两个解，$k_1,k_2\in\mathbf{R}$，则 $\boldsymbol{\alpha}_1\pm\boldsymbol{\alpha}_2$，$k\boldsymbol{\alpha}_1,k_1\boldsymbol{\alpha}_1+k_2\boldsymbol{\alpha}_2$ 均为 $\boldsymbol{Ax}=\boldsymbol{0}$ 的解.

2. 非齐次线性方程组 $\boldsymbol{Ax}=\boldsymbol{\beta}$ 的两解 $\boldsymbol{\gamma}_1,\boldsymbol{\gamma}_2$ 之差 $\boldsymbol{\gamma}_1-\boldsymbol{\gamma}_2$ 为其导出组 $\boldsymbol{Ax}=\boldsymbol{0}$ 的解.

3. 非齐次线性方程组 $\boldsymbol{Ax}=\boldsymbol{\beta}$ 的解 $\boldsymbol{\gamma}_1,\boldsymbol{\gamma}_2,\cdots,\boldsymbol{\gamma}_s$ 的线性组合 $k_1\boldsymbol{\gamma}_1+k_2\boldsymbol{\gamma}_2+\cdots+k_s\boldsymbol{\gamma}_s$ 仍是它的解 $\Leftrightarrow$ 组合系数之和 $k_1+k_2+\cdots+k_s=1$.

4. 设 $\boldsymbol{\gamma}_0$ 为非齐次线性方程组 $\boldsymbol{Ax}=\boldsymbol{\beta}$ 的一个特解，则 $\boldsymbol{Ax}=\boldsymbol{\beta}$ 的任一解 $\boldsymbol{\gamma}$ 可表为 $\boldsymbol{\gamma}=\boldsymbol{\gamma}_0+\boldsymbol{\alpha}$（其中 $\boldsymbol{\alpha}$ 为其导出组 $\boldsymbol{Ax}=\boldsymbol{0}$ 的解）.

（四）线性方程组解的结构

1. 设 $r(\boldsymbol{A})=r<n$，则 n 元齐次线性方程组 $\boldsymbol{Ax}=\boldsymbol{0}$ 必有基础解系 $\boldsymbol{\alpha}_1,\boldsymbol{\alpha}_2,\cdots,\boldsymbol{\alpha}_{n-r}$，且 $\boldsymbol{Ax}=\boldsymbol{0}$ 的通解（全部解）为

$$\boldsymbol{x}=k_1\boldsymbol{\alpha}_1+k_2\boldsymbol{\alpha}_2+\cdots+k_{n-r}\boldsymbol{\alpha}_{n-r}\quad(k_1,k_2,\cdots,k_{n-r}\in\mathbf{R}).$$

2. 设 $r(\boldsymbol{A})=r(\overline{\boldsymbol{A}})=r<n$，$\boldsymbol{\gamma}_0$ 为 n 元非齐次线性方程组 $\boldsymbol{Ax}=\boldsymbol{\beta}$ 的一个特解，$\boldsymbol{\alpha}_1,\boldsymbol{\alpha}_2,\cdots,\boldsymbol{\alpha}_{n-r}$ 为其导出组 $\boldsymbol{Ax}=\boldsymbol{0}$ 的一个基础解系，则方程组 $\boldsymbol{Ax}=\boldsymbol{\beta}$ 的通解（全部解）为

$$\boldsymbol{x}=\boldsymbol{\gamma}_0+k_1\boldsymbol{\alpha}_1+k_2\boldsymbol{\alpha}_2+\cdots+k_{n-r}\boldsymbol{\alpha}_{n-r}\quad(k_1,k_2,\cdots,k_{n-r}\in\mathbf{R}).$$

（五）两个线性方程组解之间的关系

设 M,N 分别为方程组 $\boldsymbol{Ax}=\boldsymbol{\beta}_1$ 与方程组 $\boldsymbol{Bx}=\boldsymbol{\beta}_2$ 的解集，则

1. 方程组 $\boldsymbol{Ax}=\boldsymbol{\beta}_1$ 与 $\boldsymbol{Bx}=\boldsymbol{\beta}_2$ 同解 $\Leftrightarrow M=N$.

2. 方程组 $\boldsymbol{Ax}=\boldsymbol{\beta}_1$ 与 $\boldsymbol{Bx}=\boldsymbol{\beta}_2$ 的公共解：$M\cap N$，即方程组 $\begin{cases}\boldsymbol{Ax}=\boldsymbol{\beta}_1,\\ \boldsymbol{Bx}=\boldsymbol{\beta}_2\end{cases}$ 的解集.

特别地，$\boldsymbol{Ax}=\boldsymbol{\beta}_1$ 的解均为 $\boldsymbol{Bx}=\boldsymbol{\beta}_2$ 的解 $\Leftrightarrow M\subseteq N$ 即公共解 $M\cap N=M$.

注 若齐次线性方程组 $\boldsymbol{Ax}=\boldsymbol{0}$ 与 $\boldsymbol{Bx}=\boldsymbol{0}$ 同解，则 $r(\boldsymbol{A})=r(\boldsymbol{B})$. 反之不真.

若齐次线性方程组 $\boldsymbol{Ax}=\boldsymbol{0}$ 的解均是 $\boldsymbol{Bx}=\boldsymbol{0}$ 的解，则 $r(\boldsymbol{A})\geqslant r(\boldsymbol{B})$. 反之不真.

下面介绍两个线性方程组公共解的求法：

(1) 若两方程组均已给出，则合并求解即可.

(2) 若已知两方程组的通解，令其相等求得通解中参数所满足的关系而得公共解.

(3) 若知方程组（Ⅰ），又知方程组（Ⅱ）的通解，则将（Ⅱ）的通解代入（Ⅰ）确定参数，进而求得公共解.

三、行列式、矩阵、向量与线性方程组的联系

方阵的行(列)向量组的线性相关性及 n 个方程的 n 元线性方程组是否有唯一解可利用行列式来判断;向量组的线性相关性、线性方程组是否有解以及解的个数均可利用矩阵的秩来判断;向量能否由某向量组线性表示等价于某线性方程组是否有解;齐次线性方程组的基础解系实际上就是它的所有解的一个极大无关组等,它们之间的联系可从习题三(A)的第 21 题与第 22 题来领会.

四、重点与难点

1. 难点:向量的线性相关性.

2. 重点:线性组合、线性表示、线性相关、线性无关的判定与证明;向量组的极大无关组和秩的求法;基础解系及通解的求法与证法;含参数的线性方程组解的讨论;两个线性方程组解之间的关系(如公共解、同解等);注意线性方程组有解、向量组线性表示、矩阵的秩及行列式之间的联系.

习 题 三

(A)

1. 解下列线性方程组:

(1) $\begin{cases} x_1+x_2-2x_3+x_4=4, \\ 2x_1-x_2-x_3+x_4=2, \\ 2x_1-3x_2+x_3-x_4=2; \end{cases}$

(2) $\begin{cases} x_1+x_2+2x_3+3x_4=1, \\ x_2+x_3-4x_4=1, \\ x_1+2x_2+3x_3-x_4=5, \\ 2x_1+3x_2-x_3-x_4=-7; \end{cases}$

(3) $\begin{cases} x_1-2x_2+3x_3-4x_4=4, \\ x_2-x_3+x_4=-3, \\ x_1+3x_2+x_4=1, \\ -7x_2+3x_3+x_4=-3; \end{cases}$

(4) $\begin{cases} x_1-x_2+2x_3-x_4=3, \\ 4x_1-4x_2+3x_3-2x_4=10, \\ x_1-x_2-3x_3+x_4=1, \\ 2x_1-2x_2-11x_3+4x_4=0; \end{cases}$

(5) $\begin{cases} x_1+x_2+x_3+x_4+x_5=0, \\ 3x_1+2x_2+x_3+x_4-3x_5=0, \\ 5x_1+4x_2-3x_3+3x_4-x_5=0; \end{cases}$

(6) $\begin{cases} x_1-3x_2+4x_3-x_4=0, \\ -2x_1+6x_2+9x_3+2x_4=0, \\ -x_1+3x_2+x_3+x_4=0. \end{cases}$

2. 当 a,b 取何值时,下列线性方程组无解、有唯一解、有无穷多个解?在有无穷多个解时,求出它的一般解:

(1) $\begin{cases} x_1+x_2+x_3=1, \\ 3x_1+2x_2+x_3=a, \\ 2x_1+x_2+bx_3=2; \end{cases}$ (2) $\begin{cases} x_1+x_2+x_3+x_4=0, \\ x_1+2x_2+3x_3+3x_4=1, \\ 3x_1+2x_2+ax_3+x_4=b, \\ x_1+x_2+x_3+ax_4=0; \end{cases}$

(3) $\begin{cases} x_1+x_2+2x_3+3x_4=1, \\ 2x_1+4x_2+8x_3+4x_4=4, \\ 2x_1-2x_2+ax_3+12x_4=2, \\ 2x_1-4x_2-8x_3+15x_4=b. \end{cases}$

3. 当 a 取何值时，齐次线性方程组

$$\begin{cases} x_1-x_2+x_3=0, \\ ax_1+2x_2+x_3=0, \\ 2x_1+3x_2=0 \end{cases}$$

有非零解，并求解.

4. 设 $\boldsymbol{\alpha}=(1,0,3,-2)^{\mathrm{T}}$，$\boldsymbol{\beta}=(-3,1,0,2)^{\mathrm{T}}$，

(1) 计算：$\boldsymbol{\alpha}+2\boldsymbol{\beta}$，$3\boldsymbol{\alpha}-\boldsymbol{\beta}$；(2) 求满足 $\boldsymbol{\alpha}+3(\boldsymbol{\beta}-\boldsymbol{\gamma})=\mathbf{0}$ 的 $\boldsymbol{\gamma}$.

5. 判断下列各组中的向量 $\boldsymbol{\beta}$ 是否可由其余向量线性表示. 若可以，表示式是否唯一？并求出它的一个表示式.

(1) $\boldsymbol{\alpha}_1=(1,1,1,2)^{\mathrm{T}}$，$\boldsymbol{\alpha}_2=(3,1,0,1)^{\mathrm{T}}$，$\boldsymbol{\alpha}_3=(0,2,1,3)^{\mathrm{T}}$，$\boldsymbol{\beta}=(2,-4,-3,-7)^{\mathrm{T}}$.

(2) $\boldsymbol{\alpha}_1=(1,-1,2)^{\mathrm{T}}$，$\boldsymbol{\alpha}_2=(-1,2,-3)^{\mathrm{T}}$，$\boldsymbol{\alpha}_3=(2,-3,5)^{\mathrm{T}}$，$\boldsymbol{\beta}=(2,3,-1)^{\mathrm{T}}$.

(3) $\boldsymbol{\alpha}_1=(1,2,-1,5)^{\mathrm{T}}$，$\boldsymbol{\alpha}_2=(2,-1,1,1)^{\mathrm{T}}$，$\boldsymbol{\beta}=(3,4,0,11)^{\mathrm{T}}$.

6. (2000 年考研试题)设向量组

$$\boldsymbol{\alpha}_1=(a,2,10)^{\mathrm{T}},\quad \boldsymbol{\alpha}_2=(-2,1,5)^{\mathrm{T}},\quad \boldsymbol{\alpha}_3=(-1,1,4)^{\mathrm{T}},\quad \boldsymbol{\beta}=(1,b,c)^{\mathrm{T}}.$$

试问：当 a,b,c 满足什么条件时，

(1) 向量 $\boldsymbol{\beta}$ 可由向量组 $\boldsymbol{\alpha}_1,\boldsymbol{\alpha}_2,\boldsymbol{\alpha}_3$ 线性表示，且表示法唯一；

(2) 向量 $\boldsymbol{\beta}$ 不能由向量组 $\boldsymbol{\alpha}_1,\boldsymbol{\alpha}_2,\boldsymbol{\alpha}_3$ 线性表示；

(3) 向量 $\boldsymbol{\beta}$ 可由向量组 $\boldsymbol{\alpha}_1,\boldsymbol{\alpha}_2,\boldsymbol{\alpha}_3$ 线性表示，且表示法不唯一，并求出一般表示式.

7. 判断下列向量组的线性相关性：

(1) $\boldsymbol{\alpha}_1=(1,2,0,1)^{\mathrm{T}}$，$\boldsymbol{\alpha}_2=(1,3,0,1)^{\mathrm{T}}$，$\boldsymbol{\alpha}_3=(1,1,0,0)^{\mathrm{T}}$；

(2) $\boldsymbol{\alpha}_1=(1,1,1)^{\mathrm{T}}$，$\boldsymbol{\alpha}_2=(1,3,3)^{\mathrm{T}}$，$\boldsymbol{\alpha}_3=(1,1,k)^{\mathrm{T}}$；

(3) $\boldsymbol{\alpha}_1=(1,2,0,1)^{\mathrm{T}}$，$\boldsymbol{\alpha}_2=(2,4,0,2)^{\mathrm{T}}$，$\boldsymbol{\alpha}_3=(1,1,-1,9)^{\mathrm{T}}$；

(4) $\boldsymbol{\alpha}_1=(3,1,0,0)^{\mathrm{T}}$，$\boldsymbol{\alpha}_2=(5,0,1,0)^{\mathrm{T}}$，$\boldsymbol{\alpha}_3=(6,0,0,1)^{\mathrm{T}}$；

(5) $\boldsymbol{\alpha}_1=(1,2)^{\mathrm{T}},\boldsymbol{\alpha}_2=(2,5)^{\mathrm{T}},\boldsymbol{\alpha}_3=(7,9)^{\mathrm{T}}$.

8. 设向量组 $\boldsymbol{\alpha}_1,\boldsymbol{\alpha}_2,\boldsymbol{\alpha}_3,\boldsymbol{\alpha}_4$ 线性无关,判断下列向量组的线性相关性:

(1) $\boldsymbol{\alpha}_1+\boldsymbol{\alpha}_2,\boldsymbol{\alpha}_2-\boldsymbol{\alpha}_3,\boldsymbol{\alpha}_3-\boldsymbol{\alpha}_4,\boldsymbol{\alpha}_4-2\boldsymbol{\alpha}_1$;

(2) $\boldsymbol{\alpha}_1-\boldsymbol{\alpha}_2,\boldsymbol{\alpha}_2-\boldsymbol{\alpha}_3,\boldsymbol{\alpha}_3-\boldsymbol{\alpha}_4,\boldsymbol{\alpha}_4-\boldsymbol{\alpha}_2$.

9. 设向量组 $\boldsymbol{\alpha}_1,\boldsymbol{\alpha}_2,\boldsymbol{\alpha}_3$ 线性无关,证明 $2\boldsymbol{\alpha}_1+3\boldsymbol{\alpha}_2,3\boldsymbol{\alpha}_1+4\boldsymbol{\alpha}_2+2\boldsymbol{\alpha}_3,\boldsymbol{\alpha}_1+\boldsymbol{\alpha}_2+\boldsymbol{\alpha}_3$ 线性无关.

10. 设向量组 $\boldsymbol{\alpha}_1,\boldsymbol{\alpha}_2,\cdots,\boldsymbol{\alpha}_s$ 线性相关,向量组 $\boldsymbol{\alpha}_2,\boldsymbol{\alpha}_3,\cdots,\boldsymbol{\alpha}_{s+1}$ 线性无关,证明:

(1) $\boldsymbol{\alpha}_1$ 可由 $\boldsymbol{\alpha}_2,\boldsymbol{\alpha}_3,\cdots,\boldsymbol{\alpha}_s$ 线性表示;

(2) $\boldsymbol{\alpha}_{s+1}$ 不能由 $\boldsymbol{\alpha}_1,\boldsymbol{\alpha}_2,\cdots,\boldsymbol{\alpha}_s$ 线性表示.

11. 设 n 维列向量组 $\boldsymbol{\alpha}_1,\boldsymbol{\alpha}_2,\cdots,\boldsymbol{\alpha}_n$ 线性无关,$\boldsymbol{B}$ 为 n 阶矩阵,证明向量组 $\boldsymbol{B}\boldsymbol{\alpha}_1,\boldsymbol{B}\boldsymbol{\alpha}_2,\cdots,\boldsymbol{B}\boldsymbol{\alpha}_n$ 线性无关的充要条件是 $|\boldsymbol{B}|\neq 0$.

12. 求以下向量组的秩与一个极大无关组,并将其余向量用该极大无关组线性表示.

(1) $\boldsymbol{\alpha}_1=(2,1,4,3)^{\mathrm{T}},\boldsymbol{\alpha}_2=(-1,1,-6,6)^{\mathrm{T}},\boldsymbol{\alpha}_3=(1,1,-2,7)^{\mathrm{T}},\boldsymbol{\alpha}_4=(2,4,4,9)^{\mathrm{T}}$;

(2) $\boldsymbol{\alpha}_1=(1,2,-1,1)^{\mathrm{T}},\boldsymbol{\alpha}_2=(2,0,3,0)^{\mathrm{T}},\boldsymbol{\alpha}_3=(0,-4,5,-2)^{\mathrm{T}},\boldsymbol{\alpha}_4=(3,-2,7,-1)^{\mathrm{T}}$.

13. 求以下向量组的秩与一个极大无关组:

(1) $\boldsymbol{\alpha}_1=(1,1,1,3)^{\mathrm{T}},\boldsymbol{\alpha}_2=(1,3,-5,-1)^{\mathrm{T}},\boldsymbol{\alpha}_3=(3,1,10,15)^{\mathrm{T}},\boldsymbol{\alpha}_4=(1,3,-5,k)^{\mathrm{T}}$.

(2) $\boldsymbol{\alpha}_1=(1,1,1,a)^{\mathrm{T}},\boldsymbol{\alpha}_2=(1,1,a,1)^{\mathrm{T}},\boldsymbol{\alpha}_3=(1,3,1,1)^{\mathrm{T}}$.

14. 当 a 为何值时,向量组 $\boldsymbol{\alpha}_1=(1,2,3)^{\mathrm{T}},\boldsymbol{\alpha}_2=(1,0,1)^{\mathrm{T}}$ 与向量组 $\boldsymbol{\beta}_1=(1,3,a)^{\mathrm{T}},\boldsymbol{\beta}_2=(4,1,5)^{\mathrm{T}}$ 等价?

15. 证明:若 $r(\boldsymbol{\alpha}_1,\boldsymbol{\alpha}_2,\cdots,\boldsymbol{\alpha}_s)=t\,(t>0)$,则 $\boldsymbol{\alpha}_1,\boldsymbol{\alpha}_2,\cdots,\boldsymbol{\alpha}_s$ 中任意 t 个线性无关的向量都是它的一个极大无关组.

16. 求下列齐次线性方程组的基础解系与通解:

(1) $\begin{cases}x_1+x_2-3x_4-x_5=0,\\x_1-x_2+2x_3-x_4+x_5=0,\\4x_1-2x_2+6x_3-5x_4+x_5=0;\end{cases}$ (2) $\begin{cases}2x_1+4x_2-x_3+x_4=0,\\3x_1+x_2+x_3+4x_4=0,\\x_1-3x_2+2x_3+3x_4=0.\end{cases}$

17. 求下列非齐次线性方程组的通解,并用其导出组的基础解系表示:

(1) $\begin{cases}x_1+2x_2-x_3-2x_4=0,\\3x_1+x_2-2x_3-x_4=1,\\2x_1-x_2-x_3+x_4=1;\end{cases}$ (2) $\begin{cases}x_1+x_3-x_4-3x_5=-2,\\x_1+2x_2-x_3-x_5=1,\\4x_1+6x_2-2x_3-4x_4+3x_5=7,\\2x_1-2x_2+4x_3-7x_4+4x_5=1.\end{cases}$

18.（与1988年考研试题类似）当 a,b 取何值时，线性方程组

$$\begin{cases} x_1+x_2+2x_3+3x_4=1, \\ x_1+3x_2+6x_3+x_4=3, \\ 3x_1-x_2-ax_3+15x_4=3, \\ x_1-5x_2-10x_3+12x_4=b \end{cases}$$

无解、有唯一解、有无穷多个解？在有无穷多个解时求出通解.

19.（与1990年考研试题类似）当 a,b 取何值时，线性方程组

$$\begin{cases} x_1+x_2+x_3+x_4+x_5=a, \\ 3x_1+2x_2+x_3+x_4-3x_5=0, \\ x_2+2x_3+2x_4+6x_5=b, \\ 5x_1+4x_2+3x_3+3x_4-x_5=2 \end{cases}$$

无解、有解？在有解时求出它的导出组的一个基础解系及原方程组的通解.

20. 设 $\boldsymbol{\alpha}_1,\boldsymbol{\alpha}_2,\boldsymbol{\alpha}_3$ 为4元非齐次线性方程组 $\boldsymbol{Ax}=\boldsymbol{\beta}$ 的3个解，$r(\boldsymbol{A})=3$ 且 $\boldsymbol{\alpha}_1+\boldsymbol{\alpha}_2=(2,-4,0,2)^{\mathrm{T}}$，$\boldsymbol{\alpha}_2+2\boldsymbol{\alpha}_3=(6,0,3,-9)^{\mathrm{T}}$，求方程组 $\boldsymbol{Ax}=\boldsymbol{\beta}$ 的通解.

21.（常见考研题型）设向量组

$$\boldsymbol{\alpha}_1=(1,0,0,3)^{\mathrm{T}},\quad \boldsymbol{\alpha}_2=(1,1,-1,2)^{\mathrm{T}},\quad \boldsymbol{\alpha}_3=(1,2,a-3,1)^{\mathrm{T}},\quad \boldsymbol{\alpha}_4=(1,2,-2,a)^{\mathrm{T}}.$$

(1) 计算行列式 $D=|\boldsymbol{\alpha}_1,\boldsymbol{\alpha}_2,\boldsymbol{\alpha}_3,\boldsymbol{\alpha}_4|$.

(2) 求矩阵 $\boldsymbol{A}=(\boldsymbol{\alpha}_1,\boldsymbol{\alpha}_2,\boldsymbol{\alpha}_3,\boldsymbol{\alpha}_4)$ 的秩.

(3) 当 a 为何值时，齐次线性方程组 $\boldsymbol{Ax}=\boldsymbol{0}$ 只有零解、有非零解？在有非零解时，求它的基础解系与通解，其中 $\boldsymbol{A}=(\boldsymbol{\alpha}_1,\boldsymbol{\alpha}_2,\boldsymbol{\alpha}_3,\boldsymbol{\alpha}_4)$.

(4) 当 a 为何值时，向量组 $\boldsymbol{\alpha}_1,\boldsymbol{\alpha}_2,\boldsymbol{\alpha}_3,\boldsymbol{\alpha}_4$ 线性相关、线性无关？

(5) 求向量组 $\boldsymbol{\alpha}_1,\boldsymbol{\alpha}_2,\boldsymbol{\alpha}_3,\boldsymbol{\alpha}_4$ 的一个极大无关组，并将其余向量用该极大无关组线性表示.

22.（常见考研题型）设向量组

$$\boldsymbol{\alpha}_1=(1,0,0,3)^{\mathrm{T}},\quad \boldsymbol{\alpha}_2=(1,1,-1,2)^{\mathrm{T}},\quad \boldsymbol{\alpha}_3=(1,2,a-3,1)^{\mathrm{T}},$$
$$\boldsymbol{\alpha}_4=(1,2,-2,a)^{\mathrm{T}},\quad \boldsymbol{\beta}=(0,1,b,-1)^{\mathrm{T}}.$$

(1) 求矩阵 $\bar{\boldsymbol{A}}=(\boldsymbol{\alpha}_1,\boldsymbol{\alpha}_2,\boldsymbol{\alpha}_3,\boldsymbol{\alpha}_4,\boldsymbol{\beta})$ 的秩.

(2) 当 a,b 为何值时，非齐次线性方程组 $\boldsymbol{Ax}=\boldsymbol{\beta}$ 无解、有唯一解、有无穷多个解？在有无穷多个解时，求它的通解，其中 $\boldsymbol{A}=(\boldsymbol{\alpha}_1,\boldsymbol{\alpha}_2,\boldsymbol{\alpha}_3,\boldsymbol{\alpha}_4)$.

(3) 当 a,b 为何值时，向量 $\boldsymbol{\beta}$ 不能由向量组 $\boldsymbol{\alpha}_1,\boldsymbol{\alpha}_2,\boldsymbol{\alpha}_3$ 线性表示？

当 a,b 为何值时，向量 $\boldsymbol{\beta}$ 可由向量组 $\boldsymbol{\alpha}_1,\boldsymbol{\alpha}_2,\boldsymbol{\alpha}_3$ 线性表示，且表示法唯一？

当 a,b 为何值时，向量 $\boldsymbol{\beta}$ 可由向量组 $\boldsymbol{\alpha}_1,\boldsymbol{\alpha}_2,\boldsymbol{\alpha}_3$ 线性表示，且表示法不唯一？并求出一般表示式.

(4) 求向量组 $\boldsymbol{\alpha}_1,\boldsymbol{\alpha}_2,\boldsymbol{\alpha}_3,\boldsymbol{\alpha}_4,\boldsymbol{\beta}$ 的一个极大无关组.

(B)

一、填空题

1. 设 $\boldsymbol{A}=\begin{pmatrix}1&2&-2\\2&1&2\\3&0&4\end{pmatrix}$，向量 $\boldsymbol{\beta}=(a,1,1)^{\mathrm{T}}$，若 $\boldsymbol{A\beta},\boldsymbol{\beta}$ 线性相关，则 $a=$______.

2. 设向量组 $\boldsymbol{\alpha}_1=(2,1,1,1)^{\mathrm{T}},\boldsymbol{\alpha}_2=(2,1,a,a)^{\mathrm{T}},\boldsymbol{\alpha}_3=(3,2,1,a)^{\mathrm{T}},\boldsymbol{\alpha}_4=(4,3,2,1)^{\mathrm{T}}$ 线性相关，且 $a\neq 1$，则 $a=$______.

3. 若 $\boldsymbol{\beta}=(1,2,a)^{\mathrm{T}}$ 可由向量组 $\boldsymbol{\alpha}_1=(2,1,1)^{\mathrm{T}},\boldsymbol{\alpha}_2=(1,-1,-4)^{\mathrm{T}},\boldsymbol{\alpha}_3=(-1,2,7)^{\mathrm{T}}$ 线性表示，则 $a=$______.

4. 设向量组 $\boldsymbol{\alpha}_1=(1,2,1)^{\mathrm{T}},\boldsymbol{\alpha}_2=(2,3,a)^{\mathrm{T}},\boldsymbol{\alpha}_3=(1,a+2,-2)^{\mathrm{T}}$，若 $\boldsymbol{\beta}_1=(1,3,4)^{\mathrm{T}}$ 可由 $\boldsymbol{\alpha}_1,\boldsymbol{\alpha}_2,\boldsymbol{\alpha}_3$ 线性表示，而 $\boldsymbol{\beta}_2=(0,1,2)^{\mathrm{T}}$ 不能由 $\boldsymbol{\alpha}_1,\boldsymbol{\alpha}_2,\boldsymbol{\alpha}_3$ 线性表示，则 $a=$______.

5. 设向量组 $\boldsymbol{\alpha}_1=(1,2,3)^{\mathrm{T}},\boldsymbol{\alpha}_2=(1,0,1)^{\mathrm{T}}$ 与向量组 $\boldsymbol{\beta}_1=(-1,2,a)^{\mathrm{T}},\boldsymbol{\beta}_2=(4,1,5)^{\mathrm{T}}$ 等价，则 $a=$______.

6. 设 $\boldsymbol{A}=(a_{ij})_{4\times 3}$，$r(\boldsymbol{A})=2$，且 $\boldsymbol{B}=\begin{pmatrix}1&0&2\\0&2&0\\-1&0&3\end{pmatrix}$，则 $r(\boldsymbol{AB})=$______.

7. 设 $\boldsymbol{A}=\begin{pmatrix}1&2&-2\\2&-1&a\\3&1&-1\end{pmatrix}$，$\boldsymbol{B}$ 是 3 阶非零矩阵，且 $\boldsymbol{AB}=\boldsymbol{O}$，则 $a=$______，$|\boldsymbol{B}|=$______.

8. 设 $\boldsymbol{A}=\begin{pmatrix}a&1&1\\1&a&1\\1&1&a\end{pmatrix}$，$\boldsymbol{b}=\begin{pmatrix}1\\1\\-2\end{pmatrix}$，$\boldsymbol{x}=\begin{pmatrix}x_1\\x_2\\x_3\end{pmatrix}$，若齐次线性方程组 $\boldsymbol{Ax}=\boldsymbol{0}$ 有非零解，则 $a=$______，若非齐次线性方程组 $\boldsymbol{Ax}=\boldsymbol{b}$ 有无穷多个解，则 $a=$______.

9. 设 $\boldsymbol{\alpha}_1,\boldsymbol{\alpha}_2,\boldsymbol{\alpha}_3$ 为 4 元非齐次线性方程组 $\boldsymbol{Ax}=\boldsymbol{\beta}$ 的 3 个解，$r(\boldsymbol{A})=3$ 且 $\boldsymbol{\alpha}_1+\boldsymbol{\alpha}_2=(2,-4,0,2)^{\mathrm{T}},2\boldsymbol{\alpha}_2+\boldsymbol{\alpha}_3=(6,0,3,-9)^{\mathrm{T}}$，则方程组 $\boldsymbol{Ax}=\boldsymbol{\beta}$ 的通解为______.

10. 若任意 3 维向量都可由 $\boldsymbol{\alpha}_1=(1,0,1)^{\mathrm{T}},\boldsymbol{\alpha}_2=(1,-2,3)^{\mathrm{T}},\boldsymbol{\alpha}_3=(a,1,2)^{\mathrm{T}}$ 线性表示，则 a______.

11. 若 $r(\boldsymbol{\alpha}_1,\boldsymbol{\alpha}_2,\cdots,\boldsymbol{\alpha}_n)=r(\boldsymbol{\alpha}_1,\boldsymbol{\alpha}_2,\cdots,\boldsymbol{\alpha}_n,\boldsymbol{\beta}_1)=s$，$r(\boldsymbol{\alpha}_1,\boldsymbol{\alpha}_2,\cdots,\boldsymbol{\alpha}_n,\boldsymbol{\beta}_2)=s+1$，则 $r(\boldsymbol{\alpha}_1,\boldsymbol{\alpha}_2,\cdots,\boldsymbol{\alpha}_n,\boldsymbol{\beta}_1,\boldsymbol{\beta}_2)=$______.

12. 设 5 阶矩阵 $\boldsymbol{A}$ 的秩为 3，则 $r(\boldsymbol{A}^*)=$______.

13. 设 $\boldsymbol{A}$ 为 3 阶非零矩阵，$\boldsymbol{B}=\begin{pmatrix}1&3&2\\2&c&1\\3&4&1\end{pmatrix}$，且 $\boldsymbol{AB}=\boldsymbol{O}$，则方程组 $\boldsymbol{Ax}=\boldsymbol{0}$ 的通解为______.

14. 设 $\boldsymbol{A}^*$ 是矩阵 $\boldsymbol{A}=\begin{pmatrix}1&2&3\\2&-1&1\\3&1&4\end{pmatrix}$ 的伴随矩阵，则方程组 $\boldsymbol{A}^*\boldsymbol{x}=\boldsymbol{0}$ 的通解为______.

15. 设 $\boldsymbol{\alpha}_1=(-3,2,0)^{\mathrm{T}}$，$\boldsymbol{\alpha}_2=(-1,0,-2)^{\mathrm{T}}$ 是方程组

$$\begin{cases}x_1+2x_2-x_3=1,\\2x_1+x_2+x_3=-4,\\ax_1+bx_2+cx_3=d\end{cases}$$

的两个解，则该方程组的通解为______.

16. 设 $\boldsymbol{A}$ 为 3 阶矩阵，$\boldsymbol{\alpha}_1,\boldsymbol{\alpha}_2,\boldsymbol{\alpha}_3$ 为 3 维线性无关的列向量，若 $\boldsymbol{A\alpha}_1=\boldsymbol{\alpha}_1+\boldsymbol{\alpha}_2$，$\boldsymbol{A\alpha}_2=\boldsymbol{\alpha}_2+\boldsymbol{\alpha}_3$，$\boldsymbol{A\alpha}_3=2\boldsymbol{\alpha}_3+\boldsymbol{\alpha}_1$，则 $|\boldsymbol{A}|=$______.

17. 设 $\boldsymbol{A},\boldsymbol{B}$ 为满足 $\boldsymbol{AB}=\boldsymbol{0}$ 的两非零矩阵，则 $\boldsymbol{A},\boldsymbol{B}$ 的行(列)向量组的线性相关性为____________.

18. 设 $\boldsymbol{\alpha}_1$ 为方程组 $\boldsymbol{Ax}=\boldsymbol{0}$ 的基础解系，其中 $\boldsymbol{A}=\begin{pmatrix}1&2&3\\2&b&1\\3&6&b\end{pmatrix}$，则 $b=$______.

19. 设 $\boldsymbol{A}$ 是 $m\times n$ 矩阵，$\boldsymbol{B}$ 是 $n\times m$ 矩阵，则当______时，线性方程组 $(\boldsymbol{AB})\boldsymbol{x}=\boldsymbol{0}$ 有非零解.

20. 设有线性方程组 $\boldsymbol{Ax}=\boldsymbol{0}$ 和 $\boldsymbol{Bx}=\boldsymbol{0}$. 其中 $\boldsymbol{A},\boldsymbol{B}$ 均是 $m\times n$ 矩阵，则以下命题中正确的是(　　).

(A) 若 $\boldsymbol{Ax}=\boldsymbol{0}$ 的解均是 $\boldsymbol{Bx}=\boldsymbol{0}$ 的解，则 $r(\boldsymbol{A})\geqslant r(\boldsymbol{B})$

(B) 若 $r(\boldsymbol{A})\geqslant r(\boldsymbol{B})$，则 $\boldsymbol{Ax}=\boldsymbol{0}$ 的解均是 $\boldsymbol{Bx}=\boldsymbol{0}$ 的解

(C) 若 $\boldsymbol{Ax}=\boldsymbol{0}$ 与 $\boldsymbol{Bx}=\boldsymbol{0}$ 同解，则 $r(\boldsymbol{A})=r(\boldsymbol{B})$

(D) 若 $r(\boldsymbol{A})=r(\boldsymbol{B})$，则 $\boldsymbol{Ax}=\boldsymbol{0}$ 与 $\boldsymbol{Bx}=\boldsymbol{0}$ 同解

21. (2004 年考研试题)设 $\boldsymbol{A}=(a_{ij})_{3\times3}$ 是实正交矩阵，且 $a_{11}=1$，$\boldsymbol{b}=(1,0,0)^{\mathrm{T}}$，则线性方程组 $\boldsymbol{Ax}=\boldsymbol{b}$ 的解是__________.

22. 设 $A=\begin{pmatrix}1 & -1 & 2\\2 & c & 4\\a & 3 & b\end{pmatrix}$，若存在秩大于 1 的 3 阶矩阵 B，使得 $BA=O$，则 $A^m=$ ______.

23. 设 A 是 3 阶矩阵，α_1,α_2 是线性方程组 $Ax=b$ 的两个不同解，则 $r((A^*)^*)=$ ______.

24. (2015 年考研试题)设矩阵 $A=\begin{pmatrix}1 & 1 & 1\\1 & 2 & a\\1 & 4 & a^2\end{pmatrix}$，$b=\begin{pmatrix}1\\d\\d^2\end{pmatrix}$，若集合 $\Omega=\{1,2\}$，则线性方程组 $Ax=b$ 有无穷多个解的充要条件为______________.

25. (2017 年考研试题)设 $A=\begin{pmatrix}1 & 0 & 1\\1 & 1 & 2\\0 & 1 & 1\end{pmatrix}$，$\alpha_1,\alpha_2,\alpha_3$ 为线性无关的 3 维列向量，则向量组 $A\alpha_1,A\alpha_2,A\alpha_3$ 的秩为______.

26. (2019 年考研试题)设 $A=\begin{pmatrix}1 & 0 & -1\\1 & 1 & -1\\0 & 1 & a^2-1\end{pmatrix}$，$b=\begin{pmatrix}0\\1\\a\end{pmatrix}$，线性方程组 $Ax=b$ 有无穷多个解，则 $a=$ ______.

27. 设 $A=\begin{pmatrix}1 & 2 & 3\\0 & 4 & c\\1 & c & 9\end{pmatrix}$ $(c>0)$，且 $Ax=0$ 有非零解，则 $A^*x=0$ 的通解为______.

28. 设 A 为 n 阶矩阵，$|A|=0$，$A_{ij}\neq 0$，则 $Ax=0$ 的通解为______.

二、选择题

1. 向量组 $\alpha_1,\alpha_2,\cdots,\alpha_s$ 线性无关的充分条件是(　　).

(A) $\alpha_1,\alpha_2,\cdots,\alpha_s$ 均为非零向量

(B) $\alpha_1,\alpha_2,\cdots,\alpha_s$ 中任意两向量的分量不成比例

(C) $\alpha_1,\alpha_2,\cdots,\alpha_s$ 中任一向量均不能由其余向量线性表示

(D) $\alpha_1,\alpha_2,\cdots,\alpha_s$ 中任有一部分向量线性无关

2. 设向量组 $\alpha_1,\alpha_2,\alpha_3$ 线性无关，则下列向量组中，线性无关的是(　　).

(A) $\alpha_1+\alpha_2,\alpha_2+\alpha_3,\alpha_3-\alpha_1$

(B) $\alpha_1+\alpha_2,\alpha_2+\alpha_3,\alpha_1+2\alpha_2+\alpha_3$

(C) $\alpha_1+2\alpha_2,2\alpha_2+3\alpha_3,3\alpha_3+\alpha_1$

(D) $\boldsymbol{\alpha}_1+\boldsymbol{\alpha}_2+\boldsymbol{\alpha}_3, 2\boldsymbol{\alpha}_1-3\boldsymbol{\alpha}_2+22\boldsymbol{\alpha}_3, 3\boldsymbol{\alpha}_1+5\boldsymbol{\alpha}_2-5\boldsymbol{\alpha}_3$

3. 设向量组 $\boldsymbol{\alpha}_1,\boldsymbol{\alpha}_2,\boldsymbol{\alpha}_3$ 线性无关,则下列向量组中,线性相关的是(　　).

(A) $\boldsymbol{\alpha}_1-\boldsymbol{\alpha}_2,\boldsymbol{\alpha}_2-\boldsymbol{\alpha}_3,\boldsymbol{\alpha}_3-\boldsymbol{\alpha}_1$　　(B) $\boldsymbol{\alpha}_1+\boldsymbol{\alpha}_2,\boldsymbol{\alpha}_2+\boldsymbol{\alpha}_3,\boldsymbol{\alpha}_1+\boldsymbol{\alpha}_3$

(C) $\boldsymbol{\alpha}_1-2\boldsymbol{\alpha}_2,\boldsymbol{\alpha}_2-2\boldsymbol{\alpha}_3,\boldsymbol{\alpha}_3-2\boldsymbol{\alpha}_1$　　(D) $\boldsymbol{\alpha}_1+2\boldsymbol{\alpha}_2,\boldsymbol{\alpha}_2+2\boldsymbol{\alpha}_3,\boldsymbol{\alpha}_1+2\boldsymbol{\alpha}_3$

4. 设 $\boldsymbol{\alpha}_1,\boldsymbol{\alpha}_2,\cdots,\boldsymbol{\alpha}_s$ 均为 n 维列向量,$\boldsymbol{A}$ 为 $m\times n$ 矩阵,则下列选项正确的是(　　).

(A) 若 $\boldsymbol{\alpha}_1,\boldsymbol{\alpha}_2,\cdots,\boldsymbol{\alpha}_s$ 线性相关,则 $\boldsymbol{A\alpha}_1,\boldsymbol{A\alpha}_2,\cdots,\boldsymbol{A\alpha}_s$ 线性相关

(B) 若 $\boldsymbol{\alpha}_1,\boldsymbol{\alpha}_2,\cdots,\boldsymbol{\alpha}_s$ 线性相关,则 $\boldsymbol{A\alpha}_1,\boldsymbol{A\alpha}_2,\cdots,\boldsymbol{A\alpha}_s$ 线性无关

(C) 若 $\boldsymbol{\alpha}_1,\boldsymbol{\alpha}_2,\cdots,\boldsymbol{\alpha}_s$ 线性无关,则 $\boldsymbol{A\alpha}_1,\boldsymbol{A\alpha}_2,\cdots,\boldsymbol{A\alpha}_s$ 线性相关

(D) 若 $\boldsymbol{\alpha}_1,\boldsymbol{\alpha}_2,\cdots,\boldsymbol{\alpha}_s$ 线性无关,则 $\boldsymbol{A\alpha}_1,\boldsymbol{A\alpha}_2,\cdots,\boldsymbol{A\alpha}_s$ 线性无关

5. 设 $\boldsymbol{\alpha}_1,\boldsymbol{\alpha}_2,\cdots,\boldsymbol{\alpha}_s$ 均为 n 维列向量,那么,下列结论正确的是(　　).

(A) 若 $k_1\boldsymbol{\alpha}_1+k_2\boldsymbol{\alpha}_2+\cdots+k_s\boldsymbol{\alpha}_s=\boldsymbol{0}$, 则 $\boldsymbol{\alpha}_1,\boldsymbol{\alpha}_2,\cdots,\boldsymbol{\alpha}_s$ 线性相关

(B) 若对任一组不全为零的数 $k_1,k_2,\cdots,k_s$ 都有 $k_1\boldsymbol{\alpha}_1+k_2\boldsymbol{\alpha}_2+\cdots+k_s\boldsymbol{\alpha}_s\neq\boldsymbol{0}$, 则 $\boldsymbol{\alpha}_1,\boldsymbol{\alpha}_2,\cdots,\boldsymbol{\alpha}_s$ 线性无关

(C) 若 $\boldsymbol{\alpha}_1,\boldsymbol{\alpha}_2,\cdots,\boldsymbol{\alpha}_s$ 线性相关,则对任一组不全为零的数 $k_1,k_2,\cdots,k_s$ 都有 $k_1\boldsymbol{\alpha}_1+k_2\boldsymbol{\alpha}_2+\cdots+k_s\boldsymbol{\alpha}_s=\boldsymbol{0}$

(D) 若 $0\boldsymbol{\alpha}_1+0\boldsymbol{\alpha}_2+\cdots+0\boldsymbol{\alpha}_s=\boldsymbol{0}$, 则 $\boldsymbol{\alpha}_1,\boldsymbol{\alpha}_2,\cdots,\boldsymbol{\alpha}_s$ 线性无关

6. 若 $\boldsymbol{\alpha}_1,\boldsymbol{\alpha}_2,\cdots,\boldsymbol{\alpha}_s$ 线性无关,向量 $\boldsymbol{\beta}_1$ 可由 $\boldsymbol{\alpha}_1,\boldsymbol{\alpha}_2,\cdots,\boldsymbol{\alpha}_s$ 线性表示,但向量 $\boldsymbol{\beta}_2$ 不能由 $\boldsymbol{\alpha}_1,\boldsymbol{\alpha}_2,\cdots,\boldsymbol{\alpha}_s$ 线性表示,则对任意常数 k 都有(　　).

(A) $\boldsymbol{\alpha}_1,\boldsymbol{\alpha}_2,\cdots,\boldsymbol{\alpha}_s,k\boldsymbol{\beta}_1+\boldsymbol{\beta}_2$ 线性相关

(B) $\boldsymbol{\alpha}_1,\boldsymbol{\alpha}_2,\cdots,\boldsymbol{\alpha}_s,k\boldsymbol{\beta}_1+\boldsymbol{\beta}_2$ 线性无关

(C) $\boldsymbol{\alpha}_1,\boldsymbol{\alpha}_2,\cdots,\boldsymbol{\alpha}_s,\boldsymbol{\beta}_1+k\boldsymbol{\beta}_2$ 线性相关

(D) $\boldsymbol{\alpha}_1,\boldsymbol{\alpha}_2,\cdots,\boldsymbol{\alpha}_s,\boldsymbol{\beta}_1+k\boldsymbol{\beta}_2$ 线性无关

7. 设 $\boldsymbol{A}$ 为 $m\times n$ 矩阵,且 $r(\boldsymbol{A})=m<n$, 则下列命题中不正确的是(　　).

(A) $\forall\,\boldsymbol{b}\in\mathbf{R}^n$, 方程组 $\boldsymbol{Ax}=\boldsymbol{b}$ 必有无穷多个解

(B) 若 m 阶矩阵 $\boldsymbol{C}$ 满足 $\boldsymbol{CA}=\boldsymbol{O}$, 则 $\boldsymbol{C}=\boldsymbol{O}$

(C) 行列式 $|\boldsymbol{A}^{\mathrm{T}}\boldsymbol{A}|=0$

(D) $\boldsymbol{A}$ 必可通过初等行变换化为 $(\boldsymbol{E}_m,\boldsymbol{O})$

8. 下列命题中正确的是(　　).

(A) 若方程组 $\boldsymbol{Ax}=\boldsymbol{0}$ 仅有零解,则方程组 $\boldsymbol{Ax}=\boldsymbol{b}$ 有唯一解

(B) 若方程组 $\boldsymbol{Ax}=\boldsymbol{0}$ 有非零解,则方程组 $\boldsymbol{Ax}=\boldsymbol{b}$ 有无穷多个解

(C) 若方程组 $\boldsymbol{Ax}=\boldsymbol{b}$ 有无穷多个解,则方程组 $\boldsymbol{Ax}=\boldsymbol{0}$ 有非零解

(D) n 元线性方程组 $\boldsymbol{Ax}=\boldsymbol{b}$ 有唯一解的充要条件是 $r(\boldsymbol{A})=n$

9. 设 $\boldsymbol{\beta}_1,\boldsymbol{\beta}_2$ 是方程组 $\boldsymbol{Ax}=\boldsymbol{b}$ 的两个特解, $\boldsymbol{\alpha}_1,\boldsymbol{\alpha}_2$ 是对应的齐次方程组 $\boldsymbol{Ax}=\boldsymbol{0}$ 的基础解系, k_1,k_2 是任意常数,则方程组 $\boldsymbol{Ax}=\boldsymbol{b}$ 的通解可写为(　　).

(A) $k_1(\boldsymbol{\alpha}_1+\boldsymbol{\alpha}_2)+k_2(\boldsymbol{\alpha}_1-\boldsymbol{\alpha}_2)+\frac{1}{2}(\boldsymbol{\beta}_1-\boldsymbol{\beta}_2)$

(B) $k_1(\boldsymbol{\alpha}_1+\boldsymbol{\alpha}_2)+k_2(\boldsymbol{\alpha}_1-\boldsymbol{\alpha}_2)+\frac{1}{2}(\boldsymbol{\beta}_1+\boldsymbol{\beta}_2)$

(C) $k_1(\boldsymbol{\alpha}_1+\boldsymbol{\alpha}_2)+k_2(\boldsymbol{\beta}_1+\boldsymbol{\beta}_2)+\frac{1}{2}(\boldsymbol{\beta}_1+\boldsymbol{\beta}_2)$

(D) $k_1(\boldsymbol{\alpha}_1+\boldsymbol{\alpha}_2)+k_2(\boldsymbol{\beta}_1-\boldsymbol{\beta}_2)+\frac{1}{2}(\boldsymbol{\beta}_1-\boldsymbol{\beta}_2)$

10. 设 $\boldsymbol{A}$ 为 6×5 矩阵，且 $r(\boldsymbol{A})=4$，$\boldsymbol{\alpha}_1,\boldsymbol{\alpha}_2$ 是方程组 $\boldsymbol{Ax}=\boldsymbol{0}$ 的两个不同的解向量，方程组 $\boldsymbol{Ax}=\boldsymbol{0}$ 的通解是(　　).

(A) $\boldsymbol{\alpha}_1+\boldsymbol{\alpha}_2$　　(B) $k(\boldsymbol{\alpha}_1+\boldsymbol{\alpha}_2)(k\in\mathbf{R})$

(C) $k\boldsymbol{\alpha}_1(k\in\mathbf{R})$　　(D) $k(\boldsymbol{\alpha}_1-\boldsymbol{\alpha}_2)(k\in\mathbf{R})$

11. 设 $\boldsymbol{A}$ 为 $m\times n$ 矩阵，且 $r(\boldsymbol{A})=r$，则下列命题中正确的是(　　).

(A) 若 $r=n$，则非齐次线性方程组 $\boldsymbol{Ax}=\boldsymbol{\beta}$ 有唯一解

(B) 若 $r<n$，则非齐次线性方程组 $\boldsymbol{Ax}=\boldsymbol{\beta}$ 有无穷多个解

(C) 若 $r=m$，则非齐次线性方程组 $\boldsymbol{Ax}=\boldsymbol{\beta}$ 有无穷多个解

(D) 若 $r<n$，则行列式 $|\boldsymbol{A}^{\mathrm{T}}\boldsymbol{A}|=0$

12. 下列命题中正确的是(　　).

(A) 若齐次方程组 $\boldsymbol{Ax}=\boldsymbol{0}$ 的解均是 $\boldsymbol{Bx}=\boldsymbol{0}$ 的解，则 $r(\boldsymbol{A})\leqslant r(\boldsymbol{B})$

(B) 若齐次方程组 $\boldsymbol{Ax}=\boldsymbol{0}$ 的解均是 $\boldsymbol{Bx}=\boldsymbol{0}$ 的解，则 $r(\boldsymbol{A})\geqslant r(\boldsymbol{B})$

(C) 若 $r(\boldsymbol{A})\geqslant r(\boldsymbol{B})$，则齐次方程组 $\boldsymbol{Ax}=\boldsymbol{0}$ 的解均是 $\boldsymbol{Bx}=\boldsymbol{0}$ 的解

(D) 若 $r(\boldsymbol{A})=r(\boldsymbol{B})$，则齐次方程组 $\boldsymbol{Ax}=\boldsymbol{0}$ 与 $\boldsymbol{Bx}=\boldsymbol{0}$ 同解

13. 设 $\boldsymbol{A}=\begin{pmatrix}1&2&-2\\2&-1&a\\3&a&-1\end{pmatrix}$，$\boldsymbol{B}$ 是 3 阶非零矩阵，且 $\boldsymbol{AB}=\boldsymbol{O}$，则(　　).

(A) $a=1$ 或 3，且 $r(\boldsymbol{B})=2$　　(B) $a=1$ 或 3，且 $r(\boldsymbol{B})=1$

(C) $a=-1$ 或 3，且 $r(\boldsymbol{B})=2$　　(D) $a=-1$ 或 3，且 $r(\boldsymbol{B})=1$

14. (2013 年考研试题)设 $\boldsymbol{A},\boldsymbol{B},\boldsymbol{C}$ 均为 n 阶矩阵，$\boldsymbol{AB}=\boldsymbol{C}$，$\boldsymbol{B}$ 可逆，则(　　).

(A) $\boldsymbol{C}$ 的行向量组与 $\boldsymbol{A}$ 的行向量组等价

(B) $\boldsymbol{C}$ 的列向量组与 $\boldsymbol{A}$ 的列向量组等价

(C) $\boldsymbol{C}$ 的行向量组与 $\boldsymbol{B}$ 的行向量组等价

(D) $\boldsymbol{C}$ 的列向量组与 $\boldsymbol{B}$ 的列向量组等价

15. (与 2018 年考研试题类似)设 $\boldsymbol{A},\boldsymbol{B}$ 均为 n 阶矩阵，记 $r(\boldsymbol{X})$ 为矩阵 $\boldsymbol{X}$ 的秩，$(\boldsymbol{X},\boldsymbol{Y})$ 表示分块矩阵，则(　　).

(A) $r(\boldsymbol{A},\boldsymbol{AB})=r(\boldsymbol{A})$　　(B) $r(\boldsymbol{A},\boldsymbol{BA})=r(\boldsymbol{A})$

(C) $r(\boldsymbol{A},\boldsymbol{B})=\max\{r(\boldsymbol{A}),r(\boldsymbol{B})\}$　　(D) $r(\boldsymbol{A},\boldsymbol{B})=r(\boldsymbol{A}^{\mathrm{T}}\boldsymbol{B}^{\mathrm{T}})$

16.（与 2019 年考研试题类似）设 $\boldsymbol{A}$ 为 4 阶矩阵，若线性方程组 $\boldsymbol{Ax}=\boldsymbol{0}$ 的基础解系中只有 2 个向量，则 $\boldsymbol{A}$ 的伴随矩阵 $\boldsymbol{A}^*$ 的秩是（　　）.

(A) 0　　(B) 1　　(C) 2　　(D) 3

17. 设 4 阶矩阵 $\boldsymbol{A}=(\boldsymbol{\alpha}_1,\boldsymbol{\alpha}_2,\boldsymbol{\alpha}_3,\boldsymbol{\alpha}_4)$，已知方程组 $\boldsymbol{Ax}=\boldsymbol{0}$ 的基础解系为 $k(1,0,3,0)^{\mathrm{T}}$，则方程组 $\boldsymbol{A}^*\boldsymbol{x}=\boldsymbol{0}$ 的基础解系为（　　）.

(A) $\boldsymbol{\alpha}_1,\boldsymbol{\alpha}_2,\boldsymbol{\alpha}_3$　　(B) $\boldsymbol{\alpha}_1+\boldsymbol{\alpha}_2,\boldsymbol{\alpha}_2+\boldsymbol{\alpha}_3,\boldsymbol{\alpha}_1+\boldsymbol{\alpha}_3$

(C) $\boldsymbol{\alpha}_2,\boldsymbol{\alpha}_3,\boldsymbol{\alpha}_4$　　(D) $\boldsymbol{\alpha}_1,\boldsymbol{\alpha}_3,\boldsymbol{\alpha}_4$

三、解答题和证明题

1.（2004 年考研试题）设向量组

$$\boldsymbol{\alpha}_1=(1,2,0)^{\mathrm{T}},\boldsymbol{\alpha}_2=(1,a+2,-3a)^{\mathrm{T}},\boldsymbol{\alpha}_3=(-1,-b-2,a+2b)^{\mathrm{T}},$$
$$\boldsymbol{\beta}=(1,3,-3)^{\mathrm{T}},$$

试讨论当 a,b 为何值时，

(1) $\boldsymbol{\beta}$ 不能由 $\boldsymbol{\alpha}_1,\boldsymbol{\alpha}_2,\boldsymbol{\alpha}_3$ 线性表示；

(2) $\boldsymbol{\beta}$ 能由 $\boldsymbol{\alpha}_1,\boldsymbol{\alpha}_2,\boldsymbol{\alpha}_3$ 唯一地线性表示，并求出表示式；

(3) $\boldsymbol{\beta}$ 能由 $\boldsymbol{\alpha}_1,\boldsymbol{\alpha}_2,\boldsymbol{\alpha}_3$ 线性表示，但表示不唯一，并求出表示式.

2. 设 $\boldsymbol{\alpha}_1=(1,1,1,3)^{\mathrm{T}},\boldsymbol{\alpha}_2=(-1,-3,5,1)^{\mathrm{T}},\boldsymbol{\alpha}_3=(3,2,-1,a+2)^{\mathrm{T}},\boldsymbol{\alpha}_4=(-2,-6,10,a)^{\mathrm{T}}$. 当 a 为何值时，$\boldsymbol{\alpha}_1,\boldsymbol{\alpha}_2,\boldsymbol{\alpha}_3,\boldsymbol{\alpha}_4$ 线性相关，并在此时求出它的秩和一个极大无关组.

3.（与 2008 年考研试题类似）设 n 元线性方程组 $\boldsymbol{Ax}=\boldsymbol{b}$，其中

$$\boldsymbol{A}=\begin{pmatrix}2a & 1 & 0 & \cdots & 0 & 0 & 0\\ a^2 & 2a & 1 & \cdots & 0 & 0 & 0\\ 0 & a^2 & 2a & \cdots & 0 & 0 & 0\\ \vdots & \vdots & \vdots & & \vdots & \vdots & \vdots\\ 0 & 0 & 0 & \cdots & 2a & 1 & 0\\ 0 & 0 & 0 & \cdots & a^2 & 2a & 1\\ 0 & 0 & 0 & \cdots & 0 & a^2 & 2a\end{pmatrix},\boldsymbol{x}=\begin{pmatrix}x_1\\ x_2\\ \vdots\\ x_n\end{pmatrix},\boldsymbol{b}=\begin{pmatrix}1\\ 0\\ \vdots\\ 0\end{pmatrix}.$$

(1) 证明行列式 $|\boldsymbol{A}|=(n+1)a^n$；

(2) 当 a 为何值时，该方程组有唯一解，并求 x_1；

(3) 当 a 为何值时，该方程组有无穷多个解，并求通解.

4.（2002 年考研试题）设 4 元齐次线性方程组（Ⅰ）为

$$\begin{cases}2x_1+3x_2-x_3=0,\\ x_1+2x_2+x_3-x_4=0,\end{cases}$$

且已知另一 4 元齐次线性方程组(Ⅱ)的一个基础解系为 $\boldsymbol{\alpha}_1=(2,-1,a+2,1)^{\mathrm{T}}$，$\boldsymbol{\alpha}_2=(-1,2,4,a+8)^{\mathrm{T}}$，

(1) 求方程组(Ⅰ)的一个基础解系；

(2) 当 a 为何值时，方程组(Ⅰ)与(Ⅱ)有非零公共解？在有非零公共解时，求出全部非零公共解.

5. (2007 年考研试题)设线性方程组

$$\begin{cases}x_1+x_2+x_3=0,\\x_1+2x_2+ax_3=0,\\x_1+4x_2+a^2x_3=0\end{cases}$$

与方程

$$x_1+2x_2+x_3=a-1$$

有公共解，求 a 的值及所有公共解.

6. 设向量组 $\boldsymbol{\alpha}_1,\boldsymbol{\alpha}_2,\cdots,\boldsymbol{\alpha}_s$ 是齐次线性方程组 $\boldsymbol{A}\boldsymbol{x}=\boldsymbol{0}$ 的基础解系，向量 $\boldsymbol{\beta}$ 不是 $\boldsymbol{A}\boldsymbol{x}=\boldsymbol{0}$ 的解，证明向量组 $\boldsymbol{\beta},\boldsymbol{\beta}+\boldsymbol{\alpha}_1,\boldsymbol{\beta}+\boldsymbol{\alpha}_2,\cdots,\boldsymbol{\beta}+\boldsymbol{\alpha}_s$ 线性无关.

7. 设 n 元齐次线性方程组 $\boldsymbol{A}\boldsymbol{x}=\boldsymbol{0}$ 的系数行列式 $|\boldsymbol{A}|=0$，而 $\boldsymbol{A}$ 中元素 a_{ij} 的代数余子式 $A_{ij}\neq 0$，试证 $(A_{i1},A_{i2},\cdots,A_{in})^{\mathrm{T}}$ 是该方程组的一个基础解系.

8. 设 $\boldsymbol{\gamma}_0$ 为非齐次线性方程组 $\boldsymbol{A}\boldsymbol{x}=\boldsymbol{\beta}$ 的一个特解，$\boldsymbol{\alpha}_1,\boldsymbol{\alpha}_2,\cdots,\boldsymbol{\alpha}_s$ 为其导出组 $\boldsymbol{A}\boldsymbol{x}=\boldsymbol{0}$ 的一个基础解系，证明 $\boldsymbol{\gamma}_0,\boldsymbol{\gamma}_0+\boldsymbol{\alpha}_1,\boldsymbol{\gamma}_0+\boldsymbol{\alpha}_2,\cdots,\boldsymbol{\gamma}_0+\boldsymbol{\alpha}_s$ 是方程组 $\boldsymbol{A}\boldsymbol{x}=\boldsymbol{\beta}$ 的所有解向量的一个极大无关组.

9. (2019 年考研试题)已知向量组

(1) $\boldsymbol{\alpha}_1=(1,1,4)^{\mathrm{T}},\boldsymbol{\alpha}_2=(1,0,4)^{\mathrm{T}},\boldsymbol{\alpha}_3=(1,1,a^2+3)^{\mathrm{T}}$，

(2) $\boldsymbol{\beta}_1=(1,1,a+3)^{\mathrm{T}},\boldsymbol{\beta}_2=(0,2,1-a)^{\mathrm{T}},\boldsymbol{\beta}_3=(1,3,a^2+3)^{\mathrm{T}}$，

若向量组(1)与向量组(2)等价，求 a 的值，并将 $\boldsymbol{\beta}_3$ 用 $\boldsymbol{\alpha}_1,\boldsymbol{\alpha}_2,\boldsymbol{\alpha}_3$ 线性表示.

10. (2018 年考研试题)已知 a 为常数，$\boldsymbol{A}=\begin{pmatrix}1&2&a\\1&3&0\\2&7&-a\end{pmatrix}$ 可经初等变换化为 $\boldsymbol{B}=\begin{pmatrix}1&a&2\\0&1&1\\-1&1&1\end{pmatrix}$. (1) 求 a；(2) 求满足 $\boldsymbol{AP}=\boldsymbol{B}$ 的可逆矩阵 $\boldsymbol{P}$.

11. (2016 年考研试题)设矩阵 $\boldsymbol{A}=\begin{pmatrix}1&1&1-a\\1&0&a\\a+1&1&a+1\end{pmatrix}$，$\boldsymbol{\beta}=\begin{pmatrix}0\\1\\2a-2\end{pmatrix}$，且方程 $\boldsymbol{A}\boldsymbol{x}=\boldsymbol{\beta}$ 无解. (1) 求 a 的值；(2) 求方程组 $\boldsymbol{A}^{\mathrm{T}}\boldsymbol{A}\boldsymbol{x}=\boldsymbol{A}^{\mathrm{T}}\boldsymbol{\beta}$ 的通解.

第 4 章　线性空间与线性变换

线性空间与线性变换理论在线性代数中有着非常重要的地位,也是其他不少数学分支的基础,在自然科学、工程技术、金融等各个领域有着广泛的应用.线性空间是对 n 维向量空间概念的进一步概括、抽象和推广,是研究现实世界中各种线性问题的数学模型,它的理论和方法已经渗透到自然科学、工程技术和经济管理的各个领域,成为线性代数的核心.线性变换是线性空间元素之间的一种对应关系.欧氏空间是一种特殊的应用广泛的线性空间.本章主要研究线性空间与线性变换的基本理论和矩阵方法,最后研究欧氏空间 $\mathbf{R}^n$ 的有关问题.其主要知识结构如下:

- 线性空间与线性变换
  - *线性空间
    - 定义、性质、子空间
    - 基、维数、坐标
    - 基变换与坐标变换
  - *线性变换
    - 定义、性质
    - 线性变换的矩阵
  - 欧氏空间 $\mathbf{R}^n$
    - 向量
      - 线性运算
      - 内积、长度、夹角等
    - 标准正交基
      - *定义、性质
      - 施密特正交化方法
    - 正交矩阵与正交变换
      - 定义
      - 性质

*§4.1　线性空间与子空间

一、线性空间的定义

我们知道数域 F 上的 n 维向量空间 F^n 对向量的加法和数乘运算封闭且满足加法和数乘运算规律(1)～(8)(见§3.2).容易发现,其他的一些集合也有类似的情形.例如,数域 F 上全体 n 阶对称(反对称、上三角形)矩阵构成的集合对矩阵的加法和数乘运算封闭,且满足运算规律(1)～(8);闭区间 $[a,b]$ 上所有连续实函数的集合

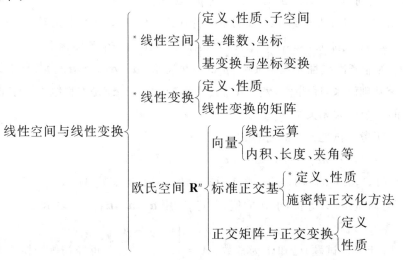

$C[a,b]$，关于通常函数的加法和数与函数的乘积运算封闭，且满足运算规律(1)～(8).这些集合所考虑的对象虽然不同，但都有加法和数乘运算，并随对象的不同，这些加法和数乘运算有不同定义，但它们却满足共同的运算规律(1)～(8).因此，我们可以抓住它们的共同点，把它们统一起来加以研究，为此我们引入下面线性空间的概念.

定义 4.1 设 V 是一个非空集合，F 是一个数域. V 中元素有一个加法(sum)运算，即对任意两个元素 $\boldsymbol{\alpha},\boldsymbol{\beta}\in V$，总有唯一的元素 $\boldsymbol{\gamma}\in V$ 与它们对应，称为 $\boldsymbol{\alpha}$ 与 $\boldsymbol{\beta}$ 的和，记为 $\boldsymbol{\gamma}=\boldsymbol{\alpha}+\boldsymbol{\beta}$. F 中的数与 V 中的元素之间有**数乘**(scalar multiplication)运算，即对任一数 $k\in F$ 以及任一元素 $\boldsymbol{\alpha}\in V$，总有唯一的元素 $\boldsymbol{\delta}\in V$ 与它们对应，称为 k 与 $\boldsymbol{\alpha}$ 的积，记为 $\boldsymbol{\delta}=k\boldsymbol{\alpha}$. 如果上述加法与数乘运算满足以下**八条运算规则**，则称 V 为数域 F 上的一个**线性空间**(linear space).所定义的加法和数乘运算统称为**线性运算**(linear operation).

加法满足下面四条规则：

(1) $\boldsymbol{\alpha}+\boldsymbol{\beta}=\boldsymbol{\beta}+\boldsymbol{\alpha}$；

(2) $(\boldsymbol{\alpha}+\boldsymbol{\beta})+\boldsymbol{\gamma}=\boldsymbol{\alpha}+(\boldsymbol{\beta}+\boldsymbol{\gamma})$；

(3) 在 V 中存在零元素 $\boldsymbol{O}$，对任意 $\boldsymbol{\alpha}\in V$，都有 $\boldsymbol{\alpha}+\boldsymbol{O}=\boldsymbol{\alpha}$；

(4) 对任意 $\boldsymbol{\alpha}\in V$，都有 $\boldsymbol{\alpha}$ 的负元素 $\boldsymbol{\beta}\in V$，使 $\boldsymbol{\alpha}+\boldsymbol{\beta}=\boldsymbol{O}$.

数乘运算满足下面两条规则：

(5) $1\cdot\boldsymbol{\alpha}=\boldsymbol{\alpha}$；

(6) $k(l\boldsymbol{\alpha})=(kl)\boldsymbol{\alpha}$；

数乘与加法满足下面两条规则：

(7) $(k+l)\boldsymbol{\alpha}=k\boldsymbol{\alpha}+l\boldsymbol{\alpha}$；

(8) $k(\boldsymbol{\alpha}+\boldsymbol{\beta})=k\boldsymbol{\alpha}+k\boldsymbol{\beta}$，

其中 $k,l\in F$；$\boldsymbol{\alpha},\boldsymbol{\beta},\boldsymbol{\gamma}\in V$.

由定义 4.1 可知，要检验一个非空集合 V 是否构成线性空间，实际上就是检验集合 V 对所定义的加法和数乘运算是否封闭以及八条运算规则是否满足.如果集合 V 对所定义的加法和数乘运算不封闭或者八条运算规则中有某一条不满足，则集合 V 就不能构成线性空间.

下面举几个例子(容易验证，下述各例中规定的加法和数乘两种运算都满足封闭性和定义 4.1 中的八条运算规则).

例 4.1 数域 F 按照本身的加法与乘法，构成一个自身上的线性空间.

例 4.2 设 V 是数域 F 上所有 $m\times n$ 矩阵构成的集合，按矩阵的加法和数乘运算，V 是 F 上的线性空间，记作 $F^{m\times n}$.

特别地，当 $F=\mathbf{R}$ 时，V 就是实数域 $\mathbf{R}$ 上的线性空间，记作 $\mathbf{R}^{m\times n}$；

$F^{n\times 1}$ 就是数域 F 上的 n 维向量空间 F^n；$\mathbf{R}^{n\times 1}$ 就是 n 维实向量空间 $\mathbf{R}^n$.

例 4.3 数域 F 上次数小于 n 的多项式全体及零多项式作成的集合 $F[x]_n$ 按通常的多项式加法和数与多项式的乘法，构成一个数域 F 上的线性空间.但是，数域 F 上次数等于 n 的多项式全体按通常的多项式加法和数与多项式的乘法不能构成线性空间.因为加法不封闭.例如，$f(x)=x^n+x$，$g(x)=-x^n+x^2$，则 $f(x)+g(x)$ 不再是 n 次多项式.

例 4.4 数域 F 上齐次线性方程组 $\boldsymbol{AX}=\boldsymbol{O}$ 的所有解向量构成的集合 V，按照向量的加法和数乘运算构成数域 F 上的线性空间，也称 V 为齐次线性方程组 $\boldsymbol{AX}=\boldsymbol{O}$ 的**解空间**.但是，数域 F 上非齐次线性方程组 $\boldsymbol{AX}=\boldsymbol{\beta}(\boldsymbol{\beta}\neq\boldsymbol{O})$ 的所有解向量构成的集合 V_1 按照向量的加法和数乘运算不构成数域 F 上的线性空间.因为方程组 $\boldsymbol{AX}=\boldsymbol{\beta}$ 的两个解 $\boldsymbol{y}_1,\boldsymbol{y}_2$ 之和 $\boldsymbol{y}_1+\boldsymbol{y}_2\notin V_1$，即 V_1 对加法不满足封闭性，故 V_1 不是 F 上的线性空间.

例 4.5 二阶常系数齐次线性微分方程 $y''+ay'+by=0(a,b\in\mathbf{R})$所有实解的集合 V，按照通常函数的加法和数与函数的乘积运算构成实数域 $\mathbf{R}$ 上的线性空间.但是二阶常系数非齐次线性微分方程 $y''+ay'+by=f(x)(a,b\in\mathbf{R},f(x)\neq 0)$所有实解的集合 V_1，按照通常函数的加法和数与函数的乘积运算不构成实数域 $\mathbf{R}$ 上的线性空间.因为该方程的两个解 y_1,y_2 之和 $y_1+y_2\notin V_1$，即 V_1 对加法不满足封闭性，故 V_1 不是 $\mathbf{R}$ 上的线性空间.

例 4.6 全体正实数 $\mathbf{R}_+$，加法和数乘运算定义为：$a\oplus b=ab$，$k\circ a=a^k$，其中 $a,b\in\mathbf{R}_+$，$k\in\mathbf{R}$. 证明 $\mathbf{R}_+$ 是实数域 $\mathbf{R}$ 上的线性空间.

证明 设 $\forall a,b,c\in\mathbf{R}_+$，$\forall k,l\in\mathbf{R}$. 因为 $a\oplus b=ab\in\mathbf{R}_+$，$k\circ a=a^k\in\mathbf{R}_+$，所以 $\mathbf{R}_+$ 对所定义的加法和数乘运算封闭.

现在验证所定义的两种运算满足八条运算规则：

1) $a\oplus b=ab=ba=b\oplus a$；

2) $(a\oplus b)\oplus c=(ab)\oplus c=(ab)c=a(bc)=a\oplus(bc)=a\oplus(b\oplus c)$；

3) $\mathbf{R}_+$ 中存在零元素 1，$\forall a\in\mathbf{R}_+$，有 $a\oplus 1=a\cdot 1=a$；

4) $\forall a\in\mathbf{R}_+$，有负元素 $a^{-1}\in\mathbf{R}_+$，满足 $a\oplus a^{-1}=aa^{-1}=1$；

5) $1\circ a=a^1=a$；

6) $k\circ(l\circ a)=k\circ a^l=(a^l)^k=a^{kl}=(kl)\circ a$；

7) $(k+l)\circ a=a^{k+l}=a^ka^l=a^k\oplus a^l=k\circ a\oplus l\circ a$；

8) $k\circ(a\oplus b)=k\circ(ab)=(ab)^k=a^kb^k=a^k\oplus b^k=k\circ a\oplus k\circ b$.

因此，$\mathbf{R}_+$ 是实数域 $\mathbf{R}$ 上的线性空间.

线性空间的元素也称为向量(vector).不过，这里所谓的向量比几何中所谓向量的含义要广泛得多.有时,也称线性空间为向量空间(vector space).

二、线性空间的性质

1. 零元素唯一.

证明　假设线性空间 V 中有两个零元素 $\boldsymbol{O}_1,\boldsymbol{O}_2$,那么根据定义 4.1 的第 3 条规则有:$\boldsymbol{O}_1+\boldsymbol{O}_2=\boldsymbol{O}_1$ 且 $\boldsymbol{O}_2+\boldsymbol{O}_1=\boldsymbol{O}_2$,即 $\boldsymbol{O}_1=\boldsymbol{O}_1+\boldsymbol{O}_2=\boldsymbol{O}_2+\boldsymbol{O}_1=\boldsymbol{O}_2$.这就证明了零元素的唯一性.

2. 负元素唯一.

证明　设 $\boldsymbol{\alpha}$ 有两个负元素 $\boldsymbol{\beta},\boldsymbol{\gamma}$,由定义 4.1 的第 4 条规则有:$\boldsymbol{\alpha}+\boldsymbol{\beta}=\boldsymbol{O},\boldsymbol{\alpha}+\boldsymbol{\gamma}=\boldsymbol{O}$,所以 $\boldsymbol{\beta}=\boldsymbol{\beta}+\boldsymbol{O}=\boldsymbol{\beta}+(\boldsymbol{\alpha}+\boldsymbol{\gamma})=(\boldsymbol{\beta}+\boldsymbol{\alpha})+\boldsymbol{\gamma}=\boldsymbol{O}+\boldsymbol{\gamma}=\boldsymbol{\gamma}$.

向量 $\boldsymbol{\alpha}$ 的唯一的负向量记为 $-\boldsymbol{\alpha}$,并规定:$\boldsymbol{\alpha}-\boldsymbol{\beta}=\boldsymbol{\alpha}+(-\boldsymbol{\beta})$.

3. $0\boldsymbol{\alpha}=\boldsymbol{O}$;$k\boldsymbol{O}=\boldsymbol{O}$;$(-1)\boldsymbol{\alpha}=-\boldsymbol{\alpha}$.

证明　因为 $0\boldsymbol{\alpha}+0\boldsymbol{\alpha}=(0+0)\boldsymbol{\alpha}=0\boldsymbol{\alpha}$,所以 $0\boldsymbol{\alpha}=\boldsymbol{O}$;因为 $k\boldsymbol{O}=k(\boldsymbol{O}+\boldsymbol{O})=k\boldsymbol{O}+k\boldsymbol{O}$,所以 $k\boldsymbol{O}=\boldsymbol{O}$;因为 $(-1)\boldsymbol{\alpha}+\boldsymbol{\alpha}=(-1)\boldsymbol{\alpha}+1\boldsymbol{\alpha}=[(-1)+1]\boldsymbol{\alpha}=0\boldsymbol{\alpha}=\boldsymbol{O}$,所以 $(-1)\boldsymbol{\alpha}=-\boldsymbol{\alpha}$.

4. 若 $k\boldsymbol{\alpha}=\boldsymbol{O}$,则 $k=0$ 或 $\boldsymbol{\alpha}=\boldsymbol{O}$.

证明　设 $k\neq 0$,那么 $\dfrac{1}{k}(k\boldsymbol{\alpha})=\dfrac{1}{k}\cdot\boldsymbol{O}=\boldsymbol{O}$.而 $\dfrac{1}{k}(k\boldsymbol{\alpha})=\left(\dfrac{1}{k}\cdot k\right)\boldsymbol{\alpha}=\boldsymbol{\alpha}$,所以 $\boldsymbol{\alpha}=\boldsymbol{O}$.同理可证:若 $\boldsymbol{\alpha}\neq\boldsymbol{O}$,则 $k=0$.

三、线性子空间

在通常的三维几何空间中,一个通过原点的平面上的向量对于加法和数乘运算构成一个二维实线性空间,但另一方面它也是三维几何空间的一部分,由此我们引入线性子空间的概念:

定义 4.2　设 L 是数域 F 上线性空间 V 的一个非空子集.如果 L 对于 V 中所定义的加法和数乘两种运算也构成数域 F 上的一个线性空间,则称 L 为 V 的一个线性子空间(linear subspace),简称子空间(subspace).

下面我们来分析一下,一个非空子集要满足什么条件才能构成子空间.

因 L 是 V 的一部分,V 中的运算对于 L 而言,定义 4.1 中的规则 1、2、5、6、7、8 显然是满足的.为了使 L 自身构成一个线性空间,主要的条件是要求 L 对于 V 中原有运算封闭,以及定义 4.1 中规则 3 与 4 成立.现在把这些条件列在下面:

1. 如果 $\boldsymbol{\alpha},\boldsymbol{\beta}\in L$,则 $\boldsymbol{\alpha}+\boldsymbol{\beta}\in L$;

2. 如果 $\boldsymbol{\alpha}\in L$, $k\in F$,则 $k\boldsymbol{\alpha}\in L$;

3. $\boldsymbol{O}$ 在 L 中;

4. 如果 $\boldsymbol{\alpha} \in L$，则 $-\boldsymbol{\alpha} \in L$.

显然，3、4 两个条件是多余的，因为它们已经包含在条件 2 中作为 $k=0$ 与 -1 这两个特殊情况.因此我们有：

定理 4.1 设 L 是数域 F 上线性空间 V 的一个非空子集，则 L 是 V 的子空间的充要条件是 L 对于 V 中的加法与数乘两种运算封闭.

下面看几个例子.

例 4.7 线性空间 V 总是自身的一个子空间；只含 V 的一个零向量构成的集合 $\{\boldsymbol{O}\}$ 是一个线性子空间，称为**零子空间**(zero subspace).

一个线性空间 V 本身及零子空间称为 V 的**平凡子空间**(trivial subspace).

例 4.8 设 $\boldsymbol{\alpha}_1,\boldsymbol{\alpha}_2,\cdots,\boldsymbol{\alpha}_r$ 是数域 F 上线性空间 V 的一个向量组，它的所有线性组合构成的集合：

$$L=\{k_1\boldsymbol{\alpha}_1+k_2\boldsymbol{\alpha}_2+\cdots+k_r\boldsymbol{\alpha}_r \mid k_1,k_2,\cdots,k_r \in F\}$$

是 V 的一个子空间，称 L 为由 $\boldsymbol{\alpha}_1,\boldsymbol{\alpha}_2,\cdots,\boldsymbol{\alpha}_r$ **生成的子空间**(spanning subspace)，记为 $L(\boldsymbol{\alpha}_1,\boldsymbol{\alpha}_2,\cdots,\boldsymbol{\alpha}_r)$.

例 4.9 $\mathbf{R}^n$ 中的下列子集是否构成线性空间？

(1) $L_1=\{(a_1,0,\cdots,0,a_n) \mid a_1,a_n \in \mathbf{R}\}$；

(2) $L_2=\{(a_1,a_2,\cdots,a_n) \mid a_i \in \mathbf{N}\}$.

解 (1) 构成子空间.

设 $\boldsymbol{\alpha}=(a_1,0,\cdots,0,a_n)$，$\boldsymbol{\beta}=(b_1,0,\cdots,0,b_n) \in L_1$，$k \in \mathbf{R}$，那么

$\boldsymbol{\alpha}+\boldsymbol{\beta}=(a_1+b_1,0,\cdots,0,a_n+b_n) \in L_1$，$k\boldsymbol{\alpha}=(ka_1,0,\cdots,0,ka_n) \in L_1$.

所以 L_1 是 $\mathbf{R}^n$ 的子空间.

(2) 不构成子空间.

设 $\boldsymbol{\alpha}=(3,a_2,\cdots,a_n) \in L_2$，$k=\dfrac{1}{2} \in \mathbf{R}$，那么 $k\boldsymbol{\alpha}=\left(\dfrac{3}{2},\dfrac{1}{2}a_2,\cdots,\dfrac{1}{2}a_n\right) \notin L_2$，即 L_2 对数乘运算不封闭，所以 L_2 不是子空间.

* §4.2 基、坐标及其变换

一、线性空间的基与坐标

在上一节，我们知道了线性空间概念实际上是对 n 维向量空间概念的进一步概括、抽象和推广.在第 3 章，我们对 n 维向量空间也作了较多的研究，引进了线性组合、线性表示、等价、线性相关、线性无关、极大线性无关组、秩等概念，并得到了一系列结论.这些概念和结论在一般的线性空间中都成立，只要它们不涉及 n 元有

序数组的具体特性，以后将直接使用，不再列出.

定义 4.3 设 V 为数域 F 上的线性空间，若 V 中存在 n 个向量 $\xi_1,\xi_2,\cdots,\xi_n$ 满足：

(1) $\xi_1,\xi_2,\cdots,\xi_n$ 线性无关；

(2) V 中任意向量 $\boldsymbol{\alpha}$ 均可由 $\xi_1,\xi_2,\cdots,\xi_n$ 线性表示：

$$\boldsymbol{\alpha}=x_1\boldsymbol{\xi}_1+x_2\boldsymbol{\xi}_2+\cdots+x_n\boldsymbol{\xi}_n,\quad x_i\in F,\quad i=1,2,\cdots,n,$$

则称有序向量组 $\xi_1,\xi_2,\cdots,\xi_n$ 为线性空间 V 的一个**基**(basis)；n 称为线性空间 V 的**维数**(dimension)，记作 $\dim V=n$；由 $\boldsymbol{\alpha}$ 唯一确定的 n 元有序数组 $(x_1,x_2,\cdots,x_n)^{\mathrm{T}}\in F^n$ 称为向量 $\boldsymbol{\alpha}$ 在基 $\xi_1,\xi_2,\cdots,\xi_n$ 下的**坐标向量**(coordinate vector)，简称**坐标**(coordinate)，记为 $[\boldsymbol{\alpha}]$.

根据定义 4.3，显然：V 的一个基 $\xi_1,\xi_2,\cdots,\xi_n$ 就相当于是 V 的一个极大无关组；并且由 V 的基 $\xi_1,\xi_2,\cdots,\xi_n$ 生成的子空间与 V 相等，即

$$V=L(\boldsymbol{\xi}_1,\boldsymbol{\xi}_2,\cdots,\boldsymbol{\xi}_n)=\{\boldsymbol{\alpha}=x_1\boldsymbol{\xi}_1+x_2\boldsymbol{\xi}_2+\cdots+x_n\boldsymbol{\xi}_n\mid x_i\in F,i=1,2,\cdots,n\}.$$

一般地，向量组 $\boldsymbol{\alpha}_1,\boldsymbol{\alpha}_2,\cdots,\boldsymbol{\alpha}_r$ 任一极大无关组都是生成子空间 $L(\boldsymbol{\alpha}_1,\boldsymbol{\alpha}_2,\cdots,\boldsymbol{\alpha}_r)$ 的一个基，称为**生成基**(spanning basis). 向量组 $\boldsymbol{\alpha}_1,\boldsymbol{\alpha}_2,\cdots,\boldsymbol{\alpha}_r$ 的秩就是 $L(\boldsymbol{\alpha}_1,\boldsymbol{\alpha}_2,\cdots,\boldsymbol{\alpha}_r)$ 的维数.

若 V 中没有线性无关的向量组，则规定 V 为零维的，记作 $\dim V=0$；

若 V 中可有任意多个线性无关的向量，则称 V 是无限维的，记作 $\dim V=\infty$.

以后，我们把维数为 n 的线性空间 V 称为 n 维线性空间，记作 V_n. 本书只讨论有限维的线性空间.

例 4.10(2010 年考研试题) 设 $\boldsymbol{\alpha}_1=(1,2,-1,0)^{\mathrm{T}}$，$\boldsymbol{\alpha}_2=(1,1,0,2)^{\mathrm{T}}$，$\boldsymbol{\alpha}_3=(2,1,1,a)^{\mathrm{T}}$，若由 $\boldsymbol{\alpha}_1,\boldsymbol{\alpha}_2,\boldsymbol{\alpha}_3$ 生成的向量空间维数是 2，则 $a=$______.

解 因为 $\boldsymbol{\alpha}_1,\boldsymbol{\alpha}_2,\boldsymbol{\alpha}_3$ 生成的向量空间维数是 2，所以向量组 $\alpha_1,\alpha_2,\alpha_3$ 的秩为 2，而

$$(\boldsymbol{\alpha}_1,\boldsymbol{\alpha}_2,\boldsymbol{\alpha}_3)=\begin{pmatrix}1&1&2\\2&1&1\\-1&0&1\\0&2&a\end{pmatrix}\to\begin{pmatrix}1&1&2\\0&-1&-3\\0&1&3\\0&2&a\end{pmatrix}\to\begin{pmatrix}1&1&2\\0&1&3\\0&0&a-6\\0&0&0\end{pmatrix},\text{故 } a=6.$$

例 4.11 在线性空间 $F[x]_n$ 中，向量组 $\xi_0=1,\xi_1=x,\cdots,\xi_{n-1}=x^{n-1}$ 是线性无关的，对于任一向量 $f(x)=a_0+a_1x+\cdots+a_{n-1}x^{n-1}\in F[x]_n$，$a_i\in F$，有

$$f(x)=a_0\boldsymbol{\xi}_0+a_1\boldsymbol{\xi}_1+\cdots+a_{n-1}\boldsymbol{\xi}_{n-1},$$

所以 $\xi_0,\xi_1,\cdots,\xi_{n-1}$ 是 $F[x]_n$ 的一个基，且 $f(x)$ 在此基下的坐标为 $(a_0,a_1,\cdots,a_{n-1})^{\mathrm{T}}$. $F[x]_n$ 是 n 维的，即 $\dim F[x]_n=n$.

若取 $\boldsymbol{\eta}_0=2,\boldsymbol{\eta}_1=2x+3,\boldsymbol{\eta}_2=x^2,\boldsymbol{\eta}_3=x^3,\cdots,\boldsymbol{\eta}_{n-1}=x^{n-1}$，易验证 $\boldsymbol{\eta}_0,\boldsymbol{\eta}_1,\cdots,\boldsymbol{\eta}_{n-1}$ 是线性无关的，此时 $f(x)=a_0+a_1x+\cdots+a_{n-1}x^{n-1}=\dfrac{2a_0-3a_1}{4}\boldsymbol{\eta}_0+\dfrac{a_1}{2}\boldsymbol{\eta}_1+a_2\boldsymbol{\eta}_2+\cdots+a_{n-1}\boldsymbol{\eta}_{n-1}$，所以 $\boldsymbol{\eta}_0,\boldsymbol{\eta}_1,\cdots,\boldsymbol{\eta}_{n-1}$ 也是 $F[x]_n$ 的一个基，且 $f(x)$ 在此基下的坐标为 $\left(\dfrac{2a_0-3a_1}{4},\dfrac{a_1}{2},a_2,\cdots,a_{n-1}\right)^{\mathrm{T}}$.

注 线性空间的基不唯一.线性空间的任一向量在不同基下对应的坐标一般不同，但一个向量在一个确定基下对应坐标是唯一的.

设 $\boldsymbol{\xi}_1,\boldsymbol{\xi}_2,\cdots,\boldsymbol{\xi}_n$ 是数域 F 上线性空间 V_n 的一个基.在这个基下，V_n 中任一向量 $\boldsymbol{\alpha}$ 均对应其坐标 $[\boldsymbol{\alpha}]\in F^n$. 可以验证此对应关系决定了 V_n 与 F^n 之间的一个一一对应关系.这个对应关系的重要性表现在它与线性运算的关系上：

设 $\boldsymbol{\alpha},\boldsymbol{\beta}\in V_n$，有 $\boldsymbol{\alpha}=a_1\boldsymbol{\xi}_1+a_2\boldsymbol{\xi}_2+\cdots+a_n\boldsymbol{\xi}_n$，$\boldsymbol{\beta}=b_1\boldsymbol{\xi}_1+b_2\boldsymbol{\xi}_2+\cdots+b_n\boldsymbol{\xi}_n$，即向量 $\boldsymbol{\alpha},\boldsymbol{\beta}$ 的坐标分别是 $(a_1,a_2,\cdots,a_n)^{\mathrm{T}}$，$(b_1,b_2,\cdots,b_n)^{\mathrm{T}}$，那么

$$\boldsymbol{\alpha}+\boldsymbol{\beta}=(a_1+b_1)\boldsymbol{\xi}_1+(a_2+b_2)\boldsymbol{\xi}_2+\cdots+(a_n+b_n)\boldsymbol{\xi}_n,$$
$$k\boldsymbol{\alpha}=ka_1\boldsymbol{\xi}_1+ka_2\boldsymbol{\xi}_2+\cdots+ka_n\boldsymbol{\xi}_n.$$

于是向量 $\boldsymbol{\alpha}+\boldsymbol{\beta}$，$k\boldsymbol{\alpha}$ 的坐标分别为

$$(a_1+b_1,a_2+b_2,\cdots,a_n+b_n)^{\mathrm{T}}=(a_1,a_2,\cdots,a_n)^{\mathrm{T}}+(b_1,b_2,\cdots,b_n)^{\mathrm{T}},$$
$$(ka_1,ka_2,\cdots,ka_n)^{\mathrm{T}}=k(a_1,a_2,\cdots,a_n)^{\mathrm{T}}.$$

以上式子说明在 V_n 中取定一个基，向量用坐标表示之后，向量的线性运算就可以归结为向量坐标的线性运算.因而，线性空间 V_n 的讨论就可以归结为 F^n 的讨论.此时，我们可以说 V_n 与 F^n 有相同结构，称 V_n 与 F^n **同构**(isomorphic).

二、基变换与坐标变换

由例 4.11 可见，随着基的改变，向量的坐标也将随之改变.那么基的改变与向量的坐标之间有什么关系呢？为此，我们首先考虑基与基之间的关系.

向量空间

定义 4.4 设 $\boldsymbol{\xi}_1,\boldsymbol{\xi}_2,\cdots,\boldsymbol{\xi}_n$ 及 $\boldsymbol{\eta}_1,\boldsymbol{\eta}_2,\cdots,\boldsymbol{\eta}_n$ 为数域 F 上 n 维线性空间 V_n 的两个基，$\boldsymbol{\eta}_1,\boldsymbol{\eta}_2,\cdots,\boldsymbol{\eta}_n$ 由 $\boldsymbol{\xi}_1,\boldsymbol{\xi}_2,\cdots,\boldsymbol{\xi}_n$ 线性表示为

$$\begin{cases}\boldsymbol{\eta}_1=a_{11}\boldsymbol{\xi}_1+a_{21}\boldsymbol{\xi}_2+\cdots+a_{n1}\boldsymbol{\xi}_n,\\ \boldsymbol{\eta}_2=a_{12}\boldsymbol{\xi}_1+a_{22}\boldsymbol{\xi}_2+\cdots+a_{n2}\boldsymbol{\xi}_n,\\ \cdots\cdots\cdots\cdots\\ \boldsymbol{\eta}_n=a_{1n}\boldsymbol{\xi}_1+a_{2n}\boldsymbol{\xi}_2+\cdots+a_{nn}\boldsymbol{\xi}_n,\end{cases}\tag{4.1}$$

式(4.1)的系数矩阵的转置矩阵

$$
\boldsymbol{P}=\begin{pmatrix} a_{11} & a_{12} & \cdots & a_{1n} \\ a_{21} & a_{22} & \cdots & a_{2n} \\ \vdots & \vdots & & \vdots \\ a_{n1} & a_{n2} & \cdots & a_{nn} \end{pmatrix}
$$

称为由基 $\boldsymbol{\xi}_1,\boldsymbol{\xi}_2,\cdots,\boldsymbol{\xi}_n$ 到基 $\boldsymbol{\eta}_1,\boldsymbol{\eta}_2,\cdots,\boldsymbol{\eta}_n$ 的**过渡矩阵**(transition matrix).

式(4.1)也可以写成

$$
(\boldsymbol{\eta}_1,\boldsymbol{\eta}_2,\cdots,\boldsymbol{\eta}_n)=(\boldsymbol{\xi}_1,\boldsymbol{\xi}_2,\cdots,\boldsymbol{\xi}_n)\boldsymbol{P}. \tag{4.2}
$$

式(4.2)称为**基变换公式**.因 $\boldsymbol{\eta}_1,\boldsymbol{\eta}_2,\cdots,\boldsymbol{\eta}_n$ 线性无关,故过渡矩阵 $\boldsymbol{P}$ 一定可逆.

定理 4.2 设 n 维线性空间 V_n 中的向量 $\boldsymbol{\alpha}$ 在基 $\boldsymbol{\xi}_1,\boldsymbol{\xi}_2,\cdots,\boldsymbol{\xi}_n$ 下的坐标为 $(x_1,x_2,\cdots,x_n)^{\mathrm{T}}$,在基 $\boldsymbol{\eta}_1,\boldsymbol{\eta}_2,\cdots,\boldsymbol{\eta}_n$ 下的坐标为 $(y_1,y_2,\cdots,y_n)^{\mathrm{T}}$.若基 $\boldsymbol{\xi}_1,\boldsymbol{\xi}_2,\cdots,\boldsymbol{\xi}_n$ 到基 $\boldsymbol{\eta}_1,\boldsymbol{\eta}_2,\cdots,\boldsymbol{\eta}_n$ 的过渡矩阵为 $\boldsymbol{P}$,则有**坐标变换公式**

$$
\begin{pmatrix} x_1 \\ x_2 \\ \vdots \\ x_n \end{pmatrix}=\boldsymbol{P}\begin{pmatrix} y_1 \\ y_2 \\ \vdots \\ y_n \end{pmatrix} \quad 或 \quad \begin{pmatrix} y_1 \\ y_2 \\ \vdots \\ y_n \end{pmatrix}=\boldsymbol{P}^{-1}\begin{pmatrix} x_1 \\ x_2 \\ \vdots \\ x_n \end{pmatrix}. \tag{4.3}
$$

证明 因为

$$
(\boldsymbol{\xi}_1,\boldsymbol{\xi}_2,\cdots,\boldsymbol{\xi}_n)\begin{pmatrix} x_1 \\ x_2 \\ \vdots \\ x_n \end{pmatrix}=\boldsymbol{\alpha}=(\boldsymbol{\eta}_1,\boldsymbol{\eta}_2,\cdots,\boldsymbol{\eta}_n)\begin{pmatrix} y_1 \\ y_2 \\ \vdots \\ y_n \end{pmatrix}, \tag{4.4}
$$

$$
(\boldsymbol{\eta}_1,\boldsymbol{\eta}_2,\cdots,\boldsymbol{\eta}_n)=(\boldsymbol{\xi}_1,\boldsymbol{\xi}_2,\cdots,\boldsymbol{\xi}_n)\boldsymbol{P}. \tag{4.5}
$$

结合式(4.4)、式(4.5)有

$$
(\boldsymbol{\xi}_1,\boldsymbol{\xi}_2,\cdots,\boldsymbol{\xi}_n)\begin{pmatrix} x_1 \\ x_2 \\ \vdots \\ x_n \end{pmatrix}=(\boldsymbol{\xi}_1,\boldsymbol{\xi}_2,\cdots,\boldsymbol{\xi}_n)\boldsymbol{P}\begin{pmatrix} y_1 \\ y_2 \\ \vdots \\ y_n \end{pmatrix}.
$$

又由于 $\boldsymbol{\xi}_1,\boldsymbol{\xi}_2,\cdots,\boldsymbol{\xi}_n$ 线性无关,所以

$$
\begin{pmatrix} x_1 \\ x_2 \\ \vdots \\ x_n \end{pmatrix}=\boldsymbol{P}\begin{pmatrix} y_1 \\ y_2 \\ \vdots \\ y_n \end{pmatrix} \quad 或 \quad \begin{pmatrix} y_1 \\ y_2 \\ \vdots \\ y_n \end{pmatrix}=\boldsymbol{P}^{-1}\begin{pmatrix} x_1 \\ x_2 \\ \vdots \\ x_n \end{pmatrix}.
$$

例 4.12 在 $\mathbf{R}^{2\times 2}$ 中,取两个基 $\boldsymbol{\xi}_1=\begin{pmatrix} 1 & 0 \\ 0 & 0 \end{pmatrix}$, $\boldsymbol{\xi}_2=\begin{pmatrix} 0 & 1 \\ 0 & 0 \end{pmatrix}$, $\boldsymbol{\xi}_3=\begin{pmatrix} 0 & 0 \\ 1 & 0 \end{pmatrix}$, $\boldsymbol{\xi}_4=$

$\begin{pmatrix}0&0\\0&1\end{pmatrix}$ 及 $\boldsymbol{\eta}_1=\begin{pmatrix}1&0\\0&0\end{pmatrix}$，$\boldsymbol{\eta}_2=\begin{pmatrix}1&1\\0&0\end{pmatrix}$，$\boldsymbol{\eta}_3=\begin{pmatrix}1&1\\1&0\end{pmatrix}$，$\boldsymbol{\eta}_4=\begin{pmatrix}1&1\\1&1\end{pmatrix}$. 并且 $\boldsymbol{\alpha}$ 在基 $\boldsymbol{\eta}_1,\boldsymbol{\eta}_2,\boldsymbol{\eta}_3,\boldsymbol{\eta}_4$ 下的坐标为 $(1,2,3,4)^{\mathrm{T}}$，求 $\boldsymbol{\alpha}$ 在基 ξ_1,ξ_2,ξ_3,ξ_4 下的坐标.

解 因为

$$\begin{cases}\boldsymbol{\eta}_1=\xi_1,\\ \boldsymbol{\eta}_2=\xi_1+\xi_2,\\ \boldsymbol{\eta}_3=\xi_1+\xi_2+\xi_3,\\ \boldsymbol{\eta}_4=\xi_1+\xi_2+\xi_3+\xi_4,\end{cases}$$

所以 ξ_1,ξ_2,ξ_3,ξ_4 到 $\boldsymbol{\eta}_1,\boldsymbol{\eta}_2,\boldsymbol{\eta}_3,\boldsymbol{\eta}_4$ 的过渡矩阵

$$\boldsymbol{P}=\begin{pmatrix}1&1&1&1\\0&1&1&1\\0&0&1&1\\0&0&0&1\end{pmatrix}.$$

故 $\boldsymbol{\alpha}$ 在基 ξ_1,ξ_2,ξ_3,ξ_4 下的坐标为

$$\begin{pmatrix}x_1\\x_2\\x_3\\x_4\end{pmatrix}=\begin{pmatrix}1&1&1&1\\0&1&1&1\\0&0&1&1\\0&0&0&1\end{pmatrix}\begin{pmatrix}1\\2\\3\\4\end{pmatrix}=\begin{pmatrix}10\\9\\7\\4\end{pmatrix}.$$

例 4.13(2015 年考研试题) 设向量组 $\boldsymbol{\alpha}_1,\boldsymbol{\alpha}_2,\boldsymbol{\alpha}_3$ 是 3 维向量空间 $\mathbf{R}^3$ 的一个基，$\boldsymbol{\beta}_1=2\boldsymbol{\alpha}_1+2k\boldsymbol{\alpha}_3$，$\boldsymbol{\beta}_2=2\boldsymbol{\alpha}_2$，$\boldsymbol{\beta}_3=\boldsymbol{\alpha}_1+(k+1)\boldsymbol{\alpha}_3$. (1) 证明向量组 $\boldsymbol{\beta}_1,\boldsymbol{\beta}_2,\boldsymbol{\beta}_3$ 是 $\mathbf{R}^3$ 的一个基；(2) 当 k 为何值时，存在非零向量 $\boldsymbol{\xi}$ 在基 $\boldsymbol{\alpha}_1,\boldsymbol{\alpha}_2,\boldsymbol{\alpha}_3$ 与基 $\boldsymbol{\beta}_1,\boldsymbol{\beta}_2,\boldsymbol{\beta}_3$ 下的坐标相同，并求出所有 $\boldsymbol{\xi}$.

解 (1) 由题意有 $\boldsymbol{\alpha}_1,\boldsymbol{\alpha}_2,\boldsymbol{\alpha}_3$ 线性无关，$(\boldsymbol{\beta}_1,\boldsymbol{\beta}_2,\boldsymbol{\beta}_3)=(\boldsymbol{\alpha}_1,\boldsymbol{\alpha}_2,\boldsymbol{\alpha}_3)\begin{pmatrix}2&0&1\\0&2&0\\2k&0&k+1\end{pmatrix}$.

因为 $\begin{vmatrix}2&0&1\\0&2&0\\2k&0&k+1\end{vmatrix}=2\begin{vmatrix}2&1\\2k&k+1\end{vmatrix}=4\neq0$，所以 $\boldsymbol{\beta}_1,\boldsymbol{\beta}_2,\boldsymbol{\beta}_3$ 线性无关，$\boldsymbol{\beta}_1,\boldsymbol{\beta}_2,\boldsymbol{\beta}_3$ 是 $\mathbf{R}^3$ 的一个基.

(2) 设 $\boldsymbol{P}=\begin{pmatrix}2&0&1\\0&2&0\\2k&0&k+1\end{pmatrix}$，显然 $\boldsymbol{P}$ 为从基 $\boldsymbol{\alpha}_1,\boldsymbol{\alpha}_2,\boldsymbol{\alpha}_3$ 到基 $\boldsymbol{\beta}_1,\boldsymbol{\beta}_2,\boldsymbol{\beta}_3$ 的过渡矩阵.

又设 $\boldsymbol{\xi}$ 在基 $\boldsymbol{\alpha}_1,\boldsymbol{\alpha}_2,\boldsymbol{\alpha}_3$ 下的坐标为 $\boldsymbol{x}=(x_1,x_2,x_3)^{\mathrm{T}}$，则 $\boldsymbol{\xi}$ 在基 $\boldsymbol{\beta}_1,\boldsymbol{\beta}_2,\boldsymbol{\beta}_3$ 下的坐标为 $\boldsymbol{P}^{-1}\boldsymbol{x}$，由 $\boldsymbol{x}=\boldsymbol{P}^{-1}\boldsymbol{x}$，得 $\boldsymbol{Px}=\boldsymbol{x}$，即 $(\boldsymbol{P}-\boldsymbol{E})\boldsymbol{x}=\boldsymbol{O}$. 因为 $\boldsymbol{\xi}$ 是非零向量，所以 $\boldsymbol{x}$ 也是非零向量.

因此 $|\boldsymbol{P}-\boldsymbol{E}|=\begin{vmatrix}1&0&1\\0&1&0\\2k&0&k\end{vmatrix}=\begin{vmatrix}1&1\\2k&k\end{vmatrix}=-k=0$，得 $k=0$，并解得 $x=c\begin{pmatrix}-1\\0\\1\end{pmatrix}$，$c$ 为任意常数.

从而 $\boldsymbol{\xi}=-c\boldsymbol{\alpha}_1+c\boldsymbol{\alpha}_3$，$c$ 为任意常数.

* §4.3 线性变换及其矩阵

一、线性变换的定义及其性质

定义 4.5 设 X,Y 是两个非空集合，如果对任意 $\boldsymbol{x}\in X$，按照一定的规则 T，都存在唯一的 $\boldsymbol{y}\in Y$ 与 $\boldsymbol{x}$ 对应，则称 T 为集合 X 到集合 Y 的**映射**(mapping). 记作

$$\boldsymbol{y}=T(\boldsymbol{x})\ (\boldsymbol{x}\in X)\quad 或\quad \boldsymbol{y}=T\boldsymbol{x}\ (\boldsymbol{x}\in X)\quad 或\quad T:X\to Y,$$

且称 $\boldsymbol{y}=T(\boldsymbol{x})$ 为 $\boldsymbol{x}$ 的**像**(image)，$\boldsymbol{x}$ 为 $\boldsymbol{y}$ 的**原像**(preimage).

特别地，当 $Y=X$ 时，T 是 X 到 X 的映射，此时称 T 为 X 的一个**变换**(transformation).

定义 4.6 设 V_n 是数域 F 上的 n 维线性空间，若 V_n 的变换 $T:V_n\to V_n$ 满足：

(1) 任意 $\boldsymbol{\alpha},\boldsymbol{\beta}\in V_n$，有

$$T(\boldsymbol{\alpha}+\boldsymbol{\beta})=T(\boldsymbol{\alpha})+T(\boldsymbol{\beta});$$

(2) 任意 $\boldsymbol{\alpha}\in V_n$，$k\in F$，有

$$T(k\boldsymbol{\alpha})=kT(\boldsymbol{\alpha}),$$

则称 T 是线性空间 V_n 的一个**线性变换**(linear transformation).

定义 4.6 表明线性变换 T 保持向量的加法与数乘运算，因此线性变换实际上是线性空间 V_n 到 V_n 的一个保持线性运算的映射.

下面我们只讨论线性空间 V_n 的线性变换.

例 4.14 设 V_n 是数域 F 上的线性空间，$\mu\in F$ 为一固定常数，定义 V_n 的变换：$T\boldsymbol{\alpha}=\mu\boldsymbol{\alpha}\ (\boldsymbol{\alpha}\in V_n)$，则 T 为 V_n 的一个线性变换，称为由数 μ 决定的 V_n 的**数乘变换**.

事实上，对任意 $\boldsymbol{\alpha},\boldsymbol{\beta}\in V_n$，$k\in F$ 有：

$$T(\boldsymbol{\alpha}+\boldsymbol{\beta})=\mu(\boldsymbol{\alpha}+\boldsymbol{\beta})=\mu\boldsymbol{\alpha}+\mu\boldsymbol{\beta}=T\boldsymbol{\alpha}+T\boldsymbol{\beta};$$

$$T(k\boldsymbol{\alpha})=\mu(k\boldsymbol{\alpha})=k(\mu\boldsymbol{\alpha})=kT\boldsymbol{\alpha}.$$

所以，T 为 V_n 的一个线性变换.特别地，

若 $\mu=0$，则对应变换 $T=\Theta$，即 $\Theta(\boldsymbol{\alpha})=\boldsymbol{O}$，$\forall\boldsymbol{\alpha}\in V_n$，称为 V_n 的**零变换**；

若 $\mu=1$，则对应变换 $T=I$，即 $I(\boldsymbol{\alpha})=\boldsymbol{\alpha}$，$\forall\boldsymbol{\alpha}\in V_n$，称为 V_n 的**恒等变换**.

例 4.15 在线性空间 $C[a,b]$ 中，定义变换：$T(f(x))=\int_a^x f(t)\mathrm{d}t$. 因为 $T[f(x)+g(x)]=\int_a^x[f(t)+g(t)]\mathrm{d}t=\int_a^x f(t)\mathrm{d}t+\int_a^x g(t)\mathrm{d}t=T(f(x))+T(g(x))$，$T[kf(x)]=\int_a^x kf(t)\mathrm{d}t=k\int_a^x f(t)\mathrm{d}t=kT(f(x))$，其中 $\forall f(x)$，$g(x)\in C[a,b]$，$k\in\mathbf{R}$.

所以 T 是 $C[a,b]$ 的线性变换.

例 4.16 在线性空间 $\mathbf{R}^3$ 上定义变换：$T(a_1,a_2,a_3)^{\mathrm{T}}=(2a_1,a_2^2,a_3^3)^{\mathrm{T}}$.

因为

$$T(k\boldsymbol{\alpha})=T(ka_1,ka_2,ka_3)^{\mathrm{T}}=(2ka_1,k^2a_2^2,k^3a_3^3)^{\mathrm{T}},$$

而

$$kT(\boldsymbol{\alpha})=kT(a_1,a_2,a_3)^{\mathrm{T}}=k(2a_1,a_2^2,a_3^3)^{\mathrm{T}}=(2ka_1,ka_2^2,ka_3^3)^{\mathrm{T}}.$$

(其中，$\forall\boldsymbol{\alpha}=(a_1,a_2,a_3)^{\mathrm{T}}\in\mathbf{R}^3$，$k\in\mathbf{R}$.)

当 $k\neq1$ 时，显然 $T(k\boldsymbol{\alpha})\neq kT(\boldsymbol{\alpha})$，因此 T 不是 $\mathbf{R}^3$ 的一个线性变换.

由线性变换的定义容易得出它的一些**基本性质**：

(1) 设 T 是线性空间 V 的线性变换，则 $T(\boldsymbol{O})=\boldsymbol{O}$，$T(-\boldsymbol{\alpha})=-T(\boldsymbol{\alpha})$.

(2) 设 T 是线性空间 V 的线性变换，且 $\boldsymbol{\beta}=k_1\boldsymbol{\alpha}_1+k_2\boldsymbol{\alpha}_2+\cdots+k_t\boldsymbol{\alpha}_t\in V$，那么

$$T\boldsymbol{\beta}=k_1T\boldsymbol{\alpha}_1+k_2T\boldsymbol{\alpha}_2+\cdots+k_tT\boldsymbol{\alpha}_t.$$

因此线性变换保持线性组合与线性关系式不变.特别地，

若 $k_1\boldsymbol{\alpha}_1+k_2\boldsymbol{\alpha}_2+\cdots+k_t\boldsymbol{\alpha}_t=\mathbf{0}$，则 $k_1T\boldsymbol{\alpha}_1+k_2T\boldsymbol{\alpha}_2+\cdots+k_tT\boldsymbol{\alpha}_t=\boldsymbol{O}$.

由此得到：

(3) 若 $\boldsymbol{\alpha}_1,\boldsymbol{\alpha}_2,\cdots,\boldsymbol{\alpha}_t$ 是线性相关的向量组，则 $T\boldsymbol{\alpha}_1,T\boldsymbol{\alpha}_2,\cdots,T\boldsymbol{\alpha}_t$ 也是线性相关的向量组.

注 性质(3)的逆命题不成立.线性变换可能把线性无关的向量组变成线性相关的向量组，例如零变换.

二、线性变换的矩阵

在上一节，我们知道在数域 F 上的线性空间 V_n 中取定一个基，向量用坐标表示之后，线性空间 V_n 的讨论就可以归结为 F^n 的讨论.因此要讨论 V_n 的线性变换只需讨论 V_n 中向量的坐标所构成的线性空间 F^n 上的相应线性变换.在前面

三章，我们对线性方程组进行了深入的研究，并得到了一系列完美的结论.那么我们能不能用线性方程组的相关结论研究线性变换呢？答案是肯定的.事实上，设有线性方程组 $\boldsymbol{\beta}=\boldsymbol{AX}$，$\boldsymbol{A}$ 为数域 F 上的 n 阶方阵，$\boldsymbol{X},\boldsymbol{\beta}\in F^n$；如果把常数向量 $\boldsymbol{\beta}$ 看成未知向量 $\boldsymbol{Y}$，$\boldsymbol{Y}=(y_1,y_2,\cdots,y_n)^{\mathrm{T}}\in \boldsymbol{F}^n$，即 $\boldsymbol{Y}=\boldsymbol{AX}$，显然这就是一个 $\boldsymbol{X}\rightarrow\boldsymbol{Y}$ 的 F^n 上的线性变换.那么我们现在自然就想要问：是不是所有 F^n 上的线性变换都可以写成线性方程组 $\boldsymbol{Y}=\boldsymbol{AX}$ 的形式呢？为了说明这一问题，我们先引入下面的概念：

定义 4.7 设 V 是数域 F 上的 n 维线性空间，$\boldsymbol{\xi}_1,\boldsymbol{\xi}_2,\cdots,\boldsymbol{\xi}_n$ 是 V 的一个基，T 是 V 的一个线性变换，基的像 $T\boldsymbol{\xi}_1,T\boldsymbol{\xi}_2,\cdots,T\boldsymbol{\xi}_n$ 可唯一地由基 $\boldsymbol{\xi}_1,\boldsymbol{\xi}_2,\cdots,\boldsymbol{\xi}_n$ 线性表示：

$$\begin{cases}T\boldsymbol{\xi}_1=a_{11}\boldsymbol{\xi}_1+a_{21}\boldsymbol{\xi}_2+\cdots+a_{n1}\boldsymbol{\xi}_n,\\ T\boldsymbol{\xi}_2=a_{12}\boldsymbol{\xi}_1+a_{22}\boldsymbol{\xi}_2+\cdots+a_{n2}\boldsymbol{\xi}_n,\\ \qquad\cdots\cdots\cdots\cdots\\ T\boldsymbol{\xi}_n=a_{1n}\boldsymbol{\xi}_1+a_{2n}\boldsymbol{\xi}_2+\cdots+a_{nn}\boldsymbol{\xi}_n,\end{cases}$$

记 $T(\boldsymbol{\xi}_1,\boldsymbol{\xi}_2,\cdots,\boldsymbol{\xi}_n)=(T\boldsymbol{\xi}_1,T\boldsymbol{\xi}_2,\cdots,T\boldsymbol{\xi}_n)$，上式可写成矩阵形式：

$$T(\boldsymbol{\xi}_1,\boldsymbol{\xi}_2,\cdots,\boldsymbol{\xi}_n)=(\boldsymbol{\xi}_1,\boldsymbol{\xi}_2,\cdots,\boldsymbol{\xi}_n)\boldsymbol{A},$$

其中

$$\boldsymbol{A}=\begin{pmatrix}a_{11}&a_{12}&\cdots&a_{1n}\\a_{21}&a_{22}&\cdots&a_{2n}\\\vdots&\vdots&&\vdots\\a_{n1}&a_{n2}&\cdots&a_{nn}\end{pmatrix}.$$

我们称矩阵 $\boldsymbol{A}$ 为线性变换 T 在基 $\boldsymbol{\xi}_1,\boldsymbol{\xi}_2,\cdots,\boldsymbol{\xi}_n$ 下的矩阵.

显然，矩阵 $\boldsymbol{A}$ 由基 $\boldsymbol{\xi}_1,\boldsymbol{\xi}_2,\cdots,\boldsymbol{\xi}_n$ 的像 $T\boldsymbol{\xi}_1,T\boldsymbol{\xi}_2,\cdots,T\boldsymbol{\xi}_n$ 唯一确定.反之，在 n 维线性空间 V 中，给定一个基 $\boldsymbol{\xi}_1,\boldsymbol{\xi}_2,\cdots,\boldsymbol{\xi}_n$ 以及数域 F 上的一个 n 阶方阵 $\boldsymbol{A}$，一定存在 V 的唯一一个线性变换 T，使得 T 在基 $\boldsymbol{\xi}_1,\boldsymbol{\xi}_2,\cdots,\boldsymbol{\xi}_n$ 下的矩阵就是 $\boldsymbol{A}$. 这样一来，在 n 维线性空间 V 中取定一个基后，线性变换与 n 阶方阵就构成一一对应关系，这为我们用矩阵方法来研究线性变换提供了依据.

定理 4.3 设 $\boldsymbol{\xi}_1,\boldsymbol{\xi}_2,\cdots,\boldsymbol{\xi}_n$ 为 n 维线性空间 V 的一个基，T 为 V 的一个线性变换且 T 在该基下的矩阵为 $\boldsymbol{A}$. 若 V 中向量 $\boldsymbol{\xi}$ 与 $T\boldsymbol{\xi}$ 在基 $\boldsymbol{\xi}_1,\boldsymbol{\xi}_2,\cdots,\boldsymbol{\xi}_n$ 下的坐标分别为 $\boldsymbol{X}=(x_1,x_2,\cdots,x_n)^{\mathrm{T}}$ 与 $\boldsymbol{Y}=(y_1,y_2,\cdots,y_n)^{\mathrm{T}}$，则有 $\boldsymbol{Y}=\boldsymbol{AX}$，即

$$\begin{pmatrix}y_1\\y_2\\\vdots\\y_n\end{pmatrix}=\boldsymbol{A}\begin{pmatrix}x_1\\x_2\\\vdots\\x_n\end{pmatrix}.$$

证明 由定理假设有：

$$\boldsymbol{\xi}=(\boldsymbol{\xi}_1,\boldsymbol{\xi}_2,\cdots,\boldsymbol{\xi}_n)\begin{pmatrix}x_1\\x_2\\\vdots\\x_n\end{pmatrix},\quad (T\boldsymbol{\xi}_1,T\boldsymbol{\xi}_2,\cdots,T\boldsymbol{\xi}_n)=(\boldsymbol{\xi}_1,\boldsymbol{\xi}_2,\cdots,\boldsymbol{\xi}_n)\boldsymbol{A}.$$

所以

$$T\boldsymbol{\xi}=x_1T\boldsymbol{\xi}_1+x_2T\boldsymbol{\xi}_2+\cdots+x_nT\boldsymbol{\xi}_n=(T\boldsymbol{\xi}_1,T\boldsymbol{\xi}_2,\cdots,T\boldsymbol{\xi}_n)\begin{pmatrix}x_1\\x_2\\\vdots\\x_n\end{pmatrix}=(\boldsymbol{\xi}_1,\boldsymbol{\xi}_2,\cdots,\boldsymbol{\xi}_n)\boldsymbol{A}\begin{pmatrix}x_1\\x_2\\\vdots\\x_n\end{pmatrix}.$$

又因为

$$T\boldsymbol{\xi}=(\boldsymbol{\xi}_1,\boldsymbol{\xi}_2,\cdots,\boldsymbol{\xi}_n)\begin{pmatrix}y_1\\y_2\\\vdots\\y_n\end{pmatrix},$$

所以

$$\begin{pmatrix}y_1\\y_2\\\vdots\\y_n\end{pmatrix}=\boldsymbol{A}\begin{pmatrix}x_1\\x_2\\\vdots\\x_n\end{pmatrix}.$$

例 4.17 设数域 F 上的三维线性空间 V 的线性变换 T 在基 $\boldsymbol{\xi}_1,\boldsymbol{\xi}_2,\boldsymbol{\xi}_3$ 下的矩阵

$$\boldsymbol{A}=\begin{pmatrix}a_{11}&a_{12}&a_{13}\\a_{21}&a_{22}&a_{23}\\a_{31}&a_{32}&a_{33}\end{pmatrix},$$

V 中的向量 $\boldsymbol{\eta}$ 在基 $\boldsymbol{\xi}_1,\boldsymbol{\xi}_2,\boldsymbol{\xi}_3$ 下的坐标为 $(b_1,b_2,b_3)^{\mathrm{T}}$. 求

(1) T 在基 $k\boldsymbol{\xi}_1,l\boldsymbol{\xi}_2,\boldsymbol{\xi}_3$ 下的矩阵 $(k,l\in F,kl\neq 0)$；

(2) T 在基 $\boldsymbol{\xi}_3,\boldsymbol{\xi}_1,\boldsymbol{\xi}_2+\boldsymbol{\xi}_3$ 下的矩阵；

(3) $T\boldsymbol{\eta}$ 在基 $\boldsymbol{\xi}_1,\boldsymbol{\xi}_2,\boldsymbol{\xi}_3$ 下的坐标.

解 由题意有，$T(\boldsymbol{\xi}_1,\boldsymbol{\xi}_2,\boldsymbol{\xi}_3)=(\boldsymbol{\xi}_1,\boldsymbol{\xi}_2,\boldsymbol{\xi}_3)\boldsymbol{A}$，即

$$\begin{cases}T\boldsymbol{\xi}_1=a_{11}\boldsymbol{\xi}_1+a_{21}\boldsymbol{\xi}_2+a_{31}\boldsymbol{\xi}_3,\\T\boldsymbol{\xi}_2=a_{12}\boldsymbol{\xi}_1+a_{22}\boldsymbol{\xi}_2+a_{32}\boldsymbol{\xi}_3,\\T\boldsymbol{\xi}_3=a_{13}\boldsymbol{\xi}_1+a_{23}\boldsymbol{\xi}_2+a_{33}\boldsymbol{\xi}_3.\end{cases}$$

所以

(1) $\begin{cases} T(k\boldsymbol{\xi}_1)=kT\boldsymbol{\xi}_1=a_{11}(k\boldsymbol{\xi}_1)+kl^{-1}a_{21}(l\boldsymbol{\xi}_2)+ka_{31}\boldsymbol{\xi}_3, \\ T(l\boldsymbol{\xi}_2)=lT\boldsymbol{\xi}_2=lk^{-1}a_{12}(k\boldsymbol{\xi}_1)+a_{22}(l\boldsymbol{\xi}_2)+la_{32}\boldsymbol{\xi}_3, \\ T\boldsymbol{\xi}_3=k^{-1}a_{13}(k\boldsymbol{\xi}_1)+l^{-1}a_{23}(l\boldsymbol{\xi}_2)+a_{33}\boldsymbol{\xi}_3, \end{cases}$

因此 T 在基 $k\boldsymbol{\xi}_1,l\boldsymbol{\xi}_2,\boldsymbol{\xi}_3$ 下的矩阵为

$$\begin{pmatrix} a_{11} & lk^{-1}a_{12} & k^{-1}a_{13} \\ kl^{-1}a_{21} & a_{22} & l^{-1}a_{23} \\ ka_{31} & la_{32} & a_{33} \end{pmatrix}.$$

(2) $\begin{cases} T\boldsymbol{\xi}_3=(a_{33}-a_{23})\boldsymbol{\xi}_3+a_{13}\boldsymbol{\xi}_1+a_{23}(\boldsymbol{\xi}_2+\boldsymbol{\xi}_3), \\ T\boldsymbol{\xi}_1=(a_{31}-a_{21})\boldsymbol{\xi}_3+a_{11}\boldsymbol{\xi}_1+a_{21}(\boldsymbol{\xi}_2+\boldsymbol{\xi}_3), \\ T(\boldsymbol{\xi}_2+\boldsymbol{\xi}_3)=(a_{32}+a_{33}-a_{22}-a_{23})\boldsymbol{\xi}_3+(a_{12}+a_{13})\boldsymbol{\xi}_1+ \\ \qquad (a_{22}+a_{23})(\boldsymbol{\xi}_2+\boldsymbol{\xi}_3), \end{cases}$

因此 T 在基 $\boldsymbol{\xi}_3,\boldsymbol{\xi}_1,\boldsymbol{\xi}_2+\boldsymbol{\xi}_3$ 下的矩阵为

$$\begin{pmatrix} a_{33}-a_{23} & a_{31}-a_{21} & a_{32}+a_{33}-a_{22}-a_{23} \\ a_{13} & a_{11} & a_{12}+a_{13} \\ a_{23} & a_{21} & a_{22}+a_{23} \end{pmatrix}.$$

(3) $T\boldsymbol{\eta}$ 在基 $\boldsymbol{\xi}_1,\boldsymbol{\xi}_2,\boldsymbol{\xi}_3$ 下的坐标为

$$\boldsymbol{A}\begin{pmatrix} b_1 \\ b_2 \\ b_3 \end{pmatrix}=\begin{pmatrix} a_{11} & a_{12} & a_{13} \\ a_{21} & a_{22} & a_{23} \\ a_{31} & a_{32} & a_{33} \end{pmatrix}\begin{pmatrix} b_1 \\ b_2 \\ b_3 \end{pmatrix}=\begin{pmatrix} a_{11}b_1+a_{12}b_2+a_{13}b_3 \\ a_{21}b_1+a_{22}b_2+a_{23}b_3 \\ a_{31}b_1+a_{32}b_2+a_{33}b_3 \end{pmatrix}.$$

由此例可知,线性变换所对应的矩阵与所取的基有关.同一线性变换在不同基下的矩阵有如下关系:

定理 4.4 设线性空间 V_n 的线性变换 T 在 V_n 的基 $\boldsymbol{\xi}_1,\boldsymbol{\xi}_2,\cdots,\boldsymbol{\xi}_n$ 和基 $\boldsymbol{\eta}_1,\boldsymbol{\eta}_2,\cdots,\boldsymbol{\eta}_n$ 下的矩阵分别为 $\boldsymbol{A}$, $\boldsymbol{B}$; 由基 $\boldsymbol{\xi}_1,\boldsymbol{\xi}_2,\cdots,\boldsymbol{\xi}_n$ 到基 $\boldsymbol{\eta}_1,\boldsymbol{\eta}_2,\cdots,\boldsymbol{\eta}_n$ 的过渡矩阵为 $\boldsymbol{P}$, 则 $\boldsymbol{B}=\boldsymbol{P}^{-1}\boldsymbol{AP}$.

证明 由定理条件,有

$$T(\boldsymbol{\xi}_1,\boldsymbol{\xi}_2,\cdots,\boldsymbol{\xi}_n)=(\boldsymbol{\xi}_1,\boldsymbol{\xi}_2,\cdots,\boldsymbol{\xi}_n)\boldsymbol{A},$$
$$T(\boldsymbol{\eta}_1,\boldsymbol{\eta}_2,\cdots,\boldsymbol{\eta}_n)=(\boldsymbol{\eta}_1,\boldsymbol{\eta}_2,\cdots,\boldsymbol{\eta}_n)\boldsymbol{B},$$
$$(\boldsymbol{\eta}_1,\boldsymbol{\eta}_2,\cdots,\boldsymbol{\eta}_n)=(\boldsymbol{\xi}_1,\boldsymbol{\xi}_2,\cdots,\boldsymbol{\xi}_n)\boldsymbol{P};$$

则

$$\begin{aligned}(\boldsymbol{\eta}_1,\boldsymbol{\eta}_2,\cdots,\boldsymbol{\eta}_n)\boldsymbol{B}&=T(\boldsymbol{\eta}_1,\boldsymbol{\eta}_2,\cdots,\boldsymbol{\eta}_n)=T[(\boldsymbol{\xi}_1,\boldsymbol{\xi}_2,\cdots,\boldsymbol{\xi}_n)\boldsymbol{P}] \\ &=T[(\boldsymbol{\xi}_1,\boldsymbol{\xi}_2,\cdots,\boldsymbol{\xi}_n)]\boldsymbol{P}=(\boldsymbol{\xi}_1,\boldsymbol{\xi}_2,\cdots,\boldsymbol{\xi}_n)\boldsymbol{AP} \\ &=(\boldsymbol{\eta}_1,\boldsymbol{\eta}_2,\cdots,\boldsymbol{\eta}_n)\boldsymbol{P}^{-1}\boldsymbol{AP}.\end{aligned}$$

因为 $\boldsymbol{\eta}_1,\boldsymbol{\eta}_2,\cdots,\boldsymbol{\eta}_n$ 线性无关,所以

$$\boldsymbol{B}=\boldsymbol{P}^{-1}\boldsymbol{A}\boldsymbol{P}.$$

根据定理 4.4,我们可以得到例 4.17 的(1),(2)的另一种解法.

(1) 因为 $(k\boldsymbol{\xi}_1,l\boldsymbol{\xi}_2,\boldsymbol{\xi}_3)=(\boldsymbol{\xi}_1,\boldsymbol{\xi}_2,\boldsymbol{\xi}_3)\begin{pmatrix}k&0&0\\0&l&0\\0&0&1\end{pmatrix}$,即 $\boldsymbol{P}=\begin{pmatrix}k&0&0\\0&l&0\\0&0&1\end{pmatrix}$.求得

$$\boldsymbol{P}^{-1}=\begin{pmatrix}k^{-1}&0&0\\0&l^{-1}&0\\0&0&1\end{pmatrix},$$

因此 T 在基 $k\boldsymbol{\xi}_1,l\boldsymbol{\xi}_2,\boldsymbol{\xi}_3$ 下的矩阵为

$$\boldsymbol{B}=\boldsymbol{P}^{-1}\boldsymbol{A}\boldsymbol{P}=\begin{pmatrix}k^{-1}&0&0\\0&l^{-1}&0\\0&0&1\end{pmatrix}\begin{pmatrix}a_{11}&a_{12}&a_{13}\\a_{21}&a_{22}&a_{23}\\a_{31}&a_{32}&a_{33}\end{pmatrix}\begin{pmatrix}k&0&0\\0&l&0\\0&0&1\end{pmatrix}$$

$$=\begin{pmatrix}a_{11}&lk^{-1}a_{12}&k^{-1}a_{13}\\kl^{-1}a_{21}&a_{22}&l^{-1}a_{23}\\ka_{31}&la_{32}&a_{33}\end{pmatrix}.$$

(2) 因为 $(\boldsymbol{\xi}_3,\boldsymbol{\xi}_1,\boldsymbol{\xi}_2+\boldsymbol{\xi}_3)=(\boldsymbol{\xi}_1,\boldsymbol{\xi}_2,\boldsymbol{\xi}_3)\begin{pmatrix}0&1&0\\0&0&1\\1&0&1\end{pmatrix}$,即 $\boldsymbol{P}=\begin{pmatrix}0&1&0\\0&0&1\\1&0&1\end{pmatrix}$.求得

$$\boldsymbol{P}^{-1}=\begin{pmatrix}0&-1&1\\1&0&0\\0&1&0\end{pmatrix},$$

因此 T 在基 $\boldsymbol{\xi}_3,\boldsymbol{\xi}_1,\boldsymbol{\xi}_2+\boldsymbol{\xi}_3$ 下的矩阵为

$$\boldsymbol{B}=\boldsymbol{P}^{-1}\boldsymbol{A}\boldsymbol{P}=\begin{pmatrix}0&-1&1\\1&0&0\\0&1&0\end{pmatrix}\begin{pmatrix}a_{11}&a_{12}&a_{13}\\a_{21}&a_{22}&a_{23}\\a_{31}&a_{32}&a_{33}\end{pmatrix}\begin{pmatrix}0&1&0\\0&0&1\\1&0&1\end{pmatrix}$$

$$=\begin{pmatrix}a_{33}-a_{23}&a_{31}-a_{21}&a_{32}+a_{33}-a_{22}-a_{23}\\a_{13}&a_{11}&a_{12}+a_{13}\\a_{23}&a_{21}&a_{22}+a_{23}\end{pmatrix}.$$

定义 4.8 设 T 是线性空间 V 的一个线性变换,T 的全体像组成的集合称为 T 的**值域**;所有被 T 变成零向量的向量组成的集合称为 T 的**核**,分别用 TV 和 $T^{-1}(\boldsymbol{O})$ 表示.即

$$TV=\{T\boldsymbol{\alpha}\mid\boldsymbol{\alpha}\in V\},\quad T^{-1}(\boldsymbol{O})=\{\boldsymbol{\alpha}\mid T\boldsymbol{\alpha}=\boldsymbol{O},\boldsymbol{\alpha}\in V\}.$$

不难验证,TV 和 $T^{-1}(\boldsymbol{O})$ 都是线性空间 V 的子空间,所以 TV 和 $T^{-1}(\boldsymbol{O})$ 也分别被称为线性变换 T 的**像空间**与**核空间**,简称为**像**与**核**.

定义 4.9 线性变换 T 的像空间 TV 的维数，称为线性变换 T 的秩；线性变换 T 的核空间 $T^{-1}(\boldsymbol{O})$ 的维数，称为线性变换 T 的**零度**.

结论 (1) 若 $\boldsymbol{A}$ 是线性变换 T 的矩阵，则线性变换 T 的秩就是 $\boldsymbol{A}$ 的秩；

(2) T 的秩 + T 的零度 $=n$.

§4.4 欧氏空间 $\mathbf{R}^n$

在向量空间中，向量之间的运算只有加法和数乘两种，与几何空间相比，就会发现向量的长度、向量间的夹角等度量性质在向量空间的理论中都没有得到反映.而这些度量性质无论是在理论上还是在实际问题中都是非常重要的，因此有必要引入这些概念，这样就有了欧氏空间.本节主要讨论欧氏空间 $\mathbf{R}^n$ 的基本概念、性质以及正交矩阵.

一、向量的内积

在三维几何空间中，向量的长度、夹角都可用数量积(内积)来描述：
数量积(内积)定义为

$$\boldsymbol{\alpha}\cdot\boldsymbol{\beta}=|\boldsymbol{\alpha}|\,|\boldsymbol{\beta}|\cos\langle\boldsymbol{\alpha},\boldsymbol{\beta}\rangle,$$

其坐标表达式为

$$\boldsymbol{\alpha}\cdot\boldsymbol{\beta}=a_1b_1+a_2b_2+a_3b_3,$$

其中 $\boldsymbol{\alpha}=(a_1,a_2,a_3)$，$\boldsymbol{\beta}=(b_1,b_2,b_3)$.

由此可得：

向量 $\boldsymbol{\alpha}$ 的长度 $\quad|\boldsymbol{\alpha}|=\sqrt{\boldsymbol{\alpha}\cdot\boldsymbol{\alpha}}=\sqrt{a_1^2+a_2^2+a_3^2}$,

向量 $\boldsymbol{\alpha}$ 与 $\boldsymbol{\beta}$ 的夹角 $\quad\langle\boldsymbol{\alpha},\boldsymbol{\beta}\rangle=\arccos\dfrac{\boldsymbol{\alpha}\cdot\boldsymbol{\beta}}{|\boldsymbol{\alpha}|\,|\boldsymbol{\beta}|}$.

下面我们将这一概念推广到 n 维实向量空间 $\mathbf{R}^n$.

定义 4.10 在 n 维实向量空间 $\mathbf{R}^n$ 中，设

$$\boldsymbol{\alpha}=\begin{pmatrix}a_1\\a_2\\\vdots\\a_n\end{pmatrix},\quad\boldsymbol{\beta}=\begin{pmatrix}b_1\\b_2\\\vdots\\b_n\end{pmatrix},$$

则

$$\boldsymbol{\alpha}^T\boldsymbol{\beta}=a_1b_1+a_2b_2+\cdots+a_nb_n=\sum_{i=1}^{n}a_ib_i$$

称为向量 $\boldsymbol{\alpha}$ 与 $\boldsymbol{\beta}$ 的**内积**(inner product),记作 $(\boldsymbol{\alpha},\boldsymbol{\beta})$. 定义了内积的实向量空间 $\mathbf{R}^n$ 称为**欧几里得空间**(Euclidean space),简称**欧氏空间**,仍用 $\mathbf{R}^n$ 表示欧氏空间.

内积是两个向量之间的一种运算,其结果是一个实数.向量的内积具有下述性质:

(1) $(\boldsymbol{\alpha},\boldsymbol{\beta})=(\boldsymbol{\beta},\boldsymbol{\alpha})$.

(2) $(k\boldsymbol{\alpha},\boldsymbol{\beta})=k(\boldsymbol{\alpha},\boldsymbol{\beta})$.

(3) $(\boldsymbol{\alpha}+\boldsymbol{\beta},\boldsymbol{\gamma})=(\boldsymbol{\alpha},\boldsymbol{\gamma})+(\boldsymbol{\beta},\boldsymbol{\gamma})$.

(4) $(\boldsymbol{\alpha},\boldsymbol{\alpha})\geqslant 0$, $(\boldsymbol{\alpha},\boldsymbol{\alpha})=0$ 当且仅当 $\boldsymbol{\alpha}=\mathbf{0}$,

其中 $\boldsymbol{\alpha},\boldsymbol{\beta},\boldsymbol{\gamma}$ 为 n 维实向量, k 为任意实数.

上述性质可根据内积定义直接证明.请读者自证.

由于 $(\boldsymbol{\alpha},\boldsymbol{\alpha})\geqslant 0$, 在欧氏空间 $\mathbf{R}^n$ 中可引入向量 $\boldsymbol{\alpha}$ 长度的概念.

定义 4.11 对任意 $\boldsymbol{\alpha}=(a_1,a_2,\cdots,a_n)^{\mathrm{T}}\in\mathbf{R}^n$, 规定向量 $\boldsymbol{\alpha}$ 的**长度**(length) $\|\boldsymbol{\alpha}\|$ 为

$$\|\boldsymbol{\alpha}\|=\sqrt{(\boldsymbol{\alpha},\boldsymbol{\alpha})}=\sqrt{\boldsymbol{\alpha}^{\mathrm{T}}\boldsymbol{\alpha}}=\sqrt{a_1^2+a_2^2+\cdots+a_n^2}.$$

向量的长度也称为向量的**范数**(norm).

当 $\|\boldsymbol{\alpha}\|=1$ 时,称 $\boldsymbol{\alpha}$ 为**单位向量**(unit vector).显然, $\|\boldsymbol{\alpha}\|=1$ 当且仅当 $(\boldsymbol{\alpha},\boldsymbol{\alpha})=1$.

若 $\boldsymbol{\alpha}\neq\mathbf{0}$,则 $\|\boldsymbol{\alpha}\|\neq 0$,那么

$$\left(\frac{1}{\|\boldsymbol{\alpha}\|}\boldsymbol{\alpha},\frac{1}{\|\boldsymbol{\alpha}\|}\boldsymbol{\alpha}\right)=\frac{1}{\|\boldsymbol{\alpha}\|^2}(\boldsymbol{\alpha},\boldsymbol{\alpha})=\frac{1}{\|\boldsymbol{\alpha}\|^2}\cdot\|\boldsymbol{\alpha}\|^2=1,$$

也就是说 $\dfrac{1}{\|\boldsymbol{\alpha}\|}\boldsymbol{\alpha}$ 是一个单位向量.

把一个非零实向量 $\boldsymbol{\alpha}$ 变成单位向量 $\dfrac{1}{\|\boldsymbol{\alpha}\|}\boldsymbol{\alpha}$,称为**把向量 $\boldsymbol{\alpha}$ 单位化**.

向量的长度具有下列性质:

(1) $\|\boldsymbol{\alpha}\|\geqslant 0$, 当且仅当 $\boldsymbol{\alpha}=\mathbf{0}$ 时,有 $\|\boldsymbol{\alpha}\|=0$.

(2) $\|k\boldsymbol{\alpha}\|=|k|\cdot\|\boldsymbol{\alpha}\|$ (k 为常数).

上述性质可根据定义 4.11 直接证明,请读者自证.

为了引入向量夹角的概念,先证明一个不等式.

定理 4.5 设 $\boldsymbol{\alpha},\boldsymbol{\beta}\in\mathbf{R}^n$, $\boldsymbol{\alpha}=(a_1,a_2,\cdots,a_n)^{\mathrm{T}}$, $\boldsymbol{\beta}=(b_1,b_2,\cdots,b_n)^{\mathrm{T}}$, 则

$$|(\boldsymbol{\alpha},\boldsymbol{\beta})|\leqslant\|\boldsymbol{\alpha}\|\cdot\|\boldsymbol{\beta}\|$$

或者

$$\left|\sum_{i=1}^{n}a_ib_i\right|\leqslant\sqrt{\sum_{i=1}^{n}a_i^2}\cdot\sqrt{\sum_{i=1}^{n}b_i^2}$$

称为**柯西—施瓦茨**(Cauchy - Schwarz)**不等式**.

证明 当 $\boldsymbol{\beta}=\mathbf{0}$ 时，$\|\boldsymbol{\beta}\|=0$，$(\boldsymbol{\alpha},\boldsymbol{\beta})=0$,命题成立.

当 $\boldsymbol{\beta}\neq\mathbf{0}$ 时，$\forall t\in\mathbf{R}$，有 $(\boldsymbol{\alpha}+t\boldsymbol{\beta},\boldsymbol{\alpha}+t\boldsymbol{\beta})\geqslant 0$，即

$$(\boldsymbol{\beta},\boldsymbol{\beta})t^2+2(\boldsymbol{\alpha},\boldsymbol{\beta})t+(\boldsymbol{\alpha},\boldsymbol{\alpha})\geqslant 0.$$

注意到上式 $\forall t\in\mathbf{R}$ 都成立,且$(\boldsymbol{\beta},\boldsymbol{\beta})>0$,因此上述二次多项式的判别式 $\Delta\leqslant 0$,即

$$4(\boldsymbol{\alpha},\boldsymbol{\beta})^2-4(\boldsymbol{\beta},\boldsymbol{\beta})(\boldsymbol{\alpha},\boldsymbol{\alpha})\leqslant 0.$$

即

$$|(\boldsymbol{\alpha},\boldsymbol{\beta})|\leqslant\|\boldsymbol{\alpha}\|\cdot\|\boldsymbol{\beta}\|.$$

根据柯西—施瓦茨不等式,对于 $\boldsymbol{\alpha}\neq\mathbf{0},\boldsymbol{\beta}\neq\mathbf{0}$,总有

$$-1\leqslant\frac{(\boldsymbol{\alpha},\boldsymbol{\beta})}{\|\boldsymbol{\alpha}\|\cdot\|\boldsymbol{\beta}\|}\leqslant 1.$$

由此可对欧氏空间 $\mathbf{R}^n$ 中的向量引入夹角的概念.

定义 4.12 设 $\boldsymbol{\alpha},\boldsymbol{\beta}\in\mathbf{R}^n$，$\boldsymbol{\alpha}\neq\mathbf{0}$，$\boldsymbol{\beta}\neq\mathbf{0}$，定义 $\boldsymbol{\alpha}$ 与 $\boldsymbol{\beta}$ 的**夹角**(included angle)$\langle\boldsymbol{\alpha},\boldsymbol{\beta}\rangle$ 为

$$\theta=\langle\boldsymbol{\alpha},\boldsymbol{\beta}\rangle=\arccos\frac{(\boldsymbol{\alpha},\boldsymbol{\beta})}{\|\boldsymbol{\alpha}\|\ \|\boldsymbol{\beta}\|}.$$

显然，$0\leqslant\theta\leqslant\pi$.当 $(\boldsymbol{\alpha},\boldsymbol{\beta})=0$ 时，$\theta=\dfrac{\pi}{2}$，此时称向量 $\boldsymbol{\alpha}$ 与 $\boldsymbol{\beta}$ 正交(或垂直)(orthogonal),记作 $\boldsymbol{\alpha}\perp\boldsymbol{\beta}$. 显然,若 $\boldsymbol{\alpha}=\mathbf{0}$，则 $\boldsymbol{\alpha}$ 与任何向量正交.

定理 4.6 设 $\boldsymbol{\alpha},\boldsymbol{\beta}\in\mathbf{R}^n$，则有

(1) $\|\boldsymbol{\alpha}+\boldsymbol{\beta}\|\leqslant\|\boldsymbol{\alpha}\|+\|\boldsymbol{\beta}\|$ （三角不等式）;

(2) 当 $\boldsymbol{\alpha}\perp\boldsymbol{\beta}$ 时，$\|\boldsymbol{\alpha}+\boldsymbol{\beta}\|^2=\|\boldsymbol{\alpha}\|^2+\|\boldsymbol{\beta}\|^2$ （勾股定理).

证明 (1)
$$\begin{aligned}\|\boldsymbol{\alpha}+\boldsymbol{\beta}\|^2&=(\boldsymbol{\alpha}+\boldsymbol{\beta},\boldsymbol{\alpha}+\boldsymbol{\beta})=(\boldsymbol{\alpha},\boldsymbol{\alpha})+2(\boldsymbol{\alpha},\boldsymbol{\beta})+(\boldsymbol{\beta},\boldsymbol{\beta})\\&\leqslant\|\boldsymbol{\alpha}\|^2+2\|\boldsymbol{\alpha}\|\ \|\boldsymbol{\beta}\|+\|\boldsymbol{\beta}\|^2\\&=(\|\boldsymbol{\alpha}\|+\|\boldsymbol{\beta}\|)^2,\end{aligned}$$

因此

$$\|\boldsymbol{\alpha}+\boldsymbol{\beta}\|\leqslant\|\boldsymbol{\alpha}\|+\|\boldsymbol{\beta}\|.$$

(2) 因为 $\boldsymbol{\alpha}\perp\boldsymbol{\beta}$，故 $(\boldsymbol{\alpha},\boldsymbol{\beta})=0$，那么

$$\begin{aligned}\|\boldsymbol{\alpha}+\boldsymbol{\beta}\|^2&=(\boldsymbol{\alpha}+\boldsymbol{\beta},\boldsymbol{\alpha}+\boldsymbol{\beta})=(\boldsymbol{\alpha},\boldsymbol{\alpha})+2(\boldsymbol{\alpha},\boldsymbol{\beta})+(\boldsymbol{\beta},\boldsymbol{\beta})\\&=(\boldsymbol{\alpha},\boldsymbol{\alpha})+(\boldsymbol{\beta},\boldsymbol{\beta})=\|\boldsymbol{\alpha}\|^2+\|\boldsymbol{\beta}\|^2.\end{aligned}$$

二、标准正交向量组

定义 4.13 如果向量 $\boldsymbol{\alpha}_1,\boldsymbol{\alpha}_2,\cdots,\boldsymbol{\alpha}_s(\boldsymbol{\alpha}_i\neq\mathbf{0},i=1,2,\cdots,s)$ 两两正交,则称

$\boldsymbol{\alpha}_1,\boldsymbol{\alpha}_2,\cdots,\boldsymbol{\alpha}_s$ 为**正交向量组**(orthogonal set);如果其中每个向量 $\boldsymbol{\alpha}_i$ 还是单位向量,则称 $\boldsymbol{\alpha}_1,\boldsymbol{\alpha}_2,\cdots,\boldsymbol{\alpha}_s$ 为**标准正交向量组**(**或规范正交向量组或单位正交向量组**)(orthonormal set).

显然:(1) 正交向量组 $\boldsymbol{\alpha}_1,\boldsymbol{\alpha}_2,\cdots,\boldsymbol{\alpha}_s$ 的每个向量 $\boldsymbol{\alpha}_i\neq\mathbf{0}$, $i=1,2,\cdots,s$;

(2) $\boldsymbol{\alpha}_1,\boldsymbol{\alpha}_2,\cdots,\boldsymbol{\alpha}_s$ 为标准正交向量组 $\Leftrightarrow(\boldsymbol{\alpha}_i,\boldsymbol{\alpha}_j)=\delta_{ij}=\begin{cases}1, i=j,\\0, i\neq j\end{cases}$ $(i,j=1,2,\cdots,s)$.

定理 4.7 设 $\boldsymbol{\alpha}_1,\boldsymbol{\alpha}_2,\cdots,\boldsymbol{\alpha}_s$ 是正交向量组,则 $\boldsymbol{\alpha}_1,\boldsymbol{\alpha}_2,\cdots,\boldsymbol{\alpha}_s$ 线性无关.

证明 设有数 $k_1,k_2,\cdots,k_s$ 使

$$k_1\boldsymbol{\alpha}_1+k_2\boldsymbol{\alpha}_2+\cdots+k_s\boldsymbol{\alpha}_s=\mathbf{0}.$$

上式两端同时左乘 $\boldsymbol{\alpha}_i^{\mathrm{T}}$,有

$$\boldsymbol{\alpha}_i^{\mathrm{T}}(k_1\boldsymbol{\alpha}_1+k_2\boldsymbol{\alpha}_2+\cdots+k_s\boldsymbol{\alpha}_s)=\boldsymbol{\alpha}_i^{\mathrm{T}}\cdot\mathbf{0}=0,$$

即

$$k_1\boldsymbol{\alpha}_i^{\mathrm{T}}\boldsymbol{\alpha}_1+k_2\boldsymbol{\alpha}_i^{\mathrm{T}}\boldsymbol{\alpha}_2+\cdots+k_s\boldsymbol{\alpha}_i^{\mathrm{T}}\boldsymbol{\alpha}_s=0.$$

因为 $\boldsymbol{\alpha}_i^{\mathrm{T}}\boldsymbol{\alpha}_j=0(i\neq j)$,所以上式可化为

$$k_i\boldsymbol{\alpha}_i^{\mathrm{T}}\boldsymbol{\alpha}_i=0.$$

又 $\boldsymbol{\alpha}_i\neq\mathbf{0}$,故 $\boldsymbol{\alpha}_i^{\mathrm{T}}\boldsymbol{\alpha}_i=\|\boldsymbol{\alpha}_i\|^2\neq0$,必有 $k_i=0(1\leqslant i\leqslant s)$.

因此,向量组 $\boldsymbol{\alpha}_1,\boldsymbol{\alpha}_2,\cdots,\boldsymbol{\alpha}_s$ 线性无关.

显然,标准正交向量组一定是正交向量组,正交向量组一定是线性无关的;但反之不成立.例如,$\boldsymbol{\varepsilon}_1=(1,0)^{\mathrm{T}}$,$\boldsymbol{\varepsilon}_2=(1,1)^{\mathrm{T}}$ 线性无关,但不正交.$\boldsymbol{\xi}_1=(1,1)^{\mathrm{T}}$,$\boldsymbol{\xi}_2=(2,-2)^{\mathrm{T}}$ 正交,但不是标准正交的.

令

$$\boldsymbol{\beta}_1=\boldsymbol{\alpha}_1;$$

$$\boldsymbol{\beta}_2=\boldsymbol{\alpha}_2-\frac{(\boldsymbol{\beta}_1,\boldsymbol{\alpha}_2)}{(\boldsymbol{\beta}_1,\boldsymbol{\beta}_1)}\boldsymbol{\beta}_1;$$

$$\boldsymbol{\beta}_3=\boldsymbol{\alpha}_3-\frac{(\boldsymbol{\beta}_1,\boldsymbol{\alpha}_3)}{(\boldsymbol{\beta}_1,\boldsymbol{\beta}_1)}\boldsymbol{\beta}_1-\frac{(\boldsymbol{\beta}_2,\boldsymbol{\alpha}_3)}{(\boldsymbol{\beta}_2,\boldsymbol{\beta}_2)}\boldsymbol{\beta}_2;$$

…………

$$\boldsymbol{\beta}_s=\boldsymbol{\alpha}_s-\frac{(\boldsymbol{\beta}_1,\boldsymbol{\alpha}_s)}{(\boldsymbol{\beta}_1,\boldsymbol{\beta}_1)}\boldsymbol{\beta}_1-\frac{(\boldsymbol{\beta}_2,\boldsymbol{\alpha}_s)}{(\boldsymbol{\beta}_2,\boldsymbol{\beta}_2)}\boldsymbol{\beta}_2-\cdots-\frac{(\boldsymbol{\beta}_{s-1},\boldsymbol{\alpha}_s)}{(\boldsymbol{\beta}_{s-1},\boldsymbol{\beta}_{s-1})}\boldsymbol{\beta}_{s-1}.$$

容易验证 $\boldsymbol{\beta}_1,\boldsymbol{\beta}_2,\cdots,\boldsymbol{\beta}_s$ 是正交向量组,且与向量组 $\boldsymbol{\alpha}_1,\boldsymbol{\alpha}_2,\cdots,\boldsymbol{\alpha}_s$ 等价.把线性无关向量组 $\boldsymbol{\alpha}_1,\boldsymbol{\alpha}_2,\cdots,\boldsymbol{\alpha}_s$ 化为正交向量组 $\boldsymbol{\beta}_1,\boldsymbol{\beta}_2,\cdots,\boldsymbol{\beta}_s$ 的这一过程称为**施密特**(Schmidt)**正交化方法**.它不仅满足 $\boldsymbol{\beta}_1,\boldsymbol{\beta}_2,\cdots,\boldsymbol{\beta}_s$ 与 $\boldsymbol{\alpha}_1,\boldsymbol{\alpha}_2,\cdots,\boldsymbol{\alpha}_s$ 等价,还满足:对任何 $k(1\leqslant k\leqslant s)$,向量组 $\boldsymbol{\beta}_1,\boldsymbol{\beta}_2,\cdots,\boldsymbol{\beta}_k$ 与 $\boldsymbol{\alpha}_1,\boldsymbol{\alpha}_2,\cdots,\boldsymbol{\alpha}_k$ 等价.

如果再把正交向量组 $\boldsymbol{\beta}_1,\boldsymbol{\beta}_2,\cdots,\boldsymbol{\beta}_s$ 单位化,即取

$$\boldsymbol{\varepsilon}_1=\frac{1}{\|\boldsymbol{\beta}_1\|}\boldsymbol{\beta}_1,\quad \boldsymbol{\varepsilon}_2=\frac{1}{\|\boldsymbol{\beta}_2\|}\boldsymbol{\beta}_2,\quad \cdots,\quad \boldsymbol{\varepsilon}_s=\frac{1}{\|\boldsymbol{\beta}_s\|}\boldsymbol{\beta}_s.$$

那么向量组 $\boldsymbol{\varepsilon}_1,\boldsymbol{\varepsilon}_2,\cdots,\boldsymbol{\varepsilon}_s$ 是与向量组 $\boldsymbol{\alpha}_1,\boldsymbol{\alpha}_2,\cdots,\boldsymbol{\alpha}_s$ 等价的标准正交向量组.

例 4.18 试用施密特正交化方法将向量组 $\boldsymbol{\alpha}_1=(0,1,1)^{\mathrm{T}}$, $\boldsymbol{\alpha}_2=(0,3,1)^{\mathrm{T}}$, $\boldsymbol{\alpha}_3=(1,3,-5)^{\mathrm{T}}$ 化为标准正交向量组.

向量的内积

解 取 $\boldsymbol{\beta}_1=\boldsymbol{\alpha}_1=\begin{pmatrix}0\\1\\1\end{pmatrix}$;

$$\boldsymbol{\beta}_2=\boldsymbol{\alpha}_2-\frac{(\boldsymbol{\beta}_1,\boldsymbol{\alpha}_2)}{(\boldsymbol{\beta}_1,\boldsymbol{\beta}_1)}\boldsymbol{\beta}_1=\begin{pmatrix}0\\3\\1\end{pmatrix}-\frac{4}{2}\begin{pmatrix}0\\1\\1\end{pmatrix}=\begin{pmatrix}0\\1\\-1\end{pmatrix};$$

$$\boldsymbol{\beta}_3=\boldsymbol{\alpha}_3-\frac{(\boldsymbol{\beta}_1,\boldsymbol{\alpha}_3)}{(\boldsymbol{\beta}_1,\boldsymbol{\beta}_1)}\boldsymbol{\beta}_1-\frac{(\boldsymbol{\beta}_2,\boldsymbol{\alpha}_3)}{(\boldsymbol{\beta}_2,\boldsymbol{\beta}_2)}\boldsymbol{\beta}_2=\begin{pmatrix}1\\3\\-5\end{pmatrix}-\frac{-2}{2}\begin{pmatrix}0\\1\\1\end{pmatrix}-\frac{8}{2}\begin{pmatrix}0\\1\\-1\end{pmatrix}=\begin{pmatrix}1\\0\\0\end{pmatrix}.$$

再将它们单位化,取

$$\boldsymbol{\varepsilon}_1=\frac{1}{\|\boldsymbol{\beta}_1\|}\boldsymbol{\beta}_1=\frac{1}{\sqrt{2}}\begin{pmatrix}0\\1\\1\end{pmatrix},\boldsymbol{\varepsilon}_2=\frac{1}{\|\boldsymbol{\beta}_2\|}\boldsymbol{\beta}_2=\frac{1}{\sqrt{2}}\begin{pmatrix}0\\1\\-1\end{pmatrix},\boldsymbol{\varepsilon}_3=\frac{1}{\|\boldsymbol{\beta}_3\|}\boldsymbol{\beta}_3=\begin{pmatrix}1\\0\\0\end{pmatrix}.$$

则 $\boldsymbol{\varepsilon}_1,\boldsymbol{\varepsilon}_2,\boldsymbol{\varepsilon}_3$ 即为所求.

注 标准正交化的过程一定是先正交化后单位化,反之不对.

例 4.19 已知 $\boldsymbol{\alpha}_1=(1,-1,2)^{\mathrm{T}}$,求向量 $\boldsymbol{\alpha}_2,\boldsymbol{\alpha}_3$,使得 $\boldsymbol{\alpha}_1,\boldsymbol{\alpha}_2,\boldsymbol{\alpha}_3$ 为正交向量组.

解 由题意,$\boldsymbol{\alpha}_2,\boldsymbol{\alpha}_3$ 应满足方程 $\boldsymbol{\alpha}_1^{\mathrm{T}}\boldsymbol{x}=0$. 其中 $\boldsymbol{x}=(x_1,x_2,x_3)^{\mathrm{T}}$,即

$$x_1-x_2+2x_3=0,$$

可得基础解系 $\boldsymbol{\xi}_1=\begin{pmatrix}1\\1\\0\end{pmatrix}$,$\boldsymbol{\xi}_2=\begin{pmatrix}-2\\0\\1\end{pmatrix}$.

将 $\boldsymbol{\xi}_1,\boldsymbol{\xi}_2$ 正交化,即为所求.也就是取

$$\boldsymbol{\alpha}_2=\boldsymbol{\xi}_1=\begin{pmatrix}1\\1\\0\end{pmatrix},\quad \boldsymbol{\alpha}_3=\boldsymbol{\xi}_2-\frac{(\boldsymbol{\xi}_2,\boldsymbol{\alpha}_2)}{(\boldsymbol{\alpha}_2,\boldsymbol{\alpha}_2)}\boldsymbol{\alpha}_2=\begin{pmatrix}-1\\1\\1\end{pmatrix}.$$

* **定义 4.14** 在欧氏空间 $\mathbf{R}^n$ 中,由 n 个向量组成的正交向量组称为**正交基**(orthogonal basis);由单位向量组成的正交基称为**标准正交基**(或**规范正交基**)

(orthonormal basis).

例如,容易验证

$$\boldsymbol{\xi}_1=\begin{pmatrix}\frac{1}{\sqrt{2}}\\ \frac{1}{\sqrt{2}}\\ 0\\ 0\end{pmatrix},\boldsymbol{\xi}_2=\begin{pmatrix}\frac{1}{\sqrt{2}}\\ -\frac{1}{\sqrt{2}}\\ 0\\ 0\end{pmatrix},\boldsymbol{\xi}_3=\begin{pmatrix}0\\ 0\\ \frac{1}{\sqrt{2}}\\ \frac{1}{\sqrt{2}}\end{pmatrix},\boldsymbol{\xi}_4=\begin{pmatrix}0\\ 0\\ \frac{1}{\sqrt{2}}\\ -\frac{1}{\sqrt{2}}\end{pmatrix}$$

是向量空间 $\mathbf{R}^4$ 的一个标准正交基.

又如,n 维单位向量组 $\boldsymbol{\varepsilon}_1,\boldsymbol{\varepsilon}_2,\cdots,\boldsymbol{\varepsilon}_n$ 也是 $\mathbf{R}^n$ 的一个标准正交基.

*例 4.20(1997 年考研试题) 设 $\boldsymbol{B}$ 是秩为 2 的 5×4 矩阵,$\boldsymbol{\alpha}_1=(1,1,2,3)^{\mathrm{T}}$,$\boldsymbol{\alpha}_2=(-1,1,4,-1)^{\mathrm{T}}$,$\boldsymbol{\alpha}_3=(5,-1,-8,9)^{\mathrm{T}}$ 是齐次线性方程组 $\boldsymbol{Bx}=\mathbf{0}$ 的解向量,求 $\boldsymbol{Bx}=\mathbf{0}$ 的解空间的一个标准正交基.

解 因为 $r(\boldsymbol{B})=2$,故 $\boldsymbol{Bx}=\mathbf{0}$ 的解空间维数为 $n-r(\boldsymbol{B})=4-2=2$.

又因为 $\boldsymbol{\alpha}_1,\boldsymbol{\alpha}_2$ 线性无关且 $\boldsymbol{\alpha}_1,\boldsymbol{\alpha}_2$ 是 $\boldsymbol{Bx}=\mathbf{0}$ 的解,由解空间的基的定义,$\boldsymbol{\alpha}_1,\boldsymbol{\alpha}_2$ 是解空间的基.

用施密特正交化方法先将其正交化,令

$\boldsymbol{\beta}_1=\boldsymbol{\alpha}_1=(1,1,2,3)^{\mathrm{T}}$,

$$\boldsymbol{\beta}_2=\boldsymbol{\alpha}_2-\frac{(\boldsymbol{\alpha}_2,\boldsymbol{\beta}_1)}{(\boldsymbol{\beta}_1,\boldsymbol{\beta}_1)}\boldsymbol{\beta}_1=(-1,1,4,-1)^{\mathrm{T}}-\frac{5}{15}(1,1,2,3)^{\mathrm{T}}=\frac{2}{3}(-2,1,5,-3)^{\mathrm{T}},$$

将其单位化,有 $\boldsymbol{\eta}_1=\dfrac{\boldsymbol{\beta}_1}{\|\boldsymbol{\beta}_1\|}=\dfrac{1}{\sqrt{15}}(1,1,2,3)^{\mathrm{T}}$,$\boldsymbol{\eta}_2=\dfrac{\boldsymbol{\beta}_2}{\|\boldsymbol{\beta}_2\|}=\dfrac{1}{\sqrt{39}}(-2,1,5,-3)^{\mathrm{T}}$,即为所求的一个标准正交基.

在标准正交基下,向量的坐标可以用内积简单地表示:

$\forall\boldsymbol{\alpha}\in\mathbf{R}^n$,若 $\boldsymbol{\alpha}$ 在标准正交基 $\boldsymbol{\xi}_1,\boldsymbol{\xi}_2,\cdots,\boldsymbol{\xi}_n$ 下的坐标为 $x_1,x_2,\cdots,x_n$,则有

$$\boldsymbol{\alpha}=x_1\boldsymbol{\xi}_1+x_2\boldsymbol{\xi}_2+\cdots+x_n\boldsymbol{\xi}_n,$$

用 $\boldsymbol{\xi}_i^{\mathrm{T}}(i=1,2,\cdots,n)$ 左乘上面等式两端,得 $\boldsymbol{\xi}_i^{\mathrm{T}}\boldsymbol{\alpha}=x_i(i=1,2,\cdots,n)$,即在标准正交基下,向量 $\boldsymbol{\alpha}$ 的坐标的第 i 个分量是向量 $\boldsymbol{\alpha}$ 与基中第 i 个向量 $\boldsymbol{\xi}_i$ 的内积.

三、正交矩阵与正交变换

定义 4.15 如果 n 阶实方阵 $\boldsymbol{A}$ 满足 $\boldsymbol{A}^{\mathrm{T}}\boldsymbol{A}=\boldsymbol{E}$,则称 $\boldsymbol{A}$ 为**正交矩阵**(orthogonal matrix).

正交矩阵的**基本性质**:设 $\boldsymbol{A}$,$\boldsymbol{B}$ 是 n 阶正交矩阵,则

(1) $|\boldsymbol{A}|=\pm 1$；

(2) $\boldsymbol{A}^{-1}=\boldsymbol{A}^{\mathrm{T}}$，即 $\boldsymbol{A}\boldsymbol{A}^{\mathrm{T}}=\boldsymbol{A}^{\mathrm{T}}\boldsymbol{A}=\boldsymbol{E}$；

(3) $\boldsymbol{A}^{\mathrm{T}}$（或 $\boldsymbol{A}^{-1}$）也是正交矩阵；

(4) $\boldsymbol{A}$ 的伴随矩阵 $\boldsymbol{A}^{*}$ 也是正交矩阵；

(5) $\boldsymbol{AB}$ 也是正交矩阵.

性质(1)、(2)、(3)、(4)请读者自证.下面证性质(5).

证明 由于 $\boldsymbol{A}$，$\boldsymbol{B}$ 是正交矩阵，所以 $\boldsymbol{A}^{\mathrm{T}}\boldsymbol{A}=\boldsymbol{E}$，$\boldsymbol{B}^{\mathrm{T}}\boldsymbol{B}=\boldsymbol{E}$.

$$(\boldsymbol{AB})^{\mathrm{T}}(\boldsymbol{AB})=(\boldsymbol{B}^{\mathrm{T}}\boldsymbol{A}^{\mathrm{T}})(\boldsymbol{AB})=\boldsymbol{B}^{\mathrm{T}}(\boldsymbol{A}^{\mathrm{T}}\boldsymbol{A})\boldsymbol{B}=\boldsymbol{B}^{\mathrm{T}}\boldsymbol{B}=\boldsymbol{E}.$$

因此，$\boldsymbol{AB}$ 是正交矩阵.

定理 4.8 n 阶实方阵 $\boldsymbol{A}$ 是正交矩阵的充要条件是 $\boldsymbol{A}$ 的列(行)向量组是标准正交向量组.

证明 将 $\boldsymbol{A}$ 按列分块，记为 $\boldsymbol{A}=(\boldsymbol{\alpha}_1,\boldsymbol{\alpha}_2,\cdots,\boldsymbol{\alpha}_n)$. 则 $\boldsymbol{A}^{\mathrm{T}}\boldsymbol{A}=\boldsymbol{E}$ 等价于

$$\boldsymbol{A}^{\mathrm{T}}\boldsymbol{A}=\begin{pmatrix}\boldsymbol{\alpha}_1^{\mathrm{T}}\\ \boldsymbol{\alpha}_2^{\mathrm{T}}\\ \vdots\\ \boldsymbol{\alpha}_n^{\mathrm{T}}\end{pmatrix}(\boldsymbol{\alpha}_1,\boldsymbol{\alpha}_2,\cdots,\boldsymbol{\alpha}_n)=\begin{pmatrix}\boldsymbol{\alpha}_1^{\mathrm{T}}\boldsymbol{\alpha}_1 & \boldsymbol{\alpha}_1^{\mathrm{T}}\boldsymbol{\alpha}_2 & \cdots & \boldsymbol{\alpha}_1^{\mathrm{T}}\boldsymbol{\alpha}_n\\ \boldsymbol{\alpha}_2^{\mathrm{T}}\boldsymbol{\alpha}_1 & \boldsymbol{\alpha}_2^{\mathrm{T}}\boldsymbol{\alpha}_2 & \cdots & \boldsymbol{\alpha}_2^{\mathrm{T}}\boldsymbol{\alpha}_n\\ \vdots & \vdots & & \vdots\\ \boldsymbol{\alpha}_n^{\mathrm{T}}\boldsymbol{\alpha}_1 & \boldsymbol{\alpha}_n^{\mathrm{T}}\boldsymbol{\alpha}_2 & \cdots & \boldsymbol{\alpha}_n^{\mathrm{T}}\boldsymbol{\alpha}_n\end{pmatrix}=\boldsymbol{E},$$

即

$$(\boldsymbol{\alpha}_i,\boldsymbol{\alpha}_j)=\boldsymbol{\alpha}_i^{\mathrm{T}}\boldsymbol{\alpha}_j=\begin{cases}1, & i=j,\\ 0, & i\neq j\end{cases}\quad(i,j=1,2,\cdots,n).$$

因此 $\boldsymbol{A}$ 是正交矩阵的充要条件是 $\boldsymbol{A}$ 的列向量组是标准正交向量组.

类似可证：$\boldsymbol{A}$ 是正交矩阵的充要条件是 $\boldsymbol{A}$ 的行向量组是标准正交向量组.

例 4.21 判断下列矩阵是否为正交矩阵：

$$(1)\ \boldsymbol{A}=\begin{pmatrix}1 & 0 & 0\\ 0 & \cos\theta & -\sin\theta\\ 0 & \sin\theta & \cos\theta\end{pmatrix};\qquad (2)\ \boldsymbol{A}=\begin{pmatrix}\frac{1}{\sqrt{2}} & \frac{1}{2} & 1\\ \frac{1}{\sqrt{2}} & 0 & \frac{1}{2}\\ 0 & \frac{1}{2} & -\frac{1}{3}\end{pmatrix}.$$

解 (1) 因为

$$\boldsymbol{A}^{\mathrm{T}}\boldsymbol{A}=\begin{pmatrix}1 & 0 & 0\\ 0 & \cos\theta & -\sin\theta\\ 0 & \sin\theta & \cos\theta\end{pmatrix}^{\mathrm{T}}\begin{pmatrix}1 & 0 & 0\\ 0 & \cos\theta & -\sin\theta\\ 0 & \sin\theta & \cos\theta\end{pmatrix}=\begin{pmatrix}1 & 0 & 0\\ 0 & 1 & 0\\ 0 & 0 & 1\end{pmatrix},$$

所以 $\boldsymbol{A}$ 是正交矩阵.

(2) 矩阵第三列显然不是单位向量，所以它不是正交矩阵.

定义 4.16 若 $\boldsymbol{A}$ 为 n 阶正交矩阵，$\boldsymbol{x},\boldsymbol{y}\in\mathbf{R}^n$，则线性变换 $\boldsymbol{y}=\boldsymbol{Ax}$ 称为**正交变换**(orthogonal transformation).

设 $\boldsymbol{y}=\boldsymbol{Ax}$ 为正交变换，$\boldsymbol{\alpha},\boldsymbol{\beta}\in\mathbf{R}^n$. 那么必有内积等式

$$(\boldsymbol{A\alpha},\boldsymbol{A\beta})=(\boldsymbol{A\alpha})^{\mathrm{T}}(\boldsymbol{A\beta})=\boldsymbol{\alpha}^{\mathrm{T}}\boldsymbol{A}^{\mathrm{T}}\boldsymbol{AB}=\boldsymbol{\alpha}^{\mathrm{T}}\boldsymbol{\beta}=(\boldsymbol{\alpha},\boldsymbol{\beta}).$$

特别地，当 $\boldsymbol{\alpha}=\boldsymbol{\beta}$ 时，$\|\boldsymbol{A\alpha}\|=\|\boldsymbol{\alpha}\|$. 因此，正交变换保持向量的内积和长度不变，这是正交变换的重要特性.

* **应用实例** 在经济学、生态学和工程技术等领域中，经常需要研究随时间变化的动力系统，这种系统通常在离散的时刻测量，得到一个向量序列 $\boldsymbol{x}_0,\boldsymbol{x}_1,\boldsymbol{x}_2,\cdots$. 向量 $\boldsymbol{x}_k$ 的各元素给出该系统在第 k 次测量中的状态的信息.

如果有线性变换 $T=\boldsymbol{Ax}$（$\boldsymbol{A}$ 为一个矩阵）使 $\boldsymbol{x}_1=\boldsymbol{Ax}_0,\boldsymbol{x}_2=\boldsymbol{Ax}_1$，一般地，

$$\boldsymbol{x}_{k+1}=\boldsymbol{Ax}_k,\quad k=0,1,2,3,\cdots,\tag{4.6}$$

则称式(4.6)为**线性差分向量方程**(或**递归关系**).给定这样一种关系，我们便可由已知的 $\boldsymbol{x}_0$ 计算 $\boldsymbol{x}_1,\boldsymbol{x}_2$ 等以及推导求 $\boldsymbol{x}_k$ 的公式，并确定 $k\to\infty$ 时 $\boldsymbol{x}_k$ 的变化趋势.

例如我们要考虑人口在某城市和它周边地区之间的迁徙的简单模型.

给定一个初始年份，比如说 2018 年，用 r_0 和 s_0 分别表示该年份城市和郊区的人口数.令 $\boldsymbol{x}_0$ 表示人口向量：

$$\boldsymbol{x}_0=\begin{pmatrix}r_0\\s_0\end{pmatrix}\begin{matrix}\text{2018 年城市人口}\\\text{2018 年郊区人口.}\end{matrix}$$

对于 2019 年以后各年，把人口向量表示为

$$\boldsymbol{x}_1=\begin{pmatrix}r_1\\s_1\end{pmatrix},\quad \boldsymbol{x}_2=\begin{pmatrix}r_2\\s_2\end{pmatrix},\quad \boldsymbol{x}_3=\begin{pmatrix}r_3\\s_3\end{pmatrix},\cdots.$$

我们现在的想法就是在数学上表示出这些向量关系.

假设人口统计学的研究说明每年约有 1%的城市人口移居郊区(其余 99%的人留在城市)，而 9%的郊区人口移居城市(其余 91%的人留在郊区).

那么，一年后原来城市中的人口 r_0 在城市和郊区的分布为

$$\begin{pmatrix}0.99r_0\\0.01r_0\end{pmatrix}=r_0\begin{pmatrix}0.99\\0.01\end{pmatrix}\begin{matrix}\text{留在城市}\\\text{迁往郊区.}\end{matrix}\tag{4.7}$$

一年后原来郊区中的人口 s_0 在城市和郊区的分布为

$$\begin{pmatrix}0.09s_0\\0.91s_0\end{pmatrix}=s_0\begin{pmatrix}0.09\\0.91\end{pmatrix}\begin{matrix}\text{迁往城市}\\\text{留在郊区.}\end{matrix}\tag{4.8}$$

由向量(4.7)、(4.8)组成 2019 年的全部人口(简单起见，我们忽略出生、死亡、移民对城市、郊区人口的影响)为：

$$\begin{pmatrix} r_1 \\ s_1 \end{pmatrix} = r_0 \begin{pmatrix} 0.99 \\ 0.01 \end{pmatrix} + s_0 \begin{pmatrix} 0.09 \\ 0.91 \end{pmatrix} = \begin{pmatrix} 0.99 & 0.09 \\ 0.01 & 0.91 \end{pmatrix} \begin{pmatrix} r_0 \\ s_0 \end{pmatrix},$$

即

$$\boldsymbol{x}_1 = \boldsymbol{M}\boldsymbol{x}_0, \tag{4.9}$$

这里 $\boldsymbol{M}$ 是迁徙矩阵,由下表确定

$$\begin{array}{lccl} \text{由:} & \text{城市} & \text{郊区} & \text{移至:} \\ & \left(\begin{array}{c} 0.99 \\ 0.01 \end{array}\right. & \left.\begin{array}{c} 0.09 \\ 0.91 \end{array}\right) & \begin{array}{l} \text{城市} \\ \text{郊区} \end{array} \end{array}$$

向量方程(4.9)表示人口由 2018 年到 2019 年的变化.若人口迁徙比例保持常数,则由 2019 年到 2020 年的改变为

$$\boldsymbol{x}_2 = \boldsymbol{M}\boldsymbol{x}_1,$$

由 2020 年到 2021 年以及以后的各年的变化都类似.一般地:

$$\boldsymbol{x}_{k+1} = \boldsymbol{M}\boldsymbol{x}_k, \quad k = 0,1,2,3,\cdots. \tag{4.10}$$

向量序列 $\{\boldsymbol{x}_0, \boldsymbol{x}_1, \boldsymbol{x}_2, \cdots\}$ 描述了若干年中城市、郊区的人口变化状况.

注 式(4.10)的人口迁徙模型是线性的.因为对应 $\boldsymbol{x}_k \to \boldsymbol{x}_{k+1}$ 的变换是线性变换.这依赖于两个事实:从一个地区迁往另一个地区的人口与该地区原有的人口成比例,而这些人口迁徙选择的累积效果是不同区域的人口迁徙的叠加.

小结

一、主要内容

1. 线性空间

(1) 线性空间的定义:若数域 F 上的一个非空向量集 V,定义了加法、数乘运算且对加法、数乘运算封闭并满足八条运算规则,则称 V 是数域 F 上的线性空间.

(2) 线性空间的性质:零元素、负元素唯一;$0\boldsymbol{\alpha} = \boldsymbol{O}$;$k\boldsymbol{O} = \boldsymbol{O}$;$(-1)\boldsymbol{\alpha} = -\boldsymbol{\alpha}$;若 $k\boldsymbol{\alpha} = \boldsymbol{O}$,则 $k = 0$ 或 $\boldsymbol{\alpha} = \boldsymbol{O}$.

2. 子空间

(1) 子空间的定义:数域 F 上线性空间 V 的一个非空子集 L 对于 V 中所定义的加法和数乘两种运算也构成数域 F 上的一个线性空间.

(2) 子空间判定:非空子集 L 是线性空间 V 的子空间当且仅当 L 关于 V 中的加法与数乘两种运算封闭.

3. 线性空间的基、维数与坐标

(1) 线性组合、等价、线性相关、线性无关、极大线性无关组、秩等概念与重要性质见第3章.

(2) 线性空间基的定义:若线性空间 V 中 n 个向量 $\boldsymbol{\xi}_1,\boldsymbol{\xi}_2,\cdots,\boldsymbol{\xi}_n$ 线性无关,而任意 $n+1$ 个向量都线性相关,则称 $\boldsymbol{\xi}_1,\boldsymbol{\xi}_2,\cdots,\boldsymbol{\xi}_n$ 为线性空间 V 的基.

(3) 线性空间 V 的维数等于线性空间 V 的基中向量的个数.

(4) 坐标:$\forall \boldsymbol{\alpha}\in V$ 有 $\boldsymbol{\alpha}=x_1\boldsymbol{\xi}_1+x_2\boldsymbol{\xi}_2+\cdots+x_n\boldsymbol{\xi}_n$,则称 $(x_1,x_2,\cdots,x_n)^{\mathrm{T}}$ 为 $\boldsymbol{\alpha}$ 关于基 $\boldsymbol{\xi}_1,\boldsymbol{\xi}_2,\cdots,\boldsymbol{\xi}_n$ 的坐标(坐标由基唯一确定).

(5) 线性空间 V_n 与 F^n 同构.

4. 基变换与坐标变换

(1) 由基 $\boldsymbol{\xi}_1,\boldsymbol{\xi}_2,\cdots,\boldsymbol{\xi}_n$ 到基 $\boldsymbol{\eta}_1,\boldsymbol{\eta}_2,\cdots,\boldsymbol{\eta}_n$ 的过渡矩阵为 $\boldsymbol{P}$:

$$(\boldsymbol{\eta}_1,\boldsymbol{\eta}_2,\cdots,\boldsymbol{\eta}_n)=(\boldsymbol{\xi}_1,\boldsymbol{\xi}_2,\cdots,\boldsymbol{\xi}_n)\boldsymbol{P}.$$

过渡矩阵 $\boldsymbol{P}$ 一定可逆.

(2) 同一向量对于两组基的坐标之间的关系:

设基 $\boldsymbol{\xi}_1,\boldsymbol{\xi}_2,\cdots,\boldsymbol{\xi}_n$ 到基 $\boldsymbol{\eta}_1,\boldsymbol{\eta}_2,\cdots,\boldsymbol{\eta}_n$ 的过渡矩阵为 $\boldsymbol{P}$,向量 $\boldsymbol{\alpha}$ 对于这两组基的坐标分别为 $(x_1,x_2,\cdots,x_n)$ 及 $(y_1,y_2,\cdots,y_n)$,则有

$$\begin{pmatrix}x_1\\x_2\\\vdots\\x_n\end{pmatrix}=\boldsymbol{P}\begin{pmatrix}y_1\\y_2\\\vdots\\y_n\end{pmatrix}\quad 或 \quad \begin{pmatrix}y_1\\y_2\\\vdots\\y_n\end{pmatrix}=\boldsymbol{P}^{-1}\begin{pmatrix}x_1\\x_2\\\vdots\\x_n\end{pmatrix}.$$

5. 线性变换

(1) 线性变换的定义:线性空间 V_n 到 V_n 的一个保持线性运算的映射.

(2) 线性变换的性质:

1) 设 T 是线性空间 V 的线性变换,则 $T(\boldsymbol{O})=\boldsymbol{O}$,$T(-\boldsymbol{\alpha})=-T(\boldsymbol{\alpha})$;

2) 线性变换保持线性组合与线性关系式不变;

3) 若 $\boldsymbol{\alpha}_1,\boldsymbol{\alpha}_2,\cdots,\boldsymbol{\alpha}_t$ 是线性相关的向量组,则 $T\boldsymbol{\alpha}_1,T\boldsymbol{\alpha}_2,\cdots,T\boldsymbol{\alpha}_t$ 也线性相关.反之不成立.

6. 线性变换的矩阵

(1) 线性变换的矩阵的定义:

设 V 是数域 F 上的 n 维线性空间,$\xi_1,\xi_2,\cdots,\xi_n$ 是 V 的一个基,T 是 V 的一个线性变换,若 $T(\xi_1,\xi_2,\cdots,\xi_n)=(\xi_1,\xi_2,\cdots,\xi_n)\boldsymbol{A}$,称矩阵 $\boldsymbol{A}$ 为线性变换 T 在基 $\xi_1,\xi_2,\cdots,\xi_n$ 下的矩阵.

(2) 向量的坐标与其在线性变换下的像坐标之间的关系:

设 $\xi_1,\xi_2,\cdots,\xi_n$ 为线性空间 V 的一个基,T 为 V 的一个线性变换且 T 在该基

下的矩阵为$\boldsymbol{A}$. 若V中向量ξ与$T\xi$在基$\xi_1,\xi_2,\cdots,\xi_n$下的坐标分别为$(x_1,x_2,\cdots,x_n)^{\mathrm{T}}$与$(y_1,y_2,\cdots,y_n)^{\mathrm{T}}$，则

$$\begin{pmatrix} y_1 \\ y_2 \\ \vdots \\ y_n \end{pmatrix} = \boldsymbol{A} \begin{pmatrix} x_1 \\ x_2 \\ \vdots \\ x_n \end{pmatrix}.$$

(3) 同一线性变换在不同基下矩阵的关系：

设线性空间V_n的线性变换T在V_n的基$\xi_1,\xi_2,\cdots,\xi_n$和基$\boldsymbol{\eta}_1,\boldsymbol{\eta}_2,\cdots,\boldsymbol{\eta}_n$下的矩阵分别为$\boldsymbol{A}$，$\boldsymbol{B}$；由基$\xi_1,\xi_2,\cdots,\xi_n$到基$\boldsymbol{\eta}_1,\boldsymbol{\eta}_2,\cdots,\boldsymbol{\eta}_n$的过渡矩阵为$\boldsymbol{P}$，则$\boldsymbol{B}=\boldsymbol{P}^{-1}\boldsymbol{AP}$.

7. 线性变换T的值域和核

(1) 值域和核的定义：$TV=\{T\boldsymbol{\alpha} \mid \boldsymbol{\alpha} \in V\}$，$T^{-1}(\boldsymbol{O})=\{\boldsymbol{\alpha} \mid T\boldsymbol{\alpha}=\boldsymbol{O}, \boldsymbol{\alpha} \in V\}$.

(2) 线性变换T的秩等于T的像空间TV的维数.

(3) 线性变换T的零度等于T的核空间$T^{-1}(\boldsymbol{O})$的维数.

(4) 值域和核的维数关系：T的秩$+$ T的零度$=n=V$的维数.

8. 欧氏空间$\mathbf{R}^n$

(1) 内积的定义：$(\boldsymbol{\alpha},\boldsymbol{\beta})=\boldsymbol{\alpha}^{\mathrm{T}}\boldsymbol{\beta}=a_1b_1+a_2b_2+\cdots+a_nb_n=\sum\limits_{i=1}^{n}a_ib_i$.

(2) 内积的性质：$(\boldsymbol{\alpha},\boldsymbol{\beta})=(\boldsymbol{\beta},\boldsymbol{\alpha})$；$(k\boldsymbol{\alpha},\boldsymbol{\beta})=k(\boldsymbol{\alpha},\boldsymbol{\beta})$；$(\boldsymbol{\alpha}+\boldsymbol{\beta},\boldsymbol{\gamma})=(\boldsymbol{\alpha},\boldsymbol{\gamma})+(\boldsymbol{\beta},\boldsymbol{\gamma})$；$(\boldsymbol{\alpha},\boldsymbol{\alpha})\geqslant 0$，$(\boldsymbol{\alpha},\boldsymbol{\alpha})=0$当且仅当$\boldsymbol{\alpha}=\mathbf{0}$.

(3) 欧氏空间的定义：定义了内积运算的实向量空间.

(4) 向量的长度：$\|\boldsymbol{\alpha}\|=\sqrt{(\boldsymbol{\alpha},\boldsymbol{\alpha})}$.

(5) 两个非零向量$\boldsymbol{\alpha}$与$\boldsymbol{\beta}$的夹角：$\theta=\langle\boldsymbol{\alpha},\boldsymbol{\beta}\rangle=\arccos\dfrac{(\boldsymbol{\alpha},\boldsymbol{\beta})}{\|\boldsymbol{\alpha}\|\,\|\boldsymbol{\beta}\|}$ $(0\leqslant\theta\leqslant\pi)$. 若$(\boldsymbol{\alpha},\boldsymbol{\beta})=0$，则$\boldsymbol{\alpha}$与$\boldsymbol{\beta}$正交.

(6) 柯西—施瓦茨不等式：$|(\boldsymbol{\alpha},\boldsymbol{\beta})|\leqslant\|\boldsymbol{\alpha}\|\cdot\|\boldsymbol{\beta}\|$.

9. 标准正交向量组

(1) $\boldsymbol{\alpha}_1,\boldsymbol{\alpha}_2,\cdots,\boldsymbol{\alpha}_s$为标准正交向量组当且仅当$\boldsymbol{\alpha}_1,\boldsymbol{\alpha}_2,\cdots,\boldsymbol{\alpha}_s$为正交向量组，且每个向量$\boldsymbol{\alpha}_i$都是单位向量.

(2) 正交向量组一定线性无关(其逆不真).

(3) 标准正交向量组的求法：先将线性无关向量组$\boldsymbol{\alpha}_1,\boldsymbol{\alpha}_2,\cdots,\boldsymbol{\alpha}_s$正交化$\boldsymbol{\beta}_i=\boldsymbol{\alpha}_i-\sum\limits_{k=1}^{i-1}\dfrac{(\boldsymbol{\alpha}_i,\boldsymbol{\beta}_k)}{(\boldsymbol{\beta}_k,\boldsymbol{\beta}_k)}\boldsymbol{\beta}_k$，再单位化$\boldsymbol{\varepsilon}_i=\dfrac{\boldsymbol{\beta}_i}{\|\boldsymbol{\beta}_i\|}$.

(4) 由n个向量组成的标准正交向量组称为欧氏空间$\mathbf{R}^n$的标准正交基.

10. 正交矩阵与正交变换

(1) $\boldsymbol{A}$ 为正交矩阵当且仅当 $\boldsymbol{A}^{\mathrm{T}}\boldsymbol{A}=\boldsymbol{E}$.

(2) 正交矩阵 $\boldsymbol{A}$ 的性质：$|\boldsymbol{A}|=\pm 1$；$\boldsymbol{A}^{-1}=\boldsymbol{A}^{\mathrm{T}}$；$\boldsymbol{A}^{\mathrm{T}}$（或 $\boldsymbol{A}^{-1}$），$\boldsymbol{A}^{*}$ 是正交矩阵；正交矩阵 $\boldsymbol{A}$，$\boldsymbol{B}$ 之积 $\boldsymbol{AB}$ 也是正交矩阵.

(3) 正交矩阵的判定方法：

1) 利用定义；

2) n 阶实方阵 $\boldsymbol{A}$ 是正交矩阵的充要条件是 $\boldsymbol{A}$ 的列（行）向量组是标准正交向量组.

(4) 正交变换的定义：若 $\boldsymbol{A}$ 为 n 阶正交矩阵，$\boldsymbol{x}$，$\boldsymbol{y}\in\mathbf{R}^{n}$，则线性变换 $\boldsymbol{y}=\boldsymbol{Ax}$ 称为正交变换.

(5) 正交变换的性质：正交变换保持向量的内积和长度不变.

二、重点与难点

1. 难点：线性空间、子空间的判定；正交变换及其性质.

2. 重点：线性空间、子空间、基、线性变换及正交矩阵的判定与证明；求坐标、过渡矩阵（坐标变换公式）、线性变换的矩阵、向量内积及长度；正交；施密特正交化方法.

习 题 四

(A)

*1. 检验下列各集合关于所指的线性运算是否构成实数域 $\mathbf{R}$ 上的线性空间：

(1) 所有与 n 阶实矩阵 $\boldsymbol{A}$ 可交换的矩阵的集合关于通常的矩阵加法和数乘运算；

(2) 全体 n 阶矩阵 $\boldsymbol{A}$ 的实系数多项式 $f(\boldsymbol{A})$ 关于通常的矩阵加法和数乘运算；

(3) 余弦函数的集合 $C(x)=\{y=a\cos(x+b)\mid a,b\in\mathbf{R}\}$ 关于通常函数的加法和数乘函数运算；

(4) 所有 n 维实向量构成的集合 V，加法和数乘运算定义为：$\boldsymbol{\alpha}\oplus\boldsymbol{\beta}=\boldsymbol{\alpha}-\boldsymbol{\beta}$，$k\circ\boldsymbol{\alpha}=\boldsymbol{\alpha}^{-k}$，其中 $\boldsymbol{\alpha}$，$\boldsymbol{\beta}\in V$，$k\in\mathbf{R}$.

(5) 全体满足条件 $\mathrm{tr}A=0$（$\mathrm{tr}\boldsymbol{A}$ 表示 $\boldsymbol{A}$ 的迹，即 $\boldsymbol{A}$ 的主对角线元素之和）的 n 阶实矩阵的集合关于通常的矩阵加法和数乘运算.

*2. 判断线性空间 $\mathbf{R}^{3}$ 的下列子集是否构成 $\mathbf{R}^{3}$ 的子空间：

(1) $W_1=\{\boldsymbol{\alpha}=(a,b,a-3)^{\mathrm{T}}\mid a,b\in\mathbf{R}\}$；

(2) $W_2=\{\boldsymbol{\alpha}=(a,3a,5b)^{\mathrm{T}} \mid a,b\in\mathbf{R}\}$；

(3) $W_3=\{\boldsymbol{\alpha}=(a,b^2,b)^{\mathrm{T}} \mid a,b\in\mathbf{R}\}$；

(4) $W_4=\{\boldsymbol{\alpha}=(a,b,c)^{\mathrm{T}} \mid a+b-c=0,a,b,c\in\mathbf{R}\}$.

*3. 判断下列集合是否构成 $\mathbf{R}^{2\times3}$ 的子空间：

(1) $W_1=\left\{\begin{pmatrix}-2 & a & b\\ c & 0 & 0\end{pmatrix}\middle| a,b,c\in\mathbf{R}\right\}$；

(2) $W_2=\left\{\boldsymbol{A}=(a_{ij})_{2\times3} \,\middle|\, \sum_{i=1}^{2}\sum_{j=1}^{3}a_{ij}=0,a_{ij}\in\mathbf{R}\right\}$.

*4. 证明 $\boldsymbol{\alpha}_1=\begin{pmatrix}1 & 1\\ 1 & 1\end{pmatrix}$，$\boldsymbol{\alpha}_2=\begin{pmatrix}-1 & 0\\ 0 & 1\end{pmatrix}$，$\boldsymbol{\alpha}_3=\begin{pmatrix}0 & 0\\ 1 & 1\end{pmatrix}$，$\boldsymbol{\alpha}_4=\begin{pmatrix}0 & 1\\ 0 & 0\end{pmatrix}$ 是线性空间 $\mathbf{R}^{2\times2}$ 的一个基，并求 $\boldsymbol{A}=\begin{pmatrix}4 & 3\\ 2 & 1\end{pmatrix}$ 在此基下的坐标.

*5. 证明 $1,x-1,x^2+2x,3x^3-2x^2$ 是线性空间 $F[x]_4$ 的一个基，并求多项式 $f(x)=12x^3-5x^2+8x-1$ 在此基下的坐标.

*6. 在 $\mathbf{R}^4$ 中，取向量 $\boldsymbol{\alpha}_1=(2,1,4,3)^{\mathrm{T}}$，$\boldsymbol{\alpha}_2=(-1,1,-6,6)^{\mathrm{T}}$，$\boldsymbol{\alpha}_3=(-1,-2,2,-9)^{\mathrm{T}}$，$\boldsymbol{\alpha}_4=(1,1,-2,7)^{\mathrm{T}}$. 求由向量 $\boldsymbol{\alpha}_1,\boldsymbol{\alpha}_2,\boldsymbol{\alpha}_3,\boldsymbol{\alpha}_4$ 生成的线性子空间的一个基和维数.

*7. 在 $\mathbf{R}^4$ 中取两个基：

(Ⅰ) $\boldsymbol{\varepsilon}_1=(1,0,0,0)^{\mathrm{T}}$，$\boldsymbol{\varepsilon}_2=(0,1,0,0)^{\mathrm{T}}$，$\boldsymbol{\varepsilon}_3=(0,0,1,0)^{\mathrm{T}}$，$\boldsymbol{\varepsilon}_4=(0,0,0,1)^{\mathrm{T}}$；

(Ⅱ) $\boldsymbol{\xi}_1=(2,1,-1,1)^{\mathrm{T}}$，$\boldsymbol{\xi}_2=(0,3,1,0)^{\mathrm{T}}$，$\boldsymbol{\xi}_3=(5,3,2,1)^{\mathrm{T}}$，$\boldsymbol{\xi}_4=(6,6,1,3)^{\mathrm{T}}$.

求(1) 由基(Ⅰ)到基(Ⅱ)的过渡矩阵；

(2) 向量 $\boldsymbol{\alpha}=(x_1,x_2,x_3,x_4)^{\mathrm{T}}$ 在基(Ⅱ)下的坐标；

(3) 在两个基下坐标相同的向量.

*8. 已知 $\boldsymbol{\xi}_1,\boldsymbol{\xi}_2,\boldsymbol{\xi}_3$ 是线性空间 V 的一个基，如果 $\boldsymbol{\eta}_1=2\boldsymbol{\xi}_1+\boldsymbol{\xi}_2-\boldsymbol{\xi}_3$，$\boldsymbol{\eta}_2=2\boldsymbol{\xi}_1-\boldsymbol{\xi}_2+2\boldsymbol{\xi}_3$，$\boldsymbol{\eta}_3=3\boldsymbol{\xi}_1+\boldsymbol{\xi}_3$.

(1) 证明 $\boldsymbol{\eta}_1,\boldsymbol{\eta}_2,\boldsymbol{\eta}_3$ 也是 V 的一个基；

(2) 求出基 $\boldsymbol{\xi}_1,\boldsymbol{\xi}_2,\boldsymbol{\xi}_3$ 到基 $\boldsymbol{\eta}_1,\boldsymbol{\eta}_2,\boldsymbol{\eta}_3$ 的过渡矩阵；

(3) 如果 $\boldsymbol{\alpha}$ 在基 $\boldsymbol{\xi}_1,\boldsymbol{\xi}_2,\boldsymbol{\xi}_3$ 下的坐标为 $(2,3,4)^{\mathrm{T}}$，求 $\boldsymbol{\alpha}$ 在基 $\boldsymbol{\eta}_1,\boldsymbol{\eta}_2,\boldsymbol{\eta}_3$ 下的坐标.

*9. 判断下列变换是否为指定线性空间上的线性变换，并说明原因.

(1) 在线性空间 V 中，$T\boldsymbol{\alpha}=\boldsymbol{\alpha}+\boldsymbol{\beta}$，其中给定 $\boldsymbol{\beta}\in V$ 且 $\boldsymbol{\beta}\neq\mathbf{0}$；

(2) 在 $\mathbf{R}^3$ 上，$T(a_1,a_2,a_3)^{\mathrm{T}}=(3a_3,0,2a_1)^{\mathrm{T}}$，$a_1,a_2,a_3\in\mathbf{R}$；

(3) 在 $\mathbf{R}^3$ 上，$T(a_1,a_2,a_3)^{\mathrm{T}}=(2,a_2,3a_3)^{\mathrm{T}}$，$a_1,a_2,a_3\in\mathbf{R}$；

(4) 在 $\mathbf{R}^{n\times n}$ 上，$T(\boldsymbol{\alpha})=\boldsymbol{A}\boldsymbol{\alpha}-\boldsymbol{\alpha}\boldsymbol{B}$，$\forall\boldsymbol{\alpha}\in\mathbf{R}^{n\times n}$，给定 $\boldsymbol{A},\boldsymbol{B}\in\mathbf{R}^{n\times n}$；

(5) 在 $F[x]_n$ 上，$T(f(x))=f(x+1)$，$f(x)\in F[x]_n$.

*10. 已知 $\mathbf{R}^3$ 的一个基 $\boldsymbol{\xi}_1=(1,0,0)^{\mathrm{T}}$，$\boldsymbol{\xi}_2=(1,1,0)^{\mathrm{T}}$，$\boldsymbol{\xi}_3=(1,1,1)^{\mathrm{T}}$；线性变

换 $T(a,b,c)^{\mathrm{T}}=(2a,b+c,a+b+c)^{\mathrm{T}},a,b,c\in\mathbf{R}$；$\mathbf{R}^3$ 中向量 $\boldsymbol{\eta}$ 在基 ξ_1,ξ_2,ξ_3 下的坐标为 $(2,0,1)^{\mathrm{T}}$. 求 T 在基 $\boldsymbol{\xi}_1,\boldsymbol{\xi}_2,\boldsymbol{\xi}_3$ 下的矩阵及 $T\boldsymbol{\eta}$ 在基 ξ_1,ξ_2,ξ_3 下的坐标.

*11. 已知 $\mathbf{R}^3$ 上线性变换 T 在基 $\boldsymbol{\xi}_1=(0,1,2)^{\mathrm{T}},\boldsymbol{\xi}_2=(1,1,-1)^{\mathrm{T}},\boldsymbol{\xi}_3=(2,4,0)^{\mathrm{T}}$ 下的矩阵为 $\begin{pmatrix}1&1&2\\3&0&4\\1&5&6\end{pmatrix}$，求 T 在基 $\boldsymbol{\varepsilon}_1=(1,0,0)^{\mathrm{T}},\boldsymbol{\varepsilon}_2=(0,1,0)^{\mathrm{T}},\boldsymbol{\varepsilon}_3=(0,0,1)^{\mathrm{T}}$ 下的矩阵.

*12. 求 $\mathbf{R}^4$ 上线性变换 $T(a_1,a_2,a_3,a_4)^{\mathrm{T}}=(a_1,a_2,0,a_4)^{\mathrm{T}}$ 的像空间与核空间的维数和基.

13. 求下列向量 $\boldsymbol{\alpha}$ 与 $\boldsymbol{\beta}$ 的内积和夹角.

(1) $\boldsymbol{\alpha}=(2,1,3,2)^{\mathrm{T}},\boldsymbol{\beta}=(1,2,-2,1)^{\mathrm{T}}$；

(2) $\boldsymbol{\alpha}=(1,-2,0,2)^{\mathrm{T}},\boldsymbol{\beta}=(2,0,0,2)^{\mathrm{T}}$；

(3) $\boldsymbol{\alpha}=(1,-1,0,1),\boldsymbol{\beta}=(0,2,3,1)$.

14. 已知向量 $\boldsymbol{\alpha}=(3,2,1)^{\mathrm{T}},\boldsymbol{\beta}=(1,0,1)^{\mathrm{T}},\boldsymbol{\gamma}=(1,-1,2)^{\mathrm{T}}$，求

(1) $(\boldsymbol{\alpha},\boldsymbol{\gamma})\boldsymbol{\beta}+\boldsymbol{\alpha}$；　　(2) $(\boldsymbol{\alpha},\boldsymbol{\beta})(\boldsymbol{\beta},\boldsymbol{\gamma})$；

(3) $\left\|\dfrac{1}{(\boldsymbol{\alpha},\boldsymbol{\gamma})}(\boldsymbol{\alpha}+\boldsymbol{\gamma})\right\|$；　　(4) $\left(\dfrac{\boldsymbol{\beta}}{\|\boldsymbol{\beta}\|},\dfrac{\boldsymbol{\gamma}}{\|\boldsymbol{\gamma}\|}\right)\boldsymbol{\alpha}$.

15. 已知 $\boldsymbol{\alpha},\boldsymbol{\beta},\boldsymbol{\gamma}\in\mathbf{R}^4$，证明：

(1) $\big|\|\boldsymbol{\alpha}\|-\|\boldsymbol{\beta}\|\big|\leqslant\|\boldsymbol{\alpha}+\boldsymbol{\beta}\|$；　(2) $(\boldsymbol{\alpha},\boldsymbol{\beta})=\dfrac{1}{4}\|\boldsymbol{\alpha}+\boldsymbol{\beta}\|^2-\dfrac{1}{4}\|\boldsymbol{\alpha}-\boldsymbol{\beta}\|^2$.

16. 设欧氏空间 $\mathbf{R}^n$ 中向量 $\boldsymbol{\alpha}_1,\boldsymbol{\alpha}_2,\cdots,\boldsymbol{\alpha}_m$ 两两正交，证明

$$\|\boldsymbol{\alpha}_1+\boldsymbol{\alpha}_2+\cdots+\boldsymbol{\alpha}_m\|^2=\|\boldsymbol{\alpha}_1\|^2+\|\boldsymbol{\alpha}_2\|^2+\cdots+\|\boldsymbol{\alpha}_m\|^2.$$

17. 设 $\boldsymbol{\xi}_1,\boldsymbol{\xi}_2,\boldsymbol{\xi}_3$ 是 $\mathbf{R}^3$ 的一个标准正交向量组，证明：$\boldsymbol{\eta}_1=\dfrac{1}{7}(-6\boldsymbol{\xi}_1+2\boldsymbol{\xi}_2-3\boldsymbol{\xi}_3)$，$\boldsymbol{\eta}_2=\dfrac{1}{7}(-3\boldsymbol{\xi}_1-6\boldsymbol{\xi}_2+2\boldsymbol{\xi}_3)$，$\boldsymbol{\eta}_3=\dfrac{1}{7}(2\boldsymbol{\xi}_1-3\boldsymbol{\xi}_2-6\boldsymbol{\xi}_3)$ 也是一个标准正交向量组.

18. 将下列向量组化为标准正交向量组.

(1) $\boldsymbol{\alpha}_1=(1,2,-1)^{\mathrm{T}},\boldsymbol{\alpha}_2=(-1,3,1)^{\mathrm{T}},\boldsymbol{\alpha}_3=(4,-1,0)^{\mathrm{T}}$；

(2) $\boldsymbol{\alpha}_1=(3,1,1,-1)^{\mathrm{T}},\boldsymbol{\alpha}_2=(1,3,-1,1)^{\mathrm{T}},\boldsymbol{\alpha}_3=(1,-1,3,1)^{\mathrm{T}}$；

(3) $\boldsymbol{\alpha}_1=(1,0,0,1)^{\mathrm{T}},\boldsymbol{\alpha}_2=(1,1,-1,0)^{\mathrm{T}},\boldsymbol{\alpha}_3=(2,-1,0,1)^{\mathrm{T}}$.

19. 在欧氏空间 $\mathbf{R}^4$ 中，取 $\boldsymbol{\xi}_1=(1,0,0,0)^{\mathrm{T}},\boldsymbol{\xi}_2=\left(0,\dfrac{1}{2},\dfrac{1}{2},\dfrac{1}{\sqrt{2}}\right)^{\mathrm{T}}$，求 $\boldsymbol{\xi}_3,\boldsymbol{\xi}_4\in\mathbf{R}^4$，使 $\boldsymbol{\xi}_1,\boldsymbol{\xi}_2,\boldsymbol{\xi}_3,\boldsymbol{\xi}_4$ 为一个标准正交向量组.

20. 已知 $\boldsymbol{A}=\begin{pmatrix} a & -\frac{8}{9} & -\frac{4}{9} \\ -\frac{8}{9} & \frac{1}{9} & d \\ b & c & \frac{7}{9} \end{pmatrix}$ 为正交矩阵，求 a,b,c,d 的值.

21. 判断下列矩阵是否为正交矩阵.

(1) $\begin{pmatrix} \sin\theta & \cos\theta \\ -\cos\theta & \sin\theta \end{pmatrix}$；(2) $\begin{pmatrix} \frac{1}{\sqrt{6}} & \frac{1}{\sqrt{3}} & -\frac{1}{\sqrt{2}} \\ -\frac{2}{\sqrt{6}} & \frac{1}{\sqrt{3}} & 0 \\ \frac{1}{\sqrt{6}} & \frac{1}{\sqrt{3}} & \frac{1}{\sqrt{2}} \end{pmatrix}$；(3) $\begin{pmatrix} \frac{2}{3} & -\frac{2}{3} & \frac{1}{3} \\ \frac{2}{3} & \frac{1}{3} & \frac{2}{3} \\ \frac{1}{3} & \frac{2}{3} & -\frac{2}{3} \end{pmatrix}$.

22. 设 $\boldsymbol{A}$ 是实对称矩阵，$\boldsymbol{P}$ 是正交矩阵，证明 $\boldsymbol{P}^{-1}\boldsymbol{A}\boldsymbol{P}$ 也是实对称矩阵.

23. 设 $\boldsymbol{\alpha}$ 为 n 维单位列向量，令矩阵 $\boldsymbol{H}=\boldsymbol{E}-2\boldsymbol{\alpha}\boldsymbol{\alpha}^{\mathrm{T}}$，证明 $\boldsymbol{H}$ 是对称的正交矩阵.

24. 设 $\boldsymbol{A}$ 是实对称矩阵且 $\boldsymbol{A}^2+2\boldsymbol{A}=\boldsymbol{O}$，证明 $\boldsymbol{A}+\boldsymbol{E}$ 是正交矩阵.

25. 设 $\boldsymbol{\xi}_1,\boldsymbol{\xi}_2,\cdots,\boldsymbol{\xi}_m$ 是欧氏空间 $\mathbf{R}^n$ 的一个标准正交向量组，T 是 $\mathbf{R}^n$ 上的正交变换，证明 $T\boldsymbol{\xi}_1,T\boldsymbol{\xi}_2,\cdots,T\boldsymbol{\xi}_m$ 也是欧氏空间 $\mathbf{R}^n$ 的一个标准正交向量组.

(B)

一、填空题

*1. $\mathbf{R}^{2\times 2}$ 中矩阵组 $\boldsymbol{A}_1=\begin{pmatrix} 0 & 1 \\ -1 & -1 \end{pmatrix}$，$\boldsymbol{A}_2=\begin{pmatrix} 0 & 3 \\ 0 & -1 \end{pmatrix}$，$\boldsymbol{A}_3=\begin{pmatrix} 0 & 0 \\ 1 & 3 \end{pmatrix}$，$\boldsymbol{A}_4=\begin{pmatrix} 0 & 7 \\ 6 & -1 \end{pmatrix}$，$\boldsymbol{A}_5=\begin{pmatrix} 0 & 5 \\ 3 & 8 \end{pmatrix}$ 的秩=____，一个最大无关组为____.

*2. 向量组 $(1,1,0,-1)^{\mathrm{T}}$，$(1,2,3,0)^{\mathrm{T}}$，$(2,3,3,-1)^{\mathrm{T}}$ 生成的向量空间是____维的.

*3. 设 $\boldsymbol{\xi}_1,\boldsymbol{\xi}_2,\boldsymbol{\xi}_3,\boldsymbol{\xi}_4$ 为向量空间 V 的一个基，向量 $\boldsymbol{\alpha}$ 在该基下的坐标为 $(x_1,x_2,x_3,x_4)^{\mathrm{T}}$，则向量 $\boldsymbol{\alpha}$ 在基 $\boldsymbol{\xi}_4,\boldsymbol{\xi}_2,\boldsymbol{\xi}_1,\boldsymbol{\xi}_3$ 下的坐标是________.

*4. (2003 年考研试题)从 $\mathbf{R}^2$ 的基 $\boldsymbol{\alpha}_1=\begin{pmatrix} 1 \\ 0 \end{pmatrix}$，$\boldsymbol{\alpha}_2=\begin{pmatrix} 1 \\ -1 \end{pmatrix}$ 到基 $\boldsymbol{\beta}_1=\begin{pmatrix} 1 \\ 1 \end{pmatrix}$，$\boldsymbol{\beta}_2=\begin{pmatrix} 1 \\ 2 \end{pmatrix}$ 的过渡矩阵为________.

*5. 在 $\mathbf{R}^3$ 中，线性变换 $T(a_1,a_2,a_3)=(a_1+2a_2-a_3,a_2+a_3,a_1+a_2-2a_3)^{\mathrm{T}}$ 的像空间与核空间的维数分别为____，____.

6. 已知向量 $\boldsymbol{\alpha}=(3,2,1,5)^{\mathrm{T}}$ 和 $\boldsymbol{\beta}=(1,a,-3,2a)^{\mathrm{T}}$ 正交，则 $a=$____.

7. 已知 $\boldsymbol{\alpha}_1,\boldsymbol{\alpha}_2,\boldsymbol{\alpha}_3$ 是一个标准正交向量组，则 $\|2\boldsymbol{\alpha}_1-5\boldsymbol{\alpha}_2-\sqrt{7}\boldsymbol{\alpha}_3\|=$____.

8. 若 n 维向量 $\boldsymbol{\alpha},\boldsymbol{\beta}$ 满足 $\|\boldsymbol{\alpha}-\boldsymbol{\beta}\|=\|\boldsymbol{\alpha}+\boldsymbol{\beta}\|$，则 $(\boldsymbol{\alpha},\boldsymbol{\beta})=$____.

9. 已知 $\boldsymbol{A}$ 是 $2n+1$ 阶正交矩阵，且 $|\boldsymbol{A}|=1$，则 $|\boldsymbol{A}-\boldsymbol{E}|=$____.

二、单项选择题

*1. 下列集合对于指定的线性运算能构成实数域上的线性空间的是（　　）.

(A) 所有 n 阶不可逆矩阵的集合按通常矩阵的加法和数乘运算

(B) 所有 n 阶实方阵的集合按通常数乘运算及如下加法：$\boldsymbol{A}\oplus\boldsymbol{B}=\boldsymbol{AB}-\boldsymbol{BA}$

(C) 所有次数大于 3 的实多项式按通常多项式的加法和数乘运算

(D) 所有奇函数的集合 V 按通常函数的加法和数乘函数运算

*2. 下列集合是 $\mathbf{R}^3$ 的子空间的有（　　）.

(A) $\{(x_1,x_2,x_3)\mid x_1\cdot x_2\geqslant 0;x_i\in\mathbf{R},i=1,2,3\}$

(B) $\{(x_1,x_2,x_3)\mid x_1^2+x_2^2+x_3^2=1;x_i\in\mathbf{R},i=1,2,3\}$

(C) $\{(x_1,x_2,x_3)\mid x_1=x_2=x_3;x_i\in\mathbf{R},i=1,2,3\}$

(D) $\{(x_1,x_2,x_3)\mid x_1+x_2+x_3=5;x_i\in\mathbf{R},i=1,2,3\}$

*3. 线性空间 $\mathbf{R}^4$ 的子空间 $V=\{(a_1,a_2,a_3,a_4)\mid a_1-3a_3=0,a_2+a_3+4a_4=0\}$ 的维数是（　　）.

(A) 1　　(B) 2　　(C) 3　　(D) 4

*4. (2009 年考研试题)设 $\boldsymbol{\alpha}_1,\boldsymbol{\alpha}_2,\boldsymbol{\alpha}_3$ 是 3 维向量空间 $\mathbf{R}^3$ 的一组基，则由基 $\boldsymbol{\alpha}_1,\frac{1}{2}\boldsymbol{\alpha}_2,\frac{1}{3}\boldsymbol{\alpha}_3$ 到基 $\boldsymbol{\alpha}_1+\boldsymbol{\alpha}_2,\boldsymbol{\alpha}_2+\boldsymbol{\alpha}_3,\boldsymbol{\alpha}_3+\boldsymbol{\alpha}_1$ 的过渡矩阵为（　　）.

(A) $\begin{pmatrix}1&0&1\\2&2&0\\0&3&3\end{pmatrix}$　　(B) $\begin{pmatrix}1&2&0\\0&2&3\\1&0&3\end{pmatrix}$

(C) $\begin{pmatrix}\frac{1}{2}&\frac{1}{4}&-\frac{1}{6}\\-\frac{1}{2}&\frac{1}{4}&\frac{1}{6}\\\frac{1}{2}&-\frac{1}{4}&\frac{1}{6}\end{pmatrix}$　　(D) $\begin{pmatrix}\frac{1}{2}&-\frac{1}{2}&\frac{1}{2}\\\frac{1}{4}&\frac{1}{4}&-\frac{1}{4}\\-\frac{1}{6}&\frac{1}{6}&\frac{1}{6}\end{pmatrix}$

*5. 定义 $T(a_1,a_2,a_3)^{\mathrm{T}}=(2a_1+3a_2+a_3,a_1-2a_2+4a_3,3a_1+8a_2-2a_3)^{\mathrm{T}}$ 为

$\mathbf{R}^3$ 上的线性变换,则下列向量属于 T 的核空间的是(　　).

(A) $(-3,1,3)^{\mathrm{T}}$　　(B) $(-4,1,5)^{\mathrm{T}}$

(C) $(-4,2,2)^{\mathrm{T}}$　　(D) $(-2,3,1)^{\mathrm{T}}$

6. $\boldsymbol{\alpha},\boldsymbol{\beta},\boldsymbol{\gamma}$ 是 n 维非零列向量,下列式子哪个没有意义(　　).

(A) $(\boldsymbol{\alpha},\boldsymbol{\beta})\boldsymbol{\alpha}+(\boldsymbol{\alpha},\boldsymbol{\gamma})\boldsymbol{\beta}$　　(B) $\left((\boldsymbol{\alpha},\boldsymbol{\alpha})\boldsymbol{\gamma},\dfrac{\boldsymbol{\beta}}{\|\boldsymbol{\beta}\|}\right)$

(C) $(\boldsymbol{\beta},\boldsymbol{\gamma})(\boldsymbol{\alpha}+\boldsymbol{\beta}+\boldsymbol{\gamma})$　　(D) $(\boldsymbol{\alpha},\boldsymbol{\beta})\boldsymbol{\gamma}+(\boldsymbol{\alpha},\boldsymbol{\gamma})$

7. 已知 $\boldsymbol{\alpha}=(1,1,2,-1)^{\mathrm{T}}$, $\boldsymbol{\beta}=(2,1,1,-1)^{\mathrm{T}}$, $\boldsymbol{\gamma}=(2,2,1,-4)^{\mathrm{T}}$, 则下列向量中与 $\boldsymbol{\alpha},\boldsymbol{\beta},\boldsymbol{\gamma}$ 都正交的是(　　).

(A) $(2,-9,2,-3)^{\mathrm{T}}$　　(B) $(1,-1,1,2)^{\mathrm{T}}$

(C) $(0,5,0,5)^{\mathrm{T}}$　　(D) $(3,-10,2,-3)^{\mathrm{T}}$

8. 若 $\boldsymbol{A}$ 是正交矩阵,则下列矩阵中不是正交矩阵的是(　　)(k 为正整数且 $k\neq 1$).

(A) $\boldsymbol{A}^{-1}$　　(B) $\boldsymbol{A}^{\mathrm{T}}$　　(C) $\boldsymbol{A}^{k}$　　(D) $k\boldsymbol{A}$

9. 若一个正交矩阵每个元素都是 $\dfrac{1}{4}$ 或 $-\dfrac{1}{4}$, 则这个正交矩阵为(　　)阶.

(A) 4　　(B) 8　　(C) 12　　(D)16

10. 已知 $\boldsymbol{\xi}_1,\boldsymbol{\xi}_2,\cdots,\boldsymbol{\xi}_n$ 是欧氏空间 $\mathbf{R}^n$ 中的一组标准正交向量组, T 是 $\mathbf{R}^n$ 上的正交变换, $\boldsymbol{\alpha},\boldsymbol{\beta}\in\mathbf{R}^n$, 则下列结论错误的是(　　).

(A) $\|T\boldsymbol{\alpha}\|=\|T\boldsymbol{\beta}\|$ 当且仅当 $\boldsymbol{\alpha}=\boldsymbol{\beta}$

(B) $(T\boldsymbol{\alpha},T\boldsymbol{\beta})=(\boldsymbol{\alpha},\boldsymbol{\beta})$

(C) $\langle T\boldsymbol{\alpha},T\boldsymbol{\beta}\rangle=\langle\boldsymbol{\alpha},\boldsymbol{\beta}\rangle$

(D) $T\boldsymbol{\xi}_1,T\boldsymbol{\xi}_2,\cdots,T\boldsymbol{\xi}_n$ 也是欧氏空间 $\mathbf{R}^n$ 中的一组标准正交向量组

三、计算题

*1. 设 $\boldsymbol{\xi}_1,\boldsymbol{\xi}_2,\boldsymbol{\xi}_3$ 是 $\mathbf{R}^3$ 的一个基,求由向量 $\boldsymbol{\alpha}_1=\boldsymbol{\xi}_1+3\boldsymbol{\xi}_2-2\boldsymbol{\xi}_3$, $\boldsymbol{\alpha}_2=11\boldsymbol{\xi}_1+17\boldsymbol{\xi}_3$, $\boldsymbol{\alpha}_3=2\boldsymbol{\xi}_1-5\boldsymbol{\xi}_2+9\boldsymbol{\xi}_3$ 生成的子空间 $L(\boldsymbol{\alpha}_1,\boldsymbol{\alpha}_2,\boldsymbol{\alpha}_3)$ 的一个基及维数.

*2. 设 $\boldsymbol{\xi}_1,\boldsymbol{\xi}_2,\boldsymbol{\xi}_3$ 和 $\boldsymbol{\eta}_1,\boldsymbol{\eta}_2,\boldsymbol{\eta}_3$ 是 $\mathbf{R}^3$ 的两个基,由基 $\boldsymbol{\xi}_1,\boldsymbol{\xi}_2,\boldsymbol{\xi}_3$ 到基 $\boldsymbol{\eta}_1,\boldsymbol{\eta}_2,\boldsymbol{\eta}_3$ 的过渡矩阵为 $\boldsymbol{P}=\begin{pmatrix}1&2&1\\0&1&1\\1&0&1\end{pmatrix}$, 且定义线性变换 $T\boldsymbol{\xi}_i=\boldsymbol{\eta}_i\ (i=1,2,3)$, 求:

(1) 由基 $\boldsymbol{\eta}_1,\boldsymbol{\eta}_2,\boldsymbol{\eta}_3$ 到基 $\boldsymbol{\xi}_1,\boldsymbol{\xi}_2,\boldsymbol{\xi}_3$ 的过渡矩阵;

(2) T 在基 $\boldsymbol{\xi}_1,\boldsymbol{\xi}_2,\boldsymbol{\xi}_3$ 下的矩阵;

(3) T 在基 $\boldsymbol{\eta}_1,\boldsymbol{\eta}_2,\boldsymbol{\eta}_3$ 下的矩阵;

(4) 若 $\boldsymbol{\alpha}$ 在基 $\boldsymbol{\eta}_1,\boldsymbol{\eta}_2,\boldsymbol{\eta}_3$ 下的坐标为 $(4,2,1)^{\mathrm{T}}$，求 $\boldsymbol{\alpha}$，$T\boldsymbol{\alpha}$ 在基 $\boldsymbol{\xi}_1,\boldsymbol{\xi}_2,\boldsymbol{\xi}_3$ 下的坐标；

(5) 若 $\boldsymbol{\eta}_1=(1,1,1)^{\mathrm{T}}$，$\boldsymbol{\eta}_2=(0,2,3)^{\mathrm{T}}$，$\boldsymbol{\eta}_3=(0,0,1)^{\mathrm{T}}$，求 $\boldsymbol{\xi}_1,\boldsymbol{\xi}_2$ 以及 $\boldsymbol{\xi}_3$.

*3. (2019 年考研试题)设向量组 $\boldsymbol{\alpha}_1=(1,2,1)^{\mathrm{T}}$，$\boldsymbol{\alpha}_2=(1,3,2)^{\mathrm{T}}$，$\boldsymbol{\alpha}_3=(1,a,3)^{\mathrm{T}}$ 为 $\mathbf{R}^3$ 的一个基，$\boldsymbol{\beta}=(1,1,1)^{\mathrm{T}}$ 在基下的坐标为 $(b,c,1)^{\mathrm{T}}$. (1) 求 a,b,c；(2) 证明 $\boldsymbol{\alpha}_2,\boldsymbol{\alpha}_3,\boldsymbol{\beta}$ 为 $\mathbf{R}^3$ 的一个基，并求 $\boldsymbol{\alpha}_2,\boldsymbol{\alpha}_3,\boldsymbol{\beta}$ 到 $\boldsymbol{\alpha}_1,\boldsymbol{\alpha}_2,\boldsymbol{\alpha}_3$ 的过渡矩阵.

4. 设 $\boldsymbol{\varepsilon}_1,\boldsymbol{\varepsilon}_2,\boldsymbol{\varepsilon}_3,\boldsymbol{\varepsilon}_4$ 是欧氏空间 $\mathbf{R}^4$ 中的一个标准正交向量组，$\boldsymbol{\alpha}_1=\boldsymbol{\varepsilon}_1-\boldsymbol{\varepsilon}_4$，$\boldsymbol{\alpha}_2=\boldsymbol{\varepsilon}_2+2\boldsymbol{\varepsilon}_3$，$\boldsymbol{\alpha}_3=3\boldsymbol{\varepsilon}_2+\boldsymbol{\varepsilon}_4$，将向量组 $\boldsymbol{\alpha}_1,\boldsymbol{\alpha}_2,\boldsymbol{\alpha}_3$ 化成一个标准正交向量组.

四、证明题

1. 设 $\boldsymbol{\alpha},\boldsymbol{\beta}$ 是欧氏空间 $\mathbf{R}^n$ 中的两个向量，k 是一个正实数，证明：

(1) $\langle\boldsymbol{\alpha},k\boldsymbol{\beta}\rangle=\langle\boldsymbol{\alpha},\boldsymbol{\beta}\rangle$；(2) $\langle\boldsymbol{\alpha},\boldsymbol{\beta}\rangle+\langle\boldsymbol{\alpha},-\boldsymbol{\beta}\rangle=\pi$.

2. 设 $\boldsymbol{\xi}_1,\boldsymbol{\xi}_2,\cdots,\boldsymbol{\xi}_m$ 是欧氏空间 $\mathbf{R}^n$ 的一个标准正交向量组.证明 $\forall\boldsymbol{\alpha}\in\mathbf{R}^n$，都有

$$\sum_{i=1}^{m}(\boldsymbol{\alpha},\boldsymbol{\xi}_i)^2\leqslant\|\boldsymbol{\alpha}\|^2.$$

3. 设 $\boldsymbol{A},\boldsymbol{B}$ 为 n 阶正交矩阵，n 为奇数，证明 $|(\boldsymbol{A}-\boldsymbol{B})(\boldsymbol{A}+\boldsymbol{B})|=0$.

4. 设正交矩阵 $\boldsymbol{A}=(a_{ij})_{n\times n}$，$A_{ij}$ 为行列式 $|\boldsymbol{A}|$ 中元素 a_{ij} 的代数余子式，证明 $A_{ij}=\pm a_{ij}$.

5. 设 $\boldsymbol{A},\boldsymbol{B}$ 为 n 阶正交矩阵，且 $|\boldsymbol{A}|=-|\boldsymbol{B}|$，证明 $|\boldsymbol{A}+\boldsymbol{B}|=0$.

第 5 章　矩阵的特征值与特征向量

方阵的特征值、特征向量及方阵的相似对角化理论与方法不仅在线性代数的理论中占有十分重要的地位，而且在微分方程、系统理论、控制理论、规划、数量经济分析、工程技术及经济管理的许多动态模型中都有广泛的应用.

本章主要讨论方阵的特征值、特征向量及方阵的相似对角化理论与方法. 其主要知识结构如下：

- 方阵 $\boldsymbol{A}$ 的特征值与特征向量
  - 特征值与特征向量
    - 概念
    - 求法
    - 性质
  - 相似矩阵
    - 概念、性质
    - 方阵的对角化
    - 实对称矩阵的对角化
    - *若尔当标准形
  - 应用
    - 求 $\boldsymbol{A}^k$
    - 求 $|\boldsymbol{A}|$
    - 求解微分方程组等

§5.1　特征值与特征向量

一、特征值与特征向量的概念和求法

特殊的 n 元线性方程组

$$(\lambda \boldsymbol{E}-\boldsymbol{A})\boldsymbol{x}=\boldsymbol{0}，\text{即 } \boldsymbol{A}\boldsymbol{x}=\lambda \boldsymbol{x}(\lambda \text{ 为常数})$$

的求解问题在规划、数量经济分析及工程技术中有广泛应用，因此，有必要对此进行深入研究.

定义 5.1　设 $\boldsymbol{A}$ 为数域 F 上的 n 阶矩阵，若存在数 $\lambda \in F$ 及非零列向量 $\boldsymbol{\alpha} \in F^n$ 使得

$$\boldsymbol{A}\boldsymbol{\alpha}=\lambda \boldsymbol{\alpha},$$

则称 λ 为矩阵 $\boldsymbol{A}$ 的一个**特征值**(characteristic value)，称 $\boldsymbol{\alpha}$ 为矩阵 $\boldsymbol{A}$ 的属于(对应)

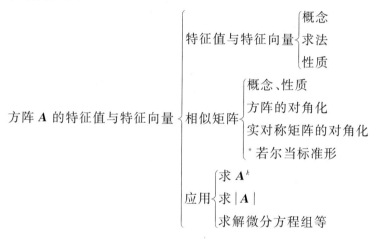

特征值 λ 的一个**特征向量**(characteristic vector).

显然:(1) 一个特征向量只能属于一个特征值.

(2) 矩阵 $\boldsymbol{A}$ 的属于特征值 λ 的特征向量 $\boldsymbol{\alpha}$ 的非零倍 $k\boldsymbol{\alpha}$ 仍为 $\boldsymbol{A}$ 的属于 λ 的特征向量.

矩阵的特征值与特征向量

(3) 矩阵 $\boldsymbol{A}$ 的属于同一特征值 λ 的特征向量 $\boldsymbol{\alpha}_1,\boldsymbol{\alpha}_2,\cdots,\boldsymbol{\alpha}_s$ 的非零线性组合 $k_1\boldsymbol{\alpha}_1+k_2\boldsymbol{\alpha}_2+\cdots+k_s\boldsymbol{\alpha}_s$ 仍为 $\boldsymbol{A}$ 的属于 λ 的特征向量.

(4) 设 $\boldsymbol{A},\boldsymbol{B}$ 均为 n 阶矩阵,则 $\boldsymbol{AB}$ 与 $\boldsymbol{BA}$ 有相同的特征值.

由定义 5.1 知:

$\boldsymbol{\alpha}$ 为方阵 $\boldsymbol{A}$ 的属于特征值 λ_0 的特征向量

$\Leftrightarrow \boldsymbol{A\alpha}=\lambda_0\boldsymbol{\alpha}$, 即 $(\lambda_0\boldsymbol{E}-\boldsymbol{A})\boldsymbol{\alpha}=\boldsymbol{0}(\boldsymbol{\alpha}\neq\boldsymbol{0})$

$\Leftrightarrow\boldsymbol{\alpha}$ 是齐次线性方程组 $(\lambda_0\boldsymbol{E}-\boldsymbol{A})\boldsymbol{x}=\boldsymbol{0}$ 的非零解

$\Leftrightarrow|\lambda_0\boldsymbol{E}-\boldsymbol{A}|=0$.

定义 5.2 设 $\boldsymbol{A}=(a_{ij})$ 为数域 F 上的 n 阶矩阵,则矩阵 $\lambda\boldsymbol{E}-\boldsymbol{A}$ 称为 $\boldsymbol{A}$ 的**特征矩阵**;其行列式

$$|\lambda\boldsymbol{E}-\boldsymbol{A}|=\begin{vmatrix}\lambda-a_{11} & -a_{12} & \cdots & -a_{1n}\\ -a_{21} & \lambda-a_{22} & \cdots & -a_{2n}\\ \vdots & \vdots & & \vdots\\ -a_{n1} & -a_{n2} & \cdots & \lambda-a_{nn}\end{vmatrix}$$

称为 $\boldsymbol{A}$ 的**特征多项式**(characteristic polynomial);而方程 $|\lambda\boldsymbol{E}-\boldsymbol{A}|=0$ 称为 $\boldsymbol{A}$ 的**特征方程.**

根据上面的分析可得:

哈密顿—凯莱(Hamilton-Cayley)定理 设 n 阶矩阵 $\boldsymbol{A}$ 的特征多项式为

$$f(\lambda)=|\lambda\boldsymbol{E}-\boldsymbol{A}|=\lambda^n+a_{n-1}\lambda^{n-1}+\cdots+a_1\lambda+a_0,$$

则 $f(\boldsymbol{A})=\boldsymbol{A}^n+a_{n-1}\boldsymbol{A}^{n-1}+\cdots+a_1\boldsymbol{A}+a_0\boldsymbol{E}=\boldsymbol{O}$.

定理 5.1 设 $\boldsymbol{A}=(a_{ij})$ 为数域 F 上的 n 阶矩阵,则

(1) λ_0 是方阵 $\boldsymbol{A}$ 的特征值 $\Leftrightarrow\lambda_0$ 是方程 $|\lambda\boldsymbol{E}-\boldsymbol{A}|=0$ 在数域 F 内的根.

(2) $\boldsymbol{\alpha}$ 为方阵 $\boldsymbol{A}$ 的属于特征值 λ_0 的特征向量 $\Leftrightarrow\boldsymbol{\alpha}$ 是 n 元齐次线性方程组 $(\lambda_0\boldsymbol{E}-\boldsymbol{A})\boldsymbol{x}=\boldsymbol{0}$ 的非零解.

由此可得求数域 F 上的 n 阶矩阵 $\boldsymbol{A}=(a_{ij})$ 的特征值与特征向量的步骤:

(1) 求出 $|\lambda\boldsymbol{E}-\boldsymbol{A}|=0$ 在数域 F 内的所有不同根 $\lambda_1,\lambda_2,\cdots,\lambda_s$, 即为 $\boldsymbol{A}$ 的全部特征值.

(2) 对 $\boldsymbol{A}$ 的每一特征值 λ_i, 求出 n 元齐次线性方程组 $(\lambda_i\boldsymbol{E}-\boldsymbol{A})\boldsymbol{x}=\boldsymbol{0}$ 的一个基础解系 $\boldsymbol{\alpha}_{i1},\boldsymbol{\alpha}_{i2},\cdots,\boldsymbol{\alpha}_{it_i}$, 则 $\boldsymbol{A}$ 的属于特征值 λ_i 的全部特征向量为 $k_1\boldsymbol{\alpha}_{i1}+$

$k_2\boldsymbol{\alpha}_{i2}+\cdots+k_{t_i}\boldsymbol{\alpha}_{it_i}$（$k_1,k_2,\cdots,k_{t_i}\in F$ 不全为零）.

例 5.1 求矩阵

$$\boldsymbol{A}=\begin{pmatrix}4 & -1 & -2\\ 2 & 1 & -2\\ 2 & -1 & 0\end{pmatrix}$$

的特征值与特征向量.

解 $$|\lambda\boldsymbol{E}-\boldsymbol{A}|=\begin{vmatrix}\lambda-4 & 1 & 2\\ -2 & \lambda-1 & 2\\ -2 & 1 & \lambda\end{vmatrix}=\begin{vmatrix}\lambda-2 & 2-\lambda & 0\\ -2 & \lambda-1 & 2\\ -2 & 1 & \lambda\end{vmatrix}=\begin{vmatrix}\lambda-2 & 0 & 0\\ -2 & \lambda-3 & 2\\ -2 & -1 & \lambda\end{vmatrix}$$
$$=(\lambda-2)^2(\lambda-1).$$

故 $\boldsymbol{A}$ 的特征值为 $\lambda_1=\lambda_2=2,\lambda_3=1$.

对 $\lambda_1=\lambda_2=2$，解方程组 $(2\boldsymbol{E}-\boldsymbol{A})\boldsymbol{x}=\boldsymbol{0}$，由

$$2\boldsymbol{E}-\boldsymbol{A}=\begin{pmatrix}-2 & 1 & 2\\ -2 & 1 & 2\\ -2 & 1 & 2\end{pmatrix}\rightarrow\begin{pmatrix}-2 & 1 & 2\\ 0 & 0 & 0\\ 0 & 0 & 0\end{pmatrix},$$

得一般解

$$x_2=2x_1-2x_3\ (x_1,x_3\text{ 为自由未知量}),$$

得基础解系为 $\boldsymbol{\alpha}_1=(1,2,0)^{\mathrm{T}},\boldsymbol{\alpha}_2=(0,-2,1)^{\mathrm{T}}$，所以 $\boldsymbol{A}$ 的属于 $\lambda_1=\lambda_2=2$ 的全部特征向量为 $k_1\boldsymbol{\alpha}_1+k_2\boldsymbol{\alpha}_2$（$k_1,k_2$ 是不全为零的任意常数）.

对 $\lambda_3=1$，解方程组 $(\boldsymbol{E}-\boldsymbol{A})\boldsymbol{x}=\boldsymbol{0}$，由

$$\boldsymbol{E}-\boldsymbol{A}=\begin{pmatrix}-3 & 1 & 2\\ -2 & 0 & 2\\ -2 & 1 & 1\end{pmatrix}\rightarrow\begin{pmatrix}1 & 0 & -1\\ 0 & 1 & -1\\ 0 & 0 & 0\end{pmatrix},$$

得一般解

$$\begin{cases}x_1=x_3,\\ x_2=x_3\end{cases}\quad(x_3\text{ 为自由未知量}),$$

得基础解系为 $\boldsymbol{\alpha}_3=(1,1,1)^{\mathrm{T}}$，所以 $\boldsymbol{A}$ 的属于 $\lambda_3=1$ 的全部特征向量为 $k_3\boldsymbol{\alpha}_3$（k_3 是任意非零常数）.

例 5.2 求矩阵

$$\boldsymbol{A}=\begin{pmatrix}-1 & 1 & 0\\ -4 & 3 & 0\\ 1 & 0 & 3\end{pmatrix}$$

的特征值与特征向量.

解 $|\lambda E - A| = \begin{vmatrix} \lambda+1 & -1 & 0 \\ 4 & \lambda-3 & 0 \\ -1 & 0 & \lambda-3 \end{vmatrix} = (\lambda-3)(\lambda-1)^2.$

故 A 的特征值为 $\lambda_1=\lambda_2=1, \lambda_3=3$.

对 $\lambda_1=\lambda_2=1$，解方程组 $(E-A)x=0$，由

$$E-A=\begin{pmatrix} 2 & -1 & 0 \\ 4 & -2 & 0 \\ -1 & 0 & -2 \end{pmatrix} \to \begin{pmatrix} 1 & 0 & 2 \\ 0 & 1 & 4 \\ 0 & 0 & 0 \end{pmatrix},$$

得一般解

$$\begin{cases} x_1=-2x_3, \\ x_2=-4x_3 \end{cases} \quad (x_3\text{ 为自由未知量}),$$

得基础解系为 $\boldsymbol{\alpha}_1=(2,4,-1)^{\mathrm{T}}$，所以 A 的属于 $\lambda_1=\lambda_2=1$ 的全部特征向量为 $k_1\boldsymbol{\alpha}_1$（k_1 是任意非零常数）.

对 $\lambda_3=3$，解方程组 $(3E-A)x=0$，由

$$3E-A=\begin{pmatrix} 4 & -1 & 0 \\ 4 & 0 & 0 \\ -1 & 0 & 0 \end{pmatrix} \to \begin{pmatrix} 1 & 0 & 0 \\ 0 & 1 & 0 \\ 0 & 0 & 0 \end{pmatrix},$$

得一般解

$$\begin{cases} x_1=0, \\ x_2=0 \end{cases} \quad (x_3\text{ 为自由未知量}),$$

得基础解系为 $\boldsymbol{\alpha}_2=(0,0,1)^{\mathrm{T}}$，所以 A 的属于 $\lambda_3=3$ 的全部特征向量为 $k_2\boldsymbol{\alpha}_2$（k_2 是任意非零常数）.

例 5.3 求矩阵

$$A=\begin{pmatrix} 1 & 3 & 3 \\ 3 & 1 & 3 \\ 3 & 3 & 1 \end{pmatrix}$$

的特征值与特征向量.

解 $$|\lambda E-A|=\begin{vmatrix} \lambda-1 & -3 & -3 \\ -3 & \lambda-1 & -3 \\ -3 & -3 & \lambda-1 \end{vmatrix} \xlongequal{r_1+r_2+r_3} (\lambda-7)\begin{vmatrix} 1 & 1 & 1 \\ -3 & \lambda-1 & -3 \\ -3 & -3 & \lambda-1 \end{vmatrix}$$

$$=(\lambda+2)^2(\lambda-7).$$

故 A 的特征值为 $\lambda_1=\lambda_2=-2, \lambda_3=7$.

对 $\lambda_1=\lambda_2=-2$，解方程组 $(-2\boldsymbol{E}-\boldsymbol{A})\boldsymbol{x}=\boldsymbol{0}$，由

$$-2\boldsymbol{E}-\boldsymbol{A}=\begin{pmatrix}-3&-3&-3\\-3&-3&-3\\-3&-3&-3\end{pmatrix}\to\begin{pmatrix}1&1&1\\0&0&0\\0&0&0\end{pmatrix},$$

得一般解

$$x_1=-x_2-x_3\quad(x_2,x_3\text{ 为自由未知量}),$$

得基础解系为 $\boldsymbol{\alpha}_1=(-1,1,0)^{\mathrm{T}}$，$\boldsymbol{\alpha}_2=(-1,0,1)^{\mathrm{T}}$，所以 $\boldsymbol{A}$ 的属于 $\lambda_1=\lambda_2=2$ 的全部特征向量为 $k_1\boldsymbol{\alpha}_1+k_2\boldsymbol{\alpha}_2$（$k_1,k_2$ 是不全为零的任意常数）.

对 $\lambda_3=7$，解方程组 $(7\boldsymbol{E}-\boldsymbol{A})\boldsymbol{x}=\boldsymbol{0}$，由

$$7\boldsymbol{E}-\boldsymbol{A}=\begin{pmatrix}6&-3&-3\\-3&6&-3\\-3&-3&6\end{pmatrix}\to\begin{pmatrix}1&0&-1\\0&1&-1\\0&0&0\end{pmatrix}$$

得一般解

$$\begin{cases}x_1=x_3,\\x_2=x_3\end{cases}\quad(x_3\text{ 为自由未知量}),$$

得基础解系为 $\boldsymbol{\alpha}_3=(1,1,1)^{\mathrm{T}}$，所以 $\boldsymbol{A}$ 的属于 $\lambda_3=1$ 的全部特征向量为 $k_3\boldsymbol{\alpha}_3$（k_3 是任意非零常数）.

二、特征值与特征向量的性质

定理 5.2 设 $\lambda_1,\lambda_2,\cdots,\lambda_n$ 是 n 阶矩阵 $\boldsymbol{A}=(a_{ij})$ 的 n 个特征值，则

(1) $\lambda_1+\lambda_2+\cdots+\lambda_n=a_{11}+a_{22}+\cdots+a_{nn}=\mathrm{tr}\boldsymbol{A}$（$\boldsymbol{A}$ 的迹）.

(2) $\lambda_1\lambda_2\cdots\lambda_n=|\boldsymbol{A}|$.

证明 因为 $\lambda_1,\lambda_2,\cdots,\lambda_n$ 是 n 阶矩阵 $\boldsymbol{A}=(a_{ij})$ 的 n 个特征值，则

$$\begin{aligned}|\lambda\boldsymbol{E}-\boldsymbol{A}|&=(\lambda-\lambda_1)(\lambda-\lambda_2)\cdots(\lambda-\lambda_n)\\&=\lambda^n-(\lambda_1+\lambda_2+\cdots+\lambda_n)\lambda^{n-1}+\cdots+(-1)^n\lambda_1\lambda_2\cdots\lambda_n.\end{aligned}$$

另一方面，

$$\begin{aligned}|\lambda\boldsymbol{E}-\boldsymbol{A}|&=\begin{vmatrix}\lambda-a_{11}&-a_{12}&\cdots&-a_{1n}\\-a_{21}&\lambda-a_{22}&\cdots&-a_{2n}\\\vdots&\vdots&&\vdots\\-a_{n1}&-a_{n2}&\cdots&\lambda-a_{nn}\end{vmatrix}\\&=\lambda^n-(a_{11}+a_{22}+\cdots+a_{nn})\lambda^{n-1}+\cdots+(-1)^n|\boldsymbol{A}|.\end{aligned}$$

比较上面两式中 λ^{n-1} 的系数及常数项可知定理 5.2 成立.

推论 5.1 n 阶矩阵 $\boldsymbol{A}$ 可逆的充要条件是 $\boldsymbol{A}$ 的特征值均非零.

定理 5.3 方阵 $\boldsymbol{A}$ 与其转置矩阵 $\boldsymbol{A}^{\mathrm{T}}$ 有相同的特征值.

证明 由于

$$|\lambda\boldsymbol{E}-\boldsymbol{A}^{\mathrm{T}}|=|(\lambda\boldsymbol{E}-\boldsymbol{A})^{\mathrm{T}}|=|\lambda\boldsymbol{E}-\boldsymbol{A}|,$$

即 $\boldsymbol{A}$ 与 $\boldsymbol{A}^{\mathrm{T}}$ 有相同的特征多项式,所以 $\boldsymbol{A}$ 与 $\boldsymbol{A}^{\mathrm{T}}$ 有相同的特征值.

定理 5.4 设 λ 为 n 阶矩阵 $\boldsymbol{A}$ 的特征值,$\boldsymbol{\alpha}$ 为相应的特征向量,c 为常数,m 为正整数,则

(1) $c\boldsymbol{A},\boldsymbol{A}^m,f(\boldsymbol{A})=a_0\boldsymbol{E}+a_1\boldsymbol{A}+\cdots+a_m\boldsymbol{A}^m$ 的特征值依次为 $c\lambda,\lambda^m,f(\lambda)$,相应的特征向量均为 $\boldsymbol{\alpha}$.

(2) 当 $\boldsymbol{A}$ 可逆时,$\boldsymbol{A}^{-1},\boldsymbol{A}^*$ 的特征值分别为 $\dfrac{1}{\lambda},\dfrac{|\boldsymbol{A}|}{\lambda}$,相应的特征向量均为 $\boldsymbol{\alpha}$.

(3) 对任一 n 阶可逆矩阵 $\boldsymbol{P}$,$\boldsymbol{P}^{-1}\boldsymbol{A}\boldsymbol{P}$ 的特征值为 λ,相应的特征向量为 $\boldsymbol{P}^{-1}\boldsymbol{\alpha}$.

证明 因为 $\boldsymbol{\alpha}\neq\boldsymbol{0}$,且 $\boldsymbol{A}\boldsymbol{\alpha}=\lambda\boldsymbol{\alpha}$,所以

$$(c\boldsymbol{A})\boldsymbol{\alpha}=c(\boldsymbol{A}\boldsymbol{\alpha})=c(\lambda\boldsymbol{\alpha})=(c\lambda)\boldsymbol{\alpha}.$$

$$\begin{aligned}\boldsymbol{A}^m\boldsymbol{\alpha}&=\boldsymbol{A}^{m-1}(\boldsymbol{A}\boldsymbol{\alpha})=\boldsymbol{A}^{m-1}(\lambda\boldsymbol{\alpha})=\lambda\boldsymbol{A}^{m-1}\boldsymbol{\alpha}=\lambda\boldsymbol{A}^{m-2}(\boldsymbol{A}\boldsymbol{\alpha})\\&=\lambda^2\boldsymbol{A}^{m-2}\boldsymbol{\alpha}=\cdots=\lambda^{m-1}\boldsymbol{A}\boldsymbol{\alpha}=\lambda^m\boldsymbol{\alpha}.\end{aligned}$$

$$\begin{aligned}f(\boldsymbol{A})\boldsymbol{\alpha}&=(a_0\boldsymbol{E}+a_1\boldsymbol{A}+\cdots+a_m\boldsymbol{A}^m)\boldsymbol{\alpha}\\&=a_0\boldsymbol{E}\boldsymbol{\alpha}+a_1\boldsymbol{A}\boldsymbol{\alpha}+\cdots+a_m\boldsymbol{A}^m\boldsymbol{\alpha}\\&=a_0\boldsymbol{\alpha}+a_1\lambda\boldsymbol{\alpha}+\cdots+a_m\lambda^m\boldsymbol{\alpha}\\&=(a_0+a_1\lambda+\cdots+a_m\lambda^m)\boldsymbol{\alpha}=f(\lambda)\boldsymbol{\alpha}.\end{aligned}$$

又当 $\boldsymbol{A}$ 可逆时,$\lambda\neq 0$,由 $\boldsymbol{A}\boldsymbol{\alpha}=\lambda\boldsymbol{\alpha}$ 有

$$\boldsymbol{A}^{-1}\boldsymbol{\alpha}=\frac{1}{\lambda}\boldsymbol{A}^{-1}\boldsymbol{A}\boldsymbol{\alpha}=\frac{1}{\lambda}\boldsymbol{\alpha},$$

于是

$$\boldsymbol{A}^*\boldsymbol{\alpha}=|\boldsymbol{A}|\boldsymbol{A}^{-1}\boldsymbol{\alpha}=\frac{|\boldsymbol{A}|}{\lambda}\boldsymbol{\alpha}.$$

再由 $\boldsymbol{A}\boldsymbol{\alpha}=\lambda\boldsymbol{\alpha}$ 有

$$(\boldsymbol{P}^{-1}\boldsymbol{A}\boldsymbol{P})(\boldsymbol{P}^{-1}\boldsymbol{\alpha})=\boldsymbol{P}^{-1}\boldsymbol{A}\boldsymbol{\alpha}=\lambda(\boldsymbol{P}^{-1}\boldsymbol{\alpha}).$$

故定理 5.4 成立.

例 5.4 设 3 阶矩阵 $\boldsymbol{A}$ 的特征值为 1,2,3,求

(1) $\boldsymbol{A}^{-1},\boldsymbol{A}^*$ 的特征值;(2) $\boldsymbol{B}=\boldsymbol{A}^2-3\boldsymbol{A}+\boldsymbol{E}$ 的特征值、$|\boldsymbol{B}|$ 与 $\mathrm{tr}\boldsymbol{B}$.

解 (1) 由定理 5.4 知,$\boldsymbol{A}^{-1}$ 的特征值为 $1,\dfrac{1}{2},\dfrac{1}{3}$;由定理 5.2 知,$|\boldsymbol{A}|=1\times2\times3=6$,又由定理 5.4 知,$\boldsymbol{A}^*=|\boldsymbol{A}|\boldsymbol{A}^{-1}=6\boldsymbol{A}^{-1}$ 的特征值为 6,3,2.

(2) 令 $f(\lambda)=\lambda^2-3\lambda+1$，则由定理 5.4 知，$\boldsymbol{B}=\boldsymbol{A}^2-3\boldsymbol{A}+\boldsymbol{E}=f(\boldsymbol{A})$ 的特征值为：$f(1)=-1,f(2)=-1,f(3)=1$，于是由定理 5.2 知，$|\boldsymbol{B}|=(-1)\times(-1)\times1=1$，$\mathrm{tr}\boldsymbol{B}=(-1)+(-1)+1=-1$.

定理 5.5 设 $\lambda_1,\lambda_2,\cdots,\lambda_s$ 是 n 阶矩阵 $\boldsymbol{A}$ 的 s 个不同的特征值，而 $\boldsymbol{\alpha}_{i1},\boldsymbol{\alpha}_{i2},\cdots,\boldsymbol{\alpha}_{it_i}$ 是 $\boldsymbol{A}$ 的属于 λ_i 的线性无关的特征向量 $(i=1,2,\cdots,s)$，则向量组 $\boldsymbol{\alpha}_{11},\boldsymbol{\alpha}_{12},\cdots,\boldsymbol{\alpha}_{1t_1},\boldsymbol{\alpha}_{21},\boldsymbol{\alpha}_{22},\cdots,\boldsymbol{\alpha}_{2t_2},\cdots,\boldsymbol{\alpha}_{s1},\boldsymbol{\alpha}_{s2},\cdots,\boldsymbol{\alpha}_{st_s}$ 也线性无关.

证明 假设有常数 $k_{11},\cdots,k_{1t_1},k_{21},\cdots,k_{2t_2},\cdots,k_{s1},\cdots,k_{st_s}$ 使等式

$$k_{11}\boldsymbol{\alpha}_{11}+\cdots+k_{1t_1}\boldsymbol{\alpha}_{1t_1}+k_{21}\boldsymbol{\alpha}_{21}+\cdots+k_{2t_2}\boldsymbol{\alpha}_{2t_2}+\cdots+k_{s1}\boldsymbol{\alpha}_{s1}+\cdots+k_{st_s}\boldsymbol{\alpha}_{st_s}=\boldsymbol{0}$$

成立，令 $k_{i1}\boldsymbol{\alpha}_{i1}+k_{i2}\boldsymbol{\alpha}_{i2}+\cdots+k_{it_i}\boldsymbol{\alpha}_{it_i}=\boldsymbol{\beta}_i$，则定理 5.4(1)易知：

$$\boldsymbol{A}^m\boldsymbol{\beta}_i=\lambda_i^m\boldsymbol{\beta}_i\quad(m=1,2,\cdots,s-1;i=1,2,\cdots,s),$$

且

$$\boldsymbol{\beta}_1+\boldsymbol{\beta}_2+\cdots+\boldsymbol{\beta}_s=\boldsymbol{0}.$$

于是分别用方阵 $\boldsymbol{E},\boldsymbol{A},\boldsymbol{A}^2,\cdots,\boldsymbol{A}^{m-1}$ 左乘上式两端得：

$$\begin{cases}\boldsymbol{\beta}_1+\boldsymbol{\beta}_2+\cdots+\boldsymbol{\beta}_s=\boldsymbol{0},\\ \lambda_1\boldsymbol{\beta}_1+\lambda_2\boldsymbol{\beta}_2+\cdots+\lambda_s\boldsymbol{\beta}_s=\boldsymbol{0},\\ \lambda_1^2\boldsymbol{\beta}_1+\lambda_2^2\boldsymbol{\beta}_2+\cdots+\lambda_s^2\boldsymbol{\beta}_s=\boldsymbol{0},\\ \cdots\cdots\cdots\cdots\\ \lambda_1^{m-1}\boldsymbol{\beta}_1+\lambda_2^{m-1}\boldsymbol{\beta}_2+\cdots+\lambda_s^{m-1}\boldsymbol{\beta}_s=\boldsymbol{0},\end{cases}$$

其系数行列式 D 是范德蒙德行列式，由于 $\lambda_1,\lambda_2,\cdots,\lambda_s$ 互异，所以 $D\neq0$，于是由克拉默法则知：

$$k_{i1}\boldsymbol{\alpha}_{i1}+k_{i2}\boldsymbol{\alpha}_{i2}+\cdots+k_{it_i}\boldsymbol{\alpha}_{it_i}=\boldsymbol{\beta}_i=\boldsymbol{0}\quad(i=1,2,\cdots,s).$$

又 $\boldsymbol{\alpha}_{i1},\boldsymbol{\alpha}_{i2},\cdots,\boldsymbol{\alpha}_{it_i}$ 线性无关，因此，$k_{i1}=k_{i2}=\cdots=k_{it_i}=0(i=1,2,\cdots,s)$，故向量组 $\boldsymbol{\alpha}_{11},\boldsymbol{\alpha}_{12},\cdots,\boldsymbol{\alpha}_{1t_1},\boldsymbol{\alpha}_{21},\boldsymbol{\alpha}_{22},\cdots,\boldsymbol{\alpha}_{2t_2},\cdots,\boldsymbol{\alpha}_{s1},\boldsymbol{\alpha}_{s2},\cdots,\boldsymbol{\alpha}_{st_s}$ 线性无关.

推论 5.2 设 $\lambda_1,\lambda_2,\cdots,\lambda_s$ 是方阵 $\boldsymbol{A}$ 的 s 个互不相同的特征值，而 $\boldsymbol{\alpha}_1,\boldsymbol{\alpha}_2,\cdots,\boldsymbol{\alpha}_s$ 依次是与之对应的特征向量，则 $\boldsymbol{\alpha}_1,\boldsymbol{\alpha}_2,\cdots,\boldsymbol{\alpha}_s$ 线性无关. 换言之，方阵 $\boldsymbol{A}$ 的属于不同特征值的特征向量线性无关.

推论 5.3 方阵 $\boldsymbol{A}$ 的属于不同特征值的特征向量的和不再是特征向量.

证明留给读者作为练习.

定理 5.6 设 λ 为 n 阶矩阵 $\boldsymbol{A}$ 的 k 重特征值，则 λ 的**几何重数** $n-r(\lambda\boldsymbol{E}-\boldsymbol{A})$ 不超过 λ 的**代数重数** k，因此 $r(\lambda\boldsymbol{E}-\boldsymbol{A})\geqslant n-k$.

证明略.

§5.2 相似矩阵与矩阵的对角化

一、相似矩阵的概念与性质

定义 5.3 设 $\boldsymbol{A},\boldsymbol{B}$ 均为数域 F 上的 n 阶矩阵,若存在数域 F 上的 n 阶可逆矩阵 $\boldsymbol{P}$ 使得

$$\boldsymbol{P}^{-1}\boldsymbol{A}\boldsymbol{P}=\boldsymbol{B},$$

则称 $\boldsymbol{B}$ 是 $\boldsymbol{A}$ 的**相似矩阵**(similar matrices),或称 $\boldsymbol{A}$ 与 $\boldsymbol{B}$ **相似**,记为 $\boldsymbol{A}\sim\boldsymbol{B}$.对 $\boldsymbol{A}$ 作运算 $\boldsymbol{P}^{-1}\boldsymbol{A}\boldsymbol{P}$ 称为对 $\boldsymbol{A}$ 进行**相似变换**,可逆矩阵 $\boldsymbol{P}$ 称为把 $\boldsymbol{A}$ 变为 $\boldsymbol{B}$ 的**相似变换矩阵**.

显然:(1) 若 $\boldsymbol{P}$ 是把 $\boldsymbol{A}$ 变为 $\boldsymbol{B}$ 的相似变换矩阵,则 $\forall k\in F,k\neq 0,k\boldsymbol{P}$ 也是把 $\boldsymbol{A}$ 变为 $\boldsymbol{B}$ 的相似变换矩阵,因此相似变换矩阵不唯一.

(2) 相似的矩阵必等价,即若 $\boldsymbol{A}\sim\boldsymbol{B}$, 则 $\boldsymbol{A}\cong\boldsymbol{B}$.

因此,矩阵间的相似关系必具有:

1) 反身性:$\boldsymbol{A}\sim\boldsymbol{A}$.

2) 对称性:若 $\boldsymbol{A}\sim\boldsymbol{B}$, 则 $\boldsymbol{B}\sim\boldsymbol{A}$.

3) 传递性:若 $\boldsymbol{A}\sim\boldsymbol{B},\boldsymbol{B}\sim\boldsymbol{C}$, 则 $\boldsymbol{A}\sim\boldsymbol{C}$.

定理 5.7 相似矩阵的特征多项式相同. 因此,相似矩阵的特征值相同.

证明 设 $\boldsymbol{A}\sim\boldsymbol{B}$, 则有可逆矩阵 $\boldsymbol{P}$ 使 $\boldsymbol{P}^{-1}\boldsymbol{A}\boldsymbol{P}=\boldsymbol{B}$, 从而

$$\begin{aligned}|\lambda\boldsymbol{E}-\boldsymbol{B}|&=|\lambda\boldsymbol{P}^{-1}\boldsymbol{P}-\boldsymbol{P}^{-1}\boldsymbol{A}\boldsymbol{P}|=|\boldsymbol{P}^{-1}(\lambda\boldsymbol{E}-\boldsymbol{A})\boldsymbol{P}|=|\boldsymbol{P}^{-1}||\lambda\boldsymbol{E}-\boldsymbol{A}||\boldsymbol{P}|\\&=|\lambda\boldsymbol{E}-\boldsymbol{A}|.\end{aligned}$$

推论 5.4 设 $\boldsymbol{A}\sim\boldsymbol{B}$, 即有可逆矩阵 $\boldsymbol{P}$ 使 $\boldsymbol{P}^{-1}\boldsymbol{A}\boldsymbol{P}=\boldsymbol{B}$, 那么

(1) $|\boldsymbol{A}|=|\boldsymbol{B}|$.

(2) $\mathrm{tr}\boldsymbol{A}=\mathrm{tr}\boldsymbol{B}$.

(3) $r(\boldsymbol{A})=r(\boldsymbol{B})$.

(4) 若 $\boldsymbol{A}$ 可逆,则 $\boldsymbol{B}$ 也可逆,且 $\boldsymbol{A}^{-1}\sim\boldsymbol{B}^{-1}$.

(5) $\boldsymbol{A}^m\sim\boldsymbol{B}^m$ (m 为正整数).

(6) 若 $f(x)$ 为任一多项式,则 $f(\boldsymbol{A})\sim f(\boldsymbol{B})$.

(7) $\boldsymbol{A}^{\mathrm{T}}\sim\boldsymbol{B}^{\mathrm{T}}$.

(8) 若 $\boldsymbol{A}$ 属于特征值 λ 的特征向量为 $\boldsymbol{x}$,则 $\boldsymbol{B}$ 属于特征值 λ 的特征向量为 $\boldsymbol{P}^{-1}\boldsymbol{x}$.

证明 只证(5),其余的留给读者完成.

(5) 因为 $\boldsymbol{A}\sim\boldsymbol{B}$, 则有可逆矩阵 $\boldsymbol{P}$ 使 $\boldsymbol{P}^{-1}\boldsymbol{A}\boldsymbol{P}=\boldsymbol{B}$, 从而

$$B^m=(P^{-1}AP)^m=P^{-1}APP^{-1}AP\cdots P^{-1}AP=P^{-1}AA\cdots AP=P^{-1}A^mP,$$

故 $A^m\sim B^m$.

推论 5.5 设方阵 A 相似于三角形矩阵，则三角形矩阵的对角线上的元素便是 A 的特征值.

注 两个常用表达式：

$$(P^{-1}AP)^m=P^{-1}A^mP;$$

$$P^{-1}(kA+lB)P=kP^{-1}AP+lP^{-1}BP\ (k,l\ 为常数).$$

例 5.5 已知矩阵

$$A=\begin{pmatrix}x&1&0\\1&0&0\\0&0&2\end{pmatrix},\quad B=\begin{pmatrix}2&0&0\\0&3&2\\0&-1&y\end{pmatrix}.$$

若 $A\sim B$，求 x,y 的值.

解法 1 因为 $A\sim B$，所以

$$\begin{cases}\mathrm{tr}A=\mathrm{tr}B,\\|A|=|B|,\end{cases}$$

即

$$\begin{cases}x+0+2=2+3+y,\\-2=2(3y+2),\end{cases}$$

解得 $x=2,y=-1$.

解法 2 因为 $A\sim B$，所以 $|\lambda E-A|=|\lambda E-B|$，即

$$\begin{vmatrix}\lambda-x&-1&0\\-1&\lambda&0\\0&0&\lambda-2\end{vmatrix}=\begin{vmatrix}\lambda-2&0&0\\0&\lambda-3&-2\\0&1&\lambda-y\end{vmatrix},$$

计算得

$$(\lambda-2)(\lambda^2-x\lambda-1)=(\lambda-2)[\lambda^2-(3+y)\lambda+2+3y].$$

由等式两端 λ 的同次幂的系数应相等，可得

$$\begin{cases}x=3+y,\\-1=2+3y,\end{cases}$$

解得 $x=2,y=-1$.

解法 3 与解法 2 类似可得

$$(\lambda-2)(\lambda^2-x\lambda-1)=(\lambda-2)[\lambda^2-(3+y)\lambda+2+3y].$$

令 $\lambda=0$，则 $2=-2(2+3y)$，即 $y=-1$.

令 $\lambda=1$，则 $x=-2y$，即 $x=2$.

二、矩阵可对角化的条件

由定理 5.7 及推论 5.4 可知：相似矩阵有相同的特征多项式、相同的特征值、相同的行列式、相同的迹、相同的秩及相同的可逆性等. 因此，若 n 阶矩阵 $\boldsymbol{A}$ 与最简单的矩阵——对角矩阵相似，通过研究对角矩阵的有关性质，便可知矩阵 $\boldsymbol{A}$ 的若干性质. 所以矩阵相似于对角矩阵的理论在许多领域中都有重要应用. 下面就来讨论这一问题. 如果矩阵 $\boldsymbol{A}$ 能与一个对角矩阵相似，则称矩阵 $\boldsymbol{A}$ **可对角化**.

定理 5.8 n 阶矩阵 $\boldsymbol{A}$ 可对角化的充要条件是 $\boldsymbol{A}$ 有 n 个线性无关的特征向量.

证明 n 阶矩阵 $\boldsymbol{A}$ 可对角化 $\Leftrightarrow$ 存在 n 阶可逆矩阵 $\boldsymbol{P}=(\boldsymbol{\alpha}_1,\boldsymbol{\alpha}_2,\cdots,\boldsymbol{\alpha}_n)$ 使 $\boldsymbol{P}^{-1}\boldsymbol{AP}=\mathrm{diag}(\lambda_1,\lambda_2,\cdots,\lambda_n)$，即 $(\boldsymbol{A\alpha}_1,\boldsymbol{A\alpha}_2,\cdots,\boldsymbol{A\alpha}_n)=(\lambda_1\boldsymbol{\alpha}_1,\lambda_2\boldsymbol{\alpha}_2,\cdots,\lambda_n\boldsymbol{\alpha}_n)$，亦即 $\boldsymbol{A\alpha}_j=\lambda_j\boldsymbol{\alpha}_j(j=1,2,\cdots,n)$

$\Leftrightarrow\boldsymbol{A}$ 有 n 个线性无关的特征向量 $\boldsymbol{\alpha}_1,\boldsymbol{\alpha}_2,\cdots,\boldsymbol{\alpha}_n$.

结合定理 5.8 及推论 5.2，我们有以下推论.

推论 5.6 若 n 阶矩阵 $\boldsymbol{A}$ 有 n 个不同的特征值，则 $\boldsymbol{A}$ 可对角化.

根据定理 5.8 及定理 5.6，我们有以下推论.

推论 5.7 n 阶矩阵 $\boldsymbol{A}$ 可对角化的充要条件是对 $\boldsymbol{A}$ 的每一 $k(k>1)$ 重特征值 λ 都有 $r(\lambda\boldsymbol{E}-\boldsymbol{A})=n-k$. 换言之，$n$ 阶矩阵 $\boldsymbol{A}$ 可对角化的充要条件是对 $\boldsymbol{A}$ 的每一 $k(k>1)$ 重特征值 λ，方程组 $(\lambda\boldsymbol{E}-\boldsymbol{A})\boldsymbol{x}=\boldsymbol{0}$ 的基础解系中恰有 k 个解.

n 阶矩阵 $\boldsymbol{A}$ 对角化的步骤：

(1) 求出 $f_{\boldsymbol{A}}(\lambda)=|\lambda\boldsymbol{E}-\boldsymbol{A}|=0$ 的所有不同根（即 $\boldsymbol{A}$ 的全部特征值）$\lambda_1,\lambda_2,\cdots,\lambda_s$，其重数依次为 $n_1,n_2,\cdots,n_s$；

(2) 对每一特征值 λ_i，解方程组 $(\lambda_i\boldsymbol{E}-\boldsymbol{A})\boldsymbol{x}=\boldsymbol{0}$ 得基础解系 $\boldsymbol{\alpha}_{i1},\boldsymbol{\alpha}_{i2},\cdots,\boldsymbol{\alpha}_{it_i}$；

(3) 若存在 $t_i\neq n_i$，则 $\boldsymbol{A}$ 不能对角化，否则 $\boldsymbol{A}$ 可对角化. 以这些基础解系的向量为列构成矩阵 $\boldsymbol{P}=(\boldsymbol{\alpha}_{11},\cdots,\boldsymbol{\alpha}_{1n_1},\cdots,\boldsymbol{\alpha}_{s1},\cdots,\boldsymbol{\alpha}_{sn_s})$，则 $\boldsymbol{P}$ 可逆且

$$\boldsymbol{P}^{-1}\boldsymbol{AP}=\boldsymbol{\Lambda}=\begin{pmatrix}\lambda_1 & & & & & \\ & \ddots & & & & \\ & & \lambda_1 & & & \\ & & & \ddots & & \\ & & & & \lambda_s & \\ & & & & & \ddots & \\ & & & & & & \lambda_s\end{pmatrix}.$$

因此，若 $P^{-1}AP=\Lambda=\mathrm{diag}(\lambda_1,\lambda_2,\cdots,\lambda_n)$，则有以下重要等式：

$$A=P\mathrm{diag}(\lambda_1,\lambda_2,\cdots,\lambda_n)P^{-1},\qquad |A|=\lambda_1\lambda_2\cdots\lambda_n;$$

$$A^m=P\mathrm{diag}(\lambda_1^m,\lambda_2^m,\cdots,\lambda_n^m)P^{-1},\qquad |A^m|=\lambda_1^m\lambda_2^m\cdots\lambda_n^m;$$

$$f(A)=P\mathrm{diag}(f(\lambda_1),f(\lambda_2),\cdots,f(\lambda_n))P^{-1},|f(A)|=f(\lambda_1)f(\lambda_2)\cdots f(\lambda_n),$$

其中 $f(x)$ 为多项式，m 为正整数.

注 (1) 特征值在 Λ 中的顺序与特征向量在 P 中的顺序应一致；

(2) 满足 $P^{-1}AP=\Lambda$ 的可逆矩阵 P 不唯一；

(3) 为检验 $P^{-1}AP=\Lambda$ 是否正确，可用下列式子验证：

$$\lambda_1+\lambda_2+\cdots+\lambda_n=a_{11}+a_{22}+\cdots+a_{nn},\quad AP=P\Lambda.$$

上节例 5.1 中的 3 阶矩阵 A 有 3 个线性无关的特征向量

$$\boldsymbol{\alpha}_1=(1,2,0)^{\mathrm{T}},\quad \boldsymbol{\alpha}_2=(0,-2,1)^{\mathrm{T}},\quad \boldsymbol{\alpha}_3=(1,1,1)^{\mathrm{T}}.$$

它们分别属于特征值 2,2,1，由定理 5.8 知 A 可对角化. 令

$$P=(\boldsymbol{\alpha}_1,\boldsymbol{\alpha}_2,\boldsymbol{\alpha}_3)=\begin{pmatrix}1&0&1\\2&-2&1\\0&1&1\end{pmatrix},$$

则 P 可逆且

$$P^{-1}AP=\Lambda=\begin{pmatrix}2&&\\&2&\\&&1\end{pmatrix}.$$

而例 5.2 中的 3 阶矩阵 A 的 2 重特征值 1 只有 1 个线性无关的特征向量，故由推论 5.7 知 A 不能对角化.

例 5.6 判断下列矩阵是否可对角化. 若能，则求 P，使 $P^{-1}AP=\Lambda$ 为对角阵，并计算 A^n，$|3E-A|$ 及 $|A^2-3A+E|$.

$$(1)\ A=\begin{pmatrix}0&0&1\\1&1&1\\1&0&0\end{pmatrix};\quad (2)\ A=\begin{pmatrix}-1&2&2\\2&-1&-2\\2&-2&-1\end{pmatrix}.$$

解 (1) $|\lambda E-A|=\begin{vmatrix}\lambda&0&-1\\-1&\lambda-1&-1\\-1&0&\lambda\end{vmatrix}=(\lambda-1)^2(\lambda+1)$,

得 A 的特征值为 $\lambda_1=\lambda_2=1,\lambda_3=-1$，又

$$E-A=\begin{pmatrix}1&0&-1\\-1&0&-1\\-1&0&1\end{pmatrix}\to\begin{pmatrix}1&0&-1\\0&0&1\\0&0&0\end{pmatrix},$$

得 $r(\boldsymbol{E}-\boldsymbol{A})=2\neq 3-2$，所以，由推论 5.7 知 $\boldsymbol{A}$ 不能对角化.

(2) 由

$$|\lambda\boldsymbol{E}-\boldsymbol{A}|=\begin{vmatrix}\lambda+1 & -2 & -2\\ -2 & \lambda+1 & 2\\ -2 & 2 & \lambda+1\end{vmatrix}=(\lambda-1)^2(\lambda+5),$$

得 $\boldsymbol{A}$ 的特征值为 $\lambda_1=\lambda_2=1,\lambda_3=-5$.

对 $\lambda_1=\lambda_2=1$，解方程组 $(\boldsymbol{E}-\boldsymbol{A})\boldsymbol{x}=\boldsymbol{0}$，由

$$\boldsymbol{E}-\boldsymbol{A}=\begin{pmatrix}2 & -2 & -2\\ -2 & 2 & 2\\ -2 & 2 & 2\end{pmatrix}\to\begin{pmatrix}1 & -1 & -1\\ 0 & 0 & 0\\ 0 & 0 & 0\end{pmatrix},$$

得基础解系为 $\boldsymbol{\alpha}_1=(1,1,0)^{\mathrm{T}},\boldsymbol{\alpha}_2=(1,0,1)^{\mathrm{T}}$.

对 $\lambda_3=-5$，解方程组 $(-5\boldsymbol{E}-\boldsymbol{A})\boldsymbol{x}=\boldsymbol{0}$，由

$$-5\boldsymbol{E}-\boldsymbol{A}=\begin{pmatrix}-4 & -2 & -2\\ -2 & -4 & 2\\ -2 & 2 & -4\end{pmatrix}\to\begin{pmatrix}1 & 0 & 1\\ 0 & 1 & -1\\ 0 & 0 & 0\end{pmatrix},$$

得基础解系为 $\boldsymbol{\alpha}_3=(-1,1,1)^{\mathrm{T}}$.

所以 $\boldsymbol{A}$ 有 3 个线性无关的特征向量，$\boldsymbol{A}$ 可对角化. 令

$$\boldsymbol{P}=(\boldsymbol{\alpha}_1,\boldsymbol{\alpha}_2,\boldsymbol{\alpha}_3)=\begin{pmatrix}1 & 1 & -1\\ 1 & 0 & 1\\ 0 & 1 & 1\end{pmatrix},$$

则 $\boldsymbol{P}$ 可逆且

$$\boldsymbol{P}^{-1}\boldsymbol{A}\boldsymbol{P}=\boldsymbol{\Lambda}=\begin{pmatrix}1 & 0 & 0\\ 0 & 1 & 0\\ 0 & 0 & -5\end{pmatrix}.$$

又易求

$$\boldsymbol{P}^{-1}=\frac{1}{3}\begin{pmatrix}1 & 2 & -1\\ 1 & -1 & 2\\ -1 & 1 & 1\end{pmatrix}.$$

故

$$\boldsymbol{A}^n=(\boldsymbol{P}\boldsymbol{\Lambda}\boldsymbol{P}^{-1})^n=\boldsymbol{P}\boldsymbol{\Lambda}^n\boldsymbol{P}^{-1}=\begin{pmatrix}1 & 1 & -1\\ 1 & 0 & 1\\ 0 & 1 & 1\end{pmatrix}\begin{pmatrix}1 & 0 & 0\\ 0 & 1 & 0\\ 0 & 0 & (-5)^n\end{pmatrix}\cdot\frac{1}{3}\begin{pmatrix}1 & 2 & -1\\ 1 & -1 & 2\\ -1 & 1 & 1\end{pmatrix}$$

$$=\frac{1}{3}\begin{pmatrix}2+(-5)^n & 1-(-5)^n & 1-(-5)^n\\ 1-(-5)^n & 2+(-5)^n & -1+(-5)^n\\ 1-(-5)^n & -1+(-5)^n & 2+(-5)^n\end{pmatrix}.$$

由定理 5.7 可知：

$$|3\boldsymbol{E}-\boldsymbol{A}|=(3-1)^2\times(3+5)=32.$$

令 $f(x)=x^2-3x+1$，则

$$\boldsymbol{A}^2-3\boldsymbol{A}+\boldsymbol{E}=f(\boldsymbol{A})=\boldsymbol{P}\begin{pmatrix}f(1) & & \\ & f(1) & \\ & & f(-5)\end{pmatrix}\boldsymbol{P}^{-1}.$$

所以，$|\boldsymbol{A}^2-3\boldsymbol{A}+\boldsymbol{E}|=f(1)f(1)f(-5)=(-1)\times(-1)\times 41=41.$

例 5.7(与 2000 年考研试题类似) 设矩阵 $\boldsymbol{A}=\begin{pmatrix}1 & -1 & 1\\ x & 4 & y\\ -3 & -3 & 5\end{pmatrix}$ 有 3 个线性无关的特征向量，$\lambda=2$ 是 $\boldsymbol{A}$ 的 2 重特征值，试求 x,y 的值，并求可逆矩阵 $\boldsymbol{P}$，使 $\boldsymbol{P}^{-1}\boldsymbol{A}\boldsymbol{P}=\boldsymbol{\Lambda}$ 为对角矩阵.

解 因为 3 阶矩阵 $\boldsymbol{A}$ 有 3 个线性无关的特征向量，所以 $\boldsymbol{A}$ 可对角化. 又 $\lambda=2$ 是 $\boldsymbol{A}$ 的 2 重特征值，于是 $r(2\boldsymbol{E}-\boldsymbol{A})=3-2=1$. 而

$$2\boldsymbol{E}-\boldsymbol{A}=\begin{pmatrix}1 & 1 & -1\\ -x & -2 & -y\\ 3 & 3 & -3\end{pmatrix}\rightarrow\begin{pmatrix}1 & 1 & -1\\ 0 & x-2 & -x-y\\ 0 & 0 & 0\end{pmatrix}.$$

因此 $x-2=0$，$-x-y=0$，即 $x=2,y=-2$. 于是由

$$|\lambda\boldsymbol{E}-\boldsymbol{A}|=\begin{vmatrix}\lambda-1 & 1 & -1\\ -2 & \lambda-4 & 2\\ 3 & 3 & \lambda-5\end{vmatrix}=\begin{vmatrix}\lambda-2 & 1 & -1\\ 0 & \lambda-4 & 2\\ \lambda-2 & 3 & \lambda-5\end{vmatrix}$$

$$=\begin{vmatrix}\lambda-2 & 1 & -1\\ 0 & \lambda-4 & 2\\ 0 & 2 & \lambda-4\end{vmatrix}=(\lambda-2)^2(\lambda-6),$$

得 $\boldsymbol{A}$ 的特征值为 $\lambda_1=\lambda_2=2,\lambda_3=6$.

对 $\lambda_1=\lambda_2=2$，解方程组 $(2\boldsymbol{E}-\boldsymbol{A})\boldsymbol{x}=\boldsymbol{0}$，

$$2\boldsymbol{E}-\boldsymbol{A}=\begin{pmatrix}1 & 1 & -1\\ -2 & -2 & 2\\ 3 & 3 & -3\end{pmatrix}\rightarrow\begin{pmatrix}1 & 1 & -1\\ 0 & 0 & 0\\ 0 & 0 & 0\end{pmatrix},$$

得基础解系为 $\boldsymbol{\alpha}_1=(-1,1,0)^{\mathrm{T}},\boldsymbol{\alpha}_2=(1,0,1)^{\mathrm{T}}$.

对 $\lambda_3=6$，解方程组 $(6\boldsymbol{E}-\boldsymbol{A})\boldsymbol{x}=\boldsymbol{0}$，由

$$6\boldsymbol{E}-\boldsymbol{A}=\begin{pmatrix}5&1&-1\\-2&2&2\\3&3&1\end{pmatrix}\to\begin{pmatrix}1&0&-\frac{1}{3}\\0&1&\frac{2}{3}\\0&0&0\end{pmatrix},$$

得基础解系为 $\boldsymbol{\alpha}_3=(1,-2,3)^{\mathrm{T}}$.

所以 $\boldsymbol{A}$ 有 3 个线性无关的特征向量，$\boldsymbol{A}$ 可对角化，令

$$\boldsymbol{P}=(\boldsymbol{\alpha}_1,\boldsymbol{\alpha}_2,\boldsymbol{\alpha}_3)=\begin{pmatrix}-1&1&1\\1&0&-2\\0&1&3\end{pmatrix},$$

则 $\boldsymbol{P}$ 可逆且

$$\boldsymbol{P}^{-1}\boldsymbol{A}\boldsymbol{P}=\boldsymbol{\Lambda}=\begin{pmatrix}2&0&0\\0&2&0\\0&0&6\end{pmatrix}.$$

§5.3 实对称矩阵的对角化

并非任何方阵都可对角化，但有一类在理论和应用中都十分重要的方阵——实对称矩阵一定可对角化，而且可正交相似于对角矩阵.

定理 5.9 实对称矩阵的特征值都是实数.

* **证明** 设 λ 为 n 阶实对称矩阵 $\boldsymbol{A}$ 的特征值，$\boldsymbol{x}=(x_1,x_2,\cdots,x_n)^{\mathrm{T}}$ 为其对应的特征向量，即

$$\boldsymbol{A}\boldsymbol{x}=\lambda\boldsymbol{x}\ (\boldsymbol{x}\neq\boldsymbol{0}).$$

两端取共轭转置，并注意到 $\overline{\boldsymbol{A}}=\boldsymbol{A},\boldsymbol{A}^{\mathrm{T}}=\boldsymbol{A}$，有

$$\bar{\lambda}\ \overline{\boldsymbol{x}}^{\mathrm{T}}\boldsymbol{x}=\overline{(\boldsymbol{A}\boldsymbol{x})}^{\mathrm{T}}\boldsymbol{x}=\overline{\boldsymbol{x}}^{\mathrm{T}}(\boldsymbol{A}\boldsymbol{x})=\lambda\overline{\boldsymbol{x}}^{\mathrm{T}}\boldsymbol{x}.$$

即 $(\bar{\lambda}-\lambda)\overline{\boldsymbol{x}}^{\mathrm{T}}\boldsymbol{x}=0$，又由 $\boldsymbol{x}\neq\boldsymbol{0}$ 有

$$\overline{\boldsymbol{x}}^{\mathrm{T}}\boldsymbol{x}=\bar{x}_1x_1+\bar{x}_2x_2+\cdots+\bar{x}_nx_n\neq 0.$$

故 $\bar{\lambda}=\lambda$，即 λ 为实数.

定理 5.10 实对称矩阵的属于不同特征值的特征向量必正交.

证明 设 λ_1,λ_2 为 n 阶实对称矩阵 $\boldsymbol{A}$ 的两个不同特征值，$\boldsymbol{x}_1,\boldsymbol{x}_2$ 为其对应的特征向量，即 $\boldsymbol{A}\boldsymbol{x}_1=\lambda_1\boldsymbol{x}_1,\boldsymbol{A}\boldsymbol{x}_2=\lambda_2\boldsymbol{x}_2$，于是

$$\lambda_1\boldsymbol{x}_1^{\mathrm{T}}\boldsymbol{x}_2=(\boldsymbol{A}\boldsymbol{x}_1)^{\mathrm{T}}\boldsymbol{x}_2=\boldsymbol{x}_1^{\mathrm{T}}(\boldsymbol{A}\boldsymbol{x}_2)=\lambda_2\boldsymbol{x}_1^{\mathrm{T}}\boldsymbol{x}_2.$$

即 $(\lambda_1-\lambda_2)\boldsymbol{x}_1^{\mathrm{T}}\boldsymbol{x}_2=0$，又由 $\lambda_1\neq\lambda_2$ 有 $\boldsymbol{x}_1^{\mathrm{T}}\boldsymbol{x}_2=0$，即 $\boldsymbol{x}_1$ 与 $\boldsymbol{x}_2$ 正交.

定理 5.11 设λ为n阶实对称矩阵$\boldsymbol{A}$的k重特征值，则λ的几何重数$n-r(\lambda\boldsymbol{E}-\boldsymbol{A})$等于$\lambda$的代数重数$k$. 因此$r(\lambda\boldsymbol{E}-\boldsymbol{A})=n-k$. 换言之，$n$阶实对称矩阵$\boldsymbol{A}$的$k$重特征值$\lambda$恰有$k$个线性无关的特征向量.

证明略.

定理 5.12 设$\boldsymbol{A}$为n阶实对称矩阵，则必存在n阶正交矩阵$\boldsymbol{Q}$，使

$$\boldsymbol{Q}^{\mathrm{T}}\boldsymbol{A}\boldsymbol{Q}=\boldsymbol{Q}^{-1}\boldsymbol{A}\boldsymbol{Q}=\boldsymbol{\Lambda}=\begin{pmatrix}\lambda_1 & & & \\ & \lambda_2 & & \\ & & \ddots & \\ & & & \lambda_n\end{pmatrix},$$

其中$\lambda_1,\lambda_2,\cdots,\lambda_n$为$\boldsymbol{A}$的特征值. 因此可得以下重要等式：

$\boldsymbol{A}=\boldsymbol{Q}\operatorname{diag}(\lambda_1,\lambda_2,\cdots,\lambda_n)\boldsymbol{Q}^{\mathrm{T}}$，$|\boldsymbol{A}|=\lambda_1\lambda_2\cdots\lambda_n$；

$\boldsymbol{A}^m=\boldsymbol{Q}\operatorname{diag}(\lambda_1^m,\lambda_2^m,\cdots,\lambda_n^m)\boldsymbol{Q}^{\mathrm{T}}$，$|\boldsymbol{A}^m|=\lambda_1^m\lambda_2^m\cdots\lambda_n^m$；

$f(\boldsymbol{A})=\boldsymbol{Q}\operatorname{diag}(f(\lambda_1),f(\lambda_2),\cdots,f(\lambda_n))\boldsymbol{Q}^{\mathrm{T}}$，$|f(\boldsymbol{A})|=f(\lambda_1)f(\lambda_2)\cdots f(\lambda_n)$，其中$f(x)$为多项式，$m$为正整数.

证明 设$\boldsymbol{A}$的互不相同的特征值为$\lambda_1,\lambda_2,\cdots,\lambda_s$，其重数依次为$n_1,n_2,\cdots,n_s$（$n_1+n_2+\cdots+n_s=n$），由定理 5.11 知，对应特征值$\lambda_i$（$i=1,2,\cdots,s$）恰有$n_i$个线性无关的特征向量，把它们正交化、单位化后得$n_i$个单位正交的特征向量，由定理 5.10 知，以这些正交单位化后的特征向量为列构成正交矩阵$\boldsymbol{Q}$，可使

$$\boldsymbol{Q}^{\mathrm{T}}\boldsymbol{A}\boldsymbol{Q}=\boldsymbol{Q}^{-1}\boldsymbol{A}\boldsymbol{Q}=\boldsymbol{\Lambda}.$$

将n阶实对称矩阵$\boldsymbol{A}$正交对角化的步骤为：

（1）求出$f_{\boldsymbol{A}}(\lambda)=|\lambda\boldsymbol{E}-\boldsymbol{A}|=0$的所有不同根（即$\boldsymbol{A}$的全部特征值）$\lambda_1,\lambda_2,\cdots,\lambda_s$，其重数依次为$n_1,n_2,\cdots,n_s$（$n_1+n_2+\cdots+n_s=n$）.

（2）对每一特征值λ_i，解方程组$(\lambda_i\boldsymbol{E}-\boldsymbol{A})\boldsymbol{x}=\boldsymbol{0}$得基础解系$\boldsymbol{\alpha}_{i1},\boldsymbol{\alpha}_{i2},\cdots,\boldsymbol{\alpha}_{in_i}$；将其正交化、单位化为$\boldsymbol{\gamma}_{i1},\boldsymbol{\gamma}_{i2},\cdots,\boldsymbol{\gamma}_{in_i}$.

（3）以这些正交化、单位化后的特征向量为列构成正交矩阵$\boldsymbol{Q}=(\boldsymbol{\gamma}_{11},\cdots,\boldsymbol{\gamma}_{1n_1},\cdots,\boldsymbol{\gamma}_{s1},\cdots,\boldsymbol{\gamma}_{sn_s})$，可使

$$\boldsymbol{Q}^{\mathrm{T}}\boldsymbol{A}\boldsymbol{Q}=\boldsymbol{Q}^{-1}\boldsymbol{A}\boldsymbol{Q}=\boldsymbol{\Lambda}=\begin{pmatrix}\lambda_1 & & & & & \\ & \ddots & & & & \\ & & \lambda_1 & & & \\ & & & \ddots & & \\ & & & & \lambda_s & \\ & & & & & \ddots \\ & & & & & & \lambda_s\end{pmatrix}.$$

注 (1) 特征值在 Λ 中的顺序与特征向量在 Q 中的顺序应一致；

(2) 满足 $Q^{\mathrm{T}}AQ=Q^{-1}AQ=\Lambda$ 的正交矩阵 Q 不唯一；

(3) 为检验 $Q^{\mathrm{T}}AQ=Q^{-1}AQ=\Lambda$ 是否正确，可用下列式子验证：

$$\lambda_1+\lambda_2+\cdots+\lambda_n=a_{11}+a_{22}+\cdots+a_{nn},\boldsymbol{Q}\boldsymbol{Q}^{\mathrm{T}}=\boldsymbol{E},\boldsymbol{A}\boldsymbol{Q}=\boldsymbol{Q}\boldsymbol{\Lambda}.$$

例 5.8 设 $\boldsymbol{A}=\begin{pmatrix}3&2&4\\2&0&2\\4&2&3\end{pmatrix}$，求正交矩阵 Q 使 $Q^{-1}AQ$ 为对角矩阵.

解 由

$$|\lambda\boldsymbol{E}-\boldsymbol{A}|=\begin{vmatrix}\lambda-3&-2&-4\\-2&\lambda&-2\\-4&-2&\lambda-3\end{vmatrix}=\begin{vmatrix}\lambda+1&-2(\lambda+1)&0\\-2&\lambda&-2\\-4&-2&\lambda-3\end{vmatrix}$$

$$=\begin{vmatrix}\lambda+1&0&0\\-2&\lambda-4&-2\\-4&-10&\lambda-3\end{vmatrix}=(\lambda+1)^2(\lambda-8),$$

得 $\boldsymbol{A}$ 的特征值为 $\lambda_1=\lambda_2=-1,\lambda_3=8$.

对 $\lambda_1=\lambda_2=-1$，解方程组 $(-\boldsymbol{E}-\boldsymbol{A})\boldsymbol{x}=\boldsymbol{0}$，

$$-\boldsymbol{E}-\boldsymbol{A}=\begin{pmatrix}-4&-2&-4\\-2&-1&-2\\-4&-2&-4\end{pmatrix}\to\begin{pmatrix}2&1&2\\0&0&0\\0&0&0\end{pmatrix},$$

得基础解系为 $\boldsymbol{\alpha}_1=(1,-2,0)^{\mathrm{T}},\boldsymbol{\alpha}_2=(0,-2,1)^{\mathrm{T}}$.

将 $\boldsymbol{\alpha}_1,\boldsymbol{\alpha}_2$ 正交化，得

$\boldsymbol{\beta}_1=\boldsymbol{\alpha}_1=(1,-2,0)^{\mathrm{T}}$，

$$\boldsymbol{\beta}_2=\boldsymbol{\alpha}_2-\frac{(\boldsymbol{\beta}_1,\boldsymbol{\alpha}_2)}{(\boldsymbol{\beta}_1,\boldsymbol{\beta}_1)}\boldsymbol{\beta}_1=\boldsymbol{\alpha}_2-\frac{4}{5}\boldsymbol{\beta}_1=\left(-\frac{4}{5},-\frac{2}{5},1\right)^{\mathrm{T}}.$$

再将 $\boldsymbol{\beta}_1,\boldsymbol{\beta}_2$ 单位化，得

$$\boldsymbol{\gamma}_1=\frac{1}{\|\boldsymbol{\beta}_1\|}\boldsymbol{\beta}_1=\frac{1}{\sqrt{5}}\boldsymbol{\beta}_1=\left(\frac{1}{\sqrt{5}},-\frac{2}{\sqrt{5}},0\right)^{\mathrm{T}},$$

$$\boldsymbol{\gamma}_2=\frac{1}{\|\boldsymbol{\beta}_2\|}\boldsymbol{\beta}_2=\frac{5}{3\sqrt{5}}\boldsymbol{\beta}_2=\left(-\frac{4}{3\sqrt{5}},-\frac{2}{3\sqrt{5}},\frac{5}{3\sqrt{5}}\right)^{\mathrm{T}}.$$

对 $\lambda_3=8$，解方程组 $(8\boldsymbol{E}-\boldsymbol{A})\boldsymbol{x}=\boldsymbol{0}$，由

$$8\boldsymbol{E}-\boldsymbol{A}=\begin{pmatrix}5&-2&-4\\-2&8&-2\\-4&-2&5\end{pmatrix}\to\begin{pmatrix}1&-2&0\\0&-2&1\\0&0&0\end{pmatrix},$$

得基础解系为 $\boldsymbol{\alpha}_3=(2,1,2)^{\mathrm{T}}$.

将 $\boldsymbol{\alpha}_3$ 单位化，得

$$\boldsymbol{\gamma}_3=\frac{1}{\|\boldsymbol{\alpha}_3\|}\boldsymbol{\alpha}_3=\frac{1}{3}\boldsymbol{\alpha}_3=\left(\frac{2}{3},\frac{1}{3},\frac{2}{3}\right)^{\mathrm{T}}.$$

令

$$\boldsymbol{Q}=(\boldsymbol{\gamma}_1,\boldsymbol{\gamma}_2,\boldsymbol{\gamma}_3)=\begin{pmatrix}\frac{1}{\sqrt{5}} & -\frac{4}{3\sqrt{5}} & \frac{2}{3}\\ -\frac{2}{\sqrt{5}} & -\frac{2}{3\sqrt{5}} & \frac{1}{3}\\ 0 & \frac{5}{3\sqrt{5}} & \frac{2}{3}\end{pmatrix},$$

则 $\boldsymbol{Q}$ 为正交矩阵，且

$$\boldsymbol{Q}^{\mathrm{T}}\boldsymbol{A}\boldsymbol{Q}=\boldsymbol{Q}^{-1}\boldsymbol{A}\boldsymbol{Q}=\boldsymbol{\Lambda}=\begin{pmatrix}-1 & & \\ & -1 & \\ & & 8\end{pmatrix}.$$

例 5.9(与 1997 年考研试题类似)　设 3 阶实对称矩阵 $\boldsymbol{A}$ 的 3 个特征值为 1，3，-3，其中 $\lambda_1=1,\lambda_2=3$ 对应的特征向量分别为 $\boldsymbol{\alpha}_1=(a,-1,0)^{\mathrm{T}},\boldsymbol{\alpha}_2=(1,1,a)^{\mathrm{T}}$.

(1) 求 $\boldsymbol{A}$ 的属于特征值 $\lambda_3=-3$ 的特征向量.

(2) 求矩阵 $\boldsymbol{A}$.

解　(1) 由定理 5.10 知，$\boldsymbol{\alpha}_1,\boldsymbol{\alpha}_2$ 正交，即

$$a\cdot 1+(-1)\cdot 1+0\cdot a=0,$$

解得 $a=1$. 设 $\boldsymbol{A}$ 的属于特征值 $\lambda_3=-3$ 的特征向量 $\boldsymbol{\alpha}_3=(x_1,x_2,x_3)^{\mathrm{T}}$，则由定理 5.10 知，$\boldsymbol{\alpha}_3=(x_1,x_2,x_3)^{\mathrm{T}}$ 与 $\boldsymbol{\alpha}_1,\boldsymbol{\alpha}_2$ 均正交：

$$\begin{cases}(\boldsymbol{\alpha}_3,\boldsymbol{\alpha}_1)=0,\\ (\boldsymbol{\alpha}_3,\boldsymbol{\alpha}_2)=0,\end{cases}$$

即

$$\begin{cases}x_1-x_2=0,\\ x_1+x_2+x_3=0,\end{cases}$$

解得基础解系为 $\boldsymbol{\alpha}_3=(1,1,-2)^{\mathrm{T}}$. 所以，$\boldsymbol{A}$ 的属于特征值 $\lambda_3=-3$ 的全部特征向量为 $k\boldsymbol{\alpha}_3,k\neq 0$.

(2) **解法 1**　令 $\boldsymbol{P}=(\boldsymbol{\alpha}_1,\boldsymbol{\alpha}_2,\boldsymbol{\alpha}_3)$，则

$$\boldsymbol{P}^{-1}\boldsymbol{A}\boldsymbol{P}=\boldsymbol{\Lambda}=\begin{pmatrix}1 & & \\ & 3 & \\ & & -3\end{pmatrix},\quad \boldsymbol{P}^{-1}=\frac{1}{6}\begin{pmatrix}3 & -3 & 0\\ 2 & 2 & 2\\ 1 & 1 & -2\end{pmatrix},$$

$$A = P\Lambda P^{-1} = \begin{pmatrix} 1 & 1 & 1 \\ -1 & 1 & 1 \\ 0 & 1 & -2 \end{pmatrix} \begin{pmatrix} 1 & 0 & 0 \\ 0 & 3 & 0 \\ 0 & 0 & -3 \end{pmatrix} \cdot \frac{1}{6} \begin{pmatrix} 3 & -3 & 0 \\ 2 & 2 & 2 \\ 1 & 1 & -2 \end{pmatrix} = \begin{pmatrix} 1 & 0 & 2 \\ 0 & 1 & 2 \\ 2 & 2 & -1 \end{pmatrix}.$$

解法 2 因 $\boldsymbol{\alpha}_1,\boldsymbol{\alpha}_2,\boldsymbol{\alpha}_3$ 两两正交，将它们单位化后构成正交矩阵

$$Q = \begin{pmatrix} \frac{1}{\sqrt{2}} & \frac{1}{\sqrt{3}} & \frac{1}{\sqrt{6}} \\ -\frac{1}{\sqrt{2}} & \frac{1}{\sqrt{3}} & \frac{1}{\sqrt{6}} \\ 0 & \frac{1}{\sqrt{3}} & \frac{-2}{\sqrt{6}} \end{pmatrix},$$

$$A = Q\Lambda Q^{\mathrm{T}} = \begin{pmatrix} 1 & 0 & 2 \\ 0 & 1 & 2 \\ 2 & 2 & -1 \end{pmatrix}.$$

* **例 5.10**（2006 年考研试题） 设 3 阶实对称矩阵 A 的各行元素之和均为 3，向量 $\boldsymbol{\alpha}_1 = (-1,2,-1)^{\mathrm{T}}$，$\boldsymbol{\alpha}_2 = (0,-1,1)^{\mathrm{T}}$ 是线性方程组 $Ax = \mathbf{0}$ 的两个解.

（1）求 A 的特征值与特征向量.

（2）求正交矩阵 Q 和对角矩阵 Λ，使 $Q^{\mathrm{T}}AQ = \Lambda$.

（3）求 A 及 $\left(A - \frac{3}{2}E\right)^6$，其中 E 为 3 阶单位矩阵.

解 （1）因 A 的各行元素之和均为 3，所以

$$A\begin{pmatrix} 1 \\ 1 \\ 1 \end{pmatrix} = \begin{pmatrix} 3 \\ 3 \\ 3 \end{pmatrix} = 3\begin{pmatrix} 1 \\ 1 \\ 1 \end{pmatrix},$$

即 $\boldsymbol{\alpha}_3 = (1,1,1)^{\mathrm{T}}$ 是 A 的属于特征值 $\lambda_3 = 3$ 的特征向量，A 的属于特征值 $\lambda_3 = 3$ 的全部特征向量为 $k_3\boldsymbol{\alpha}_3\,(k_3 \neq 0)$.

又向量 $\boldsymbol{\alpha}_1,\boldsymbol{\alpha}_2$ 是线性方程组 $Ax = \mathbf{0}$ 的两个解，即

$$A\boldsymbol{\alpha}_1 = \mathbf{0} = 0\boldsymbol{\alpha}_1, \quad A\boldsymbol{\alpha}_2 = \mathbf{0} = 0\boldsymbol{\alpha}_2.$$

因此 $\boldsymbol{\alpha}_1,\boldsymbol{\alpha}_2$ 是 A 的属于特征值 $\lambda_1 = \lambda_2 = 0$ 的线性无关的特征向量. 于是，A 的属于特征值 $\lambda_1 = \lambda_2 = 0$ 的全部特征向量为 $k_1\boldsymbol{\alpha}_1 + k_2\boldsymbol{\alpha}_2\,(k_1,k_2$ 不全为 $0)$.

（2）将 $\boldsymbol{\alpha}_1,\boldsymbol{\alpha}_2$ 正交化，得

$$\boldsymbol{\beta}_1 = \boldsymbol{\alpha}_1 = (-1,2,-1)^{\mathrm{T}},$$

$$\boldsymbol{\beta}_2 = \boldsymbol{\alpha}_2 - \frac{(\boldsymbol{\beta}_1,\boldsymbol{\alpha}_2)}{(\boldsymbol{\beta}_1,\boldsymbol{\beta}_1)}\boldsymbol{\beta}_1 = \boldsymbol{\alpha}_2 + \frac{1}{2}\boldsymbol{\beta}_1 = \left(-\frac{1}{2},0,\frac{1}{2}\right)^{\mathrm{T}}.$$

再将 $\boldsymbol{\beta}_1,\boldsymbol{\beta}_2,\boldsymbol{\alpha}_3$ 单位化，得

$$\boldsymbol{\gamma}_1=\frac{1}{\|\boldsymbol{\beta}_1\|}\boldsymbol{\beta}_1=\frac{1}{\sqrt{6}}\boldsymbol{\beta}_1=\left(\frac{-1}{\sqrt{6}},\frac{2}{\sqrt{6}},\frac{-1}{\sqrt{6}}\right)^{\mathrm{T}}.$$

$$\boldsymbol{\gamma}_2=\frac{1}{\|\boldsymbol{\beta}_2\|}\boldsymbol{\beta}_2=\frac{2}{\sqrt{2}}\boldsymbol{\beta}_2=\left(\frac{-1}{\sqrt{2}},0,\frac{1}{\sqrt{2}}\right)^{\mathrm{T}}.$$

$$\boldsymbol{\gamma}_3=\frac{1}{\|\boldsymbol{\alpha}_3\|}\boldsymbol{\alpha}_3=\frac{1}{\sqrt{3}}\boldsymbol{\alpha}_3=\left(\frac{1}{\sqrt{3}},\frac{1}{\sqrt{3}},\frac{1}{\sqrt{3}}\right)^{\mathrm{T}}.$$

令

$$\boldsymbol{Q}=(\boldsymbol{\gamma}_1,\boldsymbol{\gamma}_2,\boldsymbol{\gamma}_3)=\begin{pmatrix}\frac{-1}{\sqrt{6}} & \frac{-1}{\sqrt{2}} & \frac{1}{\sqrt{3}}\\ \frac{2}{\sqrt{6}} & 0 & \frac{1}{\sqrt{3}}\\ \frac{-1}{\sqrt{6}} & \frac{1}{\sqrt{2}} & \frac{1}{\sqrt{3}}\end{pmatrix},\quad \boldsymbol{\Lambda}=\begin{pmatrix}0 & & \\ & 0 & \\ & & 3\end{pmatrix},$$

则 $\boldsymbol{Q}$ 为正交矩阵，且 $\boldsymbol{Q}^{\mathrm{T}}\boldsymbol{A}\boldsymbol{Q}=\boldsymbol{Q}^{-1}\boldsymbol{A}\boldsymbol{Q}=\boldsymbol{\Lambda}$.

(3) 由(2)可知，

$$\boldsymbol{A}=\boldsymbol{Q}\boldsymbol{\Lambda}\boldsymbol{Q}^{\mathrm{T}}=\begin{pmatrix}\frac{-1}{\sqrt{6}} & \frac{-1}{\sqrt{2}} & \frac{1}{\sqrt{3}}\\ \frac{2}{\sqrt{6}} & 0 & \frac{1}{\sqrt{3}}\\ \frac{-1}{\sqrt{6}} & \frac{1}{\sqrt{2}} & \frac{1}{\sqrt{3}}\end{pmatrix}\begin{pmatrix}0 & 0 & 0\\ 0 & 0 & 0\\ 0 & 0 & 3\end{pmatrix}\begin{pmatrix}\frac{-1}{\sqrt{6}} & \frac{2}{\sqrt{6}} & \frac{-1}{\sqrt{6}}\\ \frac{-1}{\sqrt{2}} & 0 & \frac{1}{\sqrt{2}}\\ \frac{1}{\sqrt{3}} & \frac{1}{\sqrt{3}} & \frac{1}{\sqrt{3}}\end{pmatrix}=\begin{pmatrix}1 & 1 & 1\\ 1 & 1 & 1\\ 1 & 1 & 1\end{pmatrix}.$$

令 $f(x)=\left(x-\frac{3}{2}\right)^6$，则由 $\boldsymbol{A}=\boldsymbol{Q}\boldsymbol{\Lambda}\boldsymbol{Q}^{\mathrm{T}}$ 可得

$$\left(\boldsymbol{A}-\frac{3}{2}\boldsymbol{E}\right)^6=f(\boldsymbol{A})=\boldsymbol{Q}f(\boldsymbol{\Lambda})\boldsymbol{Q}^{\mathrm{T}}=\boldsymbol{Q}\begin{pmatrix}f(0) & & \\ & f(0) & \\ & & f(3)\end{pmatrix}\boldsymbol{Q}^{\mathrm{T}}$$

$$=\boldsymbol{Q}\begin{pmatrix}\left(-\frac{3}{2}\right)^6 & & \\ & \left(-\frac{3}{2}\right)^6 & \\ & & \left(\frac{3}{2}\right)^6\end{pmatrix}\boldsymbol{Q}^{\mathrm{T}}=\left(\frac{3}{2}\right)^6\boldsymbol{Q}\boldsymbol{E}\boldsymbol{Q}^{\mathrm{T}}=\left(\frac{3}{2}\right)^6\boldsymbol{E}.$$

例 5.11(2020 年考研试题)　设 $\boldsymbol{A}$ 为 2 阶矩阵，$\boldsymbol{P}=(\boldsymbol{\alpha},\boldsymbol{A\alpha})$，$\boldsymbol{\alpha}$ 是非零向量，且不是 $\boldsymbol{A}$ 的特征向量. (1)证明 $\boldsymbol{P}$ 是可逆矩阵；(2)若 $\boldsymbol{A}^2\boldsymbol{\alpha}+\boldsymbol{A\alpha}-6\boldsymbol{\alpha}=\boldsymbol{0}$，求 $\boldsymbol{P}^{-1}\boldsymbol{AP}$，并判断 $\boldsymbol{A}$ 是否相似于对角矩阵.

解　(1) 因 $\boldsymbol{\alpha}\neq\boldsymbol{0},\boldsymbol{A\alpha}\neq\lambda\boldsymbol{\alpha}$，故 $\boldsymbol{\alpha},\boldsymbol{A\alpha}$ 线性无关，因此 $\boldsymbol{P}$ 是可逆矩阵.

(2) $\boldsymbol{AP}=\boldsymbol{A}(\boldsymbol{\alpha},\boldsymbol{A\alpha})=(\boldsymbol{A\alpha},\boldsymbol{A}^2\boldsymbol{\alpha})=(\boldsymbol{A\alpha},6\boldsymbol{\alpha}-\boldsymbol{A\alpha})=(\boldsymbol{\alpha},\boldsymbol{A\alpha})\begin{pmatrix}0&6\\1&-1\end{pmatrix}$，即

$$\boldsymbol{P}^{-1}\boldsymbol{AP}=\begin{pmatrix}0&6\\1&-1\end{pmatrix}.$$

由 $\boldsymbol{A}^2\boldsymbol{\alpha}+\boldsymbol{A\alpha}-6\boldsymbol{\alpha}=\boldsymbol{0}$ 得 $(\boldsymbol{A}^2+\boldsymbol{A}-6\boldsymbol{E})\boldsymbol{\alpha}=\boldsymbol{0}$，即 $(\boldsymbol{A}+3\boldsymbol{E})(\boldsymbol{A}-2\boldsymbol{E})\boldsymbol{\alpha}=\boldsymbol{0}$.

又 $\boldsymbol{\alpha}\neq\boldsymbol{0}$，故 $(\boldsymbol{A}^2+\boldsymbol{A}-6\boldsymbol{E})\boldsymbol{x}=\boldsymbol{0}$ 有非零解，因而 $|(\boldsymbol{A}+3\boldsymbol{E})(\boldsymbol{A}-2\boldsymbol{E})|=0$，得 $|\boldsymbol{A}+3\boldsymbol{E}|=0$ 或 $|\boldsymbol{A}-2\boldsymbol{E}|=0$.

若 $|\boldsymbol{A}+3\boldsymbol{E}|\neq0$，则有 $(\boldsymbol{A}-2\boldsymbol{E})\boldsymbol{\alpha}=\boldsymbol{0}$，即 $\boldsymbol{A\alpha}=2\boldsymbol{\alpha}$，与已知矛盾，故 $|\boldsymbol{A}+3\boldsymbol{E}|=0$. 同理可证：$|\boldsymbol{A}-2\boldsymbol{E}|=0$. 于是 $\boldsymbol{A}$ 的两个特征值为 $\lambda_1=-3,\lambda_2=2$，因此 $\boldsymbol{A}$ 相似于对角矩阵.

* **例 5.12**　解微分方程组

$$\begin{cases}\dfrac{\mathrm{d}x_1}{\mathrm{d}t}=-x_1+2x_2+2x_3,\\[2mm]\dfrac{\mathrm{d}x_2}{\mathrm{d}t}=2x_1-x_2-2x_3,\\[2mm]\dfrac{\mathrm{d}x_3}{\mathrm{d}t}=2x_1-2x_2-x_3.\end{cases}$$

解　令

$$\boldsymbol{x}=\begin{pmatrix}x_1\\x_2\\x_3\end{pmatrix},\quad \frac{\mathrm{d}\boldsymbol{x}}{\mathrm{d}t}=\begin{pmatrix}\dfrac{\mathrm{d}x_1}{\mathrm{d}t}\\[2mm]\dfrac{\mathrm{d}x_2}{\mathrm{d}t}\\[2mm]\dfrac{\mathrm{d}x_3}{\mathrm{d}t}\end{pmatrix},\quad \boldsymbol{A}=\begin{pmatrix}-1&2&2\\2&-1&-2\\2&-2&-1\end{pmatrix},$$

则微分方程组可表示为

$$\frac{\mathrm{d}\boldsymbol{x}}{\mathrm{d}t}=\boldsymbol{Ax}.$$

例 5.6(2)中已求得

$$\boldsymbol{P}=\begin{pmatrix}1&1&-1\\1&0&1\\0&1&1\end{pmatrix},\quad \boldsymbol{P}^{-1}\boldsymbol{AP}=\boldsymbol{\Lambda}=\begin{pmatrix}1&0&0\\0&1&0\\0&0&-5\end{pmatrix}.$$

将 $\boldsymbol{A}=\boldsymbol{P\Lambda P}^{-1}$ 代入 $\dfrac{\mathrm{d}\boldsymbol{x}}{\mathrm{d}t}=\boldsymbol{Ax}$ 得

$$\frac{\mathrm{d}\boldsymbol{x}}{\mathrm{d}t}=\boldsymbol{P\Lambda P}^{-1}\boldsymbol{x}.$$

令 $\boldsymbol{y}=\boldsymbol{P}^{-1}\boldsymbol{x}$，则 $\boldsymbol{x}=\boldsymbol{Py}$，且 $\dfrac{\mathrm{d}\boldsymbol{x}}{\mathrm{d}t}=\boldsymbol{P}\dfrac{\mathrm{d}\boldsymbol{y}}{\mathrm{d}t}$，于是上式变为

$$\boldsymbol{P}\frac{\mathrm{d}\boldsymbol{y}}{\mathrm{d}t}=\boldsymbol{P\Lambda y}.$$

即

$$\frac{\mathrm{d}\boldsymbol{y}}{\mathrm{d}t}=\boldsymbol{\Lambda y}=\begin{pmatrix}1&0&0\\0&1&0\\0&0&-5\end{pmatrix}\boldsymbol{y}=\begin{pmatrix}y_1\\y_2\\-5y_3\end{pmatrix}.$$

亦即

$$\begin{cases}\dfrac{\mathrm{d}y_1}{\mathrm{d}t}=y_1,\\[2mm]\dfrac{\mathrm{d}y_2}{\mathrm{d}t}=y_2,\\[2mm]\dfrac{\mathrm{d}y_3}{\mathrm{d}t}=-5y_3.\end{cases}$$

由此解得

$$\begin{cases}y_1=c_1\mathrm{e}^x,\\y_2=c_2\mathrm{e}^x,\\y_3=c_3\mathrm{e}^{-5x}\end{cases}\quad(c_1,c_2,c_3\text{ 为任意常数}),$$

相似对角化的逆问题

故由 $\boldsymbol{x}=\boldsymbol{Py}$，得

$$\begin{cases}x_1=c_1\mathrm{e}^x+c_2\mathrm{e}^x-c_3\mathrm{e}^{-5x},\\x_2=c_1\mathrm{e}^x+c_3\mathrm{e}^{-5x},\\x_3=c_2\mathrm{e}^x+c_3\mathrm{e}^{-5x}\end{cases}\qquad(c_1,c_2,c_3\text{ 为任意常数}).$$

*§5.4　若尔当标准形简介

我们知道，并非每个矩阵都相似于对角矩阵，那么任一方阵能否相似于形状较简单的矩阵呢？本节就来讨论这个问题.

定义 5.4　形状为

$$\begin{pmatrix} a & 1 & 0 & \cdots & 0 & 0 \\ 0 & a & 1 & \cdots & 0 & 0 \\ 0 & 0 & a & \cdots & 0 & 0 \\ \vdots & \vdots & \vdots & & \vdots & \vdots \\ 0 & 0 & 0 & \cdots & a & 1 \\ 0 & 0 & 0 & \cdots & 0 & a \end{pmatrix}$$

的 k 阶矩阵称为 k 阶**若尔当**(Jordan)**块**,记为 $\boldsymbol{J}_k(a)$,由一些若尔当块组成的准对角矩阵

$$\begin{pmatrix} \boldsymbol{J}_1 & & & \\ & \boldsymbol{J}_2 & & \\ & & \ddots & \\ & & & \boldsymbol{J}_r \end{pmatrix}$$

称为**若尔当形矩阵**(Jordan matrix)或**若尔当标准形**.

例如,下列矩阵都是若尔当块:

$$\boldsymbol{J}_1(3)=(3), \quad \boldsymbol{J}_2(7)=\begin{pmatrix} 7 & 1 \\ 0 & 7 \end{pmatrix}, \quad \boldsymbol{J}_3(6)=\begin{pmatrix} 6 & 1 & 0 \\ 0 & 6 & 1 \\ 0 & 0 & 6 \end{pmatrix}.$$

下列矩阵都是若尔当标准形:

$$\begin{pmatrix} 4 & 1 & 0 & 0 & 0 \\ 0 & 4 & 1 & 0 & 0 \\ 0 & 0 & 4 & 0 & 0 \\ 0 & 0 & 0 & 7 & 1 \\ 0 & 0 & 0 & 0 & 7 \end{pmatrix}=\begin{pmatrix} \boldsymbol{J}_3(4) & \\ & \boldsymbol{J}_2(7) \end{pmatrix},$$

$$\begin{pmatrix} 3 & 1 & 0 & 0 & 0 & 0 \\ 0 & 3 & 0 & 0 & 0 & 0 \\ 0 & 0 & 5 & 0 & 0 & 0 \\ 0 & 0 & 0 & -2 & 1 & 0 \\ 0 & 0 & 0 & 0 & -2 & 1 \\ 0 & 0 & 0 & 0 & 0 & -2 \end{pmatrix}=\begin{pmatrix} \boldsymbol{J}_2(3) & & \\ & \boldsymbol{J}_1(5) & \\ & & \boldsymbol{J}_3(-2) \end{pmatrix}.$$

对角矩阵是若尔当形矩阵的特例.

定理 5.13 对任一 n 阶矩阵 $\boldsymbol{A}$,都存在 n 阶可逆矩阵 $\boldsymbol{T}$ 及若尔当形矩阵 $\boldsymbol{J}$ 使

$$T^{-1}AT=J.$$

即任一 n 阶矩阵 $\boldsymbol{A}$ 都与一个若尔当形矩阵 $\boldsymbol{J}$ 相似.

例如,由例 5.2 知,矩阵 $\boldsymbol{A}=\begin{pmatrix}-1&1&0\\-4&3&0\\1&0&3\end{pmatrix}$ 的特征值为 $\lambda_1=\lambda_2=1,\lambda_3=3$,仅有两个线性无关的特征向量 $\boldsymbol{\alpha}_1=(2,4,-1)^{\mathrm{T}},\boldsymbol{\alpha}_3=(0,0,1)^{\mathrm{T}}$,所以它不与对角矩阵相似,但它与若尔当形矩阵 $\boldsymbol{J}=\begin{pmatrix}1&1&0\\0&1&0\\0&0&3\end{pmatrix}$ 相似.

小　　结

一、基本概念

1. 特征值与特征向量

设 $\boldsymbol{A}$ 为数域 F 上的 n 阶矩阵,若存在数 $\lambda\in F$ 及非零列向量 $\boldsymbol{\alpha}\in F^n$ 使得

$$\boldsymbol{A\alpha}=\lambda\boldsymbol{\alpha},$$

则称 λ 为 $\boldsymbol{A}$ 的特征值,称 $\boldsymbol{\alpha}$ 为 $\boldsymbol{A}$ 的属于(对应)特征值 λ 的特征向量.

$f_{\boldsymbol{A}}(\lambda)=|\lambda\boldsymbol{E}-\boldsymbol{A}|$ 称为 $\boldsymbol{A}$ 的特征多项式;

$f_{\boldsymbol{A}}(\lambda)=|\lambda\boldsymbol{E}-\boldsymbol{A}|=0$ 称为 $\boldsymbol{A}$ 的特征方程,它在 F 内的根便是 $\boldsymbol{A}$ 的特征值.

2. 相似矩阵

(1) 方阵 $\boldsymbol{A}$ 与 $\boldsymbol{B}$ 相似:$\boldsymbol{A}\sim\boldsymbol{B}\Leftrightarrow$ 存在可逆矩阵 $\boldsymbol{P}$ 使 $\boldsymbol{P}^{-1}\boldsymbol{AP}=\boldsymbol{B}$.

(2) 若方阵 $\boldsymbol{A}$ 相似于对角矩阵,则称 $\boldsymbol{A}$ 可对角化.

(3) n 阶矩阵 $\boldsymbol{A}=(a_{ij})$ 的迹:$\mathrm{tr}\boldsymbol{A}=a_{11}+a_{22}+\cdots+a_{nn}$.

二、重要结论

1. 特征值与特征向量的性质

(1) 若 λ 为方阵 $\boldsymbol{A}$ 的特征值,$\boldsymbol{\alpha}$ 为对应的特征向量,c 为常数,m 为正整数,则 $c\boldsymbol{A},\boldsymbol{A}^m,f(\boldsymbol{A})=a_0\boldsymbol{E}+a_1\boldsymbol{A}+\cdots+a_m\boldsymbol{A}^m,\boldsymbol{A}^{-1},\boldsymbol{A}^*$($\boldsymbol{A}$ 可逆),$\boldsymbol{A}^{\mathrm{T}},\boldsymbol{P}^{-1}\boldsymbol{AP}$ 的特征值依次为 $c\lambda,\lambda^m,f(\lambda),\dfrac{1}{\lambda},\dfrac{|\boldsymbol{A}|}{\lambda},\lambda,\lambda$;除 $\boldsymbol{A}^{\mathrm{T}},\boldsymbol{P}^{-1}\boldsymbol{AP}$ 外,对应的特征向量均为 $\boldsymbol{\alpha}$,而 $\boldsymbol{P}^{-1}\boldsymbol{AP}$ 的属于 λ 的特征向量为 $\boldsymbol{P}^{-1}\boldsymbol{\alpha}$.

(2) 设 $\lambda_1,\lambda_2,\cdots,\lambda_n$ 是 n 阶矩阵 $\boldsymbol{A}=(a_{ij})$ 的 n 个特征值,则

$$\lambda_1\lambda_2\cdots\lambda_n=|\boldsymbol{A}|,\quad \lambda_1+\lambda_2+\cdots+\lambda_n=a_{11}+a_{22}+\cdots+a_{nn}=\mathrm{tr}\boldsymbol{A}.$$

(3) ① λ_0 为 n 阶方阵 $\boldsymbol{A}$ 的特征值 $\Leftrightarrow|\lambda_0\boldsymbol{E}-\boldsymbol{A}|=0\Leftrightarrow\lambda_0\boldsymbol{E}-\boldsymbol{A}$ 不可逆 $\Leftrightarrow r(\lambda_0\boldsymbol{E}-\boldsymbol{A})<n\Leftrightarrow\lambda_0\boldsymbol{E}-\boldsymbol{A}$ 的行(列)向量组线性相关 $\Leftrightarrow(\lambda_0\boldsymbol{E}-\boldsymbol{A})\boldsymbol{x}=\boldsymbol{0}$ 有非零解. 特别地，0 为方阵 $\boldsymbol{A}$ 的特征值 $\Leftrightarrow|\boldsymbol{A}|=0\Leftrightarrow\boldsymbol{A}$ 不可逆 $\Leftrightarrow r(\boldsymbol{A})<n$ 等.

② $\boldsymbol{\alpha}$ 为 $\boldsymbol{A}$ 的属于 λ_0 的特征向量 $\Leftrightarrow\boldsymbol{\alpha}$ 是方程组 $(\lambda_0\boldsymbol{E}-\boldsymbol{A})\boldsymbol{x}=\boldsymbol{0}$ 的非零解.

特别地，$\boldsymbol{\alpha}$ 是方程组 $\boldsymbol{Ax}=\boldsymbol{0}$ 的非零解 $\Leftrightarrow\boldsymbol{\alpha}$ 为 $\boldsymbol{A}$ 的属于特征值 0 的特征向量.

(4) 若 n 阶方阵 $\boldsymbol{A}$ 的各行元素之和均为 b，则 b 是 $\boldsymbol{A}$ 的一个特征值，$\boldsymbol{\alpha}=(1,1,\cdots,1)^{\mathrm{T}}$ 为 $\boldsymbol{A}$ 的属于 b 的一个特征向量.

(5) 设 $\boldsymbol{A},\boldsymbol{B}$ 均为 n 阶矩阵，则 $\boldsymbol{AB}$ 与 $\boldsymbol{BA}$ 有相同的特征值.

(6) 矩阵 $\boldsymbol{A}$ 的属于同一特征值 λ 的特征向量 $\boldsymbol{\alpha}_1,\boldsymbol{\alpha}_2,\cdots,\boldsymbol{\alpha}_s$ 的非零线性组合 $k_1\boldsymbol{\alpha}_1+k_2\boldsymbol{\alpha}_2+\cdots+k_s\boldsymbol{\alpha}_s$ 仍为 $\boldsymbol{A}$ 的属于 λ 的特征向量；但 $\boldsymbol{A}$ 的属于不同特征值的特征向量的和不再是特征向量.

(7) 方阵 $\boldsymbol{A}$ 的属于不同特征值的特征向量线性无关.

(8) n 阶矩阵 $\boldsymbol{A}$ 的 k 重特征值 λ 的几何重数 $n-r(\lambda\boldsymbol{E}-\boldsymbol{A})$ 不超过 λ 的代数重数 k，因此 $r(\lambda\boldsymbol{E}-\boldsymbol{A})\geqslant n-k$.

(9) 上(下)三角形矩阵的特征值为其主对角线上的元素.

2. 相似矩阵的性质

(1) 若 $\boldsymbol{A}\sim\boldsymbol{B}$，即 $\boldsymbol{P}^{-1}\boldsymbol{AP}=\boldsymbol{B}$，那么

① $|\lambda\boldsymbol{E}-\boldsymbol{A}|=|\lambda\boldsymbol{E}-\boldsymbol{B}|$，从而 $\boldsymbol{A}$ 与 $\boldsymbol{B}$ 的特征值相同.

② $|\boldsymbol{A}|=|\boldsymbol{B}|$.

③ $\mathrm{tr}\boldsymbol{A}=\mathrm{tr}\boldsymbol{B}$.

④ $r(\boldsymbol{A})=r(\boldsymbol{B})$.

⑤ $\boldsymbol{A}^{\mathrm{T}}\sim\boldsymbol{B}^{\mathrm{T}}$.

⑥ 若 $\boldsymbol{A}$ 可逆，则 $\boldsymbol{B}$ 也可逆，且 $\boldsymbol{A}^{-1}\sim\boldsymbol{B}^{-1}$.

⑦ $\boldsymbol{A}^m\sim\boldsymbol{B}^m$ (m 为正整数).

⑧ 若 $f(x)$ 为任一多项式，则 $f(\boldsymbol{A})\sim f(\boldsymbol{B})$.

⑨ $(\boldsymbol{P}^{-1}\boldsymbol{AP})^m=\boldsymbol{P}^{-1}\boldsymbol{A}^m\boldsymbol{P}$；$\boldsymbol{P}^{-1}(k\boldsymbol{A}+l\boldsymbol{B})\boldsymbol{P}=k\boldsymbol{P}^{-1}\boldsymbol{AP}+l\boldsymbol{P}^{-1}\boldsymbol{BP}$ (k,l 为常数).

⑩ 若 $\boldsymbol{A}$ 属于特征值 λ 的特征向量为 $\boldsymbol{x}$，则 $\boldsymbol{B}$ 属于 λ 的特征向量为 $\boldsymbol{P}^{-1}\boldsymbol{x}$.

(2) 相似的矩阵必等价，即若 $\boldsymbol{A}\sim\boldsymbol{B}$，则 $\boldsymbol{A}\cong\boldsymbol{B}$. 因此 $\boldsymbol{A}\sim\boldsymbol{A}$；若 $\boldsymbol{A}\sim\boldsymbol{B}$，则 $\boldsymbol{B}\sim\boldsymbol{A}$；若 $\boldsymbol{A}\sim\boldsymbol{B}$，$\boldsymbol{B}\sim\boldsymbol{C}$，则 $\boldsymbol{A}\sim\boldsymbol{C}$.

3. 矩阵可对角化的条件

(1) n 阶矩阵 $\boldsymbol{A}$ 可对角化 $\Leftrightarrow\boldsymbol{A}\sim\mathrm{diag}(\lambda_1,\lambda_2,\cdots,\lambda_n)$

$\Leftrightarrow$ 存在可逆矩阵 $\boldsymbol{P}=(\boldsymbol{\alpha}_1,\boldsymbol{\alpha}_2,\cdots,\boldsymbol{\alpha}_n)$ 使 $\boldsymbol{P}^{-1}\boldsymbol{AP}=\mathrm{diag}(\lambda_1,\lambda_2,\cdots,\lambda_n)$

$\Leftrightarrow\boldsymbol{A}$ 有 n 个线性无关的特征向量 $\boldsymbol{\alpha}_1,\boldsymbol{\alpha}_2,\cdots,\boldsymbol{\alpha}_n$

$\Leftrightarrow\boldsymbol{A}$ 的每一 $k(k>1)$ 重特征值 λ 都有 $r(\lambda\boldsymbol{E}-\boldsymbol{A})=n-k$.

(2) 若 n 阶矩阵 $\boldsymbol{A}$ 有 n 个不同的特征值，则 $\boldsymbol{A}$ 可对角化.

(3) 实对称矩阵一定可对角化.

4. 实对称矩阵的有关结论

(1) 实对称矩阵的特征值都是实数.

(2) 实对称矩阵的属于不同特征值的特征向量必正交.

(3) n 阶实对称矩阵 $\boldsymbol{A}$ 的 k 重特征值 λ 恰有 k 个线性无关的特征向量. 因此 $r(\lambda \boldsymbol{E}-\boldsymbol{A})=n-k$.

(4) 设 $\boldsymbol{A}$ 为 n 阶实对称矩阵，则必存在 n 阶正交矩阵 $\boldsymbol{Q}$，使

$$\boldsymbol{Q}^{\mathrm{T}}\boldsymbol{A}\boldsymbol{Q}=\boldsymbol{Q}^{-1}\boldsymbol{A}\boldsymbol{Q}=\boldsymbol{\Lambda}=\operatorname{diag}(\lambda_1,\lambda_2,\cdots,\lambda_n),$$

其中 $\lambda_1,\lambda_2,\cdots,\lambda_n$ 为 $\boldsymbol{A}$ 的特征值. 因此可得以下重要等式：

$$\boldsymbol{A}=\boldsymbol{Q}\operatorname{diag}(\lambda_1,\lambda_2,\cdots,\lambda_n)\boldsymbol{Q}^{\mathrm{T}},\quad |\boldsymbol{A}|=\lambda_1\lambda_2\cdots\lambda_n;$$

$$\boldsymbol{A}^m=\boldsymbol{Q}\operatorname{diag}(\lambda_1^m,\lambda_2^m,\cdots,\lambda_n^m)\boldsymbol{Q}^{\mathrm{T}},\quad |\boldsymbol{A}^m|=\lambda_1^m\lambda_2^m\cdots\lambda_n^m;$$

$$f(\boldsymbol{A})=\boldsymbol{Q}\operatorname{diag}(f(\lambda_1),f(\lambda_2),\cdots,f(\lambda_n))\boldsymbol{Q}^{\mathrm{T}},\quad |f(\boldsymbol{A})|=f(\lambda_1)f(\lambda_2)\cdots f(\lambda_n),$$

其中 $f(x)$ 为多项式，m 为正整数.

5. 若尔当标准形简介(略).

三、基本计算方法

1. 求 n 阶矩阵 $\boldsymbol{A}=(a_{ij})$ 的特征值与特征向量的步骤

(1) 求 $f_{\boldsymbol{A}}(\lambda)=|\lambda\boldsymbol{E}-\boldsymbol{A}|=0$ 的所有不同根 $\lambda_1,\lambda_2,\cdots,\lambda_s$，即 $\boldsymbol{A}$ 的全部特征值.

(2) 对 $\boldsymbol{A}$ 的每一特征值 λ_i，求方程组 $(\lambda_i\boldsymbol{E}-\boldsymbol{A})\boldsymbol{x}=\boldsymbol{0}$ 的基础解系 $\boldsymbol{\alpha}_{i1},\boldsymbol{\alpha}_{i2},\cdots,\boldsymbol{\alpha}_{it_i}$，则 $\boldsymbol{A}$ 的属于特征值 λ_i 的全部特征向量为 $k_1\boldsymbol{\alpha}_{i1}+k_2\boldsymbol{\alpha}_{i2}+\cdots+k_{t_i}\boldsymbol{\alpha}_{it_i}$（$k_1,k_2,\cdots,k_{t_i}$ 是不全为零的任意常数).

2. n 阶矩阵 $\boldsymbol{A}$ 对角化的步骤

(1) 求 $f_{\boldsymbol{A}}(\lambda)=|\lambda\boldsymbol{E}-\boldsymbol{A}|=0$ 的所有不同根(即 $\boldsymbol{A}$ 的全部特征值) $\lambda_1,\lambda_2,\cdots,\lambda_s$，其重数依次为 $n_1,n_2,\cdots,n_s$；

(2) 对每一特征值 λ_i，解方程组 $(\lambda_i\boldsymbol{E}-\boldsymbol{A})\boldsymbol{x}=\boldsymbol{0}$ 得基础解系 $\boldsymbol{\alpha}_{i1},\boldsymbol{\alpha}_{i2},\cdots,\boldsymbol{\alpha}_{it_i}$；

(3) 若存在 $t_i\neq n_i$，则 $\boldsymbol{A}$ 不能对角化，否则 $\boldsymbol{A}$ 可对角化. 以这些基础解系的向量为列构成矩阵 $\boldsymbol{P}=(\boldsymbol{\alpha}_{11},\cdots,\boldsymbol{\alpha}_{1n_1},\cdots,\boldsymbol{\alpha}_{s1},\cdots,\boldsymbol{\alpha}_{sn_s})$，则 $\boldsymbol{P}$ 可逆且

$$\boldsymbol{P}^{-1}\boldsymbol{A}\boldsymbol{P}=\boldsymbol{\Lambda}=\begin{pmatrix}\lambda_1 & & & & & \\ & \ddots & & & & \\ & & \lambda_1 & & & \\ & & & \ddots & & \\ & & & & \lambda_s & \\ & & & & & \ddots \\ & & & & & & \lambda_s\end{pmatrix}.$$

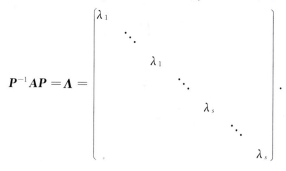

因此，若 $P^{-1}AP=\Lambda=\mathrm{diag}(\lambda_1,\lambda_2,\cdots,\lambda_n)$，则有以下重要等式：

$A=P\mathrm{diag}(\lambda_1,\lambda_2,\cdots,\lambda_n)P^{-1}$，$|A|=\lambda_1\lambda_2\cdots\lambda_n$；

$A^m=P\mathrm{diag}(\lambda_1^m,\lambda_2^m,\cdots,\lambda_n^m)P^{-1}$，$|A^m|=\lambda_1^m\lambda_2^m\cdots\lambda_n^m$；

$f(A)=P\mathrm{diag}(f(\lambda_1),f(\lambda_2),\cdots,f(\lambda_n))P^{-1}$，$|f(A)|=f(\lambda_1)f(\lambda_2)\cdots f(\lambda_n)$，其中 $f(x)$ 为多项式，m 为正整数.

3. n 阶实对称矩阵 A 正交对角化的步骤

(1) 求 $f_A(\lambda)=|\lambda E-A|=0$ 的所有不同根(即 A 的全部特征值) $\lambda_1,\lambda_2,\cdots,\lambda_s$，其重数依次为 $n_1,n_2,\cdots,n_s(n_1+n_2+\cdots+n_s=n)$.

(2) 对每一特征值 λ_i，解方程组 $(\lambda_i E-A)x=0$ 得基础解系 $\alpha_{i1},\alpha_{i2},\cdots,\alpha_{in_i}$；将其正交化、单位化为 $\gamma_{i1},\gamma_{i2},\cdots,\gamma_{in_i}$.

(3) 以这些正交单位化后的特征向量为列构成正交矩阵 $Q=(\gamma_{11},\cdots,\gamma_{1n_1},\cdots,\gamma_{s1},\cdots,\gamma_{sn_s})$，可使

$$Q^{\mathrm{T}}AQ=Q^{-1}AQ=\Lambda=\begin{pmatrix}\lambda_1&&&&&&\\&\ddots&&&&&\\&&\lambda_1&&&&\\&&&\ddots&&&\\&&&&\lambda_s&&\\&&&&&\ddots&\\&&&&&&\lambda_s\end{pmatrix}.$$

值得指出的是：在对角化与正交对角化时，特征值在 Λ 中的顺序与特征向量在 P 与 Q 中的顺序应一致，并且 P 与 Q 不唯一.

四、重点与难点

1. 重点：矩阵的特征值与特征向量的概念和计算；相似矩阵的性质；矩阵对角化(尤其是实对称矩阵正交对角化)的方法.

2. 难点：矩阵的特征多项式及特征值的计算.

习 题 五

(A)

1. 求下列矩阵的特征值与特征向量：

(1) $\boldsymbol{A}=\begin{pmatrix}3 & -2 & -4\\ -2 & 6 & -2\\ -4 & -2 & 3\end{pmatrix}$；　　(2) $\boldsymbol{A}=\begin{pmatrix}1 & -3 & 3\\ 3 & -5 & 3\\ 6 & -6 & 4\end{pmatrix}$；

(3) $\boldsymbol{A}=\begin{pmatrix}1 & -1 & 0\\ 4 & -3 & 0\\ 1 & 0 & 3\end{pmatrix}$；　　(4) $\boldsymbol{A}=\begin{pmatrix}4 & 6 & 0\\ -3 & -5 & 0\\ -3 & -6 & 1\end{pmatrix}$.

2. 设 3 阶矩阵 $\boldsymbol{A}$ 的特征值为 1,2,3,求

(1) $\boldsymbol{E}+\boldsymbol{A}^{-1}$ 的特征值；

(2) $\boldsymbol{B}=\boldsymbol{A}^2-3\boldsymbol{A}-\boldsymbol{E}$ 的特征值、$|\boldsymbol{B}|$ 与 $\mathrm{tr}\boldsymbol{B}$；

(3) $\boldsymbol{A}^*$ 的特征值；

(4) $|\boldsymbol{A}^2-2\boldsymbol{A}-\boldsymbol{E}|$.

3. 设 $\boldsymbol{A}^2-5\boldsymbol{A}+6\boldsymbol{E}=\boldsymbol{0}$，证明 $\boldsymbol{A}$ 的特征值只能为 2 或 3.

4. 设 n 阶矩阵 $\boldsymbol{A}$ 满足 $\boldsymbol{A}^2=\boldsymbol{A}$.

(1) 求 $\boldsymbol{A}$ 的特征值；

(2) 证明矩阵 $\boldsymbol{E}+\boldsymbol{A}$ 可逆.

5. 已知矩阵

$$\boldsymbol{A}=\begin{pmatrix}0 & 1 & 0\\ 1 & x & 0\\ 0 & 0 & 2\end{pmatrix},\quad \boldsymbol{B}=\begin{pmatrix}2 & 0 & 0\\ 0 & 3 & -1\\ 0 & 2 & y\end{pmatrix}.$$

若 $\boldsymbol{A}\sim\boldsymbol{B}$，求 x,y 的值.

6. 判断第 1 题的(2)、(3)及(4)中的矩阵是否可对角化？若能，求 $\boldsymbol{P}$ 使 $\boldsymbol{P}^{-1}\boldsymbol{AP}=\boldsymbol{\Lambda}$ 为对角矩阵.

7. 设 $\boldsymbol{A}=\begin{pmatrix}0 & 0 & 1\\ 1 & 1 & a\\ 1 & 0 & 0\end{pmatrix}$ 可对角化，求 a 的值及可逆矩阵 $\boldsymbol{P}$ 使 $\boldsymbol{P}^{-1}\boldsymbol{AP}=\boldsymbol{\Lambda}$ 为对角矩阵.

8. 设 $\boldsymbol{A}=\begin{pmatrix}2 & 0 & 0\\ 1 & 2 & -1\\ 1 & 0 & 1\end{pmatrix}$，求 $\boldsymbol{A}^n$、$|4\boldsymbol{E}-\boldsymbol{A}|$、$|\boldsymbol{A}^2-2\boldsymbol{A}-\boldsymbol{E}|$.

9.（与 1995 年考研试题类似）设 3 阶矩阵 $\boldsymbol{A}$ 满足 $\boldsymbol{A\alpha}_i=i\boldsymbol{\alpha}_i\,(i=1,2,3)$，其中列向量

$$\boldsymbol{\alpha}_1=(1,2,2)^{\mathrm{T}},\boldsymbol{\alpha}_2=(2,-2,1)^{\mathrm{T}},\boldsymbol{\alpha}_3=(-2,-1,2)^{\mathrm{T}}.$$

试求矩阵 $\boldsymbol{A}$.

10. 求正交矩阵 $\boldsymbol{Q}$ 使 $\boldsymbol{Q}^{-1}\boldsymbol{AQ}=\boldsymbol{\Lambda}$ 为对角矩阵：

(1) $A=\begin{pmatrix}4&0&0\\0&3&1\\0&1&3\end{pmatrix}$；(2) $A=\begin{pmatrix}3&-2&2\\-2&0&4\\2&4&0\end{pmatrix}$；(3) $A=\begin{pmatrix}2&1&1\\1&2&1\\1&1&2\end{pmatrix}$.

11. 设 3 阶实对称矩阵 A 的特征值为 $\lambda_1=\lambda_2=1,\lambda_3=-2$，$\lambda_1=\lambda_2=1$ 对应的特征向量为 $\alpha_1=(1,0,-1)^T,\alpha_2=(1,1,0)^T$. 求矩阵 A.

12.（与 2004 年考研试题类似）设 3 阶实对称矩阵 A 的秩为 2，$\lambda_1=\lambda_2=6$ 是 A 的 2 重特征值，若 $\alpha_1=(1,1,0)^T,\alpha_2=(2,1,1)^T,\alpha_3=(-1,2,-3)^T$ 都是 A 的属于特征值 6 的特征向量.

(1) 求 A 的另一特征值和对应的特征向量；　　(2)求矩阵 A.

13.（与 1990 年考研试题类似）证明方阵 A 的属于不同特征值的特征向量的和不再是特征向量.

（B）

一、填空题

1. 设 3 阶矩阵 A 的特征值为 1,2,3,求：

(1) $E-A^{-1}$ 的特征值为____；　　(2) $B=A^2-3A+E$ 的迹 $\mathrm{tr}B=$____；

(3) A^* 的特征值为____；　　(4) $|A^2-3A-E|=$____.

2. 设 3 阶矩阵 A 的秩 $r(A)<3$，则 A 必有特征值____，且其重数至少为____.

3. 设 -2 是 $A=\begin{pmatrix}0&-2&-2\\2&a&-2\\-2&2&6\end{pmatrix}$ 的特征值，则 $a=$____.

4. 设 3 阶矩阵 $A,A-E,A+3E$ 均不可逆，则 $|A+2E|=$____.

5. 设 3 阶实对称矩阵 A 的特征值为 $\lambda_1=\lambda_2=3,\lambda_3=-3$，则 $A^{2010}=$____.

6. 设 $A=\begin{pmatrix}3&0&0\\0&a&1\\0&1&0\end{pmatrix}$ 与 $B=\begin{pmatrix}3&0&0\\0&-1&0\\0&0&b\end{pmatrix}$ 相似，则 $a=$____，$b=$____.

7. 设 $A=\begin{pmatrix}1&2&2\\-2&-3&x\\0&0&-1\end{pmatrix}$ 有两个线性无关的特征向量，则 $x=$____.

8. 设 4 阶矩阵 A 满足 $|2E+A|=0,AA^T=2E,|A|<0$，则 A^* 的一个特征值为____.

9. 设 4 阶矩阵 A 有 4 个属于特征值 1 的特征向量，则 $A=$____.

10. 设 3 阶矩阵 A 的特征值为 0,1,2，则与 $B=A^2-A+E$ 相似的对角矩阵为____.

11. 若 n 阶矩阵 $\boldsymbol{A}$ 满足 $\boldsymbol{A}^2=3\boldsymbol{A}$，则 $\boldsymbol{A}$ 的全部特征值为____.

12. 若 n 阶矩阵 $\boldsymbol{A}$ 的各行元素之和均为 b，则____是 $\boldsymbol{A}$ 的一个特征值，____是 $\boldsymbol{A}$ 的一个特征向量.

13. 设 3 阶矩阵 $\boldsymbol{A}$ 的特征值为 1,2,2,则 $|4\boldsymbol{A}^{-1}-\boldsymbol{E}|=$____.

14. 设 $\boldsymbol{A}$ 为 2 阶矩阵，$\boldsymbol{\alpha}_1,\boldsymbol{\alpha}_2$ 为线性无关的列向量，$\boldsymbol{A}\boldsymbol{\alpha}_1=\boldsymbol{0}$，$\boldsymbol{A}\boldsymbol{\alpha}_2=2\boldsymbol{\alpha}_1+\boldsymbol{\alpha}_2$，则 $\boldsymbol{A}$ 的非零特征值为____.

15. 设 $\boldsymbol{A}$ 为 3 阶矩阵，$|\boldsymbol{A}|=3$，$|\boldsymbol{A}^2+2\boldsymbol{A}|=0$，$|2\boldsymbol{A}^2+\boldsymbol{A}|=0$，则 $\boldsymbol{A}^*$ 的全部特征值为____，$|\boldsymbol{A}^2+2\boldsymbol{A}-\boldsymbol{E}|=$____.

16. 设 3 阶矩阵 $\boldsymbol{A}$ 与 $\boldsymbol{B}$ 相似，$|\boldsymbol{A}+\boldsymbol{E}|=0$，$\boldsymbol{B}$ 的两个特征值为 $\lambda_1=1$，$\lambda_2=2$，则 $|\boldsymbol{A}+2\boldsymbol{A}\boldsymbol{B}|=$____，$|\boldsymbol{A}\boldsymbol{B}+\boldsymbol{A}-\boldsymbol{B}-\boldsymbol{E}|=$____.

17. 设 n 阶矩阵 $\boldsymbol{A}$ 满足 $\boldsymbol{A}\boldsymbol{A}^{\mathrm{T}}=9\boldsymbol{E}$，$|\boldsymbol{A}|<0$，$|3\boldsymbol{E}+\boldsymbol{A}|=0$，则 $\boldsymbol{A}^*$ 的全部特征值为____.

18. 若 n 阶矩阵 $\boldsymbol{A}$ 的各行元素之和均为 2，且 $\boldsymbol{A}^2+k\boldsymbol{A}-4\boldsymbol{E}=\boldsymbol{0}$，则 $k=$____.

19. 若 n 阶矩阵 $\boldsymbol{A}$ 的各行元素之和均为 0，且 $r(\boldsymbol{A})=n-1$，则方程组 $\boldsymbol{A}\boldsymbol{x}=\boldsymbol{0}$ 的通解为____.

20. 若 2 阶矩阵 $\boldsymbol{A}$ 的各行元素之和均为 2，且 $|\boldsymbol{E}+\boldsymbol{A}|=0$，则 $|3\boldsymbol{E}+\boldsymbol{A}^2|=$____.

二、选择题

1. 若 $\boldsymbol{\alpha}$ 为 n 阶实对称矩阵 $\boldsymbol{A}$ 的属于特征值 λ 的特征向量，$\boldsymbol{P}$ 是 n 阶可逆矩阵，则 $(\boldsymbol{P}^{-1}\boldsymbol{A}\boldsymbol{P})^{\mathrm{T}}$ 的属于 λ 的特征向量为(　　).

(A) $\boldsymbol{P}^{-1}\boldsymbol{\alpha}$　　(B) $\boldsymbol{P}^{\mathrm{T}}\boldsymbol{\alpha}$　　(C) $\boldsymbol{P}\boldsymbol{\alpha}$　　(D) $(\boldsymbol{P}^{-1})^{\mathrm{T}}\boldsymbol{\alpha}$

2. 设矩阵 $\boldsymbol{A}=\begin{pmatrix}0&0&1\\0&1&0\\1&0&0\end{pmatrix}$ 相似于矩阵 $\boldsymbol{B}$，则 $r(\boldsymbol{B}-3\boldsymbol{E})+r(\boldsymbol{E}-\boldsymbol{B})=$(　　).

(A) 5　　(B) 4　　(C) 3　　(D) 2

3. 设 n 阶矩阵 $\boldsymbol{A}$ 与 $\boldsymbol{B}$ 相似，则(　　).

(A) $\lambda\boldsymbol{E}-\boldsymbol{A}=\lambda\boldsymbol{E}-\boldsymbol{B}$

(B) $\boldsymbol{A}$ 与 $\boldsymbol{B}$ 有相同的特征值与特征向量

(C) $\boldsymbol{A}$ 与 $\boldsymbol{B}$ 都相似于一个对角矩阵

(D) 对任意常数 t，$t\boldsymbol{E}-\boldsymbol{A}$ 与 $t\boldsymbol{E}-\boldsymbol{B}$ 相似

4. 设 3 阶矩阵 $\boldsymbol{A}$ 的特征值为 1,2,−3，则下列矩阵中可逆的为(　　).

(A) $\boldsymbol{A}-\boldsymbol{E}$　　(B) $2\boldsymbol{E}-\boldsymbol{A}$　　(C) $3\boldsymbol{E}+\boldsymbol{A}$　　(D) $3\boldsymbol{E}-\boldsymbol{A}$

5. 下列矩阵中与 $\boldsymbol{A}=\begin{pmatrix}1&0&0\\0&1&0\\0&0&3\end{pmatrix}$ 相似的为(　　).

(A) $\begin{pmatrix}3&0&0\\0&1&1\\0&0&1\end{pmatrix}$　　(B) $\begin{pmatrix}1&1&0\\0&3&1\\0&0&1\end{pmatrix}$

(C) $\begin{pmatrix}1&0&1\\0&1&0\\0&0&3\end{pmatrix}$　　(D) $\begin{pmatrix}1&0&1\\0&3&1\\0&0&1\end{pmatrix}$

6. 设 $\boldsymbol{\alpha}_1=(1,1,0)^{\mathrm{T}}$,$\boldsymbol{\alpha}_2=(1,0,1)^{\mathrm{T}}$ 为 3 阶矩阵 $\boldsymbol{A}$ 的属于特征值 $\lambda=3$ 的特征向量,$\boldsymbol{\gamma}=(0,1,-1)^{\mathrm{T}}$,则 $\boldsymbol{A\gamma}=$(　　).

(A) $(0,3,-3)^{\mathrm{T}}$　　(B) $(6,3,-3)^{\mathrm{T}}$

(C) $(3,2,1)^{\mathrm{T}}$　　(D) $(0,1,-1)^{\mathrm{T}}$

7. 设 $\boldsymbol{A}$ 为 n 阶矩阵,则下列结论中正确的是(　　).

(A) $\boldsymbol{A}$ 与 $\boldsymbol{A}^{\mathrm{T}}$ 有相同的特征值和特征向量

(B) $\boldsymbol{A}$ 的特征向量 $\boldsymbol{\alpha}_1$,$\boldsymbol{\alpha}_2$ 的线性组合 $k_1\boldsymbol{\alpha}_1+k_2\boldsymbol{\alpha}_2$ 仍为 $\boldsymbol{A}$ 的特征向量

(C) $\boldsymbol{A}$ 的属于不同特征值的特征向量彼此正交

(D) $\boldsymbol{A}$ 的属于不同特征值的特征向量线性无关

8. 设 $\boldsymbol{A}\sim\boldsymbol{B}$,则下列结论中不正确的是(　　).

(A) 对任一多项式 $f(x)$ 都有 $f(\boldsymbol{A})\sim f(\boldsymbol{B})$

(B) $|\boldsymbol{A}|=|\boldsymbol{B}|$

(C) $\boldsymbol{A}$ 与 $\boldsymbol{B}$ 相似于同一对角矩阵

(D) $\mathrm{tr}\boldsymbol{A}=\mathrm{tr}\boldsymbol{B}$

9. 设 $\boldsymbol{A}$ 为 3 阶奇异矩阵,$\boldsymbol{\alpha}_1$,$\boldsymbol{\alpha}_2$ 是 $\boldsymbol{Ax}=\boldsymbol{0}$ 的基础解系,$\boldsymbol{\alpha}_3$ 为 $\boldsymbol{A}$ 的属于特征值 $\lambda=2$ 的特征向量,则下列向量中不是 $\boldsymbol{A}$ 的特征向量的为(　　).

(A) $5\boldsymbol{\alpha}_1-2\boldsymbol{\alpha}_2$　(B) $\boldsymbol{\alpha}_1-\boldsymbol{\alpha}_2$　(C) $\boldsymbol{\alpha}_2+\boldsymbol{\alpha}_3$　(D) $7\boldsymbol{\alpha}_3$

10. 设 $\boldsymbol{\alpha}$ 为方阵 $\boldsymbol{A}$ 的属于特征值 λ 的特征向量,则 $\boldsymbol{\alpha}$ 不是其特征向量的矩阵为(　　).

(A) $(\boldsymbol{A}^2+3\boldsymbol{A}-\boldsymbol{E})^2$　(B) $7\boldsymbol{A}$　(C) $\boldsymbol{A}^4$　(D) $\boldsymbol{A}^{\mathrm{T}}$

11. 设 n 阶矩阵 $\boldsymbol{A}$ 与 $\boldsymbol{B}$ 均可逆,则(　　).

(A) $\boldsymbol{AB}=\boldsymbol{BA}$　　(B) 存在可逆矩阵 $\boldsymbol{P}$ 使 $\boldsymbol{P}^{-1}\boldsymbol{AP}=\boldsymbol{B}$

(C) 存在可逆矩阵 $\boldsymbol{P}$ 使 $\boldsymbol{P}^{\mathrm{T}}\boldsymbol{AP}=\boldsymbol{B}$　　(D) 存在可逆矩阵 $\boldsymbol{P}$,$\boldsymbol{Q}$ 使 $\boldsymbol{PAQ}=\boldsymbol{B}$

12. 设 $\boldsymbol{A}$ 与 $\boldsymbol{B}$ 均为 n 阶矩阵,且 $\forall\lambda$ 有 $|\lambda\boldsymbol{E}-\boldsymbol{A}|=|\lambda\boldsymbol{E}-\boldsymbol{B}|$,则(　　).

(A) $|\lambda\boldsymbol{E}+\boldsymbol{A}|=|\lambda\boldsymbol{E}+\boldsymbol{B}|$

(B) $\boldsymbol{A}$ 与 $\boldsymbol{B}$ 相似

(C) $\boldsymbol{A}$ 与 $\boldsymbol{B}$ 合同

(D) $\boldsymbol{A}$ 与 $\boldsymbol{B}$ 同时可对角化或同时不可对角化

13. (2016 年考研试题)设 $\boldsymbol{A},\boldsymbol{B}$ 是可逆矩阵,且 $\boldsymbol{A}$ 与 $\boldsymbol{B}$ 相似,则下列结论中错误的是(　　).

(A) $\boldsymbol{A}^{\mathrm{T}}$ 与 $\boldsymbol{B}^{\mathrm{T}}$ 相似　　(B) $\boldsymbol{A}^{-1}$ 与 $\boldsymbol{B}^{-1}$ 相似

(C) $\boldsymbol{A}+\boldsymbol{A}^{\mathrm{T}}$ 与 $\boldsymbol{B}+\boldsymbol{B}^{\mathrm{T}}$ 相似　　(D) $\boldsymbol{A}+\boldsymbol{A}^{-1}$ 与 $\boldsymbol{B}+\boldsymbol{B}^{-1}$ 相似

14. (2013 年考研试题)矩阵 $\begin{pmatrix}1 & a & 1\\ a & b & a\\ 1 & a & 1\end{pmatrix}$ 与 $\begin{pmatrix}2 & 0 & 0\\ 0 & b & 0\\ 0 & 0 & 0\end{pmatrix}$ 相似的充分必要条件为(　　).

(A) $a=0,b=2$　　(B) $a=0,b$ 为任意常数

(C) $a=2,b=0$　　(D) $a=2,b$ 为任意常数

15. (2017 年考研试题)设 $\boldsymbol{\alpha}$ 是 n 维单位列向量,$\boldsymbol{E}$ 为 n 阶单位矩阵,则(　　).

(A) $\boldsymbol{E}-\boldsymbol{\alpha}\boldsymbol{\alpha}^{\mathrm{T}}$ 不可逆　　(B) $\boldsymbol{E}+\boldsymbol{\alpha}\boldsymbol{\alpha}^{\mathrm{T}}$ 不可逆

(C) $\boldsymbol{E}+2\boldsymbol{\alpha}\boldsymbol{\alpha}^{\mathrm{T}}$ 不可逆　　(D) $\boldsymbol{E}-2\boldsymbol{\alpha}\boldsymbol{\alpha}^{\mathrm{T}}$ 不可逆

16. (2017 年考研试题)已知矩阵 $\boldsymbol{A}=\begin{pmatrix}2 & 0 & 0\\ 0 & 2 & 1\\ 0 & 0 & 1\end{pmatrix}$,$\boldsymbol{B}=\begin{pmatrix}2 & 1 & 0\\ 0 & 2 & 0\\ 0 & 0 & 1\end{pmatrix}$,$\boldsymbol{C}=\begin{pmatrix}1 & 0 & 0\\ 0 & 2 & 0\\ 0 & 0 & 2\end{pmatrix}$,则(　　).

(A) $\boldsymbol{A},\boldsymbol{C}$ 相似,$\boldsymbol{B},\boldsymbol{C}$ 相似　　(B) $\boldsymbol{A},\boldsymbol{C}$ 相似,$\boldsymbol{B},\boldsymbol{C}$ 不相似

(C) $\boldsymbol{A},\boldsymbol{C}$ 不相似,$\boldsymbol{B},\boldsymbol{C}$ 相似　　(D) $\boldsymbol{A},\boldsymbol{C}$ 不相似,$\boldsymbol{B},\boldsymbol{C}$ 不相似

17. (2018 年考研题)下列矩阵中,与矩阵 $\begin{pmatrix}1 & 1 & 0\\ 0 & 1 & 1\\ 0 & 0 & 1\end{pmatrix}$ 相似的为(　　).

(A) $\begin{pmatrix}1 & 1 & -1\\ 0 & 1 & 1\\ 0 & 0 & 1\end{pmatrix}$　　(B) $\begin{pmatrix}1 & 0 & -1\\ 0 & 1 & 1\\ 0 & 0 & 1\end{pmatrix}$

(C) $\begin{pmatrix}1 & 1 & -1\\ 0 & 1 & 0\\ 0 & 0 & 1\end{pmatrix}$　　(D) $\begin{pmatrix}1 & 0 & -1\\ 0 & 1 & 0\\ 0 & 0 & 1\end{pmatrix}$

三、计算题

1.（与2003年考研试题类似）若矩阵 $\boldsymbol{A}=\begin{pmatrix}2&2&0\\8&2&a\\0&0&6\end{pmatrix}$ 相似于对角矩阵 $\boldsymbol{\Lambda}$，试确定常数 a 的值；并求可逆矩阵 $\boldsymbol{P}$ 及 $\boldsymbol{\Lambda}$ 使 $\boldsymbol{P}^{-1}\boldsymbol{AP}=\boldsymbol{\Lambda}$.

2.（1999年考研试题）设矩阵 $\boldsymbol{A}=\begin{pmatrix}3&2&-2\\-k&-1&k\\4&2&-3\end{pmatrix}$，问当 k 为何值时，存在可逆矩阵 $\boldsymbol{P}$ 使 $\boldsymbol{P}^{-1}\boldsymbol{AP}$ 为对角矩阵？并求出 $\boldsymbol{P}$ 及相应的对角矩阵 $\boldsymbol{\Lambda}$.

3.（1992年考研试题）设矩阵 $\boldsymbol{A}$ 与 $\boldsymbol{B}$ 相似，其中

$$\boldsymbol{A}=\begin{pmatrix}-2&0&0\\2&x&2\\3&1&1\end{pmatrix},\quad \boldsymbol{B}=\begin{pmatrix}-1&0&0\\0&2&0\\0&0&y\end{pmatrix}.$$

（1）求 x,y 的值；（2）求可逆矩阵 $\boldsymbol{P}$ 使 $\boldsymbol{P}^{-1}\boldsymbol{AP}=\boldsymbol{B}$.

4.（2003年考研试题）设矩阵 $\boldsymbol{A}=\begin{pmatrix}2&1&1\\1&2&1\\1&1&a\end{pmatrix}$ 可逆，向量 $\boldsymbol{\alpha}=\begin{pmatrix}1\\b\\1\end{pmatrix}$ 是矩阵 $\boldsymbol{A}^*$ 的一个特征向量，λ 是 $\boldsymbol{\alpha}$ 对应的特征值，求 a,b,λ 的值.

5.（与1995年考研试题类似）设3阶实对称矩阵 $\boldsymbol{A}$ 的特征值为 $\lambda_1=-1,\lambda_2=\lambda_3=1$，对应于 λ_1 的特征向量为 $\boldsymbol{\alpha}_1=(0,1,1)^{\mathrm{T}}$，求矩阵 $\boldsymbol{A}$.

6.（与1992年考研试题类似）设3阶矩阵 $\boldsymbol{A}$ 的特征值为 $\lambda_1=1,\lambda_2=2,\lambda_3=3$，对应的特征向量依次为 $\boldsymbol{\alpha}_1=(1,1,1)^{\mathrm{T}},\boldsymbol{\alpha}_2=(1,2,4)^{\mathrm{T}},\boldsymbol{\alpha}_3=(1,3,9)^{\mathrm{T}}$，又向量 $\boldsymbol{\gamma}=(1,2,3)^{\mathrm{T}}$.

（1）将 $\boldsymbol{\gamma}$ 用 $\boldsymbol{\alpha}_1,\boldsymbol{\alpha}_2,\boldsymbol{\alpha}_3$ 线性表示；（2）求 $\boldsymbol{A}^n\boldsymbol{\gamma}$（$n$ 为自然数）.

7.（2005年考研试题）设 $\boldsymbol{A}$ 为3阶矩阵，$\boldsymbol{\alpha}_1,\boldsymbol{\alpha}_2,\boldsymbol{\alpha}_3$ 是线性无关的3维列向量，且满足 $\boldsymbol{A\alpha}_1=\boldsymbol{\alpha}_1+\boldsymbol{\alpha}_2+\boldsymbol{\alpha}_3$，$\boldsymbol{A\alpha}_2=2\boldsymbol{\alpha}_2+\boldsymbol{\alpha}_3$，$\boldsymbol{A\alpha}_3=2\boldsymbol{\alpha}_2+3\boldsymbol{\alpha}_3$.

（1）求矩阵 $\boldsymbol{B}$，使得 $\boldsymbol{A}(\boldsymbol{\alpha}_1,\boldsymbol{\alpha}_2,\boldsymbol{\alpha}_3)=(\boldsymbol{\alpha}_1,\boldsymbol{\alpha}_2,\boldsymbol{\alpha}_3)\boldsymbol{B}$；

（2）求矩阵 $\boldsymbol{A}$ 的特征值；

（3）求可逆矩阵 $\boldsymbol{P}$，使得 $\boldsymbol{P}^{-1}\boldsymbol{AP}$ 为对角矩阵.

8. 设 a 为整数，若矩阵 $\boldsymbol{A}=\begin{pmatrix}1&-2&2\\-2&a&4\\2&4&-2\end{pmatrix}$ 的伴随矩阵 $\boldsymbol{A}^*$ 的特征值是4，-14，-14，求正交矩阵 $\boldsymbol{Q}$，使 $\boldsymbol{Q}^{\mathrm{T}}\boldsymbol{AQ}=\boldsymbol{\Lambda}$ 为对角矩阵.

9. 设$\boldsymbol{A}=\begin{pmatrix}-1 & 1 & 0\\ -2 & 2 & 0\\ 4 & a & 1\end{pmatrix}$可对角化,求$a$的值及$\boldsymbol{A}^n$.

10.（与2001年考研试题类似）设矩阵$\boldsymbol{A}=\begin{pmatrix}1 & 1 & a\\ 1 & a & 1\\ a & 1 & 1\end{pmatrix}$,$\boldsymbol{\beta}=\begin{pmatrix}1\\ 1\\ -2\end{pmatrix}$，已知线性方程组$\boldsymbol{Ax}=\boldsymbol{\beta}$有无穷多个解,试求：

（1）a的值；（2）正交矩阵$\boldsymbol{Q}$,使$\boldsymbol{Q}^{\mathrm{T}}\boldsymbol{AQ}=\boldsymbol{\Lambda}$为对角矩阵.

11.（2008年考研试题）设$\boldsymbol{A}$为3阶矩阵，$\boldsymbol{\alpha}_1$,$\boldsymbol{\alpha}_2$为$\boldsymbol{A}$的分别属于特征值-1,1的特征向量,向量$\boldsymbol{\alpha}_3$满足$\boldsymbol{A\alpha}_3=\boldsymbol{\alpha}_2+\boldsymbol{\alpha}_3$.

（1）证明$\boldsymbol{\alpha}_1$,$\boldsymbol{\alpha}_2$,$\boldsymbol{\alpha}_3$线性无关.

（2）令$\boldsymbol{P}=(\boldsymbol{\alpha}_1,\boldsymbol{\alpha}_2,\boldsymbol{\alpha}_3)$，求$\boldsymbol{P}^{-1}\boldsymbol{AP}$.

12.（2019年考研试题）已知矩阵$\boldsymbol{A}=\begin{pmatrix}-2 & -2 & 1\\ 2 & x & -2\\ 0 & 0 & -2\end{pmatrix}$与$\boldsymbol{B}=\begin{pmatrix}2 & 1 & 0\\ 0 & -1 & 0\\ 0 & 0 & y\end{pmatrix}$相似.

（1）求x,y；（2）求可逆矩阵$\boldsymbol{P}$使$\boldsymbol{P}^{-1}\boldsymbol{AP}=\boldsymbol{B}$.

13.（2016年考研试题）已知矩阵$\boldsymbol{A}=\begin{pmatrix}0 & -1 & 1\\ 2 & -3 & 0\\ 0 & 0 & 0\end{pmatrix}$.（1）求$\boldsymbol{A}^{99}$;（2）设3阶矩阵$\boldsymbol{B}=(\boldsymbol{\alpha}_1,\boldsymbol{\alpha}_2,\boldsymbol{\alpha}_3)$满足$\boldsymbol{B}^2=\boldsymbol{BA}$,记$\boldsymbol{B}^{100}=(\boldsymbol{\beta}_1,\boldsymbol{\beta}_2,\boldsymbol{\beta}_3)$,将$\boldsymbol{\beta}_1$,$\boldsymbol{\beta}_2$,$\boldsymbol{\beta}_3$分别表示为$\boldsymbol{\alpha}_1$,$\boldsymbol{\alpha}_2$,$\boldsymbol{\alpha}_3$的线性组合.

14.（2017年考研试题）设3阶矩阵$\boldsymbol{A}=(\boldsymbol{\alpha}_1,\boldsymbol{\alpha}_2,\boldsymbol{\alpha}_3)$有3个不同的特征值,且$\boldsymbol{\alpha}_3=\boldsymbol{\alpha}_1+2\boldsymbol{\alpha}_2$.（1）证明$r(\boldsymbol{A})=2$;（2）若$\boldsymbol{\beta}=\boldsymbol{\alpha}_1+\boldsymbol{\alpha}_2+\boldsymbol{\alpha}_3$,求方程组$\boldsymbol{Ax}=\boldsymbol{\beta}$的通解.

15.（2015年考研试题）设矩阵$\boldsymbol{A}=\begin{pmatrix}0 & 2 & -3\\ -1 & 3 & -3\\ 1 & -2 & a\end{pmatrix}$相似于矩阵$\boldsymbol{B}=\begin{pmatrix}1 & -2 & 0\\ 0 & b & 0\\ 0 & 3 & 1\end{pmatrix}$.

（1）求a,b的值;（2）求可逆矩阵$\boldsymbol{P}$,使$\boldsymbol{P}^{-1}\boldsymbol{AP}$为对角矩阵.

第6章　二　次　型

二次型就是若干个变量的二次齐次多项式，它起源于解析几何中对二次曲线与二次曲面的研究. 如在平面解析几何中，为研究二次曲线

$$ax^2+bxy+cy^2=d$$

的几何性质，可选择适当的旋转变换

$$\begin{cases}x=x'\cos\theta-y'\sin\theta,\\ y=x'\sin\theta+y'\cos\theta,\end{cases}$$

把方程化为标准形式

$$a'x'^2+c'y'^2=d.$$

这有利于判别它的几何形状和性质. 类似的问题，不仅在几何中出现，而且在数学的其他分支及物理学、科学技术和经济管理的许多问题中也常常碰到. 因此有必要对这类问题进行深入研究.

本章以矩阵为工具，首先讨论如何将二次型化成只含平方项的形式，其次研究正定二次型的判定和性质. 其主要知识结构如下：

- 二次型
  - 基本概念
    - 二次型的定义
    - 线性变换
    - 标准形与规范形
  - 合同矩阵
    - 矩阵合同的定义
    - 矩阵合同的性质
  - 化二次型为标准形
    - 配方法
    - 正交变换法
    - *初等变换法
  - 二次型 $\boldsymbol{x}^{\mathrm{T}}\boldsymbol{A}\boldsymbol{x}$ 正定或矩阵 $\boldsymbol{A}$ 正定
    - $\Leftrightarrow \forall\, \boldsymbol{0}\neq\boldsymbol{x}\in\mathbf{R}^n,\ \boldsymbol{x}^{\mathrm{T}}\boldsymbol{A}\boldsymbol{x}>0$
    - $\Leftrightarrow$ $\boldsymbol{A}$ 的正惯性指数等于 n
    - $\Leftrightarrow$ $\boldsymbol{A}$ 的特征值全大于零
    - $\Leftrightarrow$ $\boldsymbol{A}$ 的顺序主子式全大于零
    - $\Leftrightarrow \boldsymbol{A}\simeq\boldsymbol{E}$ 或 $\boldsymbol{A}=\boldsymbol{C}^{\mathrm{T}}\boldsymbol{C}$（$\boldsymbol{C}$ 可逆）

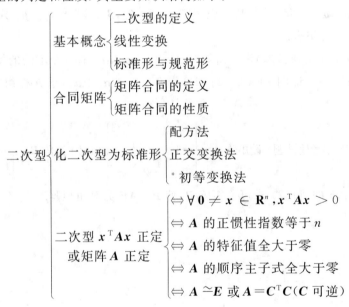

§6.1 二次型及其矩阵表示

一、二次型的概念

二次型及其矩阵

定义 6.1 含有 n 个变量 $\boldsymbol{x}_1,\boldsymbol{x}_2,\cdots,\boldsymbol{x}_n$ 的二次齐次多项式

$$f(x_1,x_2,\cdots,x_n)=a_{11}x_1^2+2a_{12}x_1x_2+2a_{13}x_1x_3+\cdots+2a_{1n}x_1x_n+ a_{22}x_2^2+2a_{23}x_2x_3+\cdots+2a_{2n}x_2x_n+\cdots+a_{nn}x_n^2 \tag{6.1}$$

称为一个 n **元二次型**,简称**二次型**(quadratic form).

当式(6.1)中系数 $a_{ij}(i,j=1,2,\cdots,n)$ 为实数时,称 $f(x_1,x_2,\cdots,x_n)$ 为**实二次型**;当 $a_{ij}(i,j=1,2,\cdots,n)$ 为复数时,称 $f(x_1,x_2,\cdots,x_n)$ 为**复二次型**. 本书只讨论实二次型.

二次型(6.1)可以写成矩阵形式. 令 $a_{ij}=a_{ji}(i,j=1,2,\cdots,n)$, 则式(6.1)可表示为

$$\begin{aligned}f(x_1,x_2,\cdots,x_n)&=a_{11}x_1^2+a_{12}x_1x_2+\cdots+a_{1n}x_1x_n+\\&\quad a_{21}x_2x_1+a_{22}x_2^2+\cdots+a_{2n}x_2x_n+\\&\quad\cdots\cdots\cdots\cdots\\&\quad a_{n1}x_nx_1+a_{n2}x_nx_2+\cdots+a_{nn}x_n^2\\&=x_1\sum_{j=1}^{n}a_{1j}x_j+x_2\sum_{j=1}^{n}a_{2j}x_j+\cdots+x_n\sum_{j=1}^{n}a_{nj}x_j\\&=(x_1,x_2,\cdots,x_n)\begin{pmatrix}\sum_{j=1}^{n}a_{1j}x_j\\\sum_{j=1}^{n}a_{2j}x_j\\\vdots\\\sum_{j=1}^{n}a_{nj}x_j\end{pmatrix}\qquad(6.2)\\&=(x_1,x_2,\cdots,x_n)\begin{pmatrix}a_{11}&a_{12}&\cdots&a_{1n}\\a_{21}&a_{22}&\cdots&a_{2n}\\\vdots&\vdots&&\vdots\\a_{n1}&a_{n2}&\cdots&a_{nn}\end{pmatrix}\begin{pmatrix}x_1\\x_2\\\vdots\\x_n\end{pmatrix}.\end{aligned}$$

记

$$A=\begin{pmatrix} a_{11} & a_{12} & \cdots & a_{1n} \\ a_{21} & a_{22} & \cdots & a_{2n} \\ \vdots & \vdots & & \vdots \\ a_{n1} & a_{n2} & \cdots & a_{nn} \end{pmatrix}, \quad x=\begin{pmatrix} x_1 \\ x_2 \\ \vdots \\ x_n \end{pmatrix}.$$

则二次型(6.1)可记为

$$f(x)=x^{\mathrm{T}}Ax, \tag{6.3}$$

其中 A 为对称矩阵,称为**二次型** $f(x_1,x_2,\cdots,x_n)$ **的矩阵**,矩阵 A 的秩 $r(A)$ 称为**该二次型的秩**.

由式(6.2),可将二次型记成 $f(x_1,x_2\cdots,x_n)=\sum\limits_{i=1}^{n}\sum\limits_{j=1}^{n}a_{ij}x_ix_j$.

注 (1) 二次型 f 的矩阵 $A=(a_{ij})$ 的构成:平方项 x_i^2 的系数为 a_{ii};交叉项 $x_ix_j(i\neq j)$ 系数的一半为 a_{ij}.

(2) 对二次型(6.1),除可用对称矩阵表示成式(6.3)的形式外,也可表示成不对称矩阵之乘积的形式. 如:

$$f(x_1,x_2)=x_1^2-6x_1x_2=(x_1,x_2)\begin{pmatrix} 1 & -3 \\ -3 & 0 \end{pmatrix}\begin{pmatrix} x_1 \\ x_2 \end{pmatrix}=(x_1,x_2)\begin{pmatrix} 1 & -7 \\ 1 & 0 \end{pmatrix}\begin{pmatrix} x_1 \\ x_2 \end{pmatrix}.$$

说明这种表示有多种形式,即中间的矩阵不唯一. 我们说二次型的矩阵是指对称矩阵的情形而言的(以后不再声明),于是二次型的矩阵是唯一的.

例 6.1 设二次型 $f(x_1,x_2,x_3,x_4)=x_1^2-2x_3^2-4x_1x_2+x_1x_3+6x_2x_4$.

(1) 求二次型 f 的矩阵 A;

(2) 设二次型 $g(x_1,x_2)=f(x_1,x_2,0,0)$, 求二次型 g 的矩阵 B.

解 (1) 二次型 f 的矩阵 A 的主对角线上的元素 a_{ii} 应是二次型中完全平方项 $x_i^2(i=1,2,3,4)$ 的系数,非对角线上的元素 a_{ij} 恰为二次型中交叉项 $x_ix_j(i\neq j;i,j=1,2,3,4)$ 系数的一半,因此,二项型 f 的矩阵

$$A=\begin{pmatrix} 1 & -2 & \frac{1}{2} & 0 \\ -2 & 0 & 0 & 3 \\ \frac{1}{2} & 0 & -2 & 0 \\ 0 & 3 & 0 & 0 \end{pmatrix}.$$

(2) 因二次型 $g(x_1,x_2)=f(x_1,x_2,0,0)=x_1^2-4x_1x_2$, 因此,二次型 $g(x_1,x_2)$ 的矩阵为

$$B=\begin{pmatrix} 1 & -2 \\ -2 & 0 \end{pmatrix}.$$

注 矩阵 $\boldsymbol{B}$ 恰是矩阵 $\boldsymbol{A}$ 的前 2 行 2 列交叉处的子阵.

例 6.2 设对称矩阵

$$\boldsymbol{A}=\begin{pmatrix}0 & 1 & -\frac{1}{2}\\ 1 & 0 & t\\ -\frac{1}{2} & t & 0\end{pmatrix}.$$

(1) 试写出矩阵 $\boldsymbol{A}$ 对应的二次型 f;(2) 若 f 的秩是 2,求 t 的取值范围.

解 (1) 利用例 6.1 同样的分析,可直接写出 $\boldsymbol{A}$ 对应的二次型

$$f(x_1,x_2,x_3)=2x_1x_2-x_1x_3+2tx_2x_3.$$

注 我们也可以利用式(6.3),计算得到

$$f(x_1,x_2,x_3)=\boldsymbol{x}^{\mathrm{T}}\boldsymbol{A}\boldsymbol{x}=2x_1x_2-x_1x_3+2tx_2x_3.$$

(2) 因

$$\boldsymbol{A}=\begin{pmatrix}0 & 1 & -\frac{1}{2}\\ 1 & 0 & t\\ -\frac{1}{2} & t & 0\end{pmatrix}\to\begin{pmatrix}1 & 0 & t\\ 0 & 2 & -1\\ 0 & 2t & t\end{pmatrix}\to\begin{pmatrix}1 & 0 & t\\ 0 & 2 & -1\\ 0 & 0 & 2t\end{pmatrix},$$

又已知 $r(\boldsymbol{A})=2$,因此 $t=0$.

由定义和上面的例题可以看出,任给一个二次型 $f(x_1,x_2,\cdots,x_n)$ 可以唯一地确定一个 n 阶对称矩阵;反之,任给一个 n 阶对称矩阵 $\boldsymbol{A}$ 可以唯一确定一个 n 元二次型. 即 n 元二次型与 n 阶对称矩阵之间具有一一对应关系.

二、线性变换

为了化简二次型(6.1),需要引入线性变换的概念.

定义 6.2 设两组变量 $x_1,x_2,\cdots,x_n$ 和 $y_1,y_2,\cdots,y_n$ 之间具有下述关系:

$$\begin{cases}x_1=c_{11}y_1+c_{12}y_2+\cdots+c_{1n}y_n,\\ x_2=c_{21}y_1+c_{22}y_2+\cdots+c_{2n}y_n,\\ \cdots\cdots\cdots\cdots\\ x_n=c_{n1}y_1+c_{n2}y_2+\cdots+c_{nn}y_n,\end{cases}\tag{6.4}$$

则式(6.4)称为由 $x_1,x_2,\cdots,x_n$ 到 $y_1,y_2,\cdots,y_n$ 的一个**线性变换**(linear transformation). 记

$$\boldsymbol{C}=\begin{pmatrix}c_{11} & c_{12} & \cdots & c_{1n}\\ c_{21} & c_{22} & \cdots & c_{2n}\\ \vdots & \vdots & & \vdots\\ c_{n1} & c_{n2} & \cdots & c_{nn}\end{pmatrix},\quad \boldsymbol{x}=\begin{pmatrix}x_1\\ x_2\\ \vdots\\ x_n\end{pmatrix},\quad \boldsymbol{y}=\begin{pmatrix}y_1\\ y_2\\ \vdots\\ y_n\end{pmatrix}.$$

于是，线性变换(6.4)可以写成矩阵形式

$$\boldsymbol{x}=\boldsymbol{C}\boldsymbol{y},$$

其中矩阵 $\boldsymbol{C}$ 称为线性变换(6.4)的矩阵.

如果线性变换(6.4)的矩阵 $\boldsymbol{C}$ 可逆，则称(6.4)为可逆线性变换，$\boldsymbol{y}=\boldsymbol{C}^{-1}\boldsymbol{x}$ 称为线性变换(6.4)的逆变换. 特别地，如果矩阵 $\boldsymbol{C}$ 为正交矩阵，则线性变换(6.4)为正交变换.

例如，旋转变换

$$\begin{cases}x=x'\cos\theta-y'\sin\theta,\\ y=x'\sin\theta+y'\cos\theta\end{cases}$$

的矩阵

$$\boldsymbol{C}=\begin{pmatrix}\cos\theta & -\sin\theta\\ \sin\theta & \cos\theta\end{pmatrix}.$$

容易计算，$|\boldsymbol{C}|=1\neq 0$，且 $\boldsymbol{C}^{\mathrm{T}}\boldsymbol{C}=\boldsymbol{E}$. 因此，旋转变换是可逆线性变换，且也是正交变换.

三、矩阵合同

如果对二次型(6.3)进行可逆线性变换 $\boldsymbol{x}=\boldsymbol{C}\boldsymbol{y}$，则

$$f=\boldsymbol{x}^{\mathrm{T}}\boldsymbol{A}\boldsymbol{x}=(\boldsymbol{C}\boldsymbol{y})^{\mathrm{T}}\boldsymbol{A}(\boldsymbol{C}\boldsymbol{y})=\boldsymbol{y}^{\mathrm{T}}(\boldsymbol{C}^{\mathrm{T}}\boldsymbol{A}\boldsymbol{C})\boldsymbol{y}=\boldsymbol{y}^{\mathrm{T}}\boldsymbol{B}\boldsymbol{y},$$

其中 $\boldsymbol{B}=\boldsymbol{C}^{\mathrm{T}}\boldsymbol{A}\boldsymbol{C}$. 因为 $\boldsymbol{B}^{\mathrm{T}}=(\boldsymbol{C}^{\mathrm{T}}\boldsymbol{A}\boldsymbol{C})^{\mathrm{T}}=\boldsymbol{C}^{\mathrm{T}}\boldsymbol{A}\boldsymbol{C}=\boldsymbol{B}$，故 $\boldsymbol{B}$ 仍是对称矩阵. 于是 $\boldsymbol{y}^{\mathrm{T}}\boldsymbol{B}\boldsymbol{y}$ 是以 $\boldsymbol{B}$ 为矩阵的 n 元二次型，又矩阵 $\boldsymbol{C}$ 可逆，可知矩阵 $\boldsymbol{B}=\boldsymbol{C}^{\mathrm{T}}\boldsymbol{A}\boldsymbol{C}$ 与 $\boldsymbol{A}$ 的秩一定相等，故可得到

定理 6.1 二次型 $f=\boldsymbol{x}^{\mathrm{T}}\boldsymbol{A}\boldsymbol{x}$ 经过可逆线性变换 $\boldsymbol{x}=\boldsymbol{C}\boldsymbol{y}$，就得到以 $\boldsymbol{B}=\boldsymbol{C}^{\mathrm{T}}\boldsymbol{A}\boldsymbol{C}$ 为矩阵的 n 元二次型 $f=\boldsymbol{y}^{\mathrm{T}}\boldsymbol{B}\boldsymbol{y}$，并且二次型的秩不变.

为了便于讨论矩阵间的关系，我们引入

定义 6.3 设矩阵 $\boldsymbol{A},\boldsymbol{B}$ 为两个 n 阶矩阵，如果存在可逆矩阵 $\boldsymbol{C}$，使得 $\boldsymbol{B}=\boldsymbol{C}^{\mathrm{T}}\boldsymbol{A}\boldsymbol{C}$，则称矩阵 $\boldsymbol{A}$ 与 $\boldsymbol{B}$ 合同(congruent)，或称 $\boldsymbol{A}$ 合同于 $\boldsymbol{B}$. 记作 $\boldsymbol{A}\simeq\boldsymbol{B}$.

于是，如果二次型 $\boldsymbol{x}^{\mathrm{T}}\boldsymbol{A}\boldsymbol{x}$ 经过可逆线性变换 $\boldsymbol{x}=\boldsymbol{C}\boldsymbol{y}$ 化为二次型 $\boldsymbol{y}^{\mathrm{T}}\boldsymbol{B}\boldsymbol{y}$，则 $\boldsymbol{A}\simeq\boldsymbol{B}$.

不难证明，矩阵间的合同关系具有以下性质：

(1) 反身性：对于任一 n 阶矩阵 $\boldsymbol{A}$，有 $\boldsymbol{A}\simeq\boldsymbol{A}$；

(2) 对称性：如果 $\boldsymbol{A}\simeq\boldsymbol{B}$，则 $\boldsymbol{B}\simeq\boldsymbol{A}$；

(3) 传递性：如果 $\boldsymbol{A}\simeq\boldsymbol{B}$，$\boldsymbol{B}\simeq\boldsymbol{C}$，则 $\boldsymbol{A}\simeq\boldsymbol{C}$.

实际上，由 $\boldsymbol{E}^{\mathrm{T}}\boldsymbol{A}\boldsymbol{E}=\boldsymbol{A}$ 可直接得到 $\boldsymbol{A}\simeq\boldsymbol{A}$；如果 $\boldsymbol{A}\simeq\boldsymbol{B}$，则存在可逆矩阵 $\boldsymbol{C}$ 使 $\boldsymbol{B}=\boldsymbol{C}^{\mathrm{T}}\boldsymbol{A}\boldsymbol{C}$. 于是，$\boldsymbol{A}=(\boldsymbol{C}^{\mathrm{T}})^{-1}\boldsymbol{B}\boldsymbol{C}^{-1}=(\boldsymbol{C}^{-1})^{\mathrm{T}}\boldsymbol{B}\boldsymbol{C}^{-1}$，从而 $\boldsymbol{B}\simeq\boldsymbol{A}$；如果 $\boldsymbol{A}\simeq\boldsymbol{B}$，$\boldsymbol{B}\simeq\boldsymbol{C}$，则存在可逆矩阵 $\boldsymbol{P}_1,\boldsymbol{P}_2$，使得 $\boldsymbol{B}=\boldsymbol{P}_1^{\mathrm{T}}\boldsymbol{A}\boldsymbol{P}_1,\boldsymbol{C}=\boldsymbol{P}_2^{\mathrm{T}}\boldsymbol{B}\boldsymbol{P}_2$. 于是 $\boldsymbol{C}=\boldsymbol{P}_2^{\mathrm{T}}(\boldsymbol{P}_1^{\mathrm{T}}\boldsymbol{A}\boldsymbol{P}_1)\boldsymbol{P}_2=$

$(\boldsymbol{P}_1\boldsymbol{P}_2)^{\mathrm{T}}\boldsymbol{A}(\boldsymbol{P}_1\boldsymbol{P}_2)$，记矩阵 $\boldsymbol{P}=\boldsymbol{P}_1\boldsymbol{P}_2$，则 $|\boldsymbol{P}|=|\boldsymbol{P}_1|\cdot|\boldsymbol{P}_2|\neq 0$，所以 $\boldsymbol{A}\simeq\boldsymbol{C}$.

从矩阵的三大关系的定义可知：两矩阵合同，则它们必等价，反之不真；两矩阵相似，则它们必等价，反之不真；两矩阵合同不一定相似，相似矩阵也不一定是合同的，但当 $\boldsymbol{B}=\boldsymbol{C}^{\mathrm{T}}\boldsymbol{A}\boldsymbol{C}$ 中的矩阵 $\boldsymbol{C}$ 为正交矩阵（即 $\boldsymbol{C}^{\mathrm{T}}=\boldsymbol{C}^{-1}$）时，矩阵 $\boldsymbol{A}$ 与 $\boldsymbol{B}$ 既合同，也相似.

§6.2　二次型的标准形和规范形

对于二次型(6.1)，如果经过可逆线性变换 $\boldsymbol{x}=\boldsymbol{C}\boldsymbol{y}$ 化为仅含平方项的形式

$$f=d_1y_1^2+d_2y_2^2+\cdots+d_ny_n^2, \tag{6.5}$$

则式(6.5)称为二次型(6.1)的**标准形**.

不难看出，在式(6.5)中，非零系数 $d_i(1\leqslant i\leqslant n)$ 的个数 $r=r(\boldsymbol{A})$（即二次型 f 的秩）；标准形(6.5)的矩阵是对角矩阵 $\mathrm{diag}(d_1,d_2,\cdots,d_n)$.

如果二次型(6.1)经过可逆线性变换 $\boldsymbol{x}=\boldsymbol{C}\boldsymbol{y}$ 化为

$$f=y_1^2+y_2^2+\cdots+y_p^2-y_{p+1}^2-\cdots-y_r^2, \tag{6.6}$$

这时，式(6.6)称为二次型(6.1)的**规范形**. 规范形(6.6)的矩阵是对角矩阵

$$\begin{pmatrix}\boldsymbol{E}_p & & \\ & -\boldsymbol{E}_{r-p} & \\ & & \boldsymbol{O}\end{pmatrix}.$$

二次型理论的主要内容之一，就是探讨是否存在可逆线性变换，使二次型化为标准形（或规范形）. 这个问题的答案是肯定的，并且常用方法有配方法、正交变换法以及初等变换法. 本书介绍前两种方法.

一、用配方法化二次型为标准形

例 6.3　用配方法将二次型

$$f(x_1,x_2,x_3)=2x_1^2+x_2^2-x_3^2+4x_1x_2-4x_1x_3+6x_2x_3$$

化为标准形和规范形，并写出所作的可逆线性变换.

解　先将含有 x_1 的各项归并在一起，并配成完全平方项：

$$\begin{aligned}f&=2[x_1^2+2x_1(x_2-x_3)]+x_2^2-x_3^2+6x_2x_3\\&=2(x_1+x_2-x_3)^2-2(x_2-x_3)^2+x_2^2-x_3^2+6x_2x_3\\&=2(x_1+x_2-x_3)^2-x_2^2+10x_2x_3-3x_3^2,\end{aligned}$$

再对后三项中含 x_2 的项配方，有

$$f=2(x_1+x_2-x_3)^2-(x_2-5x_3)^2+22x_3^2.$$

令

$$\begin{cases} y_1 = x_1 + x_2 - x_3, \\ y_2 = x_2 - 5x_3, \\ y_3 = x_3, \end{cases}$$

即

$$\begin{cases} x_1 = y_1 - y_2 - 4y_3, \\ x_2 = y_2 + 5y_3, \\ x_3 = y_3, \end{cases}$$

则原二次型化为标准形

$$f = 2y_1^2 - y_2^2 + 22y_3^2.$$

所作的线性变换的矩阵

$$\boldsymbol{C}_1 = \begin{pmatrix} 1 & -1 & -4 \\ 0 & 1 & 5 \\ 0 & 0 & 1 \end{pmatrix}, \quad |\boldsymbol{C}_1| = 1 \neq 0,$$

即线性变换 $\boldsymbol{x} = \boldsymbol{C}_1 \boldsymbol{y}$ 是可逆线性变换.

为得到原二次型的规范形,再作线性变换

$$\begin{cases} z_1 = \sqrt{2}\, y_1, \\ z_2 = \sqrt{22}\, y_3, \\ z_3 = y_2, \end{cases}$$

即

$$\begin{cases} y_1 = \dfrac{1}{\sqrt{2}} z_1, \\ y_2 = z_3, \\ y_3 = \dfrac{1}{\sqrt{22}} z_2, \end{cases}$$

此线性变换的矩阵为

$$\boldsymbol{C}_2 = \begin{pmatrix} \dfrac{1}{\sqrt{2}} & 0 & 0 \\ 0 & 0 & 1 \\ 0 & \dfrac{1}{\sqrt{22}} & 0 \end{pmatrix}, \quad |\boldsymbol{C}_2| = -\frac{1}{2\sqrt{11}} \neq 0.$$

记矩阵 $\boldsymbol{C} = \boldsymbol{C}_1 \boldsymbol{C}_2$,则原二次型经可逆线性变换 $\boldsymbol{x} = \boldsymbol{C}_1 \boldsymbol{y} = \boldsymbol{C}_1 \boldsymbol{C}_2 \boldsymbol{z} = \boldsymbol{C} \boldsymbol{z}$,可化为规范形

$$f = z_1^2 + z_2^2 - z_3^2,$$

其中线性变换 $\boldsymbol{x} = \boldsymbol{C} \boldsymbol{z}$ 的矩阵

$$C = C_1C_2 = \begin{pmatrix} 1 & -1 & -4 \\ 0 & 1 & 5 \\ 0 & 0 & 1 \end{pmatrix} \begin{pmatrix} \frac{1}{\sqrt{2}} & 0 & 0 \\ 0 & 0 & 1 \\ 0 & \frac{1}{\sqrt{22}} & 0 \end{pmatrix} = \begin{pmatrix} \frac{1}{\sqrt{2}} & -\frac{4}{\sqrt{22}} & -1 \\ 0 & \frac{5}{\sqrt{22}} & 1 \\ 0 & \frac{1}{\sqrt{22}} & 0 \end{pmatrix}.$$

注 能否将 $f(x_1, x_2, x_3) = 2x_1^2 + x_2^2 - x_3^2 + 4x_1x_2 - 4x_1x_3 + 6x_2x_3$ 配方成

$$f(x_1, x_2, x_3) = (x_1 + 2x_2)^2 + (x_1 - 2x_3)^2 - 3(x_2 - x_3)^2 - 2x_3^2,$$

令 $x_1 + 2x_2 = y_1, x_1 - 2x_3 = y_2, x_2 - x_3 = y_3, x_3 = y_4$，得出 f 的标准形为

$$f = y_1^2 + y_2^2 - 3y_3^2 - 2y_4^2$$

的形式呢？为什么？（这是错误的，因这里所作的线性变换不可逆.）

例 6.4 用配方法化下面的二次型

$$f(x_1, x_2, x_3) = 3x_1x_2 + 3x_1x_3 - 9x_2x_3$$

为标准形，并写出所作的可逆线性变换.

解 二次型中没有完全平方项，可先作可逆线性变换

$$\begin{cases} x_1 = y_1 + y_2, \\ x_2 = y_1 - y_2, \\ x_3 = y_3, \end{cases}$$

即 $\boldsymbol{x} = C_1\boldsymbol{y}$，其中 $C_1 = \begin{pmatrix} 1 & 1 & 0 \\ 1 & -1 & 0 \\ 0 & 0 & 1 \end{pmatrix}$，$|C_1| = -2 \neq 0$.

原二次型化为

$$\begin{aligned} f &= 3(y_1 + y_2)(y_1 - y_2) + 3(y_1 + y_2)y_3 - 9(y_1 - y_2)y_3 \\ &= 3y_1^2 - 3y_2^2 - 6y_1y_3 + 12y_2y_3 \\ &= 3(y_1 - y_3)^2 - 3(y_2 - 2y_3)^2 + 9y_3^2. \end{aligned}$$

令

$$\begin{cases} z_1 = y_1 - y_3, \\ z_2 = y_2 - 2y_3, \\ z_3 = y_3, \end{cases}$$

即

$$\begin{cases} y_1 = z_1 + z_3, \\ y_2 = z_2 + 2z_3, \\ y_3 = z_3, \end{cases}$$

则原二次型的标准形为

$$f = 3z_1^2 - 3z_2^2 + 9z_3^2.$$

所作的线性变换 $\boldsymbol{y}=\boldsymbol{C}_2\boldsymbol{z}$ 的矩阵

$$\boldsymbol{C}_2=\begin{pmatrix}1&0&1\\0&1&2\\0&0&1\end{pmatrix},|\boldsymbol{C}_2|=1\neq 0,$$

所以,从变量 x_1,x_2,x_3 到变量 z_1,z_2,z_3 的线性变换为 $\boldsymbol{x}=\boldsymbol{C}_1\boldsymbol{y}=\boldsymbol{C}_1\boldsymbol{C}_2\boldsymbol{z}=\boldsymbol{C}\boldsymbol{z}$,其中矩阵

$$\boldsymbol{C}=\boldsymbol{C}_1\boldsymbol{C}_2=\begin{pmatrix}1&1&0\\1&-1&0\\0&0&1\end{pmatrix}\begin{pmatrix}1&0&1\\0&1&2\\0&0&1\end{pmatrix}=\begin{pmatrix}1&1&3\\1&-1&-1\\0&0&1\end{pmatrix},|\boldsymbol{C}|=|\boldsymbol{C}_1||\boldsymbol{C}_2|\neq 0.$$

定理 6.2 任一个 n 元实二次型 $f(\boldsymbol{x})=\sum\limits_{i=1}^{n}\sum\limits_{j=1}^{n}a_{ij}x_ix_j$ 都可经过可逆线性变换化为标准形

$$f=d_1y_1^2+d_2y_2^2+\cdots+d_ny_n^2,$$

其中 $d_i(i=1,2,\cdots,n)$ 为常数,由相应的线性变换确定.

证法 1 仿照例 6.3 或例 6.4 的做法,用配方法对二次型的两种可能情形分别进行讨论即可,详细论述从略.

证法 2 令 $f(\boldsymbol{x})=\sum\limits_{i=1}^{n}\sum\limits_{j=1}^{n}a_{ij}x_ix_j=\boldsymbol{x}^{\mathrm{T}}\boldsymbol{A}\boldsymbol{x}$,即 $\boldsymbol{A}=(a_{ij})_{n\times n}$,则 $\boldsymbol{A}$ 为实对称矩阵. 由定理 5.12 知,存在正交矩阵 $\boldsymbol{Q}$,使 $\boldsymbol{Q}^{\mathrm{T}}\boldsymbol{A}\boldsymbol{Q}$ 为对角矩阵. 作正交变换 $\boldsymbol{x}=\boldsymbol{Q}\boldsymbol{y}$,则有

$$f=\lambda_1y_1^2+\lambda_2y_2^2+\cdots+\lambda_ny_n^2,\tag{6.7}$$

其中 $\lambda_i(i=1,2,\cdots,n)$ 是二次型的矩阵 $\boldsymbol{A}$ 的特征值.

注 实二次型经过正交变换化成的标准形(除变量排列顺序外)是唯一的,但用配方法得到的标准形是不唯一的.

二、用正交变换法化二次型为标准形

由定理 6.2 的证明过程知,实二次型可用正交变换化为标准形,基本步骤:

(1) 由二次型 $f(\boldsymbol{x})=\sum\limits_{i=1}^{n}\sum\limits_{j=1}^{n}a_{ij}x_ix_j$ 写出其矩阵 $\boldsymbol{A}$;

(2) 求出 $\boldsymbol{A}$ 的全部特征值 $\lambda_1,\lambda_2,\cdots,\lambda_n$(包括重根在内);

(3) 求出对应于各特征值的线性无关的特征向量 $\boldsymbol{\alpha}_1,\boldsymbol{\alpha}_2,\cdots,\boldsymbol{\alpha}_n$;

(4) 将特征向量组 $\boldsymbol{\alpha}_1,\boldsymbol{\alpha}_2,\cdots,\boldsymbol{\alpha}_n$ 正交化,得 $\boldsymbol{\beta}_1,\boldsymbol{\beta}_2,\cdots,\boldsymbol{\beta}_n$. 再单位化,得 $\boldsymbol{\eta}_1,\boldsymbol{\eta}_2,\cdots,\boldsymbol{\eta}_n$. 记

$$\boldsymbol{Q}=(\boldsymbol{\eta}_1,\boldsymbol{\eta}_2,\cdots,\boldsymbol{\eta}_n);$$

(5) 作正交变换 $\boldsymbol{x}=\boldsymbol{Q}\boldsymbol{y}$,则得 f 的标准形

$$f=\lambda_1 y_1^2+\lambda_2 y_2^2+\cdots+\lambda_n y_n^2.$$

例 6.5 用正交变换法将下面的二次型

$$f(x_1,x_2,x_3)=x_1^2+x_2^2+x_3^2+2x_1x_2+2x_1x_3-2x_2x_3$$

化为标准形,并求所作的正交变换.

解 二次型的矩阵

$$\boldsymbol{A}=\begin{pmatrix}1&1&1\\1&1&-1\\1&-1&1\end{pmatrix},$$

由矩阵 $\boldsymbol{A}$ 的特征多项式

$$|\lambda\boldsymbol{E}-\boldsymbol{A}|=\begin{vmatrix}\lambda-1&-1&-1\\-1&\lambda-1&1\\-1&1&\lambda-1\end{vmatrix}=(\lambda-2)^2(\lambda+1),$$

得 $\boldsymbol{A}$ 的特征值 $\lambda_1=\lambda_2=2,\lambda_3=-1$.

对于 $\lambda_1=\lambda_2=2$,解齐次线性方程组 $(2\boldsymbol{E}-\boldsymbol{A})\boldsymbol{x}=\boldsymbol{0}$,得对应线性无关的特征向量

$$\boldsymbol{\alpha}_1=(1,1,0)^{\mathrm{T}},\boldsymbol{\alpha}_2=(1,0,1)^{\mathrm{T}}.$$

将 $\boldsymbol{\alpha}_1,\boldsymbol{\alpha}_2$ 正交化,有

$$\boldsymbol{\beta}_1=\boldsymbol{\alpha}_1=(1,1,0)^{\mathrm{T}},\boldsymbol{\beta}_2=\boldsymbol{\alpha}_2-\frac{(\boldsymbol{\beta}_1,\boldsymbol{\alpha}_2)}{(\boldsymbol{\beta}_1,\boldsymbol{\beta}_1)}\boldsymbol{\beta}_1=\left(\frac{1}{2},-\frac{1}{2},1\right)^{\mathrm{T}}.$$

将 $\boldsymbol{\beta}_1,\boldsymbol{\beta}_2$ 单位化,得

$$\boldsymbol{\gamma}_1=\left(\frac{1}{\sqrt{2}},\frac{1}{\sqrt{2}},0\right)^{\mathrm{T}},\quad \boldsymbol{\gamma}_2=\left(\frac{1}{\sqrt{6}},-\frac{1}{\sqrt{6}},\frac{2}{\sqrt{6}}\right)^{\mathrm{T}}.$$

对于 $\lambda_3=-1$,解齐次线性方程组 $(-\boldsymbol{E}-\boldsymbol{A})\boldsymbol{x}=\boldsymbol{0}$,得对应的特征向量 $\boldsymbol{\alpha}_3=(-1,1,1)^{\mathrm{T}}$,只需将其单位化,得 $\boldsymbol{\gamma}_3=\left(-\frac{1}{\sqrt{3}},\frac{1}{\sqrt{3}},\frac{1}{\sqrt{3}}\right)^{\mathrm{T}}$.

令矩阵

$$\boldsymbol{Q}=(\boldsymbol{\gamma}_1,\boldsymbol{\gamma}_2,\boldsymbol{\gamma}_3)=\begin{pmatrix}\frac{1}{\sqrt{2}}&\frac{1}{\sqrt{6}}&-\frac{1}{\sqrt{3}}\\\frac{1}{\sqrt{2}}&-\frac{1}{\sqrt{6}}&\frac{1}{\sqrt{3}}\\0&\frac{2}{\sqrt{6}}&\frac{1}{\sqrt{3}}\end{pmatrix},\quad \boldsymbol{\Lambda}=\begin{pmatrix}2&0&0\\0&2&0\\0&0&-1\end{pmatrix},$$

$\boldsymbol{Q}$ 为正交矩阵. 作正交变换 $\boldsymbol{x}=\boldsymbol{Q}\boldsymbol{y}$,则原二次型化为标准形

$$f=2y_1^2+2y_2^2-y_3^2.$$

注 仿例 6.3 的第二部分,再作一次可逆线性变换 $\boldsymbol{y}=\boldsymbol{C}_2\boldsymbol{z}=\operatorname{diag}\left(\frac{1}{\sqrt{2}},\frac{1}{\sqrt{2}},1\right)\boldsymbol{z}$,则原二次型的规范形为

$$f=z_1^2+z_2^2-z_3^2.$$

记 $\boldsymbol{P}=\boldsymbol{Q}\boldsymbol{C}_2$,则原二次型化为规范形时所作的线性变换为 $\boldsymbol{x}=\boldsymbol{P}\boldsymbol{z}$. 这里,化二次型为规范形的线性变换 $\boldsymbol{x}=\boldsymbol{P}\boldsymbol{z}$ 不再是正交变换,即 $\boldsymbol{P}$ 不是正交矩阵.

例 6.6 已知二次型

$$f(x_1,x_2,x_3)=a(x_1^2+x_2^2+x_3^2)+4x_1x_2+4x_1x_3+4x_2x_3$$

经过正交变换 $\boldsymbol{x}=\boldsymbol{P}\boldsymbol{y}$ 可化为标准形 $f=6y_1^2$,求 a 的值.

解 因二次型 f 经过正交变换 $\boldsymbol{x}=\boldsymbol{P}\boldsymbol{y}$ 可化为标准形 $f=6y_1^2$,因此 f 的矩阵 $\boldsymbol{A}$ 的特征值为 6,0,0. 二次型的矩阵为

$$\boldsymbol{A}=\begin{pmatrix} a & 2 & 2 \\ 2 & a & 2 \\ 2 & 2 & a \end{pmatrix},$$

由特征多项式

$$|\lambda\boldsymbol{E}-\boldsymbol{A}|=\begin{vmatrix} \lambda-a & -2 & -2 \\ -2 & \lambda-a & -2 \\ -2 & -2 & \lambda-a \end{vmatrix}=[\lambda-(a+4)][\lambda-(a-2)]^2$$

知 $a+4=6$,所以 $a=2$.

*三、用合同变换法化二次型为标准形

定义 6.4 对一个对称矩阵成对地施行相同的初等行(列)变换,称为对对称矩阵施行合同初等变换(简称合同变换或成对初等变换).

由定理 6.2 可知,对于任意 n 阶对称矩阵 $\boldsymbol{A}$,总存在可逆矩阵 $\boldsymbol{C}$,使得 $\boldsymbol{C}^{\mathrm{T}}\boldsymbol{A}\boldsymbol{C}=\boldsymbol{\Lambda}$,由于可逆矩阵可表示为有限个初等矩阵的乘积,于是令 $\boldsymbol{C}=\boldsymbol{P}_1\boldsymbol{P}_2\cdots\boldsymbol{P}_s$,其中 $\boldsymbol{P}_i(i=1,2,\cdots,s)$ 为初等矩阵,从而 $\boldsymbol{P}_s^{\mathrm{T}}\cdots\boldsymbol{P}_2^{\mathrm{T}}\boldsymbol{P}_1^{\mathrm{T}}\boldsymbol{A}\boldsymbol{P}_1\boldsymbol{P}_2\cdots\boldsymbol{P}_s=\boldsymbol{\Lambda}$,其中

$$\boldsymbol{\Lambda}=\begin{pmatrix} d_1 & & & & & \\ & \ddots & & & & \\ & & d_r & & & \\ & & & 0 & & \\ & & & & \ddots & \\ & & & & & 0 \end{pmatrix},r(\boldsymbol{A})=r,d_i\neq 0(i=1,2,\cdots,r),$$

因为 $\boldsymbol{P}_i^{\mathrm{T}}\boldsymbol{A}\boldsymbol{P}_i$ 表明对 $\boldsymbol{A}$ 施行一次合同变换,于是可得如下结论.

定理 6.3 任意 n 阶实对称矩阵 $\boldsymbol{A}$ 都可经过一系列合同变换化为对角矩阵.

利用合同变换化二次型为标准形的方法称为合同变换法，于是定理 6.3 用二次型的语言可描述如下：任意二次型都可经过合同变换法化为标准形.

由式 $\boldsymbol{P}_s^{\mathrm{T}}\cdots\boldsymbol{P}_2^{\mathrm{T}}\boldsymbol{P}_1^{\mathrm{T}}\boldsymbol{A}\boldsymbol{P}_1\boldsymbol{P}_2\cdots\boldsymbol{P}_s=\boldsymbol{\Lambda}$ 和 $\boldsymbol{E}\boldsymbol{P}_1\boldsymbol{P}_2\cdots\boldsymbol{P}_s=\boldsymbol{C}$ 表明，对 n 阶实对称矩阵 $\boldsymbol{A}$ 作一系列初等行变换和相应的初等列变换化为对角矩阵 $\boldsymbol{\Lambda}$ 的同时，若对 n 阶单位矩阵 $\boldsymbol{E}$ 施行与 $\boldsymbol{A}$ 完全相同的初等列变换，则 $\boldsymbol{E}$ 变成可逆矩阵 $\boldsymbol{C}$. 因此可表示为如下形式

$$\begin{pmatrix}\boldsymbol{A}\\ \boldsymbol{E}\end{pmatrix}\xrightarrow{\text{合同变换}}\begin{pmatrix}\boldsymbol{\Lambda}\\ \boldsymbol{C}\end{pmatrix}.$$

例 6.7 利用合同变换化二次型 $f(x_1,x_2,x_3)=x_1^2+2x_1x_2-4x_1x_3-3x_2^2-6x_2x_3+x_3^2$ 为标准形，并求出所用的可逆线性变换.

解 将二次型的矩阵 $\boldsymbol{A}=\begin{pmatrix}1&1&-2\\1&-3&-3\\-2&-3&1\end{pmatrix}$ 与 3 阶单位矩阵 $\boldsymbol{E}$ 合成矩阵 $\begin{pmatrix}\boldsymbol{A}\\ \boldsymbol{E}\end{pmatrix}$，于是

$$\begin{pmatrix}1&1&-2\\1&-3&-3\\-2&-3&1\\1&0&0\\0&1&0\\0&0&1\end{pmatrix}\xrightarrow[c_2-c_1]{r_2-r_1}\begin{pmatrix}1&0&-2\\0&-4&-1\\-2&-1&1\\1&-1&0\\0&1&0\\0&0&1\end{pmatrix}\xrightarrow[c_3+2c_1]{r_3+2r_1}$$

$$\begin{pmatrix}1&0&0\\0&-4&-1\\0&-1&-3\\1&-1&2\\0&1&0\\0&0&1\end{pmatrix}\xrightarrow[c_3-\frac{1}{4}c_2]{r_3-\frac{1}{4}r_2}\begin{pmatrix}1&0&0\\0&-4&0\\0&0&-\frac{11}{4}\\1&-1&\frac{9}{4}\\0&1&-\frac{1}{4}\\0&0&1\end{pmatrix}.$$

令 $\boldsymbol{C}=\begin{pmatrix}1&-1&\frac{9}{4}\\0&1&-\frac{1}{4}\\0&0&1\end{pmatrix}$，则有 $\boldsymbol{C}^{\mathrm{T}}\boldsymbol{A}\boldsymbol{C}=\begin{pmatrix}1&0&0\\0&-4&0\\0&0&-\frac{11}{4}\end{pmatrix}$. 令可逆线性变换 $\boldsymbol{x}=\boldsymbol{C}\boldsymbol{y}$，

从而二次型 f 经过可逆线性变换 $\boldsymbol{x}=\boldsymbol{C}\boldsymbol{y}$ 变为标准形 $y_1^2-4y_2^2-\frac{11}{4}y_3^2$.

例 6.8 下列两矩阵是否合同?

$$\boldsymbol{A}=\begin{pmatrix}0&1&1\\1&2&1\\1&1&0\end{pmatrix},\boldsymbol{B}=\begin{pmatrix}2&1&1\\1&0&1\\1&1&0\end{pmatrix}.$$

若合同,求出可逆矩阵 $\boldsymbol{C}$,使 $\boldsymbol{C}^{\mathrm{T}}\boldsymbol{A}\boldsymbol{C}=\boldsymbol{B}$.

解 由合同变换有

$$\begin{pmatrix}\boldsymbol{A}\\\boldsymbol{E}\end{pmatrix}=\begin{pmatrix}0&1&1\\1&2&1\\1&1&0\\1&0&0\\0&1&0\\0&0&1\end{pmatrix}\xrightarrow[c_1\leftrightarrow c_2]{r_1\leftrightarrow r_2}\begin{pmatrix}2&1&1\\1&0&1\\1&1&0\\0&1&0\\1&0&0\\0&0&1\end{pmatrix}=\begin{pmatrix}\boldsymbol{B}\\\boldsymbol{C}\end{pmatrix}.$$

因此 $\boldsymbol{A},\boldsymbol{B}$ 是合同的且有 $\boldsymbol{C}^{\mathrm{T}}\boldsymbol{A}\boldsymbol{C}=\boldsymbol{B}$,其中

$$\boldsymbol{C}=\begin{pmatrix}0&1&0\\1&0&0\\0&0&1\end{pmatrix}.$$

四、惯性定理

由例 6.3 与例 6.4 可看出,同一二次型可用不同的可逆线性变换化为标准形,且标准形未必相同. 但是,标准形中所含正、负平方项的个数却是相同的. 即二次型的规范形式是唯一的. 一般地,有

定理 6.4(惯性定理) 任一 n 元二次型 $f=\boldsymbol{x}^{\mathrm{T}}\boldsymbol{A}\boldsymbol{x}$ 都可以通过可逆线性变换化为规范形 $f=y_1^2+y_2^2+\cdots+y_p^2-y_{p+1}^2-\cdots-y_r^2(p\leqslant r\leqslant n)$,且规范形是唯一的,其中 $r=r(\boldsymbol{A})$,即二次型的秩.

证明略.

为了方便,在二次型 $f=\boldsymbol{x}^{\mathrm{T}}\boldsymbol{A}\boldsymbol{x}$ 的规范形中,系数为 1 的平方项个数 p 称为二次型 f 的**正惯性指数**,系数为 -1 的平方项个数 $r-p$ 称为二次型 f 的**负惯性指数**, $p-(r-p)=2p-r$ 称为二次型 f 的**符号差**.

由惯性定理知:二次型的秩及正惯性指数都是由二次型自身确定的,可逆线性变换不改变二次型的秩及正惯性指数,正惯性指数等于标准形中系数为正数的项数,秩正好是规范形中所含变量的个数. 如例 6.4 中二次型的正惯性指数为 2,负惯性指数为 1,符号差为 1.

§6.3 正定二次型和正定矩阵

一、正定二次型与正定矩阵的概念

二次型的规范形是唯一的,因此可以利用二次型的规范形(或标准形)将 n 元二次型进行分类,其中,在理论及应用方面最重要的一类二次型,就是正惯性指数为 n 的二次型.

定义 6.5 设 n 元实二次型 $f=\boldsymbol{x}^{\mathrm{T}}\boldsymbol{A}\boldsymbol{x}$,如果对于任意的 $\boldsymbol{0}\neq\boldsymbol{x}=(x_1,x_2,\cdots,x_n)^{\mathrm{T}}\in\mathbf{R}^n$,恒有

$$f=\boldsymbol{x}^{\mathrm{T}}\boldsymbol{A}\boldsymbol{x}>0,$$

则称该二次型为**正定二次型**(positive definite quadratic form). 正定二次型 $f=\boldsymbol{x}^{\mathrm{T}}\boldsymbol{A}\boldsymbol{x}$ 的矩阵 $\boldsymbol{A}$ 称为**正定矩阵**(positive definite matrix),记为 $\boldsymbol{A}>0$.

例如,二次型 $f(x_1,x_2,x_3)=2x_1^2+x_2^2+3x_3^2$ 是正定二次型. 实际上,对于任意的 $\boldsymbol{x}=(x_1,x_2,x_3)^{\mathrm{T}}\neq\boldsymbol{0}$,都有 $f(x_1,x_2,x_3)=2x_1^2+x_2^2+3x_3^2>0$;二次型 $g(x_1,x_2,x_3)=2x_1^2+x_2^2-3x_3^2$ 与 $h(x_1,x_2,x_3)=2x_1+x_2^2$ 不是正定二次型. 实际上,如果取 $\boldsymbol{x}=(0,0,1)^{\mathrm{T}}\neq\boldsymbol{0}$,有 $g(0,0,1)=-3<0$, $h(0,0,1)=0$.

不正定的二次型即非正定二次型,它包括四种类型:负定的,即任一 $\boldsymbol{x}\neq\boldsymbol{0}$,使 $f(\boldsymbol{x})=\boldsymbol{x}^{\mathrm{T}}\boldsymbol{A}\boldsymbol{x}<0$;半正定(半负定)的,即对任意 $\boldsymbol{x}\neq\boldsymbol{0}$,有 $f(\boldsymbol{x})=\boldsymbol{x}^{\mathrm{T}}\boldsymbol{A}\boldsymbol{x}\geqslant 0$($f(\boldsymbol{x})=\boldsymbol{x}^{\mathrm{T}}\boldsymbol{A}\boldsymbol{x}\leqslant 0$),且存在 $\boldsymbol{x}_0\neq\boldsymbol{0}$ 使 $f(\boldsymbol{x}_0)=0$;不定的,即至少存在有 $\boldsymbol{x}_1\neq\boldsymbol{0},\boldsymbol{x}_2\neq\boldsymbol{0}$,使 $f(\boldsymbol{x}_1)=\boldsymbol{x}_1^{\mathrm{T}}\boldsymbol{A}\boldsymbol{x}_1$ 与 $f(\boldsymbol{x}_2)=\boldsymbol{x}_2^{\mathrm{T}}\boldsymbol{A}\boldsymbol{x}_2$ 的值异号. 负定(半正定、半负定)二次型 $f=\boldsymbol{x}^{\mathrm{T}}\boldsymbol{A}\boldsymbol{x}$ 的矩阵 $\boldsymbol{A}$ 称为**负定矩阵**(**半正定矩阵**、**半负定矩阵**),记为 $\boldsymbol{A}<0$($\boldsymbol{A}\geqslant 0,\boldsymbol{A}\leqslant 0$).

由于可逆线性变换保持二次型的等量关系,于是我们有结论:可逆线性变换不改变实二次型的正定性. 因此,对正定二次型的判别可由其标准形或规范形进行判定.

二、正定二次型与正定矩阵的判别法

定理 6.5 n 元二次型正定的充分必要条件是该二次型的标准形的 n 个系数全都大于零,即

$$d_1y_1^2+d_2y_2^2+\cdots+d_ny_n^2,\text{且 } d_i>0\quad(i=1,2,\cdots,n).$$

证明 **必要性** 设 $f(\boldsymbol{x})=\boldsymbol{x}^{\mathrm{T}}\boldsymbol{A}\boldsymbol{x}$,由定理 6.2 知,存在可逆线性变换 $\boldsymbol{x}=\boldsymbol{C}\boldsymbol{y}$,使 $f(x)$ 化为标准形

$$f=d_1y_1^2+d_2y_2^2+\cdots+d_ny_n^2,$$

因 $f(\boldsymbol{x})$ 正定，即对任意 $\boldsymbol{x}=\boldsymbol{C}\boldsymbol{y}\neq\boldsymbol{0}$，有 $f(\boldsymbol{x})=\boldsymbol{x}^{\mathrm{T}}\boldsymbol{A}\boldsymbol{x}=\sum_{i=1}^{n}d_i y_i^2>0$，于是，对 $\boldsymbol{y}_i=(0,\cdots,0,1,0,\cdots,0)^{\mathrm{T}}$，则 $\boldsymbol{x}_i=\boldsymbol{C}\boldsymbol{y}_i\neq\boldsymbol{0}$，且有

$$f(\boldsymbol{x}_i)=\boldsymbol{x}_i^{\mathrm{T}}\boldsymbol{A}\boldsymbol{x}_i=d_1 0^2+\cdots+d_{i-1}0^2+d_i 1^2+d_{i+1}0^2+\cdots+d_n 0^2=d_i>0,$$

即知 $d_i>0(i=1,2,\cdots,n)$. 故必要性成立.

充分性 如果 $f(x)$ 的标准形为

$$d_1y_1^2+d_2y_2^2+\cdots+d_ny_n^2,\quad 且 d_i>0\quad (i=1,2,\cdots,n).$$

则对任一 $\boldsymbol{y}=(y_1,y_2\cdots,y_n)^{\mathrm{T}}\neq\boldsymbol{0}$，有 $f=d_1y_1^2+d_2y_2^2+\cdots+d_ny_n^2>0$，从而知对任一 $\boldsymbol{x}=\boldsymbol{C}^{-1}\boldsymbol{y}\neq\boldsymbol{0}$，有 $f(x)=d_1y_1^2+d_2y_2^2+\cdots+d_ny_n^2>0$，因此 $f(x)$ 正定.

由定理 6.4 及定理 6.5 可得以下推论.

推论 6.1 n 元二次型正定的充分必要条件是它的正惯性指数等于 n.

推论 6.2 n 元二次型 $f(x)$ 正定的充分必要条件是它的规范形为

$$f=z_1^2+z_2^2+\cdots+z_n^2.$$

推论 6.3 n 元二次型 $f=\boldsymbol{x}^{\mathrm{T}}\boldsymbol{A}\boldsymbol{x}$ 正定的充分必要条件是矩阵 $\boldsymbol{A}$ 与单位矩阵 $\boldsymbol{E}$ 合同.

推论 6.4 n 元二次型 $f=\boldsymbol{x}^{\mathrm{T}}\boldsymbol{A}\boldsymbol{x}$ 正定的充分必要条件是存在可逆矩阵 $\boldsymbol{C}$，使 $\boldsymbol{A}=\boldsymbol{C}^{\mathrm{T}}\boldsymbol{C}$.

定理 6.6 二次型正定的充分必要条件是它的矩阵 $\boldsymbol{A}$ 的特征值均为正数.

证明 **必要性** 设 $f(\boldsymbol{x})=\boldsymbol{x}^{\mathrm{T}}\boldsymbol{A}\boldsymbol{x}$ 为正定二次型，$\lambda_i(i=1,2,\cdots,n)$ 为 $\boldsymbol{A}$ 的全部特征值，$\boldsymbol{\alpha}_i(i=1,2,\cdots,n)$ 是属于特征值 λ_i 的特征向量. 即有 $\boldsymbol{A}\boldsymbol{\alpha}_i=\lambda_i\boldsymbol{\alpha}_i$，于是 $\boldsymbol{\alpha}_i^{\mathrm{T}}\boldsymbol{A}\boldsymbol{\alpha}_i=\lambda_i\boldsymbol{\alpha}_i^{\mathrm{T}}\boldsymbol{\alpha}_i>0$，由 $\boldsymbol{\alpha}_i^{\mathrm{T}}\boldsymbol{\alpha}_i>0$ 知 $\lambda_i>0(i=1,2,\cdots,n)$.

充分性 由正交变换法知，存在正交线性变换 $\boldsymbol{x}=\boldsymbol{C}\boldsymbol{y}$，将 $f(\boldsymbol{x})=\boldsymbol{x}^{\mathrm{T}}\boldsymbol{A}\boldsymbol{x}$ 化为标准形

$$f=\lambda_1y_1^2+\lambda_2y_2^2+\cdots+\lambda_ny_n^2,$$

由 $\boldsymbol{A}$ 的特征值 $\lambda_i>0(i=1,2,\cdots,n)$ 可知，二次型 f 的正惯性指数是 n，所以 f 正定.

定义 6.6 设 n 阶矩阵 $\boldsymbol{A}=(a_{ij})$. $\boldsymbol{A}$ 的子式

$$|\boldsymbol{A}_k|=\begin{vmatrix} a_{11} & a_{12} & \cdots & a_{1k} \\ a_{21} & a_{22} & \cdots & a_{2k} \\ \vdots & \vdots & & \vdots \\ a_{k1} & a_{k2} & \cdots & a_{kk} \end{vmatrix}\quad (k=1,2,\cdots,n)$$

称为矩阵 $\boldsymbol{A}$ 的 k **阶顺序主子式**.

定理 6.7 实对称矩阵 $\boldsymbol{A}=(a_{ij})_{n\times n}$ 为正定矩阵的充分必要条件是 $\boldsymbol{A}$ 的所有顺

序主子式都大于零，即 $|\boldsymbol{A}_1|=a_{11}>0$，$|\boldsymbol{A}_2|=\begin{vmatrix}a_{11} & a_{12}\\ a_{21} & a_{22}\end{vmatrix}>0,\cdots$，$|\boldsymbol{A}_n|=|\boldsymbol{A}|>0$.

证明略.

例 6.9 已知 $f(x,y,z)=6x^2+5y^2+7z^2-4xy+4xz$，试判别该二次型的正定性.

解法 1 因 $f(x,y,z)=6x^2+5y^2+7z^2-4xy+4xz$ 的矩阵是

$$\boldsymbol{A}=\begin{pmatrix}6 & -2 & 2\\ -2 & 5 & 0\\ 2 & 0 & 7\end{pmatrix},$$

由

$$|\lambda\boldsymbol{E}-\boldsymbol{A}|=\begin{vmatrix}\lambda-6 & 2 & -2\\ 2 & \lambda-5 & 0\\ -2 & 0 & \lambda-7\end{vmatrix}=(\lambda-3)(\lambda-6)(\lambda-9),$$

知 $\boldsymbol{A}$ 的特征值 3,6,9 全是正数. 所以 $\boldsymbol{A}$ 正定，即二次型 f 是正定的.

解法 2 因该矩阵的各阶顺序主子式为

$$|\boldsymbol{A}_1|=6>0,\ |\boldsymbol{A}_2|=\begin{vmatrix}6 & -2\\ -2 & 5\end{vmatrix}=26>0,$$

$$|\boldsymbol{A}_3|=|\boldsymbol{A}|=\begin{vmatrix}6 & -2 & 2\\ -2 & 5 & 0\\ 2 & 0 & 7\end{vmatrix}=162>0,$$

因此，二次型 f 是正定的.

注 还可用配方法化为标准形进行判别，此处从略.

例 6.10 设二次型

$$f(x_1,x_2,x_3)=x_1^2+4x_2^2+4x_3^2+2tx_1x_2-2x_1x_3+4x_2x_3.$$

试问 t 为何值时，该二次型为正定二次型.

解 二次型的矩阵

$$\boldsymbol{A}=\begin{pmatrix}1 & t & -1\\ t & 4 & 2\\ -1 & 2 & 4\end{pmatrix},$$

当 $\boldsymbol{A}$ 的各阶顺序主子式大于零时，$\boldsymbol{A}$ 为正定矩阵. 由

$$|\boldsymbol{A}_1|=1>0,\ |\boldsymbol{A}_2|=\begin{vmatrix}1 & t\\ t & 4\end{vmatrix}=4-t^2>0,$$

$$|\boldsymbol{A}_3| = |\boldsymbol{A}| = \begin{vmatrix} 1 & t & -1 \\ t & 4 & 2 \\ -1 & 2 & 4 \end{vmatrix} = -4(t-1)(t+2) > 0,$$

解得 $-2 < t < 1$. 即当 $-2 < t < 1$ 时,相应的二次型 $f(x_1, x_2, x_3)$ 为正定二次型.

三、正定矩阵的性质

定理 6.8 设 $\boldsymbol{A}, \boldsymbol{B}$ 是 n 阶正定矩阵. 则

(1) $\boldsymbol{A}$ 的行列式大于零,即 $|\boldsymbol{A}| > 0$;

(2) $\boldsymbol{A}^{-1}$ 及 $\boldsymbol{A}^*$ 都是正定矩阵;

(3) $\boldsymbol{A}+\boldsymbol{B}$, $h\boldsymbol{A}$ $(h>0)$都是正定矩阵;

(4) $\begin{pmatrix} \boldsymbol{A} & \\ & \boldsymbol{B} \end{pmatrix}$ 是 $2n$ 阶正定矩阵.

证明 (1) 由推论 6.4 知 $|\boldsymbol{A}| = |\boldsymbol{C}^{\mathrm{T}}\boldsymbol{C}| = |\boldsymbol{C}|^2 > 0$($\boldsymbol{C}$ 非退化).

(2) 设 $\lambda_i (i = 1, 2, \cdots, n)$ 是 $\boldsymbol{A}$ 的特征值,则 $\lambda_i^{-1} (i = 1, 2, \cdots, n)$ 及 $|\boldsymbol{A}|\lambda_i^{-1} (i = 1, 2, \cdots, n)$分别是 $\boldsymbol{A}^{-1}$ 及 $\boldsymbol{A}^*$ 的特征值. 于是由 $\lambda_i > 0 (i = 1, 2, \cdots, n)$ 知 $\boldsymbol{A}^{-1}$ 及 $\boldsymbol{A}^*$ 的特征值都是正数,故 $\boldsymbol{A}^{-1}$ 及 $\boldsymbol{A}^*$ 是正定矩阵.

(3) 由 $\boldsymbol{A}, \boldsymbol{B}$ 是 n 阶正定矩阵知,对任一 $\boldsymbol{x} \neq \boldsymbol{0}$, 有 $\boldsymbol{x}^{\mathrm{T}}\boldsymbol{A}\boldsymbol{x} > 0$, $\boldsymbol{x}^{\mathrm{T}}\boldsymbol{B}\boldsymbol{x} > 0$. 于是 $\boldsymbol{x}^{\mathrm{T}}(\boldsymbol{A}+\boldsymbol{B})\boldsymbol{x} = \boldsymbol{x}^{\mathrm{T}}\boldsymbol{A}\boldsymbol{x} + \boldsymbol{x}^{\mathrm{T}}\boldsymbol{B}\boldsymbol{x} > 0$, 因此, $\boldsymbol{A}+\boldsymbol{B}$ 正定.

同理可证 $h\boldsymbol{A}$ $(h>0)$是正定矩阵.

(4) 对任一 $\boldsymbol{0} \neq \begin{pmatrix} \boldsymbol{x} \\ \boldsymbol{y} \end{pmatrix} \in \mathbf{R}^{2n}$, 其中 $\boldsymbol{x}, \boldsymbol{y} \in \mathbf{R}^n$, 则 $\boldsymbol{x} \neq \boldsymbol{0}$ 或 $\boldsymbol{y} \neq \boldsymbol{0}$, 且

$$\begin{pmatrix} \boldsymbol{x} \\ \boldsymbol{y} \end{pmatrix}^{\mathrm{T}} \begin{pmatrix} \boldsymbol{A} & \boldsymbol{O} \\ \boldsymbol{O} & \boldsymbol{B} \end{pmatrix} \begin{pmatrix} \boldsymbol{x} \\ \boldsymbol{y} \end{pmatrix} = \boldsymbol{x}^{\mathrm{T}}\boldsymbol{A}\boldsymbol{x} + \boldsymbol{y}^{\mathrm{T}}\boldsymbol{B}\boldsymbol{x} > 0.$$

所以, $\begin{pmatrix} \boldsymbol{A} & \\ & \boldsymbol{B} \end{pmatrix}$ 是 $2n$ 阶正定矩阵.

例 6.11 求三元函数 $f(x, y, z) = 3x^2 + y^2 + 4z^2 - 2xy + 4xz - 4$ 的最值.

解 令 $g(x,y,z) = 3x^2 + y^2 + 4z^2 - 2xy + 4xz$, 则二次型 $g(x, y, z)$ 的矩阵为

$$\boldsymbol{B} = \begin{pmatrix} 3 & -1 & 2 \\ -1 & 1 & 0 \\ 2 & 0 & 4 \end{pmatrix}.$$

因

$$|\boldsymbol{B}_1| = 3 > 0, |\boldsymbol{B}_2| = \begin{vmatrix} 3 & -1 \\ -1 & 1 \end{vmatrix} = 4 > 0, |\boldsymbol{B}_3| = |\boldsymbol{B}| = \begin{vmatrix} 3 & -1 & 2 \\ -1 & 1 & 0 \\ 2 & 0 & 4 \end{vmatrix} = 4 > 0,$$

于是 $\boldsymbol{B}$ 为正定矩阵，即有 $g(x,y,z)\geqslant 0$，且 $g(0,0,0)=0$，因此 $f(x,y,z)=3x^2+y^2+4z^2-2xy+4xz-4\geqslant -4$，且 $f(0,0,0)=-4$. 又因 $\lim\limits_{\substack{x\to\infty\\ y=z=0}} f(x,y,z)=\lim\limits_{x\to\infty}(3x^2-4)=+\infty$. 所以，三元函数 $f(x,y,z)$ 在点 $(0,0,0)$ 处取得最小值，最小值是 -4，$f(x,y,z)$ 无最大值.

正定矩阵的应用

小　结

一、二次型的概念

1. 二次型及其矩阵表示形式：

$$f(x_1,x_2,\cdots,x_n)=\sum_{i=1}^{n}\sum_{j=1}^{n}a_{ij}x_ix_j=\boldsymbol{x}^{\mathrm{T}}\boldsymbol{A}\boldsymbol{x},$$

其中对称矩阵 $\boldsymbol{A}=(a_{ij})$（即 $a_{ij}=a_{ji}$）为该二次型的矩阵，元素 a_{ij} 的求法是：

(1) 当 $i=j$ 时，a_{ii} 等于 $f(x_1,x_2,\cdots,x_n)$ 中 x_i^2 项的系数；

(2) 当 $i\neq j$ 时，a_{ij} 等于 $f(x_1,x_2,\cdots,x_n)$ 中 x_ix_j 项系数的二分之一.

2. 求二次型的秩：对其矩阵 $\boldsymbol{A}$ 施行初等变换求出秩 $r(\boldsymbol{A})$，便是该二次型的秩.

3. 线性变换：称 $\boldsymbol{x}=\boldsymbol{C}\boldsymbol{y}$ 为由变量组 $x_1,x_2,\cdots,x_n$ 到变量组 $y_1,y_2,\cdots,y_n$ 的一个线性变换，其中 $\boldsymbol{C}=(c_{ij})_{n\times n}$，$\boldsymbol{x}=(x_1,x_2,\cdots,x_n)^{\mathrm{T}}$，$\boldsymbol{y}=(y_1,y_2,\cdots,y_n)^{\mathrm{T}}$.

特别地，当 $\boldsymbol{C}$ 为可逆矩阵时，$\boldsymbol{x}=\boldsymbol{C}\boldsymbol{y}$ 为可逆线性变换；当 $\boldsymbol{C}$ 为正交矩阵时，$\boldsymbol{x}=\boldsymbol{C}\boldsymbol{y}$ 为正交变换.

4. 矩阵 $\boldsymbol{A}$ 与 $\boldsymbol{B}$ 合同：$\boldsymbol{A}\simeq\boldsymbol{B}$，即存在可逆矩阵 $\boldsymbol{C}$，使得 $\boldsymbol{B}=\boldsymbol{C}^{\mathrm{T}}\boldsymbol{A}\boldsymbol{C}$. 合同矩阵具有以下性质：

(1) 反身性：$\boldsymbol{A}\simeq\boldsymbol{A}$.

(2) 对称性：如果 $\boldsymbol{A}\simeq\boldsymbol{B}$，则 $\boldsymbol{B}\simeq\boldsymbol{A}$.

(3) 传递性：如果 $\boldsymbol{A}\simeq\boldsymbol{B}$，$\boldsymbol{B}\simeq\boldsymbol{C}$，则 $\boldsymbol{A}\simeq\boldsymbol{C}$.

5. 线性变换的性质：

(1) 二次型 $f=\boldsymbol{x}^{\mathrm{T}}\boldsymbol{A}\boldsymbol{x}$ 可经过可逆线性变换 $\boldsymbol{x}=\boldsymbol{C}\boldsymbol{y}$ 得到以 $\boldsymbol{B}=\boldsymbol{C}^{\mathrm{T}}\boldsymbol{A}\boldsymbol{C}$ 为矩阵的 n 元二次型 $f=\boldsymbol{y}^{\mathrm{T}}\boldsymbol{B}\boldsymbol{y}$，并且这两个二次型有相同的秩.

(2) 若二次型 $\boldsymbol{x}^{\mathrm{T}}\boldsymbol{A}\boldsymbol{x}$ 经可逆线性变换 $\boldsymbol{x}=\boldsymbol{C}\boldsymbol{y}$ 化为二次型 $\boldsymbol{y}^{\mathrm{T}}\boldsymbol{B}\boldsymbol{y}$，则 $\boldsymbol{A}\simeq\boldsymbol{B}$.

注　矩阵的等价、相似、合同间的联系：两矩阵合同，则它们必等价，反之不然；两矩阵相似，则它们必等价，反之不然；两矩阵合同不一定相似，两矩阵相似也不一定合同；但当 $\boldsymbol{B}=\boldsymbol{C}^{\mathrm{T}}\boldsymbol{A}\boldsymbol{C}$ 中的矩阵 $\boldsymbol{C}$ 为正交矩阵时，矩阵 $\boldsymbol{A}$ 与 $\boldsymbol{B}$ 既是合同的，也是相似的.

二、化二次型的标准形和规范形

1. 二次型的标准形：$f=d_1y_1^2+d_2y_2^2+\cdots+d_ny_n^2$，标准形的矩阵是对角矩阵 $\mathrm{diag}(d_1,d_2,\cdots,d_n)$.

2. 二次型的规范形：$f=y_1^2+y_2^2+\cdots+y_p^2-y_{p+1}^2-\cdots-y_r^2$.

3. 用配方法化二次型为标准形可分两类进行讨论：

(1) 当二次型含有完全平方项时，将其中一个变量的所有项（不多于 n 项）集中在一起进行配方化成完全平方，类似地，逐一将含有交叉项的其他变量再配方化成完全平方，最后将各完全平方式的底数换成新变量来表示，便得所求的标准形. 这里，一定要注意检验所作的线性变换必须是可逆的.

(2) 当二次型不含有完全平方项即只有交叉项时，应先作一个特定的线性变换，如

$$\begin{cases}x_1=y_1+y_2,\\x_2=y_1-y_2,\\x_k=y_k(3\leqslant k\leqslant n)\end{cases}\quad（当二次型含有\ x_1x_2\ 项时），$$

将不含有完全平方项的二次型化为含有完全平方项的二次型，再用(1)的方法化为标准形.

4. 化实二次型为标准形的正交变换法，其步骤为：

(1) 求二次型的矩阵 $\boldsymbol{A}$ 的全部特征值 $\lambda_1,\lambda_2,\cdots,\lambda_n$；

(2) 求出对应于各特征值的线性无关的特征向量 $\boldsymbol{\alpha}_1,\boldsymbol{\alpha}_2,\cdots,\boldsymbol{\alpha}_n$. 将其正交化，再单位化，得 $\boldsymbol{\eta}_1,\boldsymbol{\eta}_2,\cdots,\boldsymbol{\eta}_n$；

(3) 记 $\boldsymbol{Q}=(\boldsymbol{\eta}_1,\boldsymbol{\eta}_2,\cdots,\boldsymbol{\eta}_n)$，作正交变换 $\boldsymbol{x}=\boldsymbol{Q}\boldsymbol{y}$，便得到二次型的标准形

$$f=\lambda_1y_1^2+\lambda_2y_2^2+\cdots+\lambda_ny_n^2.$$

5. 用合同变换法化二次型为标准形.

6. 化规范形：先化成标准形，再作变量的伸缩并适当交换变量次序的一种线性变换，便得到二次型的规范形.

7. (惯性定理)任一 n 元二次型 $f=\boldsymbol{x}^{\mathrm{T}}\boldsymbol{A}\boldsymbol{x}$ 都可通过可逆线性变换化为规范形 $f=y_1^2+y_2^2+\cdots+y_p^2-y_{p+1}^2-\cdots-y_r^2(p\leqslant r\leqslant n)$，且规范形是唯一的，其中 $r=r(\boldsymbol{A})$，p 为二次型 f 的正惯性指数，$r-p$ 称为二次型 f 的负惯性指数，$p-(r-p)=2p-r$ 为二次型 f 的符号差.

8. 二次型用不同的可逆线性变换化为标准形，其非零项数不变，恰等于二次型的秩 r，标准形中所含正、负平方项的个数也是唯一的，分别为二次型的正惯性指数 p 与负惯性指数 $r-p$，二次型的符号差为 $2p-r$.

三、正定二次型和正定矩阵

1. 正定二次型与正定矩阵：若

$$f(\boldsymbol{x})=\boldsymbol{x}^{\mathrm{T}}\boldsymbol{A}\boldsymbol{x}>0,\quad \forall\, \boldsymbol{x}=(x_1,x_2,\cdots,x_n)^{\mathrm{T}}\neq \boldsymbol{0},$$

则称该二次型是正定的，这时也称矩阵 $\boldsymbol{A}$ 正定.

2. 正定二次型与正定矩阵的判别法：

判法一：若 n 元二次型的标准形的各项系数全都大于零(或说正惯性指数等于 n)，则该二次型是正定的.

判法二：若二次型的矩阵的特征值全都大于零，则该二次型(或矩阵)是正定的.

判法三：若二次型的矩阵 $\boldsymbol{A}=(a_{ij})$ 的各阶顺序主子式都大于零，即

$$|\boldsymbol{A}_1|=a_{11}>0,\ |\boldsymbol{A}_2|=\begin{vmatrix} a_{11} & a_{12}\\ a_{21} & a_{22}\end{vmatrix}>0,\cdots,\ |\boldsymbol{A}_n|=|\boldsymbol{A}|>0,$$

则该二次型(或矩阵)是正定的.

3. 正定性的等价条件：除上述三个判别法的条件都是充要条件外，还有下列充要条件：

(1) n 元二次型 $f(x)$ 正定的充要条件是它的规范形为

$$f=z_1^2+z_2^2+\cdots+z_n^2.$$

(2) n 元二次型 $f=\boldsymbol{x}^{\mathrm{T}}\boldsymbol{A}\boldsymbol{x}$ 正定的充要条件是矩阵 $\boldsymbol{A}$ 与单位矩阵 $\boldsymbol{E}$ 合同.

(3) n 元二次型 $f=\boldsymbol{x}^{\mathrm{T}}\boldsymbol{A}\boldsymbol{x}$ 正定的充要条件是存在可逆矩阵 $\boldsymbol{C}$，使 $\boldsymbol{A}=\boldsymbol{C}^{\mathrm{T}}\boldsymbol{C}$.

4. 正定矩阵的性质：设 $\boldsymbol{A},\boldsymbol{B}$ 是 n 阶正定矩阵. 则

(1) $\boldsymbol{A}$ 的行列式大于零，即 $|\boldsymbol{A}|>0$；

(2) $\boldsymbol{A}^{-1}$ 及 $\boldsymbol{A}^*$ 都是正定矩阵；

(3) $\boldsymbol{A}+\boldsymbol{B}$，$h\boldsymbol{A}(h>0)$ 都是正定矩阵；

(4) $\begin{pmatrix}\boldsymbol{A} & \\ & \boldsymbol{B}\end{pmatrix}$ 是 $2n$ 阶正定矩阵.

四、重点与难点

1. 重点：化二次型为标准形；正定二次型或正定矩阵的判定.

2. 难点：抽象正定矩阵的证明.

习 题 六

(A)

1. 将下列二次型写成对称矩阵表示的形式：

(1) $f(x_1,x_2,x_3)=2x_1^2-2x_3^2-4x_1x_2+2\sqrt{3}x_1x_3-2x_2x_3$；

(2) $f(x_1,x_2,x_3)=x_1x_2-x_2x_3$；

(3) $f(x_1,x_2,x_3)=(x_1,x_2,x_3)\begin{pmatrix}1&2&3\\4&5&6\\7&2&3\end{pmatrix}\begin{pmatrix}x_1\\x_2\\x_3\end{pmatrix}$.

2. 写出下列各矩阵对应的二次型：

(1) $\boldsymbol{A}=\begin{pmatrix}0&-1&2\\-1&5&-3\\2&-3&-2\end{pmatrix}$；　(2) $\boldsymbol{A}=\begin{pmatrix}0&-\frac{1}{2}&\frac{3}{2}\\-\frac{1}{2}&0&-1\\\frac{3}{2}&-1&-1\end{pmatrix}$.

3. 用配方法或合同变换法将下列二次型化为标准形，并写出所作的可逆线性变换：

(1) $f(x_1,x_2,x_3)=x_1^2+2x_3^2+2x_1x_3-6x_2x_3$；

(2) $f(x_1,x_2,x_3)=x_1x_2+x_2x_3+x_1x_3$.

4. 用正交变换法将下面二次型化为标准形，并写出所作的正交变换：

(1) $f(x_1,x_2,x_3)=x_1^2+2x_3^2-4x_1x_2-4x_1x_3$；

(2)（1990 年考研试题）$f(x_1,x_2,x_3)=x_1^2+4x_2^2+4x_3^2-4x_1x_2+4x_1x_3-8x_2x_3$.

5. 写出第 4 题中各二次型的规范形，并求出各二次型的秩 r，正惯性指数 p，负惯性指数 $r-p$ 和符号差 $2p-r$.

6. 判断下列二次型是否为正定二次型：

(1) $f(x_1,x_2,x_3)=3x_1^2+x_2^2+8x_3^2+6x_1x_3-4x_2x_3$；

(2) $f(x_1,x_2,x_3)=x_1^2-2x_2^2+2x_1x_3+2x_2x_3$.

7. 当 t 取何值时，下列二次型为正定二次型.

(1)（1997 年考研试题）$f(x_1,x_2,x_3)=2x_1^2+x_2^2+x_3^2+2x_1x_2+tx_2x_3$；

(2) $f(x_1,x_2,x_3)=(2-t)x_1^2+x_2^2+(3+t)x_3^2+2x_1x_2$.

8. 设 $\boldsymbol{A}$ 为正定矩阵，且 $\boldsymbol{B}$ 与 $\boldsymbol{A}$ 合同，证明：$\boldsymbol{B}$ 是正定矩阵.

9. 设 $\boldsymbol{A},\boldsymbol{B}$ 分别为 m,n 阶正定矩阵，证明：$\begin{pmatrix}\boldsymbol{A} & \\ & \boldsymbol{B}\end{pmatrix}$ 为 $m+n$ 阶正定矩阵.

10. 设 $\boldsymbol{A}$ 为 $n\times m$ 实矩阵，且 $n<m$，证明：$\boldsymbol{A}^{\mathrm{T}}\boldsymbol{A}$ 为正定矩阵的充分必要条件是 $r(\boldsymbol{A})=n$.

(B)

一、填空题

1. 二次型 $f(x_1,x_2,x_3)=(x_1+x_2)^2+(x_2-x_3)^2+(x_3+x_1)^2$ 的秩为____.

2. 如果二次型 $f(x_1,x_2,x_3)=x_1^2+ax_2^2+2x_1x_2-2ax_1x_3-2x_2x_3$ 的正、负惯性指数都是 1，则 $a=$____.

3. 已知 3 阶实对称矩阵 $\boldsymbol{A}$ 的特征值分别是 $-2,-2,0$. 则当 k____ 时，矩阵 $\boldsymbol{A}+k\boldsymbol{E}$ 是正定的，其中 $\boldsymbol{E}$ 为 3 阶单位矩阵.

4. 二次型 $f(x,y,z)=(ax+by+cz)^2$ 的矩阵 $\boldsymbol{A}=$____，它的秩 $r(\boldsymbol{A})=$____.

二、单项选择题

1. 设 $\boldsymbol{A},\boldsymbol{B}$ 都是 n 阶矩阵，且 $\boldsymbol{A}\simeq\boldsymbol{B}$，则(　　).

(A) $\boldsymbol{A}\sim\boldsymbol{B}$　　(B) $\boldsymbol{A},\boldsymbol{B}$ 有相同的特征值

(C) $r(\boldsymbol{A})=r(\boldsymbol{B})$　　(D) $|\boldsymbol{A}|=|\boldsymbol{B}|$

2. n 阶实对称矩阵 $\boldsymbol{A}$ 正定的充分必要条件是(　　).

(A) $\boldsymbol{A}$ 的所有 k 阶子式为正数　　(B) $r(\boldsymbol{A})=n$

(C) $\boldsymbol{A}$ 的所有特征值非负　　(D) $\boldsymbol{A}^{-1}$ 是正定矩阵

3. 设矩阵 $\boldsymbol{A}=\begin{pmatrix}1 & 2\\ 2 & 1\end{pmatrix}$，则在实数域上与 $\boldsymbol{A}$ 合同的矩阵为(　　).

(A) $\begin{pmatrix}-2 & 1\\ 1 & -2\end{pmatrix}$　　(B) $\begin{pmatrix}2 & -1\\ -1 & 2\end{pmatrix}$

(C) $\begin{pmatrix}2 & 1\\ 1 & 2\end{pmatrix}$　　(D) $\begin{pmatrix}1 & -2\\ -2 & 1\end{pmatrix}$

4. 设 $\boldsymbol{A},\boldsymbol{P}$ 为 3 阶矩阵，$\boldsymbol{P}^{\mathrm{T}}$ 为 $\boldsymbol{P}$ 的转置，且 $\boldsymbol{P}^{\mathrm{T}}\boldsymbol{A}\boldsymbol{P}=\begin{pmatrix}1 & & \\ & 1 & \\ & & 2\end{pmatrix}$. 若 $\boldsymbol{P}=(\boldsymbol{\alpha}_1,\boldsymbol{\alpha}_2,\boldsymbol{\alpha}_3)$，$\boldsymbol{Q}=(\boldsymbol{\alpha}_1+\boldsymbol{\alpha}_2,\boldsymbol{\alpha}_2,\boldsymbol{\alpha}_3)$，则 $\boldsymbol{Q}^{\mathrm{T}}\boldsymbol{A}\boldsymbol{Q}=$ (　　).

(A) $\begin{pmatrix}2&1&0\\1&1&0\\0&0&2\end{pmatrix}$　　(B) $\begin{pmatrix}1&1&0\\1&2&0\\0&0&2\end{pmatrix}$

(C) $\begin{pmatrix}2&0&0\\0&1&0\\0&0&2\end{pmatrix}$　　(D) $\begin{pmatrix}1&0&0\\0&2&0\\0&0&2\end{pmatrix}$

5. 设矩阵 $\boldsymbol{A}=\begin{pmatrix}2&-1&-1\\-1&2&-1\\-1&-1&2\end{pmatrix}$，$\boldsymbol{B}=\begin{pmatrix}1&&\\&1&\\&&0\end{pmatrix}$，则 $\boldsymbol{A}$ 与 $\boldsymbol{B}$(　　).

(A) 合同，且相似　　(B) 合同，但不相似

(C) 不合同，但相似　　(D) 既不合同，也不相似

6. (2016 年考研试题) 设二次型 $f(x_1,x_2,x_3)=x_1^2+x_2^2+x_3^2+4x_1x_2+4x_2x_3+4x_1x_3$，则 $f(x_1,x_2,x_3)=2$ 在空间直角坐标系下表示的二次曲面是(　　).

(A) 单叶双曲面　　(B) 双叶双曲面

(C) 椭球面　　(D) 柱面

三、计算题和证明题

1. 设二次型

$$f(x_1,x_2,x_3)=ax_1^2+ax_2^2+(a-1)x_3^2+2x_1x_3-2x_2x_3.$$

(1) 求二次型 f 的矩阵的所有特征值；

(2) 若二次型 $f(x_1,x_2,x_3)$ 的规范形为 $y_1^2+y_2^2$，求 a.

2. 设二次型

$$f(x_1,x_2,x_3)=\boldsymbol{x}^{\mathrm{T}}\boldsymbol{A}\boldsymbol{x}=ax_1^2+2x_2^2-2x_3^2+2bx_1x_3\quad(b>0),$$

其中二次型的矩阵 $\boldsymbol{A}$ 的特征值之和为 1，特征值之积为 -12.

(1) 求 a,b 的值；

(2) 利用正交变换将二次型 f 化为标准形，并写出所用正交变换和对应的正交矩阵.

3. 设二次曲线方程

$$x^2+ay^2+z^2+2bxy+2xz+2yz=4$$

经正交变换 $(x,y,z)^{\mathrm{T}}=\boldsymbol{P}(\xi,\eta,\zeta)^{\mathrm{T}}$ 化为椭圆柱面 $\eta^2+4\zeta^2=4$，试求常数 a,b 的值和 3 阶正交矩阵 $\boldsymbol{P}$.

4. 已知二次型

$$f(x_1,x_2,x_3)=5x_1^2+5x_2^2+cx_3^2-2x_1x_2+6x_1x_3-6x_2x_3$$

的秩为 2.

(1) 求参数 c 及此二次型的矩阵的特征值；

(2) 指出方程 $f(x_1,x_2,x_3)=1$ 表示何种二次曲面.

5. 设有 n 元实二次型

$f(x_1,x_2,\cdots,x_n)=(x_1+a_1x_2)^2+(x_2+a_2x_3)^2+\cdots+(x_{n-1}+a_{n-1}x_n)^2+(x_n+a_nx_1)^2$，其中 $a_i(i=1,2,\cdots,n)$ 为实数. 试问：当 $a_1,a_2,\cdots,a_n$ 满足何种条件时，二次型 $f(x_1,x_2,\cdots,x_n)$ 为正定二次型.

6. 设 $\boldsymbol{A}$ 为 n 阶实对称矩阵，$r(\boldsymbol{A})=n$，A_{ij} 是 $\boldsymbol{A}=(a_{ij})_{n\times n}$ 中元素 a_{ij} 的代数余子式 $(i,j=1,2,\cdots,n)$，二次型 $f(x_1,x_2,\cdots,x_n)=\sum\limits_{i=1}^{n}\sum\limits_{j=1}^{n}\dfrac{A_{ij}}{|\boldsymbol{A}|}x_ix_j$.

(1) 记 $\boldsymbol{x}=(x_1,x_2,\cdots,x_n)^{\mathrm{T}}$，把 $f(x_1,x_2,\cdots,x_n)$ 写成矩阵形式，并证明二次型 $f(\boldsymbol{x})$ 的矩阵为 $\boldsymbol{A}^{-1}$；

(2) 二次型 $g(\boldsymbol{x})=\boldsymbol{x}^{\mathrm{T}}\boldsymbol{A}\boldsymbol{x}$ 与 $f(\boldsymbol{x})$ 的规范形是否相同，并说明理由.

7. 设 $\boldsymbol{D}=\begin{pmatrix}\boldsymbol{A} & \boldsymbol{C}\\ \boldsymbol{C}^{\mathrm{T}} & \boldsymbol{B}\end{pmatrix}$ 为正定矩阵，其中 $\boldsymbol{A},\boldsymbol{B}$ 分别为 m 阶、n 阶对称矩阵，$\boldsymbol{C}$ 为 $m\times n$ 矩阵.

(1) 计算 $\boldsymbol{P}^{\mathrm{T}}\boldsymbol{D}\boldsymbol{P}$，其中 $\boldsymbol{P}=\begin{pmatrix}\boldsymbol{E}_m & -\boldsymbol{A}^{-1}\boldsymbol{C}\\ \boldsymbol{O} & \boldsymbol{E}_n\end{pmatrix}$；

(2) 利用(1)的结果判断矩阵 $\boldsymbol{B}-\boldsymbol{C}^{\mathrm{T}}\boldsymbol{A}^{-1}\boldsymbol{C}$ 是否为正定矩阵，并证明你的结论.

8. 设 $\boldsymbol{A}$ 为 $m\times n$ 实矩阵，$\boldsymbol{E}$ 是 n 阶单位矩阵. 已知 $\boldsymbol{B}=\lambda\boldsymbol{E}+\boldsymbol{A}^{\mathrm{T}}\boldsymbol{A}$. 试证：当 $\lambda>0$ 时，矩阵 $\boldsymbol{B}$ 为正定矩阵.

9. 设 $\boldsymbol{A}$ 是 n 阶正定矩阵，$\boldsymbol{E}$ 是 n 阶单位矩阵. 证明 $\boldsymbol{A}+\boldsymbol{E}$ 的行列式大于 1.

10. (与 2012 年考研试题类似)设矩阵 $\boldsymbol{A}=\begin{pmatrix}1 & 0 & 1\\ 0 & 1 & 1\\ -1 & 0 & a\\ 0 & a & -1\end{pmatrix}$，$\boldsymbol{A}^{\mathrm{T}}$ 为矩阵 $\boldsymbol{A}$ 的转置矩阵，已知 $r(\boldsymbol{A}^{\mathrm{T}}\boldsymbol{A})=2$，且二次型 $f=\boldsymbol{x}^{\mathrm{T}}\boldsymbol{A}^{\mathrm{T}}\boldsymbol{A}\boldsymbol{x}$.

(1) 求 a；

(2) 求二次型对应二次型矩阵，并将二次型化为标准形，写出正交变换过程.

11. (2013 年考研试题)设二次型

$f(x_1,x_2,x_3)=2(a_1x_1+a_2x_2+a_3x_3)^2+(b_1x_1+b_2x_2+b_3x_3)^2$，记 $\boldsymbol{\alpha}=\begin{pmatrix}a_1\\ a_2\\ a_3\end{pmatrix}$，$\boldsymbol{\beta}=$

$\begin{pmatrix} b_1 \\ b_2 \\ b_3 \end{pmatrix}$.

(1) 证明二次型 f 对应的矩阵为 $2\boldsymbol{\alpha}\boldsymbol{\alpha}^{\mathrm{T}}+\boldsymbol{\beta}\boldsymbol{\beta}^{\mathrm{T}}$；

(2) 若 $\boldsymbol{\alpha},\boldsymbol{\beta}$ 正交且均为单位向量，证明二次型 f 在正交变化下的标准形为 $2y_1^2+y_2^2$.

12. (2018 年考研试题)设实二次型 $f(x_1,x_2,x_3)=(x_1-x_2+x_3)^2+(x_2+x_3)^2+(x_1+ax_3)^2$，其中 a 为参数.

(1) 求 $f(x_1,x_2,x_3)=0$ 的解；

(2) 求 $f(x_1,x_2,x_3)$ 的规范形.

附录一　线性代数自测题

一、填空题(共 10 小题,每小题 2 分,共 20 分)

线性代数自测题答案

1. 设 $\begin{vmatrix} a_{11} & a_{12} & a_{13} \\ a_{21} & a_{22} & a_{23} \\ a_{31} & a_{32} & a_{33} \end{vmatrix}=3$,则 $\begin{vmatrix} 2a_{11} & 2a_{12} & 2a_{13} \\ a_{21} & a_{22} & a_{23} \\ a_{31} & a_{32} & a_{33} \end{vmatrix}=$______.

2. 设三阶方阵 $\boldsymbol{A}$ 的特征值为 1,1,2,则 $|\boldsymbol{A}^2+2\boldsymbol{A}|=$______.

3. 设 $\boldsymbol{A}=(a_{ij})_{4\times 3}$,$r(\boldsymbol{A})=3$,且 $\boldsymbol{B}=\begin{pmatrix} 1 & 0 & 0 \\ 0 & 1 & 0 \\ -1 & 0 & -1 \end{pmatrix}$,则 $r(\boldsymbol{AB})=$______.

4. 计算:$\begin{pmatrix} 0 & 0 & 1 \\ 0 & 1 & 0 \\ 1 & 0 & 0 \end{pmatrix}^{2019}\begin{pmatrix} 2 & 0 & 1 \\ 1 & 4 & 0 \\ -1 & 0 & 3 \end{pmatrix}\begin{pmatrix} 1 & 0 & 0 \\ 0 & 0 & 1 \\ 0 & 1 & 0 \end{pmatrix}^{2020}=$______.

5. 设 $\boldsymbol{A}$ 为 $m\times n$ 矩阵且 $r(\boldsymbol{A})=l$,则齐次线性方程组 $\boldsymbol{Ax}=\boldsymbol{0}$ 的基础解系所含向量的个数为______.

6. 设向量组 $\boldsymbol{\alpha}_1=(1,-1,2)^{\mathrm{T}}$,$\boldsymbol{\alpha}_2=(4,0,k)^{\mathrm{T}}$,$\boldsymbol{\alpha}_3=(1,2,-1)^{\mathrm{T}}$ 线性相关,则 $k=$______.

7. 设向量组 $\boldsymbol{\alpha}_1=(1,2,3)^{\mathrm{T}}$,$\boldsymbol{\alpha}_2=(1,0,1)^{\mathrm{T}}$ 与向量组 $\boldsymbol{\beta}_1=(-1,2,a)^{\mathrm{T}}$,$\boldsymbol{\beta}_2=(4,1,5)^{\mathrm{T}}$ 等价,则 $a=$______.

8. 设 $\boldsymbol{A}=\begin{pmatrix} \frac{1}{\sqrt{2}} & \frac{1}{\sqrt{2}} \\ a & b \end{pmatrix}$ 为正交矩阵,则 $a^2+b^2=$______.

9. 已知三阶矩阵 $\boldsymbol{A}$ 的特征值 $\lambda_1=1$,$\lambda_2=2$,$\lambda_3=3$,其对应的特征向量分别为 $\boldsymbol{\xi}_1,\boldsymbol{\xi}_2,\boldsymbol{\xi}_3$,记 $\boldsymbol{P}=(\boldsymbol{\xi}_1,\boldsymbol{\xi}_2,\boldsymbol{\xi}_3)$,则 $\boldsymbol{P}^{-1}\boldsymbol{AP}=$______.

10. 设 $f(x_1,x_2,x_3)$ 在正交变换 $\boldsymbol{x}=\boldsymbol{Py}$ 下的标准形为 $2y_1^2+y_2^2-y_3^2$,其中 $\boldsymbol{P}=(\boldsymbol{\alpha}_1,\boldsymbol{\alpha}_2,\boldsymbol{\alpha}_3)$,若 $\boldsymbol{Q}=(\boldsymbol{\alpha}_1,-\boldsymbol{\alpha}_3,\boldsymbol{\alpha}_2)$,则 $f(x_1,x_2,x_3)$ 在正交变换 $\boldsymbol{x}=\boldsymbol{Qy}$ 下的标准形为______.

二、选择题(共 5 小题,每小题 2 分,共 10 分)

1. 设 $\boldsymbol{A},\boldsymbol{B}$ 均为 n 阶方阵,下列结论正确的是(　　).

(A) $(\boldsymbol{AB})^{\mathrm{T}}=\boldsymbol{B}^{\mathrm{T}}\boldsymbol{A}^{\mathrm{T}}$　　(B) $(\boldsymbol{A}+\boldsymbol{B})^2=\boldsymbol{A}^2+2\boldsymbol{AB}+\boldsymbol{B}^2$

(C) $(\boldsymbol{AB})^k=\boldsymbol{A}^k\boldsymbol{B}^k$　　(D) $|\boldsymbol{A}-\boldsymbol{B}|=|\boldsymbol{A}|-|\boldsymbol{B}|$

2. 设 $\boldsymbol{A}$ 为 $m\times n$ 矩阵,线性方程组 $\boldsymbol{Ax}=\boldsymbol{b}$ 对应的齐次方程组为 $\boldsymbol{Ax}=\boldsymbol{0}$,则下列结论正确的是(　　).

(A) $\boldsymbol{Ax}=\boldsymbol{0}$ 仅有零解,则 $\boldsymbol{Ax}=\boldsymbol{b}$ 有唯一解

(B) $\boldsymbol{Ax}=\boldsymbol{0}$ 有非零解,则 $\boldsymbol{Ax}=\boldsymbol{b}$ 有无穷多个解

(C) $\boldsymbol{Ax}=\boldsymbol{b}$ 有唯一解的充要条件是 $r(\mathbf{A})=n$

(D) $\boldsymbol{Ax}=\boldsymbol{b}$ 有无穷多个解,则 $\boldsymbol{Ax}=\boldsymbol{0}$ 有非零解

3. 设 n 阶方阵 $\mathbf{A}$ 的秩 $r(\mathbf{A})=n$,则下列结论正确的是(　　).

(A) 矩阵 $\mathbf{A}$ 不可逆

(B) $\mathbf{A}$ 的列向量组线性无关

(C) 线性方程组 $\boldsymbol{Ax}=\boldsymbol{0}$ 一定存在非零解

(D) $\mathbf{A}$ 的任意 $r(r\leqslant n)$ 阶子式不为零

4. 向量 $\boldsymbol{\alpha},\boldsymbol{\beta},\boldsymbol{\gamma}$ 线性无关,而 $\boldsymbol{\alpha},\boldsymbol{\beta},\boldsymbol{\delta}$ 线性相关,则(　　).

(A) $\boldsymbol{\alpha}$ 必可由 $\boldsymbol{\beta},\boldsymbol{\gamma},\boldsymbol{\delta}$ 线性表出　　(B) $\boldsymbol{\beta}$ 必不可由 $\boldsymbol{\alpha},\boldsymbol{\gamma},\boldsymbol{\delta}$ 线性表出

(C) $\boldsymbol{\delta}$ 必可由 $\boldsymbol{\alpha},\boldsymbol{\beta},\boldsymbol{\gamma}$ 线性表出　　(D) $\boldsymbol{\delta}$ 必不可由 $\boldsymbol{\alpha},\boldsymbol{\beta},\boldsymbol{\gamma}$ 线性表出

5. 设 $\mathbf{A}$ 为 n 阶实对称矩阵,则下列结论不正确的是(　　).

(A) $\mathbf{A}$ 的特征值全为实数

(B) $\mathbf{A}$ 有 n 个互不相同的特征值

(C) $\mathbf{A}$ 有 n 个线性无关的特征向量

(D) $\mathbf{A}$ 的属于不同特征值的特征向量相互正交

三、解答题(共 7 小题,每小题 9 分,共 63 分)

1. 计算 n 阶行列式

$$D_n=\begin{vmatrix}1+a_1 & 1 & 1 & \cdots & 1\\ 1 & 1+a_2 & 1 & \cdots & 1\\ 1 & 1 & 1+a_3 & \cdots & 1\\ \vdots & \vdots & \vdots & & \vdots\\ 1 & 1 & 1 & \cdots & 1+a_n\end{vmatrix},$$

其中 $a_i\neq 0,i=1,2,\cdots,n$.

2. 设矩阵 $\boldsymbol{A}=\begin{pmatrix}0&3&3\\1&1&0\\-1&2&3\end{pmatrix}$，且 $\boldsymbol{AX}=\boldsymbol{A}+2\boldsymbol{X}$，求矩阵 $\boldsymbol{X}$.

3. 设有两个 3 阶方阵 $\boldsymbol{A}$，$\boldsymbol{B}$，$|\boldsymbol{A}|=2$，$|\boldsymbol{B}|=4$，计算行列式 $|-2\boldsymbol{A}^4(\boldsymbol{AB})^{\mathrm{T}}|$.

4. 设线性方程组 $\begin{cases}\lambda x_1+x_2+x_3=1,\\x_1+\lambda x_2+x_3=\lambda,\\x_1+x_2+\lambda x_3=\lambda^2,\end{cases}$ 问 λ 取何值时，该线性方程组有唯一解、无解、有无穷多个解？并在有无穷多个解时求其一般解.

5. 设向量组 $\boldsymbol{A}:\boldsymbol{\alpha}_1=\begin{pmatrix}1\\2\\1\\0\end{pmatrix}$，$\boldsymbol{\alpha}_2=\begin{pmatrix}4\\5\\0\\5\end{pmatrix}$，$\boldsymbol{\alpha}_3=\begin{pmatrix}1\\-1\\-3\\5\end{pmatrix}$，$\boldsymbol{\alpha}_4=\begin{pmatrix}0\\3\\1\\1\end{pmatrix}$，(1) 求向量组 $\boldsymbol{A}$ 的秩，并判定向量组 $\boldsymbol{A}$ 的线性相关性；(2) 求向量组 $\boldsymbol{A}$ 的一个最大无关组；(3) 将向量组 $\boldsymbol{A}$ 中不属于最大无关组的向量用所求的最大无关组线性表示.

6. 设 $\boldsymbol{A}$ 为 3 阶实对称矩阵，$\boldsymbol{A}$ 的特征值是 $6,-6,0$，其中 $\lambda=6$ 与 $\lambda=0$ 的特征向量分别是 $\boldsymbol{p}_1=(1,a,1)^{\mathrm{T}}$ 及 $\boldsymbol{p}_2=(a,a+1,1)^{\mathrm{T}}$，求方阵 $\boldsymbol{A}$.

7. 设二次型 $f(x_1,x_2,x_3)=2x_1^2-x_2^2+ax_3^2+2x_1x_2-8x_1x_3+2x_2x_3$，在正交变换 $\boldsymbol{x}=\boldsymbol{Qy}$ 下的标准形为 $\lambda_1y_1^2+\lambda_2y_2^2$，求 a 的值及一个正交矩阵 $\boldsymbol{Q}$.

四、证明题(本题 7 分)

设 $\boldsymbol{A}$ 为 n 阶方阵且满足 $\boldsymbol{A}^3=\boldsymbol{A}$，$\boldsymbol{E}$ 为单位矩阵，证明：$r(\boldsymbol{A})+r((\boldsymbol{A}-\boldsymbol{E})(\boldsymbol{A}+\boldsymbol{E}))=n$.

附录二　线性代数 MATLAB 实验简介

MATLAB 给我们提供的命令和数学中的符号、公式非常接近，可读性强，容易掌握，还可利用它所提供的编程语言进行编程完成特定的工作. 它在国内外高校和研究部门的教学研究中扮演着重要的角色. 通过 MATLAB 可以快速准确地完成很复杂、易出错而且费时的运算工作，从而使用户可以将大部分精力集中在运算逻辑的推理上，而不必在繁杂的矩阵运算上耗费太多的精力. 这里以 MATLAB R2019b 中文版为平台，简要介绍 MATLAB 在线性代数中的一些应用.

1. 启动 MATLAB

双击系统桌面的 MATLAB 图标或者在开始菜单的程序选项中选 MATLAB R2019b 快捷方式，就进入了 MATLAB 的桌面平台.如图 1 所示：

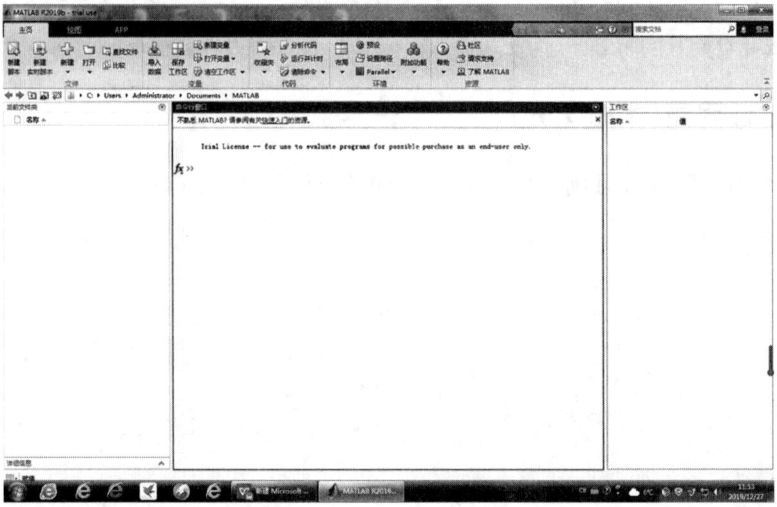

图 1

默认情况下的桌面平台包括以下几个主要窗口，分别是 MATLAB 主窗口、命令行窗口、工作区窗口、当前文件夹窗口等. 现在我们就可以在命令行窗口提示符后键入各种命令，也可以通过上、下箭头调出以前输入的命令，或者用滚动条查看以前的命令及其输出信息. 如果对一条命令的用法有疑问，可以用 Help 菜单中的相应选项查询有关信息，也可以在命令行窗口直接输入 help 命令查询，读者不妨在命令行窗口输入 help、help elfun、help elmat、help eig 等命令，看看输出结果.

下面我们先从输入矩阵开始了解 MATLAB 的功能.

2. 输入矩阵

输入一个小矩阵，可以用直接排列的形式：矩阵用方括号括起，元素之间用逗号或空格分隔，矩阵行与行之间用分号分开. 例如在命令行窗口提示符后键入：

```
A = [3 5;7 4;8 1]
```

按回车键(Enter)屏幕显示(图 2)：

```
A =

    3     5

    7     4

    8     1
```

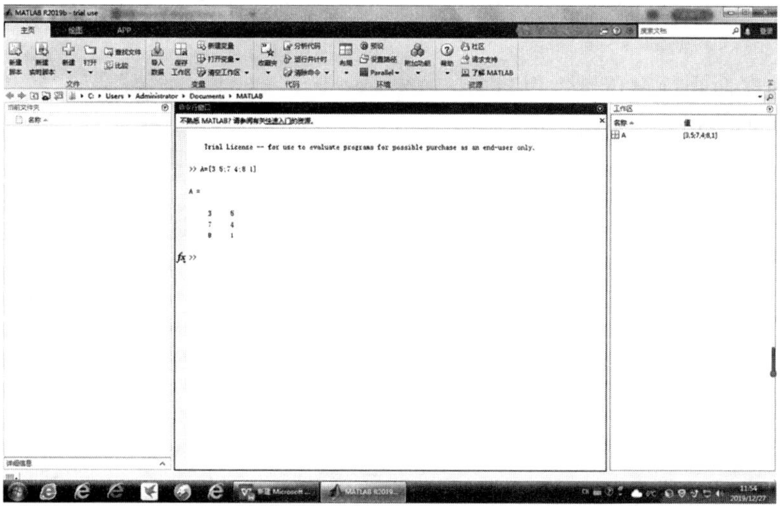

图 2

表示系统已经接收并处理了命令，在当前工作区内建立了矩阵 A.

当用户没有指定输出参数时，系统将自动创建变量“ans”作为输出参数. 例如在命令行窗口提示符后键入：[3 5;7 4;8 1]，按回车键屏幕显示：

```
ans =

    3     5

    7     4

    8     1
```

大矩阵可以分行输入，用回车键代替分号，例如在命令行窗口提示符后键入：

```
A=[5 6 3 0 9 7
   2 0 1 6 8 5
   6 2 8 4 3 0]
```

按回车键屏幕显示：

```
A=5 6 3 0 9 7
  2 0 1 6 8 5
  6 2 8 4 3 0
```

3. 矩阵的算术运算符

(1) 矩阵的加法、减法运算

A±B 命令表示对矩阵 A,B 进行加法(或减法)运算，其结果是一个由矩阵 A 和 B 相应元素的和(或差)组成的新矩阵. A,B 必须为同型矩阵或其中之一为数. 当 A,B 其中之一为数时，结果是矩阵的每个元素与该数作和(或差)运算得到的新矩阵.

例如在命令行窗口键入：

```
A=[3 5;7 4;8 1];B=4;A-B
```

按回车键屏幕显示：

```
ans =

    -1     1
     3     0
     4    -3
```

继续键入：

```
C=[1 2;3 4;5 6];A+C
```

按回车键屏幕显示：

```
ans =

     4     7
    10     8
    13     7
```

(2) 矩阵的乘法

A*B 命令表示对矩阵 A,B 进行乘法运算，其中 A,B 必须满足矩阵相乘的条件，即矩阵 A 的列数必须等于矩阵 B 的行数；若 A,B 其中之一为数，结果是矩阵的每个元素与该数作乘法运算得到的新矩阵.

例如在命令行窗口键入：

```
A=[2 2;7 4];B=4;A*B
```

按回车键屏幕显示：

```
ans =

     8     8

    28    16
```

继续键入：

```
C=[2 0 3;5 1 6];A*C
```

按回车键屏幕显示：

```
ans =

    14     2    18

    34     4    45
```

(3) 矩阵的乘方运算

A^B命令表示矩阵的乘方运算. 当A为方阵,B为大于1的整数时,A^B的结果是A的B次幂,由A重复相乘B次得到;当A,B都为矩阵时,A^B将返回错误.

例如在命令行窗口键入：

```
A= magic(3);B=2.3; A^B
```

按回车键屏幕显示：

```
ans =

   1.0e+002 *

    1.9434 + 0.0085i   1.5226 + 0.0756i   1.6040 - 0.0840i
    1.5552 + 0.0117i   1.8946 + 0.1043i   1.6202 - 0.1160i
    1.5714 - 0.0202i   1.6528 - 0.1798i   1.8458 + 0.2000i
```

继续键入：

```
C=2; A^C,C^A
```

按回车键屏幕显示：

```
ans =

    91    67    67
    67    91    67
    67    67    91

ans =

   1.0e+004 *

    1.0942    1.0906    1.0921
    1.0912    1.0933    1.0924
```

```
1.0915      1.0930      1.0923
```

注 magic 函数的含义见后文 5(5).

(4) 矩阵的除法运算

在 MATLAB 中有两种矩阵除法运算:"\"表示左除;"/"表示右除.如果矩阵 A 是非奇异方阵,则 A\B 是 A 的逆矩阵乘 B,即 inv(A) * B;而 B/A 是 B 乘 A 的逆矩阵,即 B * inv(A).具体计算时可不用逆矩阵而直接计算.一般情况下,x = A\B 就是 A * x = B 的解;x = B/A 就是 x * A = B 的解.

右除 B/A 可由 B/A = (A'\B')'左除来实现.

4. 常用标点符号的功能

(1) 冒号":"具有生成一维数值数组和取出矩阵选定的行与列等功能.

例如 m:n 表示向量[m,m + 1,…,n],若 m>n, m:n 表示一个空向量;m:k:n表示向量[m,m + k,m + 2k,…,m + i * k],其中 i = fix(n - m)/k,若 k>0 且 m>n 或者 k<0 且 m<n 时,m:k:n 表示一个空向量.A(:,:)代表 A 的所有元素;A(:)代表将 A 按列的方向拉成长长的 1 列(向量);A(:,j) 代表 A 的第 j 列;A(j:k) 代表 A(j), A(j + 1), …, A(k),如同 A(:)的第 j 到第 k 个元素;A(:,j:k) 代表A(:,j), A(:,j + 1), …, A(:,k),如此类推.

例如在命令行窗口键入:

```
2:5:80
```

按回车键屏幕显示:

```
ans =
  Columns 1 through 11
    2    7    12    17    22    27    32    37    42    47    52
  Columns 12 through 16
    57   62    67    72    77
```

(2) 单引号"'"主要有两个作用:一是转置符,二是括起字符串.当单引号只出现一个时,用作转置符;当单引号成对出现时,用作括起字符串.

例如在命令行窗口键入:

```
A = [1 2;0 3;3 6];A'
```

按回车键屏幕显示:

```
ans =
      1     0     3
      2     3     6
```

继续输入:

```
A='matlab',
```

按回车键屏幕显示：

```
A =
matlab
```

(3) 圆括号"()"主要表示算术表达式的优先级，也可以在圆括号中放置参数.

例如在命令行窗口键入：

```
A=rand(2,4), A(3),A([2,3])
```

按回车键屏幕显示：

```
A =
    0.8214    0.6154    0.9218    0.1763
    0.4447    0.7919    0.7382    0.4057
ans =
    0.6154
ans =
    0.4447    0.6154
```

(A(3)表示显示矩阵 A 的第 3 个元素，A([2,3])表示显示矩阵 A 的第 2、第 3 个元素.)

(4) 方括号"[ ]"用于构成向量和矩阵. 向量和矩阵可以用于方括号内，类似[A B; C]的格式是被允许的，但前提条件是 A,B 的行数相等，且 A,B 列数之和等于 C 的列数.

例如在命令行窗口键入：

```
A=magic(3);B=[2;0;1];C=rand(2,4), [A B; C]
```

按回车键屏幕显示：

```
C =
    0.9501    0.6068    0.8913    0.4565
    0.2311    0.4860    0.7621    0.0185
ans =
    8.0000    1.0000    6.0000    2.0000
    3.0000    5.0000    7.0000         0
    4.0000    9.0000    2.0000    1.0000
    0.9501    0.6068    0.8913    0.4565
    0.2311    0.4860    0.7621    0.0185
```

(5) 大括号"{}"通常被用于单元数组分配语句中.

(6) 小数点"."表示十进制数值中的小数点及域访问符等.

(7) 连续点“…”一般放于一行的末尾,表示换行并未写完,接下来的一行是上一行的继续.

(8) 逗号“,”用于区分列及函数参数分隔符,也可用于多语句行中分开各语句等.

(9) 分号“;”用于数组的行间分隔及取消运行显示等.

(10) 注释号“%”用于注释标记,看作非执行的标记.

(11) 感叹号“!”用于调用操作系统运算.

(12) 等号“=”用于赋值.

5. 特殊矩阵的生成

MATLAB 提供了一批产生特殊矩阵的函数.

(1) eye 用来产生一个单位矩阵,在命令行窗口输入 eye(n)命令将返回一个 n 阶单位矩阵,输入 eye(m,n)将返回一个 m×n 矩阵(若 m>n,则前 n 行 n 列构成单位矩阵,后 m-n 行元素全为零;若 m<n,则前 m 行 m 列构成单位矩阵,后 n-m 列元素全为零),输入 eye(size(A))命令将返回一个同指定矩阵 A 大小相同的单位矩阵.

(2) ones 用来产生一个元素全为 1 的矩阵,在命令行窗口输入 ones(n)、ones(m,n)、ones(size(A))命令将分别返回一个 n 阶、m×n、同一个指定矩阵 A 同阶的元素全为 1 的矩阵.

(3) rand 用来随机产生一个矩阵,在命令行窗口输入 rand (n)、rand (m,n)、rand (size(A))命令将分别返回一个 n 阶、m×n、同一个指定矩阵 A 同阶的元素随机的矩阵.

(4) zeros 用来产生一个零矩阵,在命令行窗口输入 zeros (n)、zeros (m,n)、zeros (size(A))命令将分别返回一个 n 阶、m×n、同一个指定矩阵 A 同阶的元素全为 0 的矩阵.

(5) magic 用来产生一个魔方方阵,在命令行窗口输入 magic (n)命令将返回一个 n 阶魔方方阵(n≥3). 魔方方阵是指每行、每列及两条对角线上的元素和都相等.

(6) tril 用来取一个矩阵的下三角部分,在命令行窗口输入 tril(A),将返回原矩阵 A 的下三角部分不变,上三角部分全为 0 的新矩阵.

(7) triu 用来取一个矩阵的上三角部分,在命令行窗口输入 triu(A),将返回原矩阵 A 的上三角部分不变,下三角部分全为 0 的新矩阵.

(8) diag 用来产生一个对角矩阵,在命令行窗口输入 A=diag(v),将返回一个方阵 A,其主对角线上元素为向量 v 中的元素.

(9) blkdiag 用来产生一个分块对角矩阵，在命令行窗口输入 blkdiag(A, B,C,…)，将返回一个根据输入的“A”“B”“C”等参数来构造一个分块对角矩阵. 作为输入参数的矩阵“A”“B”“C”等不必是方阵，也不必同阶数.

例如在命令行窗口键入：

```
A = rand(2,3),B = eye(2), D = triu(A),blkdiag(A,B) ,v = [1 3 3 2 5];
F = diag(v).
```

按回车键屏幕显示：

```
A =
    0.4565    0.8214    0.6154
    0.0185    0.4447    0.7919                    % 产生的随机矩阵
B =
     1     0
     0     1                                      % 产生的 2 阶单位矩阵
D =
    0.4565    0.8214    0.6154
         0    0.4447    0.7919                    % 产生的 A 的上三角部分
ans =
    0.4565    0.8214    0.6154         0         0
    0.0185    0.4447    0.7919         0         0
         0         0         0    1.0000         0
         0         0         0         0    1.0000
                                                  % 产生的分块对角矩阵
F =
     1     0     0     0     0
     0     3     0     0     0
     0     0     3     0     0
     0     0     0     2     0
     0     0     0     0     5                    % 产生的对角矩阵
```

6. 求解线性代数的常用命令

(1) 求解矩阵的行列式 det:det(A)返回方阵 A 的行列式值.

(2) 求解方阵的逆 inv:inv(A)返回方阵 A 的逆矩阵，如果 A 是奇异矩阵或近似奇异矩阵，则会给出一个错误信息.

(3) 求解矩阵的伪逆 pinv:pinv(A)返回 m×n 矩阵 A 的 n×m 伪逆矩阵；如果 A 为非奇异矩阵，则 pinv(A) = inv(A)；pinv(A) * b 返回非齐次方程 AX = b 的一个特解.

(4) 求解行最简形矩阵 rref,rrefmovie:rref(A)返回采用高斯-若尔当消去法求解得到的矩阵 A 的行最简形矩阵;[B,v] = rref(A)除了返回 A 的行最简形矩阵之外,还返回 A 的哪几列线性无关;rrefmovie(A)返回矩阵 A 的行最简形矩阵,并显示每一步的求解过程.

(5) 求解矩阵的秩 rank:rank(A)返回矩阵 A 的秩,即 A 中线性无关的行数和列数.

(6) 求齐次方程 Ax = 0 的基础解系 null(A):null(A)返回齐次方程Ax = 0的一个基础解系.

(7) 求解向量的范数 norm:norm(A)或 norm(A,2)返回向量 A 的范数(长度)值.

(8) 矩阵的正交三角分解 qr:[Q,R] = qr(X)返回一个和矩阵 X 同维数的上三角形矩阵 R 和一个正交矩阵 Q,并满足 QR = X.

(9) 求解特征值和特征向量 eig:[V,D] = eig(A)返回由特征值构成的对角矩阵 D 和模态矩阵 V,V 的第 i 列向量就是 D 的第 i 个对角元即第 i 个特征值所对应的特征向量.

(10) 求解矩阵的迹 trace:trace(A)返回矩阵 A 的迹(矩阵 A 的主对角元素之和).

(11) 符号定义函数 syms:用来定义一些必要的符号变量.

例如在命令行窗口键入:

```
A = magic(3),B = [2 3 4 8],DetA = det(A),InvA = inv(A),[C,v] = rref(A),r = rank(A),b = norm(B),[V,D] = eig(A),t = trace(A)
```

按回车键屏幕显示:

```
A =

      8     1     6
      3     5     7
      4     9     2                              %矩阵 A
B =

      2     3     4     8                        % 向量 B
DetA =

   -360                                          %矩阵 A 的行列式的值
InvA =

      0.1472    -0.1444     0.0639
     -0.0611     0.0222     0.1056
     -0.0194     0.1889    -0.1028               %矩阵 A 的逆矩阵
```

```
C =
     1     0     0
     0     1     0
     0     0     1                          % 矩阵 A 行最简形矩阵
v =
     1     2     3                          % 矩阵 A 第 1、2、3 列线性无关
r =
     3                                      % 矩阵 A 的秩
b =
    9.6437                                  % 向量 B 的范数
V =
   -0.5774   -0.8131   -0.3416
   -0.5774    0.4714   -0.4714
   -0.5774    0.3416    0.8131              % 模态矩阵 V
D =
   15.0000         0         0
         0    4.8990         0
         0         0   -4.8990              % 矩阵 A 的相似对角矩阵
t =
   15                                       % 矩阵 A 的迹
```

7. 保存和退出工作空间

退出 MATLAB 可输入 quit 或 exit 或选择相应的菜单. 如果想保存工作空间中的变量数据，则应在退出之前输入 save 命令，这时所有变量被存入文件 MATLAB.mat 中.save 命令后边也可以跟文件名或指定的变量名，比如输入 save temp 的命令，则将当前系统中的变量存入文件 temp.mat 中去；输入 save temp x，则文件 temp.mat 中仅仅存入 x 变量；输入 save temp X Y Z，则文件 temp.mat 存入 X,Y,Z 变量. 下次启动 MATLAB 时，如果想要调用文件 MATLAB.mat 或 temp.mat 中变量数据的话，输入 load 或者 load temp 就可以将变量从 MATLAB.mat 或者 temp.mat 中重新调出.

有了以上的基础之后，我们现在就可以来处理线性代数当中一些复杂的数值计算问题了.

例 1 设矩阵

$$A=\begin{pmatrix}3&0&7&78\\8&7&6&16\\9&23&34&0\\54&37&99&20\end{pmatrix},\ B=\begin{pmatrix}21&2&2&0&8&63\\0&123&27&71&0&31\\67&29&0&93&24&3\\3&2&17&19&0&5\end{pmatrix},$$

求 $|A|$, $A^{T}B$, A^{-1} .

```
>> B = [21 2 2 0 8 63;0 123 27 71 0 31;67 29 0 93 24 3;…
   3 2 17 19 0 5];
>> A = [3 0 7 78;8 7 6 16;9 23 34 0;54 37 99 20];
                                    % 输入矩阵 A,B 并取消运行显示
>> detA = det(A),C = A' * B,inv(A)              % 输入计算的命令
  detA =
     -756370                        % MATLAB 运行得到的 A 的行列式值
  C =
    Columns 1 through 5
          828      1359      1140      2431       240
         1652      1602       818      3339       552
         2722      1936      1859      5469       872
         1698      2164       928      1516       624
    Column 6
          734
          471
         1224
         5510                                % MATLAB 运行得到的矩阵 A^TB
  ans =
        -0.0242    0.1008   -0.0528    0.0137
        -0.0142    0.0964    0.0490   -0.0217
         0.0160   -0.0919    0.0102    0.0110
         0.0123    0.0044    0.0011   -0.0015
                                          % MATLAB 运行得到的 A^-1
```

例 2 设矩阵 $A=\begin{pmatrix}a&0&0\\1&a&0\\0&1&a\end{pmatrix}$,求 A^{-1} , A^{8} ,tr$A$.

```
>> syms a                                       % 定义符号变量 a
```

```
>> A = [a 0 0;1 a 0;0 1 a];                    % 输入矩阵 A 并取消运行显示
>> inv(A)
ans =
    [     1/a,      0,     0]
    [  -1/a^2,    1/a,     0]
    [   1/a^3, -1/a^2,   1/a]                  % MATLAB 运行得到的 A^-1
>> A^8                                          % 输入求 A^8 的命令
ans =
    [      a^8,      0,      0]
    [   8*a^7,     a^8,      0]
    [  28*a^6,  8*a^7,     a^8]                % MATLAB 运行得到的 A^8
>> trace(A)
ans =
  3*a                                           % MATLAB 运行得到的 A 的迹的值
```

例 3 $\boldsymbol{A}=\begin{pmatrix}5 & 2 & -1\\6 & -3 & 1\\3 & -3 & 0\end{pmatrix}$，且 $\boldsymbol{A}-3\boldsymbol{B}=\boldsymbol{B}\boldsymbol{A}$，求 $\boldsymbol{B}$.

分析：由 $\boldsymbol{A}-3\boldsymbol{B}=\boldsymbol{B}\boldsymbol{A}$，显然 $\boldsymbol{B}=\boldsymbol{A}(\boldsymbol{A}+3\boldsymbol{E})^{-1}$；因此可以采用如下两种方法求 $\boldsymbol{B}$.

解法 1

```
>> A = [5 2 -1;6 -3 1;3 -3 0];                 % 输入矩阵 A 并取消运行显示
>> E = eye(size(A));
                        % 产生一个同矩阵 A 同阶的单位矩阵并取消运行显示
>> B = A * inv(3 * E + A)
B =
    0.2500     0.7500    -0.5000
    3.7500    -5.7500     3.5000
    4.5000    -7.5000     4.0000              % MATLAB 运行得到的结果
```

解法 2

```
>> A = [5 2 -1;6 -3 1;3 -3 0];                 % 输入矩阵 A 并取消运行显示
>> E = eye(size(A));
>> B = A/(3 * E + A)
```

```
B =
    0.2500    0.7500   -0.5000
    3.7500   -5.7500    3.5000
    4.5000   -7.5000    4.0000                    % MATLAB运行得到的结果
```

显然,两种计算方法的结果一致.

例 4 求矩阵 $A=\begin{pmatrix}3&2&0&8&13&4&9\\3&5&4&8&0&0&18\\5&23&0&0&19&33&7\\0&4&2&3&9&9&7\\8&8&0&14&27&13&5\end{pmatrix}$ 的行最简形及其秩.

```
>> A=[3 2 0 8 13 4 9;3 5 4 8 0 0 18;5 23 0 0 19 33 7;…
    0 4 2 3 9 9 7;8 8 0 14 27 13 5];   % 输入矩阵A并取消运行显示
>> rref(A)
ans =
   Columns 1 through 6
   1.0000    0         0         0         0        -0.4637
   0         1.0000    0         0         0         0.9694
   0         0         1.0000    0         0         0.5003
   0         0         0         1.0000    0        -0.6822
   0         0         0         0         1.0000    0.6853
Column 7
   -6.4752
    2.7159
   -3.7366
    4.8491
   -1.2153                          % MATLAB运行得到的结果(行最简形)
>> rank(A)
ans =
   5                                 % MATLAB运行得到的结果(A的秩)
```

例 5 求向量组 $\boldsymbol{\alpha}_1=(25,31,17,43)^{\mathrm{T}}$,$\boldsymbol{\alpha}_2=(75,94,53,132)^{\mathrm{T}}$,$\boldsymbol{\alpha}_3=(75,94,54,134)^{\mathrm{T}}$,$\boldsymbol{\alpha}_4=(25,32,20,48)^{\mathrm{T}}$ 的一个极大无关组,并把其余列向量用极大无关组线性表示.

分析:只需要把矩阵 $A=(\boldsymbol{\alpha}_1,\boldsymbol{\alpha}_2,\boldsymbol{\alpha}_3,\boldsymbol{\alpha}_4)$ 化成行最简形矩阵,即可求出.

```
>> A = [25 75 75 25;31 94 94 32;17 53 54 20;43 132 134 48];
                                          % 输入矩阵 A 并取消运行显示
>> [B,v] = rref(A)
B =
     1     0     0    -2
     0     1     0     0
     0     0     1     1
     0     0     0     0                         % 矩阵 A 的行最简形
v =
     1     2     3                     % 矩阵 A 的第 1、2、3 列线性无关
```

由以上 MATLAB 运算的结果可知，$\boldsymbol{\alpha}_1,\boldsymbol{\alpha}_2,\boldsymbol{\alpha}_3$ 是一个极大无关组，$\boldsymbol{\alpha}_4=-2\boldsymbol{\alpha}_1+\boldsymbol{\alpha}_3$.

例 6 求解线性方程组 $\begin{cases}2x_1-5x_2+7x_3+3x_4=6,\\ x_1+9x_2-13x_3-17x_4=8,\\ 4x_1+6x_2+31x_3+23x_4=13\end{cases}$ 的通解.

分析:法一 可以先用命令“rank(A),rank(B)”求该方程组系数矩阵 A 和增广矩阵 B = (A,b) 的秩 RA、RB.若 RA = RB = 4,说明该方程组有唯一解,则只需在 MATLAB 中键入“X = pinv(A) * b”或者键入“X = A\b” 便可得到解向量;若 RA = RB<4,说明该方程组有无穷多个解,可以先用命令“null(A)”求得相应齐次方程 AX = 0 的基础解系,再用命令“x = pinv(A) * b”求得非齐次方程 AX = b 的一个特解.

法二 可以利用命令 rref(B)将增广矩阵 B 化为行最简形来求解.

下面用法一来求解该线性方程组:

```
>> A = [2 -5 7 3;1 9 -13 -17;4 6 31 23]; b = [6;8;13]; B = [A b];
                                          % 输入矩阵 A,B 并取消运行显示
>> RA = rank(A),RB = rank(B)
RA =
     3                                                   % A 的秩为 3
RB =
     3                       % B 的秩为 3,因此该方程组有无穷多个解
>> C = null(A,'r')                     % 'r'表示以有理数的方式输出结果
C =
    2.4287
    0.0740
```

```
   -1.0696
    1.0000                          %求得的齐次方程 AX=0 的基础解系
>> x=pinv(A)*b
x =
    1.0351
    0.1283
    1.1893
   -1.2512                          %求得的非齐次方程 AX=b 的一个特解
```

由以上显示，可得方程组通解为

$$\boldsymbol{x}=c\begin{pmatrix}2.4287\\0.0740\\-1.0696\\1.0000\end{pmatrix}+\begin{pmatrix}1.0351\\0.1283\\1.1893\\-1.2512\end{pmatrix}.$$

例 7 求矩阵 $\boldsymbol{A}=\begin{pmatrix}3&5&9\\2&0&1\\7&8&4\end{pmatrix}$ 的特征值和特征向量.

```
>> A=[3 5 9;2 0 1;7 8 4];
>> [V,D]=eig(A)
V =
   -0.7039   -0.8405    0.8162
   -0.1616    0.3894   -0.5370
   -0.6917    0.3767   -0.2134
D =
   12.9922         0         0
         0   -3.3498         0
         0         0   -2.6424
```

（V 的第 i 列向量就是 D 的第 i 个对角元即第 i 个特征值所对应的特征向量.）

练　　习

1. 产生一个 6 阶魔方方阵 $\boldsymbol{A}$，并计算 $\boldsymbol{A}$ 的转置、行列式、逆矩阵、行最简形、秩、迹、特征值和特征向量.

2. 求解线性方程组

$$\begin{cases}6x_1+7x_2-3x_3-2x_4+11x_5=59,\\3x_1-5x_2-13x_3+17x_4-21x_5=11,\\x_1+x_2+4x_3+9x_4+12x_5=17,\\2x_1-8x_2-8x_3-5x_4+7x_5=81.\end{cases}$$

3. 将实对称矩阵 $\boldsymbol{A}=\begin{pmatrix}1&5&9\\5&2&4\\9&4&3\end{pmatrix}$ 正交对角化.

4. 化二次型 $f=2x_1x_2+2x_1x_3-8x_2x_3$ 为标准形,并求正惯性指数以及判定二次型是否正定.

部分习题参考答案

习 题 一

(A)

1. (1) 11;(2) 13;(3) $\frac{n(n+1)}{2}$.

2. (1) 22;(2) $3a-2b$; (3) 11;(4) 6.

3. (1) $x=3, y=-4$; (2) $x_1=1, x_2=2, x_3=1$.

4. (1) 不是;(2) 是,负号.

5. $a_{12}a_{21}a_{34}a_{43}$; $-a_{12}a_{23}a_{34}a_{41}$.

6. (1) 40;(2) -51;(3) 48;(4) 31;(5) 0.

7. (1) $[y+(n-1)a](y-a)^{n-1}$; (2) $\left(\sum_{i=1}^{n}a_i+c\right)c^{n-1}$; (3) $nb_1b_2\cdots b_{n-1}$;

(4) 0;(5) $b_1b_2\cdots b_n+(-1)^{n+1}a_1a_2\cdots a_n$; (6) $(-1)^{\frac{n(n-1)}{2}}b^{n-2}(b^2-a^2)$;

(7) $x^n+a_{n-1}x^{n-1}+a_{n-2}x^{n-2}+\cdots+a_1x+a_0$.

8. (1) 0;(2) 16;(3) 0.

9. (1) $x_1=3, x_2=-4, x_3=-1, x_4=1$; (2) $x_1=-\frac{1}{2}, x_2=-\frac{3}{2}, x_3=-1$, $x_4=\frac{1}{2}$.

10. (1) $\lambda=3$ 或 $\lambda=0$; (2) $\lambda\neq-2$ 且 $\lambda\neq1$.

(B)

一、1. 3, 5. 2. -48. 3. -3. 4. x^4. 5. -2. 6. -28.

7. $(-1)^{n-1}\frac{n(n+1)}{2}$. 8. $(-1)^{n-1}(n-1)$. 9. $a^n+(-1)^{n+1}b^n$.

10. 13. 11. 2,3,5. 12. 21. 13. -1. 14. $2^{n+1}-2$. 15. $\lambda^4+\lambda^3+2\lambda^2+3\lambda+4$.

二、1. A.　2. B.　3. D.　4. D.

三、1. $b_1b_2\cdots b_n\left(1+\sum_{i=1}^{n}\frac{1}{b_i}\right)$.　2. $(-1)^{n+1}a^{n-2}$.

习 题 二

(A)

1. $a=\frac{1}{3},b=-2,c=0,d=2$.　2. (1) $\begin{pmatrix}1&6&1\\9&-4&5\end{pmatrix}$;(2) $\begin{pmatrix}1&0&-1\\-5&2&1\end{pmatrix}$.

3. (1) $\begin{pmatrix}3&1\\7&5\end{pmatrix}$;(2) $\begin{pmatrix}10&6\\14&16\end{pmatrix}$;(3) 1;(4) $\begin{pmatrix}2&-1&3\\4&-2&6\\6&-3&9\end{pmatrix}$;(5) $\begin{pmatrix}-1&-4\\-9&-15\\4&4\end{pmatrix}$;

(6) $a_{11}x_1^2+a_{22}x_2^2+a_{33}x_3^2+2a_{12}x_1x_2+2a_{13}x_1x_3+2a_{23}x_2x_3$.

4. 企业出口货物总价值为 3 900(万元),货物总质量为 340(吨).

5. (1) $\begin{pmatrix}5&0&2\\2&9&4\\2&0&1\end{pmatrix},\begin{pmatrix}1&0&2\\0&9&4\\2&0&5\end{pmatrix}$;(2) $\begin{pmatrix}-4&0&4\\-4&0&0\\-4&0&4\end{pmatrix}$;(3) $\begin{pmatrix}0&0&4\\-2&0&0\\-4&0&0\end{pmatrix}$.

6. $\begin{pmatrix}a&0\\b&a\end{pmatrix}$.　7. (1) $\begin{pmatrix}4&3\\-3&-2\end{pmatrix}$;(2) $\begin{pmatrix}1&0\\2n&1\end{pmatrix}$;(3) $\begin{pmatrix}a^n&0&0\\0&b^n&0\\0&0&c^n\end{pmatrix}$;

(4) $\begin{pmatrix}1&n&\frac{n(n-1)}{2}\\0&1&n\\0&0&1\end{pmatrix}^n$.

8. $\begin{pmatrix}4&-4\\-12&8\end{pmatrix}$.　9. 提示:用定义及性质证明.　10. 略.　11. 略.

12. (1) $\begin{pmatrix}-\frac{7}{2}&\frac{3}{2}\\\frac{3}{2}&-\frac{1}{2}\end{pmatrix}$;(2) $\begin{pmatrix}1&-2&1\\0&1&-2\\0&0&1\end{pmatrix}$.

13. 提示:直接计算$(\boldsymbol{E}-\boldsymbol{A})(\boldsymbol{E}+\boldsymbol{A}+\cdots+\boldsymbol{A}^{k-1})$.

14. $\boldsymbol{A}\left(\frac{1}{4}(\boldsymbol{A}+2\boldsymbol{E})\right)=\boldsymbol{E}$,$\boldsymbol{A}$ 可逆,且 $\boldsymbol{A}^{-1}=\frac{1}{4}(\boldsymbol{A}+2\boldsymbol{E})$.

15. $|\boldsymbol{A}^*|=|\boldsymbol{A}|^{n-1}\neq 0$，$\boldsymbol{A}^*$可逆，$(\boldsymbol{A}^*)^{-1}=\dfrac{1}{|\boldsymbol{A}|}\boldsymbol{A}=\dfrac{1}{10}\begin{pmatrix}1&0&0\\2&2&0\\3&4&5\end{pmatrix}$.

16. $-\dfrac{8}{25}$.　17. $(\boldsymbol{A}-\boldsymbol{E})^{-1}=\dfrac{1}{2}(\boldsymbol{B}-2\boldsymbol{E})=\begin{pmatrix}0&0&1\\0&1&0\\1&0&0\end{pmatrix}$.

18. $|\boldsymbol{A}|=\begin{vmatrix}1&2\\1&3\end{vmatrix}\begin{vmatrix}-2&3\\0&-1\end{vmatrix}=2$，$\boldsymbol{A}^{-1}=\begin{pmatrix}3&-2&0&0\\-1&1&0&0\\0&0&-\dfrac{1}{2}&-\dfrac{3}{2}\\0&0&0&-1\end{pmatrix}$，$\boldsymbol{A}\boldsymbol{A}^{\mathrm{T}}=\begin{pmatrix}5&7&0&0\\7&10&0&0\\0&0&13&-3\\0&0&-3&1\end{pmatrix}$.

19. (1) -15；(2) 10；(3) -25.

20. (1) $\begin{pmatrix}1&0&0\\0&1&0\\0&0&1\end{pmatrix}$，$\begin{pmatrix}1&0&0\\0&1&0\\0&0&1\end{pmatrix}$；

(2) $\begin{pmatrix}1&0&0&10\\0&1&0&-7\\0&0&1&1\end{pmatrix}$，$\begin{pmatrix}1&0&0&0\\0&1&0&0\\0&0&1&0\end{pmatrix}$；

(3) $\begin{pmatrix}1&0&2&0&-2\\0&1&-1&0&3\\0&0&0&1&4\\0&0&0&0&0\end{pmatrix}$，$\begin{pmatrix}1&0&0&0&0\\0&1&0&0&0\\0&0&1&0&0\\0&0&0&0&0\end{pmatrix}$.

21. (1) $\begin{pmatrix}\dfrac{2}{5}&-\dfrac{1}{5}\\\dfrac{3}{10}&\dfrac{1}{10}\end{pmatrix}$；(2) $\begin{pmatrix}1&0&0\\-1&\dfrac{1}{2}&0\\\dfrac{1}{5}&-\dfrac{2}{5}&\dfrac{1}{5}\end{pmatrix}$；

(3) $\begin{pmatrix}-2&1&0\\-\dfrac{13}{2}&3&-\dfrac{1}{2}\\-16&7&-1\end{pmatrix}$；(4) $\begin{pmatrix}1&0&2\\2&-1&3\\4&1&8\end{pmatrix}$；(5) $\begin{pmatrix}1&-3&11&-20\\0&1&-2&1\\0&0&1&-2\\0&0&0&1\end{pmatrix}$.

22. (1) $\begin{pmatrix}2 & -23\\0 & 8\end{pmatrix}$;(2) $\begin{pmatrix}1 & \frac{1}{3}\\-1 & -\frac{1}{6}\\-3 & -\frac{5}{6}\end{pmatrix}$;(3) $\begin{pmatrix}-2 & 2 & 1\\-3 & 5 & -1\end{pmatrix}$;

*(4) $\begin{pmatrix}2 & -1 & 0\\1 & 3 & -4\\1 & 0 & -2\end{pmatrix}$.

23. $\begin{pmatrix}0 & 1 & -1\\-1 & 0 & 1\\1 & -1 & 0\end{pmatrix}$. 24. $\begin{pmatrix}0 & -1 & -1\\-\frac{1}{2} & -\frac{1}{2} & -1\\-\frac{1}{2} & -\frac{1}{2} & 0\end{pmatrix}$. 25. $\begin{pmatrix}3 & 0 & 0\\0 & 2 & 0\\0 & 0 & 1\end{pmatrix}$.

26. (1) 1;(2) 3;(3) 2;(4) 3(最高阶非零子式略).

27. $k=-3$. 28. (1) $k=1$;(2) $k=-2$;(3) $k\neq 1, k\neq -2$.

(B)

一、1. -3. 2. $\begin{pmatrix}1 & \frac{1}{2} & \frac{1}{3}\\2 & 1 & \frac{2}{3}\\3 & \frac{3}{2} & 1\end{pmatrix}$. 3. $\begin{pmatrix}0 & 0 & \frac{1}{3} & -\frac{2}{3}\\0 & 0 & -\frac{1}{3} & \frac{1}{3}\\1 & -2 & 0 & 0\\-2 & 5 & 0 & 0\end{pmatrix}$.

4. 提示:将等式改写成 $\boldsymbol{B}(\boldsymbol{A}-\boldsymbol{E})=2\boldsymbol{E}$,于是有 $|\boldsymbol{B}||\boldsymbol{A}-\boldsymbol{E}|=4$,即 $|\boldsymbol{B}|\begin{vmatrix}1 & 1\\-1 & 1\end{vmatrix}=4$,所以 $|\boldsymbol{B}|=2$.

5. -3. 6. 2. 7. $(\boldsymbol{A}^*)^{-1}=\frac{1}{|\boldsymbol{A}|}\boldsymbol{A}=\frac{1}{2}\boldsymbol{A}$. 8. 7. 9. 提示:$\boldsymbol{A}^n=2^{n-1}\boldsymbol{\alpha}\boldsymbol{\alpha}^{\mathrm{T}}$,$\boldsymbol{\alpha}\boldsymbol{\alpha}^{\mathrm{T}}=\begin{pmatrix}1 & 0 & -1\\0 & 0 & 0\\-1 & 0 & 1\end{pmatrix}$,故 $|a\boldsymbol{E}-\boldsymbol{A}^n|=\begin{vmatrix}a-2^{n-1} & 0 & 2^{n-1}\\0 & a & 0\\2^{n-1} & 0 & a-2^{n-1}\end{vmatrix}=a^2(a-2^n)$.

10. 提示:由 $\boldsymbol{\alpha}\boldsymbol{\alpha}^{\mathrm{T}}=\begin{pmatrix}1 & -1 & 1\\-1 & 1 & -1\\1 & -1 & 1\end{pmatrix}$,知 $\boldsymbol{\alpha}=(1\ \ -1\ \ 1)^{\mathrm{T}}$,$\boldsymbol{\alpha}^{\mathrm{T}}\boldsymbol{\alpha}=(1\ \ -1\ \ 1)\begin{pmatrix}1\\-1\\1\end{pmatrix}=3$.

11. $\begin{pmatrix}2 & 0 & 2\\0 & 2^{2021} & 0\\2 & 0 & 2\end{pmatrix}$. 12. $\begin{pmatrix}7 & 8 & 9\\4 & 5 & 6\\1 & 2 & 3\end{pmatrix}$.

二、1. D. 2. D. 3. A. 4. D. 5. C. 6. B. 7. C. 8. C. 9. D.

10. C. 11. B. 提示：$\begin{pmatrix}\boldsymbol{O} & \boldsymbol{A}\\\boldsymbol{B} & \boldsymbol{O}\end{pmatrix}^{*}=\begin{vmatrix}\boldsymbol{O} & \boldsymbol{A}\\\boldsymbol{B} & \boldsymbol{O}\end{vmatrix}\begin{pmatrix}\boldsymbol{O} & \boldsymbol{A}\\\boldsymbol{B} & \boldsymbol{O}\end{pmatrix}^{-1}=|\boldsymbol{A}|\ \ |\boldsymbol{B}|\begin{pmatrix}\boldsymbol{O} & \boldsymbol{B}^{-1}\\\boldsymbol{A}^{-1} & \boldsymbol{O}\end{pmatrix}=$

$\begin{pmatrix}\boldsymbol{O} & |\boldsymbol{A}|\,|\boldsymbol{B}|\boldsymbol{B}^{-1}\\|\boldsymbol{B}|\,|\boldsymbol{A}|\boldsymbol{A}^{-1} & \boldsymbol{O}\end{pmatrix}=\begin{pmatrix}\boldsymbol{O} & |\boldsymbol{A}|\boldsymbol{B}^{*}\\|\boldsymbol{B}|\boldsymbol{A}^{*} & \boldsymbol{O}\end{pmatrix}=\begin{pmatrix}\boldsymbol{O} & 2\boldsymbol{B}^{*}\\3\boldsymbol{A}^{*} & \boldsymbol{O}\end{pmatrix}$.

12. D. 13. B. 14. C. 15. A.

三、1. $6^{n-1}\boldsymbol{\alpha}\boldsymbol{\beta}^{\mathrm{T}}=6^{n-1}\begin{pmatrix}1 & 1 & 1\\2 & 2 & 2\\3 & 3 & 3\end{pmatrix}$. 2. $\frac{1}{2}$. 3. 略.

4. (1) 提示：记 $\boldsymbol{A}^2=\boldsymbol{B}=(b_{ij})_{n\times n}$，则 $b_{ii}=a_{i1}^2+a_{i2}^2+\cdots+a_{in}^2=0(i=1,2,\cdots,n)$；

(2) 提示：由定义 $\boldsymbol{A}^{\mathrm{T}}=-\boldsymbol{A}$ 两边求行列式，再由行列式的性质可得；(3) 略.

5. $\begin{pmatrix}-5 & 3 & 0 & 0\\2 & -1 & 0 & 0\\-16 & 9 & 1 & -1\\23 & -13 & -1 & 2\end{pmatrix}$.

6. 提示：由条件 $\boldsymbol{C}=\boldsymbol{A}(\boldsymbol{E}-\boldsymbol{A})^{-1}$，$\boldsymbol{B}=(\boldsymbol{E}-\boldsymbol{A})^{-1}$，则

$$\boldsymbol{B}-\boldsymbol{C}=(\boldsymbol{E}-\boldsymbol{A})^{-1}-\boldsymbol{A}(\boldsymbol{E}-\boldsymbol{A})^{-1}=(\boldsymbol{E}-\boldsymbol{A})^{-1}(\boldsymbol{E}-\boldsymbol{A})=\boldsymbol{E}.$$

7. $-\frac{2^{2n-1}}{3}$. 8. 方程化简为 $(\boldsymbol{E}-\boldsymbol{A})\boldsymbol{X}=2\boldsymbol{A}$，$\boldsymbol{X}=\begin{pmatrix}-6 & 10 & 4\\-2 & 4 & 2\\-4 & 10 & 0\end{pmatrix}$.

9. 提示：$(\boldsymbol{E}-\boldsymbol{A})(\boldsymbol{A}^2+2\boldsymbol{E})=\boldsymbol{E}$，得 $\boldsymbol{E}-\boldsymbol{A}$ 可逆，且 $(\boldsymbol{E}-\boldsymbol{A})^{-1}=\boldsymbol{A}^2+2\boldsymbol{E}$，$\boldsymbol{A}(\boldsymbol{A}^2-\boldsymbol{A}+2\boldsymbol{E})=\boldsymbol{E}$，得 $\boldsymbol{A}$ 可逆，且 $\boldsymbol{A}^{-1}=\boldsymbol{A}^2-\boldsymbol{A}+2\boldsymbol{E}$.

10. (1) $a=0$；(2) $\boldsymbol{X}=\begin{pmatrix}3 & 1 & -2\\1 & 1 & -1\\2 & 1 & -1\end{pmatrix}$.

11. 提示：$\boldsymbol{A}(\boldsymbol{A}^{-1}+\boldsymbol{B}^{-1})\boldsymbol{B}=\boldsymbol{B}+\boldsymbol{A}$，$\boldsymbol{A}$，$\boldsymbol{B}$，$\boldsymbol{B}+\boldsymbol{A}$ 均可逆，则 $\boldsymbol{A}^{-1}+\boldsymbol{B}^{-1}$ 也可逆，且

$$(\boldsymbol{A}^{-1}+\boldsymbol{B}^{-1})^{-1}=\boldsymbol{B}(\boldsymbol{A}+\boldsymbol{B})^{-1}\boldsymbol{A}.$$

12. $\boldsymbol{E}=\boldsymbol{A}\boldsymbol{B}=\boldsymbol{E}+\left(\frac{1}{a}-1-2a\right)\boldsymbol{\alpha}\boldsymbol{\alpha}^{\mathrm{T}}$，得 $\frac{1}{a}-1-2a=0$，解得 $a=-1$，

$a=\frac{1}{2}$（舍）.

13. $\begin{pmatrix}1&0&0\\-2&1&0\\10&-2&1\end{pmatrix}$. 14. -14. 15. 提示：$r(\boldsymbol{AB})=2\Rightarrow|\boldsymbol{AB}|=0\Rightarrow|\boldsymbol{A}|=0\Rightarrow a=2$. 16. 略.

习 题 三

(A)

1. (1) $\begin{cases}x_1=4+k,\\x_2=3+k,\\x_3=k,\\x_4=-3\end{cases}$ $(k\in\mathbf{R})$； (2) 无解； (3) $\begin{cases}x_1=-8,\\x_2=3,\\x_3=6,\\x_4=0;\end{cases}$

(4) $\begin{cases}x_1=\frac{11}{5}+k_1+\frac{1}{5}k_2,\\x_2=k_1,\\x_3=\frac{2}{5}+\frac{2}{5}k_2,\\x_4=k_2\end{cases}$ $(k_1,k_2\in\mathbf{R})$； (5) $\begin{cases}x_1=k_1+5k_2,\\x_2=-2k_1-6k_2,\\x_3=0,\\x_4=k_1,\\x_5=k_2\end{cases}$ $(k_1,k_2\in\mathbf{R})$；

(6) $\begin{cases}x_1=3k_1+k_2,\\x_2=k_1,\\x_3=0,\\x_4=k_2\end{cases}$ $(k_1,k_2\in\mathbf{R})$.

2. (1) 当 $b\neq0,a\in\mathbf{R}$ 时，有唯一解；当 $b=0,a\neq3$ 时，无解；当 $b=0,a=3$ 时，有无穷多个解，其一般解为 $\begin{cases}x_1=1+k,\\x_2=-2k,\\x_3=k\end{cases}$ $(k\in\mathbf{R})$；

(2) 当 $a\neq1,b\in\mathbf{R}$ 时，有唯一解；当 $a=1,b\neq-1$ 时，无解；当 $a=1,b=-1$ 时，有无穷多个解，其一般解为 $\begin{cases}x_1=-1+k_1+k_2,\\x_2=1-2k_1-2k_2,\\x_3=k_1,\\x_4=k_2\end{cases}$ $(k_1,k_2\in\mathbf{R})$；

(3) 当 $a \neq -4, b \in \mathbf{R}$ 时,有唯一解;当 $a=-4, b \neq 2$ 时,无解;当 $a=-4, b=2$ 时,有无穷多个解,其一般解为 $\begin{cases} x_1=-8, \\ x_2=3-2k, \\ x_3=k, \\ x_4=2 \end{cases}$ $(k \in \mathbf{R})$.

3. 当 $a=-2$ 时,有非零解,其一般解为 $\begin{cases} x_1=k, \\ x_2=k, \\ x_3=0 \end{cases}$ $(k \in \mathbf{R})$.

4. (1) $(-5,2,3,2)^{\mathrm{T}},(6,-1,9,-8)^{\mathrm{T}}$; (2) $\left(-\frac{8}{3},1,1,\frac{4}{3}\right)^{\mathrm{T}}$.

5. (1) 可以,表示式唯一,$\boldsymbol{\beta}=-\boldsymbol{\alpha}_1+\boldsymbol{\alpha}_2-2\boldsymbol{\alpha}_3$; (2)可以,表示式不唯一,$\boldsymbol{\beta}=(7-k)\boldsymbol{\alpha}_1+(5+k)\boldsymbol{\alpha}_2+k\boldsymbol{\alpha}_3(k \in \mathbf{R})$; (3)不可以.

6. (1) $a \neq -4$; (2) $a=-4, 3b-a \neq 1$; (3) $a=-4, 3b-a=1, \boldsymbol{\beta}=c\boldsymbol{\alpha}_1-(2c+b+1)\boldsymbol{\alpha}_2+(2b+1)\boldsymbol{\alpha}_3$.

7. (1) 线性无关;(2) 当 $k \neq 1$ 时,线性无关;当 $k=1$ 时,线性相关;(3) 线性相关;(4) 线性无关;(5) 线性相关.

8. (1) 线性无关;(2) 线性相关.

9～11. 略.

12. (1) 秩为 3;极大无关组为 $\boldsymbol{\alpha}_1,\boldsymbol{\alpha}_2,\boldsymbol{\alpha}_3$; $\boldsymbol{\alpha}_4=4\boldsymbol{\alpha}_1+3\boldsymbol{\alpha}_2-3\boldsymbol{\alpha}_3$;

(2) 秩为 2;极大无关组为 $\boldsymbol{\alpha}_1,\boldsymbol{\alpha}_3$; $\boldsymbol{\alpha}_2=2\boldsymbol{\alpha}_1+\boldsymbol{\alpha}_3\boldsymbol{\alpha}_4=3\boldsymbol{\alpha}_1+2\boldsymbol{\alpha}_3$.

13. (1) 当 $k \neq -1$ 时,秩为 4,极大无关组为自身;当 $k \neq -1$ 时,秩为 3,极大无关组为 $\boldsymbol{\alpha}_1,\boldsymbol{\alpha}_2,\boldsymbol{\alpha}_3$; (2) 当 $a=1$ 时,秩为 2,极大无关组为 $\boldsymbol{\alpha}_1,\boldsymbol{\alpha}_3$; 当 $a \neq 1$ 时,秩为 3,极大无关组为自身.

14. $a=4$.

15. 略.

16. (1) 基础解系为 $\boldsymbol{\alpha}_1=(-1.1,1,0,0)^{\mathrm{T}},\boldsymbol{\alpha}_2=(2,2,0,1,1)^{\mathrm{T}}$, 通解为 $\boldsymbol{x}=k_1\boldsymbol{\alpha}_1+k_2\boldsymbol{\alpha}_2(k_1,k_2 \in \mathbf{R})$; (2) 基础解系为 $\boldsymbol{\alpha}_1=(-1.1,2,0)^{\mathrm{T}},\boldsymbol{\alpha}_2=(-1,0,-1,1)^{\mathrm{T}}$, 通解为 $\boldsymbol{x}=k_1\boldsymbol{\alpha}_1+k_2\boldsymbol{\alpha}_2(k_1,k_2 \in \mathbf{R})$.

17. (1) $\boldsymbol{x}=(1,0,1,0)^{\mathrm{T}}+k_1(3,1,5,0)^{\mathrm{T}}+k_2(-3,0,-5,1)^{\mathrm{T}}(k_1, k_2 \in \mathbf{R})$;

(2) $\boldsymbol{x}=\left(-4,\frac{5}{2},0,-2,0\right)^{\mathrm{T}}+k_1(-1,1,1,0,0)^{\mathrm{T}}+k_2\left(6,-\frac{5}{2},0,3,1\right)^{\mathrm{T}}(k_1, k_2 \in \mathbf{R})$.

18. 当 $a \neq 2$ 时,有唯一解;当 $a=2, b \neq 1$ 时,无解;当 $a=2, b=1$ 时,有无穷多

个解，其通解为 $\boldsymbol{x}=(-8,3,0,2)^{\mathrm{T}}+k_1(0,1,-2,0)^{\mathrm{T}}(k_1\in\mathbf{R})$.

19. 当 $a\neq1$ 或 $b\neq3$ 时，无解；当 $a=1$ 且 $b=3$ 时，有解；它的导出组的一个基础解系为 $\boldsymbol{\alpha}_1=(1,-2,1,0,0)^{\mathrm{T}}$，$\boldsymbol{\alpha}_2=(1,-2,0,1,0)^{\mathrm{T}}$，$\boldsymbol{\alpha}_3=(5,-6,0,0,1)^{\mathrm{T}}$，原方程组的通解为

$$\boldsymbol{x}=(-2,3,0,0,0)^{\mathrm{T}}+k_1(1,-2,1,0,0)^{\mathrm{T}}+k_2(1,-2,0,1,0)^{\mathrm{T}}+k_3(5,-6,0,0,1)^{\mathrm{T}}(k_1,k_2,k_3\in\mathbf{R}).$$

20. $\boldsymbol{x}=(1,-2,0,1)^{\mathrm{T}}+k_1(1,2,1,-4)^{\mathrm{T}}(k_1\in\mathbf{R})$.

21. (1) $(a-1)^2$. (2) 当 $a=1$ 时，$r(\boldsymbol{A})=2$；当 $a\neq1$ 时，$r(\boldsymbol{A})=4$.

(3) 当 $a\neq1$ 时，只有零解；当 $a=1$ 时，有非零解，它的基础解系为 $\boldsymbol{\eta}_1=(1,-2,1,0)^{\mathrm{T}}$，$\boldsymbol{\eta}_2=(1,-2,0,1)^{\mathrm{T}}$，其通解为 $\boldsymbol{x}=k_1\boldsymbol{\eta}_1+k_2\boldsymbol{\eta}_2(k_1,k_2\in\mathbf{R})$.

(4) 当 $a=1$ 时，线性相关；当 $a\neq1$ 时，线性无关.

(5) 当 $a=1$ 时，极大无关组为 $\boldsymbol{\alpha}_1,\boldsymbol{\alpha}_2$，且 $\boldsymbol{\alpha}_3=\boldsymbol{\alpha}_4=\boldsymbol{\alpha}_1+2\boldsymbol{\alpha}_2$；当 $a\neq1$ 时，极大无关组为自身.

22. (1) 当 $a\neq1$ 时，$r(\bar{\boldsymbol{A}})=4$；当 $a=1,b\neq-1$ 时，$r(\bar{\boldsymbol{A}})=3$；当 $a=1$，$b=-1$ 时，$r(\bar{\boldsymbol{A}})=2$.

(2) 当 $a\neq1$ 时，有唯一解；当 $a=1,b\neq-1$ 时，无解；当 $a=1,b=-1$ 时，有无穷多个解，其通解为 $\boldsymbol{x}=(-1,1,0,0)^{\mathrm{T}}+k_1(1,-2,1,0)^{\mathrm{T}}+k_2(1,-2,0,1)^{\mathrm{T}}(k_1,k_2\in\mathbf{R})$.

(3) 当 $a\neq1$ 时，$\boldsymbol{\beta}$ 可由向量组 $\boldsymbol{\alpha}_1,\boldsymbol{\alpha}_2,\boldsymbol{\alpha}_3$ 线性表示，且表示法唯一；当 $a=1$，$b\neq-1$ 时，$\boldsymbol{\beta}$ 不能由向量组 $\boldsymbol{\alpha}_1,\boldsymbol{\alpha}_2,\boldsymbol{\alpha}_3$ 线性表示；当 $a=1,b=-1$ 时，$\boldsymbol{\beta}$ 可由向量组 $\boldsymbol{\alpha}_1,\boldsymbol{\alpha}_2,\boldsymbol{\alpha}_3$ 线性表示，一般表示式 $\boldsymbol{\beta}=(-1+k_1+k_2)\boldsymbol{\alpha}_1+(1-2k_1-2k_2)\boldsymbol{\alpha}_2+k_1\boldsymbol{\alpha}_3+k_2\boldsymbol{\alpha}_4(k_1,k_2\in\mathbf{R})$.

(4) 当 $a\neq1$ 时，极大无关组为 $\boldsymbol{\alpha}_1,\boldsymbol{\alpha}_2,\boldsymbol{\alpha}_3,\boldsymbol{\alpha}_4$；当 $a=1,b\neq-1$ 时，极大无关组为 $\boldsymbol{\alpha}_1,\boldsymbol{\alpha}_2,\boldsymbol{\beta}$；当 $a=1,b=-1$ 时，极大无关组为 $\boldsymbol{\alpha}_1,\boldsymbol{\alpha}_2$.

(B)

一、1. -1. 2. $\dfrac{1}{2}$. 3. 5 . 4. -1. 5. 1. 6. 2 .

7. 1,0 . 8. -2 或 0；-2. 9. $\boldsymbol{x}=(1,-2,0,1)^{\mathrm{T}}+k_1(1,2,1,-4)^{\mathrm{T}}(k_1\in\mathbf{R})$.

10. $\neq3$. 11. $s+1$. 12. 0. 13. $\boldsymbol{x}=k_1(1,2,3)^{\mathrm{T}}+k_2(2,1,1)^{\mathrm{T}}(k_1,k_2\in\mathbf{R})$.

14. $\boldsymbol{x}=k_1(1,2,3)^{\mathrm{T}}+k_2(2,-1,1)^{\mathrm{T}}(k_1,k_2\in\mathbf{R})$.

15. $\boldsymbol{x}=(-3,2,0)^{\mathrm{T}}+k(2,-2,-2)^{\mathrm{T}}(k\in\mathbf{R})$.

16. 2. 17. $\boldsymbol{A}$ 的列($\boldsymbol{B}$ 的行)向量组线性相关 .

18. 9. 19. $m>n$. 20. A,C. 21. $\boldsymbol{b}=(1,0,0)^{\mathrm{T}}$.

22. $(-7)^{m-1}\begin{pmatrix}1 & -1 & 2\\ 2 & -2 & 4\\ -3 & 3 & -6\end{pmatrix}$. 23. 0. 24. $a\in\Omega, d\in\Omega$. 25. 2. 26. 1.

27. $\boldsymbol{x}=k_1(1,0,1)^{\mathrm{T}}+k_2(2,4,6)^{\mathrm{T}}(k_1,k_2\in\mathbf{R})$. 28. $\boldsymbol{x}=k(\boldsymbol{A}_{i1},\boldsymbol{A}_{i2},\cdots,\boldsymbol{A}_{in})^{\mathrm{T}}(k\in\mathbf{R})$.

二、1. C. 2. C. 3. A. 4. A. 5. B. 6. B. 7. D. 8. C. 9. B. 10. D. 11. D. 12. B. 13. B. 14. B. 15. A. 16. A. 17. C.

三、1. (1) 当 $a=0, b\in\mathbf{R}$ 时，$\boldsymbol{\beta}$ 不能由 $\boldsymbol{\alpha}_1,\boldsymbol{\alpha}_2,\boldsymbol{\alpha}_3$ 线性表示；(2) 当 $a\neq 0, a\neq b$ 时，$\boldsymbol{\beta}$ 能由 $\boldsymbol{\alpha}_1,\boldsymbol{\alpha}_2,\boldsymbol{\alpha}_3$ 唯一地线性表示，表示式为 $\boldsymbol{\beta}=\left(1-\dfrac{1}{a}\right)\boldsymbol{\alpha}_1+\dfrac{1}{a}\boldsymbol{\alpha}_2$；(3) 当 $a=b\neq 0$ 时，$\boldsymbol{\beta}$ 能由 $\boldsymbol{\alpha}_1,\boldsymbol{\alpha}_2,\boldsymbol{\alpha}_3$ 线性表示，但表示法不唯一，表示式为 $\boldsymbol{\beta}=\left(1-\dfrac{1}{a}\right)\boldsymbol{\alpha}_1+\left(\dfrac{1}{a}+k\right)\boldsymbol{\alpha}_2+k\boldsymbol{\alpha}_3\ (k\in\mathbf{R})$.

2. 当 $a=2$ 时，$\boldsymbol{\alpha}_1,\boldsymbol{\alpha}_2,\boldsymbol{\alpha}_3,\boldsymbol{\alpha}_4$ 线性相关，它的秩为 3，极大无关组为 $\boldsymbol{\alpha}_1,\boldsymbol{\alpha}_2,\boldsymbol{\alpha}_3$.

3. (1) 略；(2) 当 $a\neq 0$ 时，方程组有唯一解，$x_1=\dfrac{n}{(n+1)a}$；(3) 当 $a=0$ 时，方程组有无穷多个解，其通解 $\boldsymbol{x}=(0,1,0,\cdots,0)^{\mathrm{T}}+k(1,0,0,\cdots,0)^{\mathrm{T}}(k\in\mathbf{R})$.

4. (1) (I)的一个基础解系为 $\boldsymbol{\beta}_1=(5,-3,1,0)^{\mathrm{T}}, \boldsymbol{\beta}_2=(-3,2,0,1)^{\mathrm{T}}$；

(2) 当 $a=-1$ 时，有非零公共解，全部非零公共解为

$\boldsymbol{x}=k_1(2,-1,1,1)^{\mathrm{T}}+k_2(-1,2,4,7)^{\mathrm{T}}(k_1,k_2\in\mathbf{R}$ 且不全为零).

5. 当 $a=1$ 时，全部非零公共解为 $\boldsymbol{x}=k(-1,0,1)^{\mathrm{T}}(k\in\mathbf{R})$.

当 $a=2$ 时，有唯一公共解为 $\boldsymbol{x}=(0,1,-1)^{\mathrm{T}}$.

6～8. 略.

9. 当 $a\neq 1$ 时，$\boldsymbol{\beta}_3=\boldsymbol{\alpha}_1-\boldsymbol{\alpha}_2+\boldsymbol{\alpha}_3$；当 $a=1$ 时，$\boldsymbol{\beta}_3=(-2k+3)\boldsymbol{\alpha}_1+(k-2)\boldsymbol{\alpha}_2+k\boldsymbol{\alpha}_3$.

10. (1) $a=2$；(2) $\boldsymbol{P}=\begin{pmatrix}3-6k_1 & 4-6k_2 & 4-6k_3\\ -1+2k_1 & -1+2k_2 & -1+2k_3\\ k_1 & k_2 & k_3\end{pmatrix}$，其中 $k_2\neq k_3$.

11. (1) $a=0$；(2) $\boldsymbol{x}=k(0,-1,1)^{\mathrm{T}}(k\in\mathbf{R})$.

习 题 四

(A)

*1. (1) 是；(2) 是；(3) 是；(4) 不是；(5) 是.

*2. (1) 不是;(2) 是;(3) 不是;(4) 是.

*3. (1) 不是;(2) 是.

*4. $(3,-1,-1,0)^{\mathrm{T}}$.

*5. $(1,2,3,4)^{\mathrm{T}}$.

*6. $\boldsymbol{\alpha}_1,\boldsymbol{\alpha}_2,\boldsymbol{\alpha}_4$; 3.

*7. (1) $\begin{pmatrix} 2 & 0 & 5 & 6 \\ 1 & 3 & 3 & 6 \\ -1 & 1 & 2 & 1 \\ 1 & 0 & 1 & 3 \end{pmatrix}$; (2) $\dfrac{1}{27}\begin{pmatrix} 12 & 9 & -27 & -33 \\ 1 & 12 & -9 & -23 \\ 9 & 0 & 0 & -18 \\ -7 & -3 & 9 & 26 \end{pmatrix}\begin{pmatrix} x_1 \\ x_2 \\ x_3 \\ x_4 \end{pmatrix}$;

(3) $k(-1,-1,-1,1)^{\mathrm{T}}, k \in \mathbf{R}$.

*8. (1) 略;(2) $\begin{pmatrix} 2 & 2 & 3 \\ 1 & -1 & 0 \\ -1 & 2 & 1 \end{pmatrix}$; (3) $(-22,-25,32)^{\mathrm{T}}$.

*9. (1) 不是;(2) 是;(3) 不是;(4) 是;(5) 是.

*10. $\begin{pmatrix} 2 & 1 & 0 \\ -1 & -1 & -1 \\ 1 & 2 & 3 \end{pmatrix}$; $(4,-3,5)^{\mathrm{T}}$.

*11. $\begin{pmatrix} 26 & -9 & 7 \\ 55 & -20 & 14 \\ 6 & -3 & 1 \end{pmatrix}$.

*12. 像空间维数 3,基为 $\boldsymbol{\varepsilon}_1=(1,0,0,0)^{\mathrm{T}}, \boldsymbol{\varepsilon}_2=(0,1,0,0)^{\mathrm{T}}, \boldsymbol{\varepsilon}_4=(0,0,0,1)^{\mathrm{T}}$; 核空间维数 1,基为 $\boldsymbol{\varepsilon}_3=(0,0,1,0)^{\mathrm{T}}$.

13. (1) $(\boldsymbol{\alpha},\boldsymbol{\beta})=0, \langle\boldsymbol{\alpha},\boldsymbol{\beta}\rangle=\dfrac{\pi}{2}$; (2) $(\boldsymbol{\alpha},\boldsymbol{\beta})=6, \langle\boldsymbol{\alpha},\boldsymbol{\beta}\rangle=\dfrac{\pi}{4}$; (3) $(\boldsymbol{\alpha},\boldsymbol{\beta})=-1, \langle\boldsymbol{\alpha},\boldsymbol{\beta}\rangle=\pi-\arccos\dfrac{1}{\sqrt{42}}$.

14. (1) $(6,2,4)^{\mathrm{T}}$; (2) 12; (3) $\dfrac{\sqrt{26}}{3}$; (4) $\dfrac{3}{2\sqrt{3}}(3,2,1)^{\mathrm{T}}$.

15～17. 略.

18. (1) $\boldsymbol{\varepsilon}_1=\dfrac{1}{\sqrt{6}}(1,2,-1)^{\mathrm{T}}, \boldsymbol{\varepsilon}_2=\dfrac{1}{\sqrt{3}}(-1,1,1)^{\mathrm{T}}, \boldsymbol{\varepsilon}_3=\dfrac{1}{\sqrt{2}}(1,0,1)^{\mathrm{T}}$;

(2) $\boldsymbol{\varepsilon}_1=\dfrac{1}{2\sqrt{3}}(3,1,1,-1)^{\mathrm{T}}, \boldsymbol{\varepsilon}_2=\dfrac{1}{\sqrt{6}}(0,2,-1,1)^{\mathrm{T}}, \boldsymbol{\varepsilon}_3=\dfrac{1}{\sqrt{2}}(0,0,1,1)^{\mathrm{T}}$;

(3) $\boldsymbol{\varepsilon}_1=\frac{1}{\sqrt{2}}(1,0,0,1)^{\mathrm{T}}$, $\boldsymbol{\varepsilon}_2=\frac{2}{\sqrt{10}}\left(\frac{1}{2},1,-1,-\frac{1}{2}\right)^{\mathrm{T}}$, $\boldsymbol{\varepsilon}_3=\frac{1}{\sqrt{35}}(3,-4,-1,-3)^{\mathrm{T}}$.

19. $\boldsymbol{\xi}_3=\left(0,\frac{1}{\sqrt{2}},-\frac{1}{\sqrt{2}},0\right)^{\mathrm{T}}$, $\boldsymbol{\xi}_4=\frac{1}{2}(0,-1,-1,\sqrt{2})^{\mathrm{T}}$.

20. $\frac{1}{9},-\frac{4}{9},-\frac{4}{9},-\frac{4}{9}$.

21. (1) 是;(2) 是;(3) 不是.

22～25. 略.

(B)

一、*1. 3; $\boldsymbol{A}_1,\boldsymbol{A}_2,\boldsymbol{A}_3$.　*2. 2.　*3. $(x_4,x_2,x_1,x_3)^{\mathrm{T}}$.　*4. $\begin{pmatrix}2&3\\1&-2\end{pmatrix}$.

*5. 2,1.　6. 0.　7. 6.　8. 0.　9. 0.

二、*1. D.　*2. C.　*3. B.　*4. A.　*5. C.　6. D.　7. A.　8. D.　9. D.

10. A.

三、*1. $\boldsymbol{\alpha}_1,\boldsymbol{\alpha}_2$; 2.

*2. (1) $\frac{1}{2}\begin{pmatrix}1&-2&1\\1&0&-1\\-1&2&1\end{pmatrix}$; (2) $\begin{pmatrix}1&2&1\\0&1&1\\1&0&1\end{pmatrix}$; (3) $\begin{pmatrix}1&2&1\\0&1&1\\1&0&1\end{pmatrix}$;

(4) $(9,3,5)^{\mathrm{T}},(20,8,14)^{\mathrm{T}}$; (5) $\boldsymbol{\xi}_1=\frac{1}{2}(1,3,3)^{\mathrm{T}}$, $\boldsymbol{\xi}_2=\frac{1}{2}(-2,-2,0)^{\mathrm{T}}$, $\boldsymbol{\xi}_3=\frac{1}{2}(1,-1,-1)^{\mathrm{T}}$.

3. (1) $a=3,b=2,c=-2$; (2) 提示:证明 $\boldsymbol{\alpha}_2,\boldsymbol{\alpha}_3,\boldsymbol{\beta}$ 线性无关即可,$\boldsymbol{\alpha}_2,\boldsymbol{\alpha}_3,\boldsymbol{\beta}$ 到 $\boldsymbol{\alpha}_1,\boldsymbol{\alpha}_2,\boldsymbol{\alpha}_3$ 的过渡矩阵为 $\begin{pmatrix}1&1&0\\-\frac{1}{2}&0&1\\\frac{1}{2}&0&0\end{pmatrix}$.

4. $\boldsymbol{\eta}_1=\frac{1}{\sqrt{2}}(\boldsymbol{\varepsilon}_1-\boldsymbol{\varepsilon}_4)$, $\boldsymbol{\eta}_2=\frac{1}{\sqrt{5}}(\boldsymbol{\varepsilon}_2+2\boldsymbol{\varepsilon}_3)$, $\boldsymbol{\eta}_3=\frac{1}{\sqrt{770}}(5\boldsymbol{\varepsilon}_1+24\boldsymbol{\varepsilon}_2-12\boldsymbol{\varepsilon}_3+5\boldsymbol{\varepsilon}_4)$.

四、略.

习 题 五

（A）

1. (1) $\boldsymbol{A}$ 的特征值为 $\lambda_1=\lambda_2=7,\lambda_3=-2$，$\boldsymbol{A}$ 的属于 $\lambda_1=\lambda_2=7$ 的全部特征向量为 $k_1(-1,2,0)^{\mathrm{T}}+k_2(-1,0,1)^{\mathrm{T}}$（$k_1,k_2$ 是不全为零的任意常数），$\boldsymbol{A}$ 的属于 $\lambda_3=-2$ 的全部特征向量为 $k_3(2,1,2)^{\mathrm{T}}$（k_3 是任意非零常数）.

(2) $\boldsymbol{A}$ 的特征值为 $\lambda_1=\lambda_2=-2,\lambda_3=4$，$\boldsymbol{A}$ 的属于 $\lambda_1=\lambda_2=-2$ 的全部特征向量为 $k_1(1,1,0)^{\mathrm{T}}+k_2(-1,0,1)^{\mathrm{T}}$（$k_1,k_2$ 是不全为零的任意常数），$\boldsymbol{A}$ 的属于 $\lambda_3=4$ 的全部特征向量为 $k_3(1,1,2)^{\mathrm{T}}$（k_3 是任意非零常数）.

(3) $\boldsymbol{A}$ 的特征值为 $\lambda_1=\lambda_2=-1,\lambda_3=3$，$\boldsymbol{A}$ 的属于 $\lambda_1=\lambda_2=-1$ 的全部特征向量为 $k_1(4,8,-1)^{\mathrm{T}}$（k_1 是任意非零常数），$\boldsymbol{A}$ 的属于 $\lambda_3=3$ 的全部特征向量为 $k_2(0,0,1)^{\mathrm{T}}$（k_2 是任意非零常数）.

(4) $\boldsymbol{A}$ 的特征值为 $\lambda_1=\lambda_2=1,\lambda_3=-2$，$\boldsymbol{A}$ 的属于 $\lambda_1=\lambda_2=1$ 的全部特征向量为 $k_1(-2,1,0)^{\mathrm{T}}+k_2(0,0,1)^{\mathrm{T}}$（$k_1,k_2$ 是不全为零的任意常数），$\boldsymbol{A}$ 的属于 $\lambda_3=-2$ 的全部特征向量为 $k_3(-1,1,1)^{\mathrm{T}}$（k_3 是任意非零常数）.

2. (1) $2,\dfrac{3}{2},\dfrac{4}{3}$.　(2) $-3,-3,-1;-9;-7$.　(3) $6,3,2$.　(4) 4.

3～4. 略.

5. $x=2,y=-1$.

6. (2) 可对角化，$\boldsymbol{P}=\begin{pmatrix}1&-1&1\\1&0&1\\0&1&2\end{pmatrix}$，$\boldsymbol{P}^{-1}\boldsymbol{AP}=\begin{pmatrix}-2&&\\&-2&\\&&4\end{pmatrix}$；

(3) 不能对角化；

(4) 可对角化，$\boldsymbol{P}=\begin{pmatrix}-2&0&-1\\1&0&1\\0&1&1\end{pmatrix}$，$\boldsymbol{P}^{-1}\boldsymbol{AP}=\begin{pmatrix}1&&\\&1&\\&&-2\end{pmatrix}$.

7. $a=-1$，$\boldsymbol{P}=\begin{pmatrix}0&1&-1\\1&0&1\\0&1&1\end{pmatrix}$，$\boldsymbol{P}^{-1}\boldsymbol{AP}=\begin{pmatrix}1&&\\&1&\\&&-1\end{pmatrix}$.

8. $\boldsymbol{A}^n=\begin{pmatrix}2^n & 0 & 0\\ 2^n-1 & 2^n & -2^n+1\\ 2^n-1 & 0 & 1\end{pmatrix}$；12；$-2$.　9. $\boldsymbol{A}=\begin{pmatrix}\frac{7}{3} & 0 & -\frac{2}{3}\\ 0 & \frac{5}{3} & -\frac{2}{3}\\ -\frac{2}{3} & -\frac{2}{3} & 2\end{pmatrix}$.

10. (1) $\boldsymbol{Q}=\begin{pmatrix}0 & 1 & 0\\ \frac{1}{\sqrt{2}} & 0 & \frac{1}{\sqrt{2}}\\ \frac{-1}{\sqrt{2}} & 0 & \frac{1}{\sqrt{2}}\end{pmatrix}$，$\boldsymbol{\Lambda}=\begin{pmatrix}2 & & \\ & 4 & \\ & & 4\end{pmatrix}$；

(2) $\boldsymbol{Q}=\begin{pmatrix}\frac{2}{\sqrt{5}} & \frac{2}{3\sqrt{5}} & \frac{1}{3}\\ \frac{-1}{\sqrt{5}} & \frac{4}{3\sqrt{5}} & \frac{2}{3}\\ 0 & \frac{1}{\sqrt{5}} & -\frac{2}{3}\end{pmatrix}$，$\boldsymbol{\Lambda}=\begin{pmatrix}4 & & \\ & 4 & \\ & & -5\end{pmatrix}$；

(3) $\boldsymbol{Q}=\begin{pmatrix}\frac{-1}{\sqrt{2}} & \frac{-1}{\sqrt{6}} & \frac{1}{\sqrt{3}}\\ \frac{1}{\sqrt{2}} & \frac{-1}{\sqrt{6}} & \frac{1}{\sqrt{3}}\\ 0 & \frac{2}{\sqrt{6}} & \frac{1}{\sqrt{3}}\end{pmatrix}$，$\boldsymbol{\Lambda}=\begin{pmatrix}1 & & \\ & 1 & \\ & & 4\end{pmatrix}$.

11. $\boldsymbol{A}=\begin{pmatrix}0 & 1 & -1\\ 1 & 0 & 1\\ -1 & 1 & 0\end{pmatrix}$.

12. (1) $\lambda_3=0$，$k\boldsymbol{\alpha}=k(-1,1,1)^{\mathrm{T}}(k\neq 0)$；(2) $\boldsymbol{A}=\begin{pmatrix}4 & 2 & 2\\ 2 & 4 & -2\\ 2 & -2 & 4\end{pmatrix}$.

(B)

一、1. (1) $0,\frac{1}{2},\frac{2}{3}$；　(2) -1；　(3) 6,3,2；　(4) -9.

2. 0；$3-r(\boldsymbol{A})$.　3. -4.　4. -6.　5. $3^{2010}\boldsymbol{E}$.　6. 0,1.　7. -2.

8. 2. 9. $\boldsymbol{E}$. 10. $\begin{pmatrix}1&&\\&1&\\&&3\end{pmatrix}$. 11. 0 或 3. 12. $b, \boldsymbol{\alpha}=(1,1,\cdots,1)^{\mathrm{T}}$.

13. 3. 14. 1. 15. $1,-\frac{3}{2},-6;\frac{49}{2}$. 16. 90,0. 17. 3^{n-1}. 18. 1.

19. $\boldsymbol{x}=k(1,1,\cdots,1)^{\mathrm{T}}\ (k\in\mathbf{R})$. 20. 28.

二、1. B. 2. B. 3. D. 4. D. 5. C. 6. A. 7. D. 8. C. 9. C.
10. D. 11. D. 12. A. 13. C. 14. B. 15. A. 16. B. 17. A.

三、1. $a=0, \boldsymbol{P}=\begin{pmatrix}0&1&1\\0&2&-2\\1&0&0\end{pmatrix}, \boldsymbol{\Lambda}=\begin{pmatrix}6&&\\&6&\\&&-2\end{pmatrix}$.

2. $k=0, \boldsymbol{P}=\begin{pmatrix}-1&1&1\\2&0&0\\0&2&1\end{pmatrix}, \boldsymbol{\Lambda}=\begin{pmatrix}-1&&\\&-1&\\&&1\end{pmatrix}$.

3. (1) $x=0, y=-2$; (2) $\boldsymbol{P}=\begin{pmatrix}0&0&1\\2&1&0\\-1&1&-1\end{pmatrix}$.

4. $a=2, b=1, \lambda=1; a=2, b=-2, \lambda=4$.

5. $\boldsymbol{A}=\begin{pmatrix}1&0&0\\0&0&-1\\0&-1&0\end{pmatrix}$. 6. (1) $\boldsymbol{\gamma}=2\boldsymbol{\alpha}_1-2\boldsymbol{\alpha}_2+\boldsymbol{\alpha}_3$;

(2) $\boldsymbol{A}^n\boldsymbol{\gamma}=\begin{pmatrix}2-2^{n+1}+3^n\\2-2^{n+2}+3^{n+1}\\2-2^{n+3}+3^{n+2}\end{pmatrix}$.

7. (1) $\boldsymbol{B}=\begin{pmatrix}1&0&0\\1&2&2\\1&1&3\end{pmatrix}$; (2) $\lambda_1=\lambda_2=1, \lambda_3=4$;

(3) $\boldsymbol{P}=(\boldsymbol{\alpha}_1,\boldsymbol{\alpha}_2,\boldsymbol{\alpha}_3)\begin{pmatrix}-1&-2&0\\1&0&1\\0&1&1\end{pmatrix}$.

8. $a=-2$, $\boldsymbol{Q}=\begin{pmatrix}\frac{-2}{\sqrt{5}} & \frac{2}{3\sqrt{5}} & \frac{1}{3}\\ \frac{1}{\sqrt{5}} & \frac{4}{3\sqrt{5}} & \frac{2}{3}\\ 0 & \frac{5}{3\sqrt{5}} & \frac{-2}{3}\end{pmatrix}$, $\boldsymbol{\Lambda}=\begin{pmatrix}2 & & \\ & 2 & \\ & & -7\end{pmatrix}$.

9. $a=-2$, $\boldsymbol{A}^n=\begin{pmatrix}-1 & 1 & 0\\ -2 & 2 & 0\\ 4 & -2 & 1\end{pmatrix}$.

10.(1) $a=-2$;(2) $\boldsymbol{Q}=\begin{pmatrix}\frac{1}{\sqrt{3}} & \frac{1}{\sqrt{6}} & \frac{-1}{\sqrt{2}}\\ \frac{1}{\sqrt{3}} & \frac{-2}{\sqrt{6}} & 0\\ \frac{1}{\sqrt{3}} & \frac{1}{\sqrt{6}} & \frac{1}{\sqrt{2}}\end{pmatrix}$, $\boldsymbol{\Lambda}=\begin{pmatrix}0 & & \\ & -3 & \\ & & 3\end{pmatrix}$.

11.(1) 略;(2) $\begin{pmatrix}-1 & 0 & 0\\ 0 & 1 & 1\\ 0 & 0 & 1\end{pmatrix}$.

12.(1) $x=3, y=-2$;(2) $\boldsymbol{P}=\boldsymbol{P}_1\boldsymbol{P}_2^{-1}=\begin{pmatrix}1 & 2 & -1\\ -2 & -1 & 2\\ 0 & 01 & 4\end{pmatrix}\begin{pmatrix}1 & -1 & 0\\ 0 & 3 & 0\\ 0 & 0 & 1\end{pmatrix}^{-1}=$ $\begin{pmatrix}1 & 1 & -1\\ -2 & -1 & 2\\ 0 & 0 & 4\end{pmatrix}$.

13.(1) $\boldsymbol{A}^{99}=\begin{pmatrix}-2+2^{99} & 1-2^{99} & 2-2^{98}\\ 0-2+2^{100} & 1-2^{100} & 2-2^{99}\\ 0 & 0 & 0\end{pmatrix}$;(2) 提示:由 $\boldsymbol{B}^{100}=\boldsymbol{B}\boldsymbol{A}^{99}$ 可得结果.

14.(1) 提示:由 $\boldsymbol{\alpha}_3=\boldsymbol{\alpha}_1+2\boldsymbol{\alpha}_2$ 知, $r(\mathbf{A})\leqslant 2$,由 $\mathbf{A}$ 有 3 个不同的特征值知, $r(\mathbf{A})\geqslant 1$,若 $r(\mathbf{A})=1$,则 0 为 2 重特征值,矛盾.(2) 又 $\boldsymbol{\alpha}_3=\boldsymbol{\alpha}_1+2\boldsymbol{\alpha}_2$, $\mathbf{A}\begin{pmatrix}1\\ 2\\ -1\end{pmatrix}=\boldsymbol{O}$,

又 $\boldsymbol{\beta}=\boldsymbol{\alpha}_1+\boldsymbol{\alpha}_2+\boldsymbol{\alpha}_3$, $\mathbf{A}\begin{pmatrix}1\\ 1\\ 1\end{pmatrix}=\boldsymbol{\beta}$,故通解为 $\boldsymbol{x}=k(1,2,-1)^{\mathrm{T}}+(1,1,1)^{\mathrm{T}}(k\in\mathbf{R})$.

15.(1) $a=$,$b=5$;(2) $\boldsymbol{P}=\begin{pmatrix}2 & -3 & -1\\ 1 & 0 & -1\\ 0 & 1 & 1\end{pmatrix}$使 $\boldsymbol{P}^{-1}\boldsymbol{AP}=\begin{pmatrix}1 & & \\ & 1 & \\ & & 5\end{pmatrix}$.

习 题 六

(A)

1. (1) $\begin{pmatrix}2 & -2 & \sqrt{3}\\ -2 & 0 & -1\\ \sqrt{3} & -1 & -2\end{pmatrix}$;(2) $\begin{pmatrix}0 & \frac{1}{2} & 0\\ \frac{1}{2} & 0 & -\frac{1}{2}\\ 0 & -\frac{1}{2} & 0\end{pmatrix}$;(3) $\begin{pmatrix}1 & 3 & 5\\ 3 & 5 & 4\\ 5 & 4 & 3\end{pmatrix}$.

2. (1) $f=5x_2^2-2x_3^2-2x_1x_2+4x_1x_3-6x_2x_3$;

(2) $f=-x_3^2-x_1x_2+3x_1x_3-2x_2x_3$.

3. (1) $f=y_1^2-9y_2^2+y_3^2$, $\boldsymbol{C}=\begin{pmatrix}1 & -3 & 1\\ 0 & 1 & 0\\ 0 & 3 & -1\end{pmatrix}$;

(2) $f=z_1^2-z_2^2-z_3^2$, $\boldsymbol{C}=\begin{pmatrix}1 & 1 & -1\\ 1 & -1 & -1\\ 0 & 0 & 1\end{pmatrix}$.

4. (1) $f=y_1^2+4y_2^2-2y_3^2$, $\boldsymbol{Q}=\frac{1}{3}\begin{pmatrix}1 & -2 & 2\\ -2 & 1 & 2\\ 2 & 2 & 1\end{pmatrix}$;

(2) $f=9y_3^2$, $\boldsymbol{Q}=\begin{pmatrix}\frac{2\sqrt{5}}{5} & -\frac{2\sqrt{5}}{15} & \frac{1}{3}\\ \frac{\sqrt{5}}{5} & \frac{4\sqrt{5}}{15} & -\frac{2}{3}\\ 0 & \frac{\sqrt{5}}{3} & \frac{2}{3}\end{pmatrix}$.

5. (1) $f=z_1^2+z_2^2-z_3^2$, $r=3$, $p=2$, $r-p=1$, $2p-r=1$;

(2) $f=z_1^2$, $r=1$, $p=1$, $r-p=0$, $2p-r=1$.

6. (1) 正定;(2) 不正定.

7. (1) $-\sqrt{2}<t<\sqrt{2}$；(2) $-3<t<1$.

8. 略.

9. 提示：由题设可知，存在两可逆矩阵 $\boldsymbol{P},\boldsymbol{Q}$，使 $\boldsymbol{P}^{\mathrm{T}}\boldsymbol{AP}=\boldsymbol{E}_m,\boldsymbol{Q}^{\mathrm{T}}\boldsymbol{BQ}=\boldsymbol{E}_n$. 取 $\boldsymbol{R}=\begin{pmatrix}\boldsymbol{P} & \\ & \boldsymbol{Q}\end{pmatrix}$，便有 $\boldsymbol{R}^{\mathrm{T}}\begin{pmatrix}\boldsymbol{A} & \\ & \boldsymbol{B}\end{pmatrix}\boldsymbol{R}=\boldsymbol{E}_{m+n}$.

10. 提示：因 $\forall \boldsymbol{X}\neq\boldsymbol{O}$，有 $\boldsymbol{X}^{\mathrm{T}}\boldsymbol{AA}^{\mathrm{T}}\boldsymbol{X}=(\boldsymbol{A}^{\mathrm{T}}\boldsymbol{X})^{\mathrm{T}}(\boldsymbol{A}^{\mathrm{T}}\boldsymbol{X})\geqslant 0$，即 $\boldsymbol{AA}^{\mathrm{T}}$ 半正定，因此当且仅当 $\boldsymbol{AA}^{\mathrm{T}}$ 满秩时 $\boldsymbol{AA}^{\mathrm{T}}$ 正定.

(B)

一、1. $r=2$.　2. $a=1$.　3. $k>2$.　4. $\boldsymbol{A}=(a,b,c)^{\mathrm{T}}(a,b,c)$，$r=0$ 或 $r=1$.

二、1. C. 因 $\boldsymbol{A}\simeq\boldsymbol{B}$，即存在可逆矩阵 $\boldsymbol{Q}$，使 $\boldsymbol{Q}^{\mathrm{T}}\boldsymbol{AQ}=\boldsymbol{B}$. 从而有 $r(\boldsymbol{B})=r(\boldsymbol{Q}^{\mathrm{T}}\boldsymbol{AQ})=r(\boldsymbol{A})$ 或排除其他选项.

2. D. 用排除法，或因 $\boldsymbol{A}$ 正定的充要条件是与单位矩阵合同，可推出矩阵 $\boldsymbol{A}^{-1}$ 也与单位矩阵合同.

3. D. 因将 $\boldsymbol{A}$ 的第二行乘-1，再将其第二列乘-1便得选项(D)的矩阵.

4. A. 因矩阵 $\boldsymbol{Q}$ 是将矩阵 $\boldsymbol{P}$ 的第二列加到第一列得到的矩阵，于是矩阵 $\boldsymbol{Q}^{\mathrm{T}}\boldsymbol{AQ}$ 等于将矩阵 $\boldsymbol{P}^{\mathrm{T}}\boldsymbol{AP}$ 作相应合同变换的矩阵，即是选项(A)的矩阵.

5. B. 因将矩阵 $\boldsymbol{A}$ 作适当的合同变换便得到矩阵 $\boldsymbol{B}$，而且这些合同变换的矩阵之积是非正交的矩阵.

6. B.

三、1. (1) $\lambda_1=a,\lambda_2=a-2,\lambda_3=a+1$；(2) $a=2$.

2. (1) $a=1,b=2$；

(2) $f=2y_1^2+2y_2^2-3y_3^2$，$\begin{cases}x_1=\dfrac{2}{\sqrt{5}}y_1+\dfrac{1}{\sqrt{5}}y_3,\\ x_2=y_2,\\ x_3=\dfrac{1}{\sqrt{5}}y_1-\dfrac{2}{\sqrt{5}}y_3,\end{cases}$　$\boldsymbol{Q}=\begin{pmatrix}\dfrac{2}{\sqrt{5}} & 0 & \dfrac{1}{\sqrt{5}}\\ 0 & 1 & 0\\ \dfrac{1}{\sqrt{5}} & 0 & -\dfrac{2}{\sqrt{5}}\end{pmatrix}$.

3. $a=3,b=1$；$\boldsymbol{P}=\begin{pmatrix}-\dfrac{1}{\sqrt{2}} & \dfrac{1}{\sqrt{3}} & \dfrac{1}{\sqrt{6}}\\ 0 & -\dfrac{1}{\sqrt{3}} & \dfrac{2}{\sqrt{6}}\\ \dfrac{1}{\sqrt{2}} & \dfrac{1}{\sqrt{3}} & \dfrac{1}{\sqrt{6}}\end{pmatrix}$.

4. (1) $c=3,\lambda_1=0,\lambda_2=4,\lambda_3=9$；　(2) 椭圆柱面.

5. $a_1a_2\cdots a_n \neq (-1)^n$.

6. (1) $f(\boldsymbol{x})=\boldsymbol{x}^{\mathrm{T}}\left(\dfrac{A_{ji}}{|\boldsymbol{A}|}\right)\boldsymbol{x}$，$\left(\dfrac{A_{ji}}{|\boldsymbol{A}|}\right)=\dfrac{1}{|\boldsymbol{A}|}\boldsymbol{A}^{*}=\boldsymbol{A}^{-1}$；

(2) $g(\boldsymbol{x})$ 与 $f(\boldsymbol{x})$ 有相同的规范形.

7. (1) $\boldsymbol{P}^{\mathrm{T}}\boldsymbol{D}\boldsymbol{P}=\begin{pmatrix}\boldsymbol{A} & \boldsymbol{O}\\ \boldsymbol{O} & \boldsymbol{B}-\boldsymbol{C}^{\mathrm{T}}\boldsymbol{A}^{-1}\boldsymbol{C}\end{pmatrix}$；(2)由 $\boldsymbol{D}\simeq\begin{pmatrix}\boldsymbol{A} & \boldsymbol{O}\\ \boldsymbol{O} & \boldsymbol{B}-\boldsymbol{C}^{\mathrm{T}}\boldsymbol{A}^{-1}\boldsymbol{C}\end{pmatrix}$ 及 $\boldsymbol{A},\boldsymbol{D}$ 正定知 $\boldsymbol{B}-\boldsymbol{C}^{\mathrm{T}}\boldsymbol{A}^{-1}\boldsymbol{C}$ 正定.

8. 提示：因 $\boldsymbol{A}^{\mathrm{T}}\boldsymbol{A}$ 总是半正定的，于是存在正交矩阵 $\boldsymbol{Q}$，使 $\boldsymbol{Q}^{\mathrm{T}}\boldsymbol{A}^{\mathrm{T}}\boldsymbol{A}\boldsymbol{Q}=\mathrm{diag}(\lambda_1,\lambda_2,\cdots,\lambda_n)$，$\lambda_i\geqslant 0(i=1,2,\cdots,n)$，从而由 $\boldsymbol{Q}^{\mathrm{T}}\boldsymbol{B}\boldsymbol{Q}=\mathrm{diag}(\lambda+\lambda_1,\lambda+\lambda_2,\cdots,\lambda+\lambda_n)$ 便得证.

9. 提示：因 $\boldsymbol{A}$ 正定，即存在正交矩阵 $\boldsymbol{Q}$，使 $\boldsymbol{Q}^{\mathrm{T}}\boldsymbol{A}\boldsymbol{Q}=\mathrm{diag}(\lambda_1,\lambda_2,\cdots,\lambda_n)$，$\lambda_i>0(i=1,2,\cdots,n)$，于是由 $\boldsymbol{A}+\boldsymbol{E}=\boldsymbol{Q}\,\mathrm{diag}(1+\lambda_1,1+\lambda_2,\cdots,1+\lambda_n)\boldsymbol{Q}^{\mathrm{T}}$ 可得证.

10. 提示：先计算出 $\boldsymbol{A}^{\mathrm{T}}\boldsymbol{A}$，然后由 $r(\boldsymbol{A}^{\mathrm{T}}\boldsymbol{A})=2$ 可求出 $a=-1$.

11. 提示：直接算出二次型，然后可知其矩阵为 $2\boldsymbol{\alpha}\boldsymbol{\alpha}^{\mathrm{T}}+\boldsymbol{\beta}\boldsymbol{\beta}^{\mathrm{T}}$. 令 $\boldsymbol{A}=2\boldsymbol{\alpha}\boldsymbol{\alpha}^{\mathrm{T}}+\boldsymbol{\beta}\boldsymbol{\beta}^{\mathrm{T}}$，因为 $\boldsymbol{\alpha},\boldsymbol{\beta}$ 正交且为单位向量，所以 $\boldsymbol{A}\boldsymbol{\alpha}=2\boldsymbol{\alpha}\boldsymbol{\alpha}^{\mathrm{T}}\boldsymbol{\alpha}+\boldsymbol{\beta}\boldsymbol{\beta}^{\mathrm{T}}\boldsymbol{\alpha}=2\boldsymbol{\alpha}$，$\boldsymbol{A}\boldsymbol{\beta}=2\boldsymbol{\alpha}\boldsymbol{\alpha}^{\mathrm{T}}\boldsymbol{\beta}+\boldsymbol{\beta}\boldsymbol{\beta}^{\mathrm{T}}\boldsymbol{\beta}=\boldsymbol{\beta}$，所以 1，2 是矩阵 $\boldsymbol{A}$ 的特征值，又 $r(\boldsymbol{A})=r(2\boldsymbol{\alpha}\boldsymbol{\alpha}^{\mathrm{T}}+\boldsymbol{\beta}\boldsymbol{\beta}^{\mathrm{T}})\leqslant 2$，所以 0 也是 $\boldsymbol{A}$ 的特征值，因此二次型 f 在正交变化下的标准形为 $2y_1^2+y_2^2$.

12. 提示：将线性方程组的系数矩阵化为阶梯形矩阵，注意解方程 $f(x_1,x_2,x_3)=0$ 时，需要讨论参数 a 的取值对解的影响.